风电场建设与管理创新研究丛书

风电场项目建设标准化管理

杨高升　王铭　姜斌 等　编著

中国水利水电出版社
www.waterpub.com.cn
·北京·

内 容 提 要

本书是《风电场建设与管理创新研究》丛书之一，主要介绍风电场项目建设管理基本原理和实际应用，其内容包括：风电场项目建设管理概论、风电场项目投资决策标准化管理、风电场项目发包与组织标准化管理、风电场项目采购标准化管理、风电场项目合同标准化管理、风电场项目进度标准化管理、风电场项目质量标准化管理、风电场项目成本标准化管理、风电场项目安全标准化管理、风电场项目环境与生态标准化管理、风电场项目档案标准化管理、风电场项目建设收尾标准化管理、风电场项目审计标准化管理和风电场项目后评价标准化管理。本书是在对我国风电场项目建设管理经验总结梳理的基础上，结合工程项目经典管理理论与应用，以国家政策法规为指引、以投资环境分析为前提，给出风电场项目建设全过程管理的内容、要求和做法。

本书可供风力发电相关从业人员参考，也可作为高等院校电气工程、土木工程、工程管理及相关专业本科生的教学辅助参考用书。

图书在版编目（CIP）数据

风电场项目建设标准化管理 / 杨高升等编著. -- 北京：中国水利水电出版社，2020.10
（风电场建设与管理创新研究丛书）
ISBN 978-7-5170-9332-9

Ⅰ. ①风… Ⅱ. ①杨… Ⅲ. ①风力发电－发电厂－工程项目管理－标准化管理 Ⅳ. ①TM614

中国版本图书馆CIP数据核字(2021)第209849号

书　　名	风电场建设与管理创新研究丛书 **风电场项目建设标准化管理** FENGDIANCHANG XIANGMU JIANSHE BIAOZHUNHUA GUANLI
作　　者	杨高升　王　铭　姜　斌　等　编著
出版发行	中国水利水电出版社 （北京市海淀区玉渊潭南路 1 号 D 座　100038） 网址：www.waterpub.com.cn E-mail：sales@waterpub.com.cn 电话：(010) 68367658（营销中心）
经　　售	北京科水图书销售中心（零售） 电话：(010) 88383994、63202643、68545874 全国各地新华书店和相关出版物销售网点
排　　版	中国水利水电出版社微机排版中心
印　　刷	天津嘉恒印务有限公司
规　　格	184mm×260mm　16 开本　26 印张　539 千字
版　　次	2020 年 10 月第 1 版　2020 年 10 月第 1 次印刷
印　　数	0001—3000 册
定　　价	**108.00** 元

《风电场建设与管理创新研究》丛书

编 委 会

《风电场建设与管理创新研究》丛书

主 要 参 编 单 位

（排名不分先后）

河海大学
哈尔滨工程大学
扬州大学
南京工程学院
中国三峡新能源（集团）股份有限公司
中广核研究院有限公司
国家电投集团山东电力工程咨询院有限公司
国家电投集团五凌电力有限公司
华能江苏能源开发有限公司
中国电建集团水电水利规划设计总院
中国电建集团西北勘测设计研究院有限公司
中国电建集团北京勘测设计研究院有限公司
中国电建集团成都勘测设计研究院有限公司
中国电建集团昆明勘测设计研究院有限公司
中国电建集团贵阳勘测设计研究院有限公司
中国电建集团中南勘测设计研究院有限公司
中国电建集团华东勘测设计研究院有限公司
中国长江三峡集团公司上海勘测设计研究院有限公司
中国能源建设集团江苏省电力设计研究院有限公司
中国能源建设集团广东省电力设计研究院有限公司
中国能源建设集团湖南省电力设计院有限公司
广东科诺勘测工程有限公司

内蒙古电力（集团）有限责任公司
内蒙古电力经济技术研究院分公司
内蒙古电力勘测设计院有限责任公司
中国船舶重工集团海装风电股份有限公司
中建材南京新能源研究院
中国华能集团清洁能源技术研究院有限公司
北控清洁能源集团有限公司
国华（江苏）风电有限公司
西北水利水电工程有限责任公司
广东粤电阳江海上风电有限公司
江苏省风电机组结构工程研究中心
中国水利水电科学研究院

本书编委会

主　　编　杨高升　王　铭　姜　斌

副 主 编　贝耀平　钟芷杰　张建宏　万　欣

参编人员　曹冬梅　贾式科　李　超　葛殿辉　许皓然　邓彦奇

李　晨　王贝贝　高巧红　张国平　李强祖　张诗婕

金成钰　丁继勇　杨志勇　宋亮亮　高　艺　王韵雨

张梦雨　张晓丽　杨丰潞　罗秋实　俞　蕾　王巧玲

褚召强　陈佳智　宋瑞洋　冯　静　陈佳玲　梁伟婷

庄　鸿

丛书前言

随着世界性能源危机日益加剧和全球环境污染日趋严重，大力发展可再生能源产业，走低碳经济发展道路，已成为国际社会推动能源转型发展、应对全球气候变化的普遍共识和一致行动。

在第七十五届联合国大会上，中国承诺“将提高国家自主贡献力度，采取更加有力的政策和措施，二氧化碳排放力争于2030年前达到峰值，努力争取2060年前实现碳中和。”这一重大宣示标志着中国将进入一个全面的碳约束时代。2020年12月12日我国在“继往开来，开启全球应对气候变化新征程”气候雄心峰会上指出：到2030年，风电、太阳能发电总装机容量将达到12亿kW以上。进一步对我国可再生能源高质量快速发展提出了明确要求。

我国风电经过20多年的发展取得了举世瞩目的成就，累计和新增装机容量位居全球首位，是最大的风电市场。风电现已完成由补充能源向替代能源的转变，并向支柱能源过渡，在我国经济发展中起重要作用。依托“碳达峰、碳中和”国家发展战略，风电将迎来与之相适应的更大发展空间，风电产业进入“倍速阶段”。

我国风电开发建设起步较晚，技术水平与风电发达国家相比存在一定差距，风电开发和建设管理的标准化和规范化水平有待进一步提高，迫切需要对现有开发建设管理模式进行梳理总结，创新风电场建设与管理标准，建立风电场建设规范化流程，科学推进风电开发与建设发展。

在此背景下，《风电场建设与管理创新研究》丛书应运而生。丛书在总结归纳目前风电场工程建设管理成功经验的基础上，提出适合我国风电场建设发展与优化管理的理论和方法，为促进风电行业科技进步与产业发展，确保工程建设和运维管理进一步科学化、制度化、规范化、标准化，保障工程建设的工期、质量、安全和投资效益，提供技术支撑和解决方案。

《风电场建设与管理创新研究》丛书主要内容包括：风电场项目建设标准化管理，风电场安全生产管理，风电场项目采购与合同管理，陆上风电场工程施工与管理，风电场项目投资管理，风电场建设环境评价与管理，风电场建设项目计划与控制，海上风电场工程勘测技术，风电场工程后评估与风电机组状态评价，海上风电场运行与维护，海上风电场全生命周期降本增效途径与实践，大型风电机组设计、制造及安装，智慧海上风电场，风电机组支撑系统设计与施工，风电机组混凝土基础结构检测评估和修复加固等多个方面。丛书由数十家风电企业和高校院所的专家共同编写。参编单位承担了我国大部分风电场的规划论证、开发建设、技术攻关与标准制定工作，在风电领域经验丰富、成果显著，是引领我国风电规模化建设发展的排头兵，基本展示了我国风电行业建设与管理方面的现状水平。丛书力求反映国内风电场建设与管理的实用新技术，创建与推广风电中国模式和标准，并借助“一带一路”倡议走出国门，拓展中国风电全球路径。

丛书注重理论联系实际与工程应用，案例丰富，参考性、指导性强。希望丛书的出版，能够助推风电行业总结建设与管理经验，创新建设与管理理念，培养建设与管理人才，促进中国风电行业高质量快速发展！

宗新

2020年6月

本书前言

从21世纪初起，我国风电行业走过了萌芽期、探索期和快速成长期三个阶段。在并网容量、发电量、利用小时数、弃风率、弃电量等方面都取得了长足进步，2019年全国累计并网容量为21005万kW。

大量的风电场项目建设过程中形成的丰富的管理经验值得总结。风电场建设项目种类多，根据风场所处位置分为陆上风电和海上风电；根据接入电网方式分为集中式风电和分散式风电。风电场项目构成复杂，有风电机组安装工程、场内电力线路工程、变电站工程、集控中心工程、交通工程和其他设备安装工程等六大工程，每部分都包括土建、设备采购与安装三类工作。风电场项目开发涉及风能、土地、海洋等自然资源利用，还涉及交通规划、环境安全和能源市场平衡等问题，由于涉及领域多、管理复杂，因此风电场项目建设既要符合一般工程项目的建设程序规律，又需要政府的宏观协调控制。风电场项目全生命周期包括前期工程、核准立项、建设实施、验收交付使用、运行管理，直至报废。各阶段建设与运行的成功离不开科学管理，包括前期的科学决策，实施过程的科学组织、协调与控制，以及建成后的精心维护和合理经营。

本书是在对我国风电场项目建设管理经验总结梳理的基础上，结合工程项目经典管理理论与应用，以国家政策法规为指引、以投资环境分析为前提，给出风电场项目建设全过程管理的内容、要求和做法，以期促进我国风电场项目建设管理的规范标准化。第1章从风电场项目类型与构成、风电场项目全生命周期与建设程序、风电场建设项目参与方及其关系和风电场项目建设管理基础等方面对风电场项目建设管理进行概述。第2～4章介绍了投资决策、发包与组织和采购，为风电场项目建设前期和准备阶段管理；第5章为风电场项目合同标准化管理，合同关系是风电场项目建设中最基本的关系，投资方通过合同来明确目标，规范、协调建设行为。第6～10章介绍了进度管理、质量管理、成本管理、安全管理和环境与生态管理，是风电场项目建设的目标管理。第11章为风电场项目档案标准化管理，第12章为风电场项目建设收尾标准化管理，第13章为风电场项目审计标准化管理，第14章为风电场项目后评价标准化管理。

本书由河海大学、中国电建集团西北勘测设计研究院有限公司、中国长江三峡集团公司上海勘测设计研究院有限公司和中国三峡新能源（集团）股份有限公司等共同组织编写。其中第1章、第2章、第3章的3.1节和3.2节、第4章的4.1节和4.2节、第5章的5.1节和5.2节、第6章的6.1节和6.2节和第14章由河海大学杨高升、万欣、丁继勇、杨志勇、宋亮亮编写；第3章的3.3节、第6章的6.3节、第9章和第13章由中国电建集团西北勘测设计研究院有限公司王铭、张建宏、邓彦奇、王贝贝、高巧红编写；第4章的4.3节和4.4节、第5章的5.3节、第7章、第12章由中国长江三峡集团公司上海勘测设计研究院有限公司姜斌、钟芷杰、张国平、李强祖、金成钰、张诗婕、李晨编写；第8章、第10章和第11章由中国三峡新能源（集团）股份有限公司贝耀平、曹冬梅、贾式科、李超、葛殿辉、许皓然编写。此外，河海大学高艺、张梦雨、罗秋实、王韵雨、张晓丽、杨丰潞、褚召强、宋瑞洋、陈佳智、王巧玲、冯静、陈佳玲、俞蕾、梁伟婷、庄鸿等也参与了部分章节编写，并在本书编写过程中做了大量的资料准备、绘图、校对、修改工作，并提出了不少好的意见，为本书的出版付出了辛勤劳动。在此我向他们表示深深的感谢。在本书的编写过程中参考了许多学者的有关论文、论著，也借用了一些工程项目的实际资料。在此，谨对相关专家表示深深的谢意。

由于我们的学术见识有限，书中难免有疏漏甚至错误之处，敬请各位读者、同行批评指正，对此我们不胜感激。

杨高升

2020年9月

目　录

第1章　风电场项目建设管理概论

风能是因空气流做功而提供给人类的一种可利用的能量，是迄今为止最具大规模开发价值的、清洁并可再生的能源。从21世纪初起，我国风电行业走过了从萌芽期、探索期到快速成长期的三个阶段。在并网容量、发电量、利用小时数、弃风率、弃电量等方面都取得了长足进步。2019年，全国累计风电并网容量21005万kW。大量的风电场建设项目形成的丰富的管理经验值得总结。

1.1　风电场项目类型及构成

1.1.1　风电场项目类型

风力发电根据风场所处位置分为陆上风电、海上风电，其中海上风电包括近海潮间带风电和中深海风电；根据接入电网方式分为集中式风电、分散式风电；根据发电机类型分为水平式风力发电和垂直式风力发电。

1.1.1.1　集中式陆上风电与分散式风电

集中式陆上风电是指一个风电场的风电机组通过变电站汇集，然后接入电网供电的风力发电。我国自2003年起，取得风电项目的开发经营权主要通过两种方式，分别为特许权方式与核准方式。以核准方式取得风电项目的开发经营权时，又分为有补贴及无补贴两种方式，分别受限于不同的管理机制。

分散式风电是指位于负荷中心附近，不以大规模远距离输送电力为目的，所产生的电力就近接入当地电网进行消纳的风电项目。分散式风电应具备以下条件：

（1）利用电网现有的变电站和送出线路，不新建送出线路和输变电设施。

（2）接入当地电力系统110kV或66kV以下降压变压器。

（3）项目单元装机容量原则上不大于所接入电网现有变电站的最小负荷，鼓励多点接入。

（4）项目总装机容量低于5万kW。

分散式风电可以在大型商业和工业区应用，未来可以实现自我发电，自我消纳。

其核心竞争力是电价便宜，符合我国电价下调的长期趋势，是政府鼓励发展的风电项目。

1.1.1.2　海上风力发电

海上风力发电是指利用海上风力资源发电的风电项目。与陆地风电相比，海上风电机组所处的环境与陆地条件截然不同，海上风电技术远比陆地风电复杂，在设计和建设海上风电场的过程中，需考虑海上恶劣的自然环境条件的影响，如盐雾腐蚀、海浪载荷、海冰冲撞、台风破坏等。海上风电建设还会涉及海域功能的区分，航道，电缆的铺设，海上风电机组的设计、施工和安装，并网，环保，甚至国防安全等一系列问题。但是，海上风电场具有不占用土地资源、不受地形地貌影响、风速更高、单机装机容量大、距离用电负荷近等优点。

潮间带风电是指建设在潮间带的风电项目，是一种近海风力发电。潮间带是在潮汐大潮期的绝对高潮和绝对低潮间露出的海岸，是指海水涨潮到最高位（高潮线）和退潮时退至最低位（低潮线）之间，会暴露在空气中的海岸部分。我国潮间带海域广阔，适合建设海上风电场的资源比近海深水段区域更为丰富，但由于潮水涨落起伏的影响，潮间带涨潮时平均水深只有 1.5m，且一天中高水位持续时间只有 2～3h，这对风电基础施工和安装技术提出了新的要求。

1.1.2　风电场项目构成

风电场项目一般由以下部分构成：

(1) 风电机组安装工程：包括塔基、塔身、发电机机舱、轮毂、叶片、电气设备、箱式升压变压器、集成电路、出线设备等的安装。

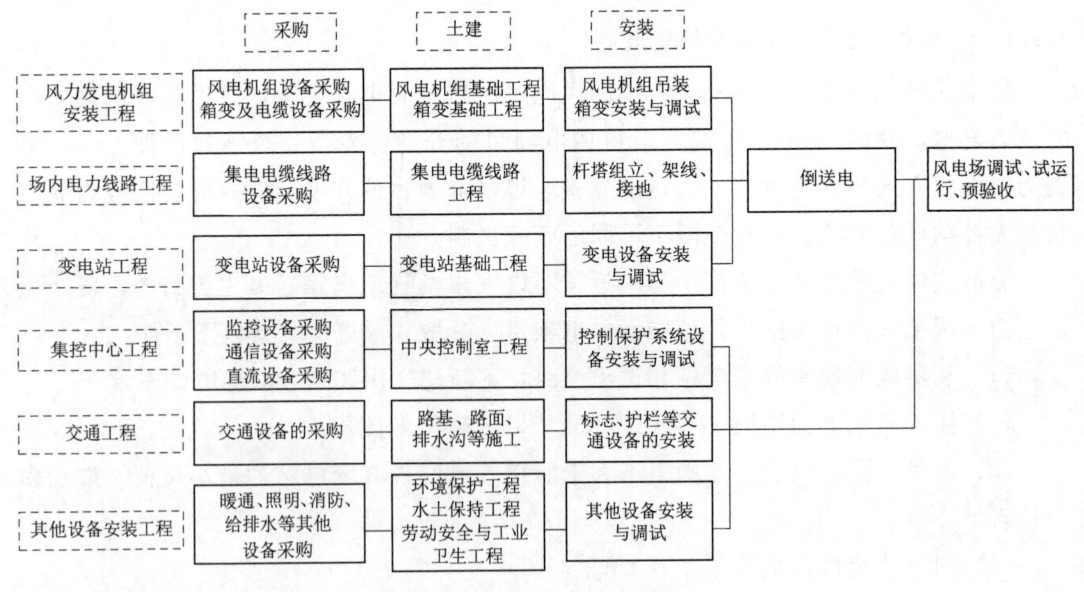

图 1-1　风电场项目构成示意图

（2）场内电力线路工程，即分散布置的风电机组所发电能的汇集、传输通道。

（3）变电站工程：风电场电能配送中心，包括主变压器系统、高压配电装置、无功补偿系统、站用电力系统和电力电缆等设备安装。

（4）集控中心工程：集成了信息和网络技术的风电场监控中心，包括监控系统、直流系统、通信系统、继电保护系统、远动及计量系统等设备安装。

（5）交通工程：风电机组检修、变电站、集控中心等交通道路及附属设施。

（6）其他设备安装工程：暖通、照明、消防、给排水、劳动安全与工业卫生工程等。

以上六部分均包括设备采购、土建与安装三类工作，具体如图1-1所示。

1.2　风电场项目全生命周期与建设程序

1.2.1　风电场项目全生命周期

风电场项目全生命周期是指从前期工作、核准立项、建设实施，到建成验收，然后项目移交、运行、报废或被淘汰的生命期。

1. 前期工作

前期工作包括选址测风、风能资源评估、建设条件论证、项目开发申请、可行性研究、项目核准前准备等。

2. 核准立项

（1）核准分类。5万kW以下项目向省级投资主管部门申报（由项目单位申报）；5万kW及以上项目向国家投资主管部门申报（由省级投资主管部门申报）。

（2）核准条件。

1）完成项目申请报告编制工作。

2）列入项目开发计划。

3）取得项目前期工作开展批复文件。

4）项目可行性研究报告经过审查并收口。

5）取得用地预审意见书。

6）取得项目环境影响评价批复意见。

7）取得工程安全预评价报告备案函。

8）取得接入电网运行的意见书。

9）取得金融机构同意给予项目融资贷款的文件。

10）取得法律法规规定应提交的其他文件。

（3）项目核准批文有效期为2年。

3. 建设实施

建设实施部分包括项目公司筹建、项目建设手续办理、工程建设融资、签订勘测设计合同、完成工程的初步设计和施工图设计、建设用地及条件准备、选定监理单位、组织开展设备采购和工程施工招标、选定供应商和承包商、工程施工（土建与安装）等内容。

4. 建成验收

建设实施部分完成后，需要项目各参建方依照《风电场工程竣工验收管理暂行办法》《电力建设工程质量监督检查典型大纲（风力发电部分）》等文件要求实施验收工作。

（1）初步验收。先由施工单位自行组织工程的检查评定，并向建设单位提交竣工报告，再由监理单位组织各参建方负责人对工程实体质量进行查验、对施工单位报送的资料进行审阅。施工单位需对查验发现的问题及时整改，监理单位复查合格后才可以签署工程竣工报验单并出具工程质量评估报告。

（2）竣工验收。建设单位收到工程验收报告后，组织监理、勘察、设计、施工单位负责人进行竣工验收，验收内容包括建筑工程、设备安装、工程资料部分，经各参与验收人员统一意见后出具验收合格结论。

5. 项目移交

（1）移交条件。设备状态良好，安全运行无重大考核事故；试运行中发现的设备缺陷已全部消缺；运行维护人员已通过业务技能考试和安规考试，能胜任上岗；运维管理记录簿齐全；风电场和变电运行规程、设备使用手册和技术说明书及有关规章制度齐全；安全、消防设施齐全良好，且措施落实到位；备品配件及专用工器具齐全完好。

（2）移交方式。项目法人单位筹建成立移交验收组，由主要投资方主持组织风电场生产验收交接工作，审查工程移交生产条件，对遗留问题责成有关单位限期处理。

6. 运行

风电场运行后的主要工作如下：

（1）建立健全生产管理系统。

（2）根据购售电合同制定电能生产计划。

（3）组织设备、设施及各类生产人员按计划生产电能。

（4）设备、设施维护。

（5）生产人员培训教育。

（6）场内外生产环境优化管理。

（7）电能销售。

1.2.2　风电场项目建设程序

风电场项目是电力能源生产项目，其建设和运行涉及自然资源、交通、能源等众多领域，其建设既要符合一般工程项目的建设程序规律，又需要政府的宏观协调控

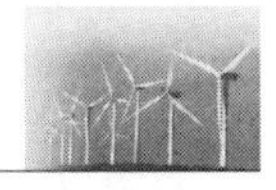

制。政府行政管理主要为城乡规划、国土资源使用、环境保护、开工建设等方面进行审批，其程序见表1-1。表1-1中，行政管理程序中的第一阶段是对项目的前期选址工作进行管理，第二、第三阶段涵盖了项目的建设条件论证、开发申请和可行性研究工作，第四阶段则是项目核准前的准备工作。

表1-1 风电场建设行政管理程序表

阶 段	审 批 部 门	审 批 文 件
第一阶段	住建部门	规划选址预审审批手续
第二阶段	国土资源部门	用地预审审批手续
	环境保护部门	环境影响评价审批手续
	发展改革等项目核准部门	核准项目申请报告
第三阶段	住建部门	规划许可手续
	国土资源部门	正式用地手续
第四阶段	住建部门	项目开工手续

从项目开发单位视角来说，风电场项目建设程序主要有前期工作、核准立项、建设实施、建成验收和项目移交五个阶段，具体流程如图1-2所示。

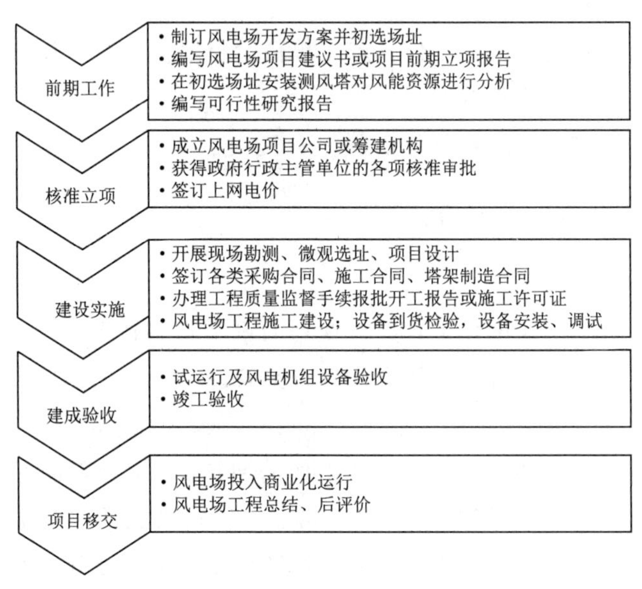

图1-2 风电场项目建设流程图

1.3 风电场建设项目参与方及其关系

1.3.1 风电场建设项目参与方

风电场项目建设运行涉及众多相关方，主要如下：

（1）政府行政管理部门。

1）国家能源局：负责省级风电场年度开发计划的审核。

2）省级发展和改革委员会（简称省发展改革委）：负责全省风电开发的统筹规划及开发计划的编制。

3）地市或县级发展和改革委员会（简称地市或县级发展改革委）：负责单一风电场的核准。

4）风电建设技术归口管理单位：承担全国风电技术质量管理。

5）土地管理部门：项目用地审批。

6）环境保护管理部门：环境影响评价审批。

7）安全生产监督管理部门：安全评价。

8）国家海洋行政主管部门：负责海上风电开发建设海域使用和环境保护的管理和监督。

（2）电网企业：落实风电场工程配套电力送出工程。

（3）风电场项目开发企业（业主/投资单位）：全过程（全寿命）管理。

（4）金融机构：项目贷款。

（5）承包商：包括勘测设计单位、施工单位、材料供应商、设备供应商等。

（6）咨询单位：工程管理咨询。

（7）工程所在地群众：维护自身权益。

1.3.2　风电场建设项目参与方关系

1. 国家能源局

国家能源局负责全国风电场工程建设规划的编制和实施工作，确定全国风电建设规模和区域布局，进一步完善风电年度开发方案管理。

（1）拟核准计划管理。如2010年3月25日，国家能源局发布《国家能源局关于加强风电开发与电网接入和运行管理协调工作的通知》（国能新能〔2010〕75号，以下简称《开发并网运行协调通知》），其中规定，各省级能源主管部门应当依据国家风电建设技术归口管理单位评审通过的风电发展规划，梳理已建、在建和正在开展前期工作的风电场项目，核实进度和电网接入工程情况，筛选提出2010年风电开发方案，报国家能源局审核。通过审核的项目，方可享受国家电价补贴政策。

2011年8月25日，为加强风能资源开发管理，规范风电场项目建设，国家能源局发布了《风电开发建设管理暂行办法》（国能新能〔2011〕285号，以下简称《风电开发建设办法》）。《风电开发建设办法》重申了《开发并网运行协调通知》确立的原则。国务院能源主管部门负责全国风电场工程建设规划的编制和实施。省级能源主管部门根据全国风电场工程建设规划要求，编制本地区的风电场工程建设规划与年

度开发计划，报国务院能源主管部门备案。各省（自治区、直辖市）风电场工程年度开发计划内的项目经国务院能源主管部门备案后，方可享受国家可再生能源发展基金的电价补贴。

（2）年度开发方案管理。2015年5月15日，国家能源局发布《国家能源局关于进一步完善风电年度开发方案管理工作的通知》（国能新能〔2015〕163号，以下简称《年度开发方案通知》）。根据《年度开发方案通知》，后续全国年度开发方案将仅包括各省（自治区、直辖市）年度建设规模、布局、运行指标和有关管理要求，不再包括具体的项目清单。各省（自治区、直辖市）年度开发方案根据本省（自治区、直辖市）风电发展规划和全国年度开发方案的要求编制，包括项目清单、预计项目核准时间、预计项目投产时间、风电运行指标和对本地电网企业的管理要求。

（3）竞争方式配置。2018年5月18日，国家能源局发布《关于2018年度风电建设管理有关要求的通知》（国能发新能〔2018〕47号，以下简称《2018年风电建设管理通知》）。根据《2018年风电建设管理通知》，自该通知发布之日起，尚未印发2018年度风电建设方案的省（自治区、直辖市）新增集中式陆上风电场项目应全部通过竞争方式配置和确定上网电价。且自2019年起，各省新增核准的集中式陆上风电场项目应全部通过竞争方式配置和确定上网电价。

2. 省发展改革委

（1）省发展改革委负责风电场规划的编制和实施工作。风电场工程建设规划，简称为风电场规划，是风电场项目建设的基本依据，要坚持“统筹规划、有序开发、分步实施、协调发展”的方针，协调好风电开发与环境保护、土地利用、军事设施保护、电网建设及运行的关系。

风电场规划具体内容包括风能资源、风电场和风力发电概况，风电场宏观选址，风能资源测量与评估，风力发电技术与设备选型，风电场微观选址，大气动力学与风电场选址，风电场电气设计，风电场运行方式，风电场经济计算与评价，风电场环境评价及水土保持，风电场预可行性研究报告和可行性研究报告等。

（2）在落实风能资源、项目场址和电网接入等条件的基础上，当地的省发展改革委将风电场规划和年度开发计划报国家能源局备案，并抄送国家风电建设技术归口管理单位，风电场工程年度开发计划经国家能源局备案后方可享受国家可再生能源发展基金电价补贴。

3. 电网企业

依据国家备案的风电场规划和年度开发计划，落实风电场配套电力送出工程。

4. 风电场项目开发单位

（1）项目前期工作。项目前期工作包括选址测风、风能资源评估、建设条件论证、项目开发申请、可行性研究和项目核准前的各项准备工作。

风电场工程项目须经过核准后方可开工建设。项目核准后2年内不开工建设的，核准文件自动废止，项目核准机关不再将该项目开发权授予该项目业主。风电场工程开工以第一台风电机组基础施工为标志。

(2) 设计招标、施工招标、设备招标。招标立项的前提是基于风电场项目开发单位批准通过的年度招标采购计划。对于列入年度建设任务的项目，各项目的负责人组织招标方案制定、标段划分、招标文件编制、招标图纸及工程量审核、评标、合同谈判等工作。

(3) 建设管理。风电开发建设管理包括风电场工程的建设规划、项目前期工作、项目核准、竣工验收、运行监督等环节的行政组织管理和技术质量管理等。

(4) 验收。省发展改革委负责指导和监督风电场项目（以下均含分散式风电场项目）竣工验收，协调和督促电网企业完成电网接入配套设施建设并与项目单位签订并网调度协议和购售电合同。项目单位完成土建施工、设备安装和配套电力送出设施，办理好各专项验收，待电网企业建成电力送出配套电网设施后，制定整体工程竣工验收方案，报当地的省发展改革委备案。项目单位和电网企业按有关技术规定和备案的验收方案进行竣工验收，将结果报告市州发展改革委，市州发展改革委审核后报当地的省发展改革委。

电网企业配合进行风电场项目并网运行调试，按照相关技术规定进行项目电力送出工程和并网运行的竣工验收。完成竣工验收后将结果报告省发展改革委，省发展改革委审核后报国家能源局备案。

(5) 运行。风电场项目的开发单位还需要做好项目的运行监督和安全管理工作。

风电场建设项目参与方关系如图1-3所示。

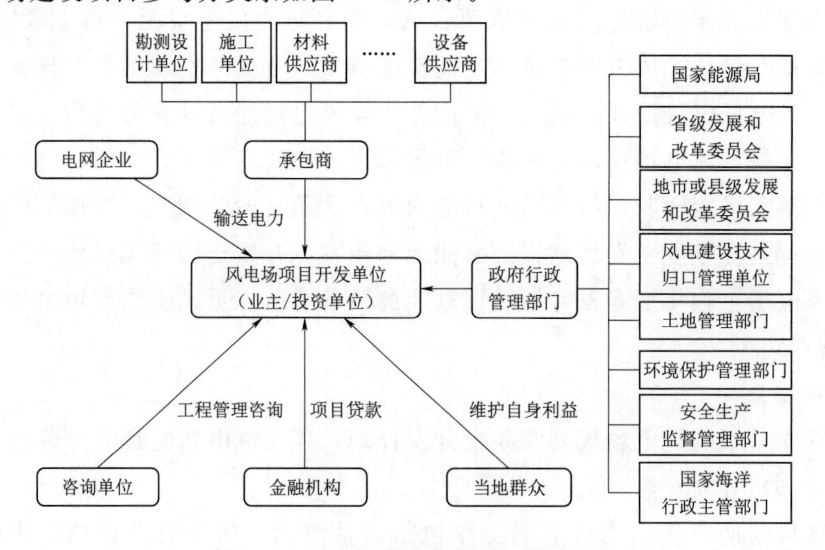

图1-3　风电场建设项目参与方关系图

1.4　风电场项目建设管理基础

1.4.1　风电场项目管理基本理论

风电场项目开发涉及风力、土地、海洋等自然资源利用，涉及交通规划、环境安全和能源市场平衡等问题，涉及领域多、管理复杂，其建设与运行的成功离不开科学管理。前期的科学决策，实施过程的科学组织、协调与控制，以及建成后的精心维护和合理经营，都离不开项目管理理论的指导。

1. 决策理论

决策是指为了实现特定的目标，根据客观的可能性，在占有一定信息和经验的基础上，借助一定的工具、技巧和方法，对影响目标实现的诸因素进行分析、计算和判断选优后，对未来的行动作出决定。决策理论是把第二次世界大战以后发展起来的系统理论、运筹学、计算机科学等综合运用于管理决策而形成的一门有关决策过程、准则、类型及方法的较完整的理论体系。

将决策理论应用于风电场项目的可行性研究阶段，通过对资料、数据的收集、分析以及实地调研等工作，完成对项目技术、经济、工程、市场、环境等条件的最终论证和分析预测。在市场预测、财务评价、环境影响评价、风险分析等的基础上，比较各种建设方案，最后选择技术先进适用、经济和社会效益可行、投资风险可控的项目方案。

2. 项目治理理论

项目治理是指围绕项目设计的系列治理结构，通过系统协作和过程控制确保项目有效交付使用，实现项目预期效用和满足各方利益。项目治理结构是一种制度框架，在这种框架下，项目主要利益相关者通过责、权、利关系的制度安排来决定一个完整的交易。

项目治理的主体是项目的发起人，也就是风电场项目的业主方，通过招标与承包单位、监理单位签订委托合同，确定责、权、利关系。在合同签订之后，这些利益相关者向建设项目投入专用性资产，在合同范围之内进行项目管理来完成合同约定的义务，并承担相应的风险。

3. 交易理论

工程交易是指以工程实体或建设过程的中间产品为买卖对象的交易，既包括完整的工程、部分工程、工程的中间产品，还包括设计成果、咨询成果等。工程招标为建设工程交易的起点，其任务是选择交易对象，即选择承包方和确定交易合同价格。

风电场项目业主方组织交易的过程为：业主方组织工程招标、选择工程承包人并确定合同价——→业主方与中标方签订工程合同——→承包方组织履行合同，业主方组织对其监管——→承包方完成合同任务后，业主方组织工程验收。

4. 目标管理理论

1954年，美国管理学家彼得·德鲁克首次提出了目标管理理论。目标管理是指人们通过确定目标、实施目标和按照目标的实施结果进行考评、奖惩等活动，逐步实现“自我控制”的一种管理方法、激励技术、民主形式、管理制度、管理思想和管理活动过程。

风电场项目不仅要对时间、成本和质量三大传统目标进行管理，还应对职业健康安全和环境管理给予充分认识。工程目标管理的基本原理是围绕目标实现开展的计划、执行、检查和控制等一系列管理活动，不同目标的管理过程有不同的具体方法。这些目标既相互独立又相互影响，并且受到诸多可变生产要素的影响。因此，工程项目管理除直接管理这些目标外，还需从不同视角开展专项管理活动，以促进风电场项目目标的实现。

5. 项目评价理论

项目评价理论用于风电场项目的可行性研究阶段和后评价阶段。在工程项目建议书阶段或初步（预）可行性研究阶段，根据工程使用要求和约束条件，提出若干可行的工程方案，并对其进行经济、社会和环境等方面的评价，得到相关评价指标，作为工程项目决策的依据。基本理论问题是如何构建评价体系和选择评价方法，为客观地评价工程方案提供支持。

风电场项目后评价是指风电场项目建设结束并运营一段时间后，对风电场项目的目标、过程、效益、影响和可持续能力等方面是否达到预期目标的评价与论证。

1.4.2　风电场项目建设前期管理

1. 勘测设计招标

勘察设计招标是通过招标选择勘察设计单位的一种方式。它可以由建设单位直接进行招标，也可以由中标整个建设项目的总承包单位招标。投标单位必须是持有勘察设计证书的勘察设计单位。勘察设计招标分为公开招标和邀请招标两类。招标人可以依据建设项目的不同特点，实行勘察设计一次性总体招标；也可以在保证项目完整性、连续性的前提下，按照技术要求实行分段或分项招标。

2. 风电场规划

风电场规划是指为合理开发利用风能资源，确保风电场建设的有序开展而进行的设计工作，包括风电场场址选择、规划装机容量、接入系统初步方案、环境影响初步评价等。

风电场规划应贯彻统一规划、分期实施、综合平衡、讲求效益、合理开发、保护资源的原则，同国民经济发展规划及电力发展规划保持一致，并与土地利用和环境保护等相协调。

3. 风能资源评估

风能资源评估是分析待评估区域长期的风能资源气象参数的过程，是基于数理统计、数值模拟等方法，对当地的风速、风向、气温、气压、空气密度等观测参数分析处理，估算出风功率密度和有效年小时数等量化参数。通过风能资源评估可以确定区域的风能资源储量，为风电场选址、风电机组选型、机组排布方案的确定和电量计算提供参考依据。

4. 预可行性研究

预可行性研究是在投资机会研究的基础上，对项目方案进行的进一步技术经济论证，对项目是否可行进行初步判断。从水文气象、工程地质、场区总平面布置图、公路交通、环境保护、电力系统接入等方面对设计方案进行原则性阐述，提出投资估算和进行经济效益分析。

5. 可行性研究

可行性研究是指对已获得开展前期工作许可的风电场项目，在建设项目投资决策前对有关建设方案、技术方案进行的技术经济和综合论证。从项目技术、经济、工程、市场、环境等方面做最终论证和分析预测，得出项目是否具有投资价值和如何开展的结论。

1.4.3　风电场项目实施阶段管理

1. 风电场项目采购管理

风电场项目采购包括风电场项目工程采购、风电机组等货物采购和监理设计咨询服务采购等。需要根据市场分析结果选择合适的工程采购方案，如选择采购—施工总承包（PC）采购、设计—施工采购或项目总承包采购等，并根据采购内容安排采购计划与选择采购方式。

风电场项目采购管理包括：①工程发包模式选择，对选择平行发包模式、工程总承包模式、阶段发包模式还是设计—管理模式进行决策；②做好标段划分、招标方式选择和招标程序设计等工作。

2. 风电场项目合同管理

做好风电场项目合同管理，需要合同双方认真分析合同中确定的权利义务和风险、组建合同管理与合同实施团队；认真履行合同约定的职责义务，合理行使权利，加强相互监督与协同，以保证工程质量、工期、成本、安全、环保等目标的实现；同时努力使业主、承包商、监理工程师保持良好的合作关系，达到各方满意。

3. 风电场项目投资控制

风电场项目投资控制是一个贯穿工程建设全过程的工作，是在投资形成过程中，对风电场项目所消耗的人力资源、物质资源和费用开支进行指导、监督、调节和限制，及时纠正将发生和已发生的偏差，把各项费用控制在计划投资的范围之内，保证投资目标的实现。

决策阶段（前期工作阶段/可行性研究阶段）投资控制的任务是选择投资效益最佳的建设方案。设计阶段投资控制的任务是通过价值工程、限额设计等方法实现设计最佳。招标采购阶段投资控制的任务是充分利用市场竞争选择优秀承包商，保证合理的合同价格。施工阶段投资控制的任务是通过科学的合同管理，在保证工程施工质量、安全的基础上，正确计量、合理支付。

4. 风电场项目质量控制

风电场项目质量控制是指为达到质量要求所采取的技术措施和管理措施方面的活动，即通过监视质量形成过程，消除质量环上所有阶段引起不合格或不满意效果的因素。

决策阶段质量控制的任务是确定合理的质量目标。设计阶段质量控制的任务是做好设计质量控制，保证出图质量和进度。招标采购阶段质量控制的任务是设计最佳交易机制、选择最佳承包商。施工阶段质量控制的任务是严格按照国家相关工程质量标准对施工过程进行监督管理。

5. 风电场项目进度管理

风电场项目进度管理是采用科学的方法确定进度目标，编制进度计划与资源供应计划，在项目进行中动态收集进度信息，及时发现偏差、分析与纠偏，在与质量、费用、安全目标协调的基础上，实现工期目标。

6. 风电场项目安全管理

风电场项目安全管理大体可归纳为安全组织管理、场地与设施管理、行为控制和安全技术管理四个方面，分别对生产中人的行为、物和环境的状态进行具体管理与控制。

1.4.4　风电场项目收尾阶段管理

1. 风电场建设工程验收

风电场建设工程验收包括过程验收、合同完工验收和竣工验收。

（1）过程验收。风电场项目施工条件复杂、环境多变、工序繁多，整个工程的施工质量形成的时间长，质量的控制就比较困难。为了确保施工质量，消除质量通病，就必须在风电场项目施工工序、分部分项工程进行预检、中间检和完工检，以达到全过程控制施工质量的目的。

(2) 合同完工验收。合同完工验收是指风电场所有合同项目已完工，且工程质量满足相关规范和设计要求，合同工程完成后，应进行合同工程完工验收。

(3) 竣工验收。竣工验收应在风电场建设项目全部完成并满足一定运行条件后1年内进行。不能按期进行竣工验收的，经竣工验收主持单位同意，可适当延长期限，但最长不得超过6个月。“一定运行条件”因工程类别不同而不同。

2. 风电场生产准备管理

首先，应将生产准备工作同期纳入到整个工作之中，并采取一系列管理措施，确保项目投产后安全稳定运行，安全性、可靠性、经济性指标达到相关要求。其次，应及时进行生产人员组织，包括机构设置和人员配置，生产人员主要包括生产管理人员、运行人员和检修人员等。在风电场项目进入设备安装调试阶段后，应组织生产人员参加工程设备的联调联试。

第 2 章　风电场项目投资决策标准化管理

2.1　风电场项目投资决策基础

2.1.1　风电场项目投资决策工作内容

风电场项目由国务院能源主管部门统一管理，各省（自治区、直辖市）政府能源主管部门配合管理其辖区内的项目。风电场项目的质量由国家风电技术归口管理单位管理。

国务院能源主管部门负责风电场工程建设规划编制与实施工作，各省（自治区、直辖市）政府能源主管部门组织编制本地区的风电场工程建设规划与年度开发计划，报国务院能源主管部门备案，备案后方能享受国家可再生能源发展基金的电价补贴，才能上网售电，同时需抄送国家风电技术归口管理单位。风电场工程建设规划是风电场工程项目建设的基本依据。

风电场项目投资决策工作内容主要包括建设条件成熟性调查论证，风能资源测量、分析和评价，微观选址，预可行性研究与可行性研究，项目核准申报和证照办理六个方面。

2.1.1.1　建设条件成熟性调查论证

项目开发单位委托具备相关资质的设计咨询机构根据国家和省级新能源发展规划，结合项目特点，开展风能资源、接入电力系统、工程地形地质、交通运输和施工安装以及装机规模等基础性研究工作，判断风电场项目建设条件是否成熟。

1. 风能资源条件

风能资源是风电场选址的基本条件。风能质量好，指年平均可利用风速较高、可利用风功率密度大、风频分布好、可利用小时数高、风向基本稳定（即主要有一个或两个盛行主风向）、风速变化小（指风电机组高度范围内风垂直切变小、湍流强度小）。对灾害性天气（如强台风、龙卷风、雷电、沙暴、覆冰、盐雾等）频繁出现地区，应分析不利气候条件对风电场选址的影响。

2. 接入电力系统条件

接入电力系统条件是风电场能否建设和确定建设规模的重要条件。从尽量减少网损（线损）和入网工程建设成本的角度考虑，风电场宜尽可能靠近电网。风电场接入

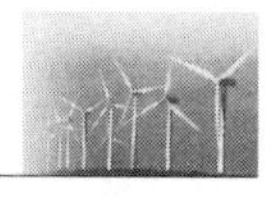

电力系统应考虑电网现有容量、结构及其可容纳的最大容量，以及风电场的上网规模与电网是否匹配的问题。

3. 工程地形地质条件

（1）考虑风电场场址区域的地形复杂程度，如多山丘区、密集树林区、开阔平原地、水域或兼有等。地形单一，则对风的干扰低，利于风电机组运行；地形复杂多变，则易产生扰流现象，对风电机组出力不利。

（2）根据《中国地震动参数区划图》（GB 18306）确定场地地震基本烈度。对场地的适宜性和稳定性作出工程地质评价。

（3）要考虑风电场永久场址的区域地质条件，特别是岩土工程和水文地质等条件。对场地的地质演变、崩塌、滑坡、泥石流等不良地质尽早调查。

4. 交通运输和施工安装条件

（1）初步分析场外交通运输道路、港口、码头、桥涵对风电场大件运输及施工安装的制约条件。

（2）对场址安装风电机组的单机容量、场内道路建设条件和施工安装条件进行调查和初步评价。

5. 装机规模条件

为了降低风电场造价，在风电场项目投资中，对外交通以及送出工程等配套工程投资所占比例不宜太大。在风电场规划选址时，应根据风电场地形条件及风况特征，初步拟定风电场规划装机规模，布置拟安装的风电机组位置。对风电特许权项目，应尽量选择具有较大装机规模条件的场址。

6. 其他

根据风电场的具体情况，还应对制约风电场建设的其他条件进行初步分析与评价。

（1）环境保护要求。风电场选址时应注意与附近居民、工厂、企事业单位（点）的位置关系，尽量减小噪声污染和避免叶片（覆冰）飞出伤人，噪声影响和安全距离需满足国家有关规范规定。应避开自然保护区、珍稀动植物地区以及候鸟保护区和候鸟迁徙路径等。

（2）风电场选址应符合当地土地利用规划，尽量减少土地征用。

（3）尽量避开强地震带、火山频繁爆发区以及灾害性天气频繁出现地区。

（4）风电场选址不压覆已探明的矿产资源。

（5）风电场选址尽量回避耕地、林地、草地、坟茔地、风景名胜区、军事区、文物保护区等地区。

2.1.1.2　风能资源测量、分析和评价

1. 测风数据采集与整理

按照《风电场风能资源测量方法》（GB/T 18709）相关规定，对测风数据进行及

时采集，跟踪分析测风数据的合理性，发现问题应及时查找原因，并与维护部门及时联系修正，整理完成满足风能资源评估的完整年的测风数据。在拟建风电场区域附近没有测风塔时，建设单位需组织设计单位编写符合规程规范的测风方案，在获得当地县级以上规划、土地、环保等部门许可后建造测风塔。测风塔的数量要能够覆盖全场，具有代表性。

2. 测风数据分析

(1) 按照《风电场风能资源测量和评估技术规定》（发改能源〔2003〕1403 号）相关规定，根据风电场风能资源测量获取的原始数据，对其完整性和合理性进行判断，检验出缺测的数据和不合理的数据，经过适当处理，整理出一套至少连续一年完整的风电场逐时测风数据。

(2) 对整理后的数据进行风电场风能资源参数计算，包括不同时段的平均风速和风功率密度、风速频率分布和风功率频率分布、风向频率和风功率密度方向分布等。

(3) 对风电场主要风能要素进行计算，如空气密度、平均风速、风向、风功率密度、风频分布、湍流强度、风切变指数、最大风速等。

3. 风能资源评价

(1) 风电场风功率密度等级按照风电场风功率密度等级表进行评价。

(2) 评价风向频率和风功率密度的方向分布，明确风电场主导风向和主导风能方向，并分析其对风电场布置的影响。

(3) 评价风电场风速和风功率密度的日变化、年变化趋势，分析与当地电网的日、年负荷曲线的匹配程度。

(4) 风电场湍流强度可参照 IEC 标准评价其湍流强度类别，即 A 类 (0.16)、B 类 (0.14)、C 类 (0.12)，为风电机组设备选型提供依据；评价风电场湍流强度对风电机组性能和寿命的影响。

(5) 根据风电场极端风速情况，参照 IEC 标准，判断风电场安全等级，即Ⅰ类、Ⅱ类、Ⅲ类和 S 类。

(6) 评价风电场特殊的天气条件（如气温、积雪、积冰、雷暴、盐雾、沙尘等），并对风电机组选型提出特殊的要求。

2.1.1.3　微观选址

(1) 对于平坦地形，在场址地区范围内，无障碍物影响时，同一高度上的风速分布可以看做是均匀的；有障碍物影响时，风电场选址时须考虑障碍物的影响，风电机组布置必须注意避开障碍物的尾流区和湍流涡动区。一般在障碍物下风向可产生 20 倍障碍物高度的扰动尾流区，尾流扰动高度可以达到障碍物高度的 2 倍；风电机组安装地点若在障碍物的上风向，也应距障碍物 2～5 倍障碍物高度的距离。

(2) 对于较复杂的地形，风电场的微观选址一般须分析了解典型地形下的风速分

布规律。

1）对于规模较大的山丘、山脊等隆起地形，风电场风电机组选址一般首先考虑在与盛行风向相切的山丘、山脊两侧上半部，其次是山丘的顶部。应避免在整个背风面及山麓选定场址。

2）对于山谷地形，风电机组选址应重点考虑因“狭管效应”产生风速加速作用的区域，但选址时应注意由于地形变化剧烈产生的风切变和湍流。

3）对于海陆地形，风速由海向陆衰减较快，风电场风电机组选址宜在海陆交界带。

2.1.1.4 预可行性研究与可行性研究

1. 预可行性研究

（1）按照《风电场预可行性研究报告编制办法》相关规定，进行预可行性研究工作时应对风电场项目的建设条件进行调查，取得可靠的基础资料。

（2）风电场预可行性研究的基本任务包括：初拟项目任务和规模，并初步论证项目开发必要性；综合比较，初步选定风电场场址；风能资源测量与评估；风电场工程地质勘察与评价；初选风电机组机型，提出风电机组初步布置方案；初拟土建工程方案和工程量；初拟风电场接入系统方案，并初步进行风电场电气设计；初拟施工总布置和总进度方案；进行初步环境影响评价；编制投资估算；项目初步经济评估。

2. 可行性研究

（1）按照《风电场工程可行性研究报告编制办法》（发改能源〔2005〕899号）相关规定，可行性研究报告应达到初步设计的深度要求，各技术报告应满足国家有关技术规定的要求。

（2）可行性研究报告的编制按照统筹规划、分期开发的原则，确定项目任务、规模和开发方案，论证项目开发的必要性及可行性；进行风能资源评估；查明风电场场址工程地质条件，给出相应的评价和结论；对项目的建场条件进行评价；提出风电机组优化布置方案；根据风电场最终可能达到的装机容量优化升压站布置方案和项目建设方案；进行工程投资估算和财务评价。

2.1.1.5 项目核准申报

按照《风电开发建设管理暂行办法》（国能新能〔2011〕285号）相关规定，5万kW以下项目向省级投资主管部门申报（由项目单位申报），5万kW及以上项目向国家投资主管部门申报（由省级投资主管部门申报）。根据项目核准管理权限，省级投资主管部门核准的风电场工程项目，须按照报国务院能源主管部门备案后的风电场工程建设规划和年度开发计划进行。

风电场工程项目核准申报需准备以下文件：

(1) 项目列入全国或所在省（自治区、直辖市）风电场工程建设规划及年度开发计划的依据文件。

(2) 项目开发前期工作批复文件、项目特许权协议或特许权项目中标通知书。

(3) 项目可行性研究报告及其技术审查意见。

(4) 土地管理部门出具的关于项目用地的预审意见。

(5) 环境保护管理部门出具的环境影响评价批复意见。

(6) 安全生产监督管理部门出具的风电场工程安全预评价报告备案函。

(7) 电网企业出具的关于风电场接入电网运行的意见，或省级以上政府能源主管部门关于项目接入电网的协调意见。

(8) 金融机构同意给予项目融资贷款的文件。

(9) 根据有关法律法规应提交的其他文件。

2.1.1.6　证照办理

在风电场建设过程中需办理以下证照：①《建设项目选址意见书》；②《建设用地规划许可证》；③《建设用地批准书》；④《建设工程消防设计审核意见书》；⑤《防雷装置设计核准书》；⑥《建设工程规划许可证》；⑦《施工图审查意见》；⑧《建设工程施工许可证》；⑨《土地使用证》等。

2.1.2　风电场项目投资决策理论

投资决策是指投资主体在调查、分析、论证的基础上，对投资活动所做出的最后决断，是决定项目成败的关键。风电场项目投资决策主要涉及两大主体：政府层面做宏观投资决策，是从国民经济综合平衡角度出发，对影响经济发展全局的投资规模、投资使用方向、基本建设布局以及重点建设项目、投资体制、投资调控手段和投资政策、投资环境的改善等内容做出抉择的过程；企业层面做微观投资决策，即项目投资决策，指在调查、分析、论证的基础上，对拟建工程项目进行最后决断，包括建设时间、地点、规模、技术上是否可行，经济上是否合理等问题的分析论证和抉择，是投资成败的首要环节和关键因素。

微观投资决策是宏观投资决策的基础，宏观投资决策对微观投资决策具有指导作用。

2.1.2.1　风电场项目投资战略理论分析

目前我国风电场项目的主要投资模式是政府规划管理、企业投资建设运营。风电场项目建设既要符合国家能源发展战略，又要满足投资企业的发展战略需求。

1. 风电场项目建设的国家战略

我国《能源发展战略行动计划（2014—2020）》中明确提出了绿色低碳的发展战略，在2015年巴黎气候大会向世界承诺，到2020年非化石能源占一次能源消耗比重

达15%，到2030年达20%左右。我国陆地和近岸海域可开发利用风能约10亿kW，风能资源储备量居世界首位，发展风电场项目符合我国发展战略。

目前我国风电场建设正处在由初始的粗犷发展阶段，向精细化、规范化建设管理迈进的过程中，需要深入推进“四个革命、一个合作”能源安全新战略，即推动能源消费革命，抑制不合理能源消费；推动能源供给革命，建立多元供应体系；推动能源技术革命，带动产业升级；推动能源体制革命，打通能源发展快车道；全方位加强国际合作，实现开放条件下的能源安全体。按照高质量发展的根本要求，构建清洁低碳、安全高效的能源体系，着力推动能源高质量发展。重点解决“弃风限电”和“平价上网”问题。

（1）减少弃风、提高风能利用率。弃风，是指在风电发展初期，风电机组处于正常情况下，由于当地电网接纳能力不足、风电场建设工期不匹配和风电不稳定等自身特点导致的部分风电场风电机组暂停的现象。需要从国家层面进行战略规划和整体协调，实现减少弃风、提高风能利用率。

（2）提高风电消纳水平，逐步实现平价上网。我国《风电发展“十三五”规划》提出，到2020年，风电场项目电价可与当地燃煤发电同平台竞争。通过竞争方式配置风电场项目和确定上网电价，逐步消除补贴，实现平价上网；引导风电场项目投资方依托自身技术进步和管理提升来控制成本。

2. 风电场项目建设的企业战略

目前我国风电场项目投资以国有企业为主，约占80%，民间投资为辅。在符合国家战略规划的情况下，风电场项目投资企业应从企业自身发展需求出发进行投资决策分析。

投资风电的国有企业以大型电力集团为主，在发展风电获利的同时，能否有利于完善自身电力产业结构，提升综合竞争力是其考虑的战略。地方中小企业参与风电场项目投资则更多地考虑项目投资收益。投资者通过投资机会研究来进行项目初选，通过详细的可行性研究来决策。

风能市场投资有双面性。一方面，机会难觅，稍纵即逝；另一方面，风电场项目投资巨大，“试错成本”高昂。因此，投资者既需要有敏锐的市场嗅觉，又需要做科学审慎的抉择。风电场项目的投资机会研究通常需要从以下方面来展开：

（1）从投资环境的角度进行分析。风电场项目作为一种经营性项目，需要重点进行市场需求分析，并兼顾社会需求。因此，需要对需求的内容和数量等参数进行分析。需求越大、越强烈，则工程项目的成功概率就越大。

（2）从发展战略的角度进行分析。这里需要分析拟投资风电场项目是否符合国家或企业的发展战略目标和战略规划，如果不相符，就应该适时放弃。

（3）从资源投入的角度进行分析。工程项目有资源的约束性，风电场项目受资源

约束的程度尤为严重。投资者需要从人力、物力、财力、技术以及自然资源等多个角度来分析对风电场项目的资源投入能力，做到适度举债、量入为出。

风电场项目漏斗法筛选模型如图 2-1 所示。

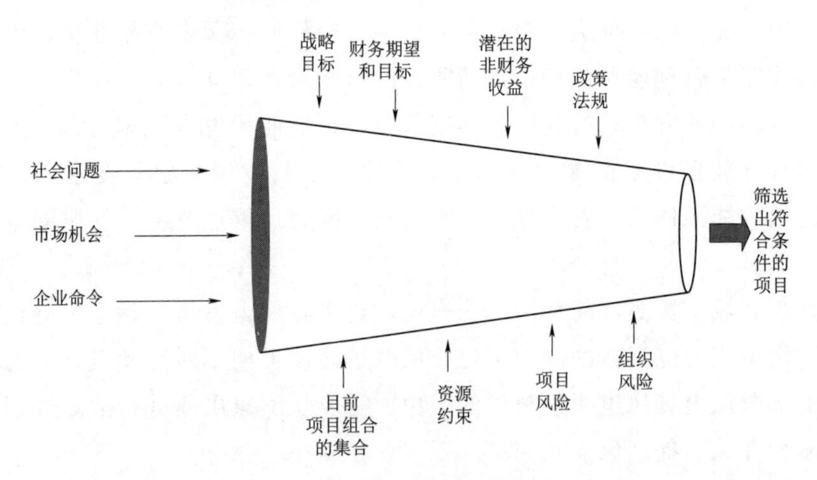

图 2-1　风电场项目漏斗法筛选模型图

图 2-1 左边为风电场项目起源的驱动因子，如市场机会、社会问题、企业命令等。项目初选，要秉持“以问题为导向，以机会为抓手，以命令为依据”的原则。由国家能源局《风电发展“十三五”规划》可知目前风电技术比较成熟，成本不断下降，风电是应用规模最大的新能源发电方式，预示着良好的市场机遇。

图 2-1 中间为项目筛选的条件，如战略目标、财务期望和目标、潜在的非财务收益、资源约束、政策法规、组织风险和项目风险等。在现阶段，风电场项目仍面临不少新的挑战，其中经济性仍是制约风电发展的重要因素，相较于传统的化石能源电力，风力发电的成本仍比较高，补贴需求和政策依赖性较强，行业发展受政策变动影响较大。因此，在考虑风电场项目投资时，需将面临的风险考虑进去。

图 2-1 右边表示经过各种分析与比较，初步筛选出符合条件的项目。

2.1.2.2　风电场项目投资决策的目标、原则与方法

为了减少决策失误，风电场项目投资方需要明确投资目标，综合考虑各种不确定因素，采用适合的决策方法进行辅助决策。

1. 投资目标

风电场项目既属于基础设施建设，又是经营性的工程建设项目，因此投资目标设置时既要考虑项目的经济财务目标，又要考虑项目的社会效益和环境效益目标。

在现今电价定价机制下，若不考虑煤电的资源、环境成本，不考虑风电的环境效益，风电成本和电价水平高于煤电成本和电价水平。但是如果考虑风电替代煤电的资源、环境效益，风电成本将与煤电相当。而且随着我国风电开发规模的不断扩大和风电技术的不断进步，风电机组价格、风电场投资和运行维护成本将逐渐降低，进而拉

低风力发电成本。因此，风电场项目投资目标是追求综合效益最大化。从我国经济社会发展对电力能源的需求和风能资源条件出发，通过合理选址、科学设计、精心施工、灵活经营，即可实现预期的项目投资经济效益；同时为国家节能减排和生态文明建设做出积极贡献，实现其社会效益和环境效益。

2. 决策原则

风电场项目投资决策和一般工程项目一样，需遵循以下原则：

(1) 坚持先论证后决策的程序。在决策过程中必须尊重客观规律、按照一定的科学决策程序进行决策，必须做到先对项目进行调查研究和论证，然后进行决策，杜绝“边投资，边论证”，更不应该采取“先决策，后论证”等违反客观规律的做法。

(2) 微观效益与宏观效益相结合，以国家利益为最高标准。风电场项目的宏观效益是指项目的实施能够为社会、国家带来的益处，具体反映在国民经济增长、社会效益等方面；风电场项目的微观效益是指项目的实施给投资者带来的自身收益。宏观效益和微观效益的关系十分密切，在项目决策时要充分考虑到两者的结合，以实现国家利益为最高标准。

(3) 与相关配套建设同步建设。一个具有现代先进水平的建设项目，都有一系列与之相关的配套建设项目，只有与这些项目的前后、左右、上下之间平衡和衔接，才能发挥整体的投资效益。

(4) 决策的法制性，即决策者要承担决策责任。建设项目尤其是工业项目的技术经济要求越来越复杂，必须在科学的理论和方法指导下，进行细致深入调查和论证，才能做出科学决策。

在对风电场项目做出决策时，可采用群决策、综合评级、风险型决策等方法。

2.1.2.3 风电场项目投资的政府治理分析

风电场项目的实施和运行对国民经济、外部环境和公众利益等都有较大的影响，需要政府在政策引导、立项审核、环境保护等方面进行监督管理。

1. 风电场项目立项制度

目前我国对工程项目投资立项的管理，依据其对经济社会的影响程度不同，分别采用审批、核准和备案三种立项制度。

在需要立项的项目中按投资许可类型分为禁止类、限制类、许可类、鼓励类四类，除去禁止类项目不予立项外，其余三种分别对应的报批程序为审批制、核准制和备案制。

(1) 审批制，包括政府投资类项目、银行政策性贷款类项目以及外国政府贷款类项目。

(2) 核准制，包括企业自主投资的但对经济社会有重大影响的项目，已列入《政府核准投资目录》的项目以及旅游、矿产、通信、水利、资源类项目。

(3) 备案制，包括企业自主投资的其他鼓励类和许可类项目，即对经济社会影响不大、需要充分放权于市场的项目。

为积极推进可再生能源（清洁能源）开发建设，政府积极鼓励社会资本参与到风电场项目建设中。但风电场项目投资数额较大，因此立项采用核准制。按照《风电开发建设管理暂行办法》（国能新能〔2011〕285号）第十六条规定，风电场工程项目按照国务院规定的项目核准管理权限，分别由国务院投资主管部门和省级政府投资主管部门核准。根据《中华人民共和国政府核准的投资项目目录》规定，总装机容量在5万kW及以上的风电场项目由国务院投资主管部门核准，其余风电场项目由地方政府投资主管部门核准。

2013年5月15日，《国务院关于取消和下放一批行政审批项目等事项的决定》正式发布，将企业投资风电场项目核准权由原来的国家发展改革委下放至地方政府投资主管部门，积极鼓励地方风电产业发展；但国家能源局仍需要实施年度核准计划，对风电场项目布局和规模的发展进行控制与引导。全国各省份风电场项目核准权限见表2-1。

表2-1　全国各省份风电场项目核准权限一览表（截至2021年）

序号	省（自治区、直辖市）	核准权限	序号	省（自治区、直辖市）	核准权限
1	北京	市级	17	湖北	省级、市（州）级
2	天津	市级、区级	18	湖南	省级
3	重庆	市级	19	广东	省级
4	上海	市级	20	海南	不核准
5	河北	市级	21	四川	省级、市（州）级
6	山西	省级	22	贵州	省级
7	吉林	省级	23	云南	省级
8	辽宁	省级	24	陕西	省级、市级
9	黑龙江	省级	25	甘肃	市（州）级
10	江苏	省级、市级	26	内蒙古	市级（盟行政公署）
11	浙江	省级、市级	27	青海	市（州）级
12	安徽	省级、市级	28	广西	自治区级
13	福建	省级	29	新疆	市（州）级（行政公署）
14	江西	省级、市级	30	西藏	自治区级
15	山东	市级	31	宁夏	自治区级
16	河南	市级、县级			

注：根据政府核准的投资项目目录及北极星电力网等相关资料整理。

2. 风电场项目环境治理制度

根据《风电场工程建设用地和环境保护管理暂行办法》（发改能源〔2005〕

1511号）规定，风电场项目实行环境影响评价制度。

风电场建设的环境影响评价由所在地省级环境保护行政主管部门负责审批。凡涉及国家级自然保护区的风电场项目，省级环境保护行政主管部门在审批前，应征求国家环境保护行政主管部门的意见。项目建设单位申报核准项目时，必须附省级环境保护行政主管部门的审批意见；没有审批意见或审批未通过的，不得核准建设项目。

2.2 风电场项目投资决策依据

2.2.1 风电场项目投资决策政策法规

2.2.1.1 国家级政策法规

2005年2月颁布的《中华人民共和国可再生能源法》是为了促进可再生能源的开发利用，增加能源供应，改善能源结构，保障能源安全，保护环境，实现经济社会的可持续发展而制定的。2009年12月全国人民代表大会常务委员会对该法进行了修改，指出国家实行可再生能源发电全额保障性收购制度，并对根据电网企业确定的上网电价与平均上网电价收购可再生能源电量时产生的费用差额从原来的分摊修改为补偿，进一步保障和促进可再生能源的发展。

2012年8月颁布的《可再生能源发展“十二五”规划》指出“十二五”规划的重点在于推动建设大型风电基地；加速我国内陆风能资源充足地区进行风电场开发；大为推广分布式并网风电场；促进我国海上风电场建设发展。《“十三五”国家战略性新兴产业发展规划》（以下简称《规划》）在“十二五”的基础上，强调更为高效的风电发展模式，要逐步完善电网的管理体系。《规划》指出要促进风电优质高效开发利用，大力发展智能电网技术，发展和挖掘系统调峰能力，大幅提升风电消纳能力；到2020年，风电装机容量达到2.1亿kW以上，实现风电与煤电上网电价基本相当，风电装备技术创新能力达到国际先进水平。围绕清洁能源比重大幅提高、弃风弃光率接近零的目标，完善调度机制和运行管理方式，建立适应清洁能源大规模发展的电网运行管理体系；完善风能、太阳能、生物质能等国家标准和清洁能源定价机制，建立清洁能源优先消纳机制；建立清洁能源发电补贴政策动态调整机制和配套管理体系。

2016年12月国家发展改革委颁布《可再生能源发展“十三五”规划》，提出要积极支持中东部分散风能资源的开发，加强中东部和南方地区风能资源勘察，至2020年，中东部和南方地区陆上风电装机规模达到7000万kW；在“三北”地区风电开发规模要逐步扩大，推动风电规模化开发和高效利用，到2020年，“三北”地区风电装机规模确保1.35亿kW以上；加快推进已开工海上风电场项目建设进度，鼓励沿海各省（自治区、直辖市）和主要开发企业建设海上风电场示范项目，带动海上风电产业化进程，到 2020 年，海上风电场开工建设 1000 万 kW，确保建成 500 万 kW；不断完善风电的管理体系，优化风电调度运行管理，建立辅助服务市场，加强需求侧管理和用户响应体系建设，提高风功率预测精度并加大考核力度，鼓励风电等清洁能源机组通过参与市场辅助服务和实时电价竞争等方式，逐步提高系统消纳风电的能力。

2.2.1.2　行业级政策法规

原电力工业部于 1994 年 4 月发布《风力发电场并网运行管理规定》，对规划建设管理、可行性研究阶段、上网电价的确定、运营和监控 5 个模块设置了相对应的电力负责部门和具体工作内容，使风电场的建设施工及运营管理专门化、透明化，保障每个建设实施阶段的科学管理和监督。2007 年 7 月 17 日原电监会审议通过《电网企业全额收购可再生能源电量监管办法》（以下简称《办法》），指出电力监管机构具体对八个方面实施监管：①电网企业建设可再生能源发电项目接入工程的情况；②发电机组与电网并网的情况；③电网企业及时提供上网服务的情况；④电力调度机构优先调度可再生能源发电的情况；⑤并网发电安全运行的情况；⑥电网企业全额收购可再生能源发电上网电量的情况；⑦发电电费结算的情况；⑧电力企业记载和保存可再生能源发电有关资料的情况。原电监会及其派出机构（以下简称电力监管机构）依照《办法》对电网企业全额收购其电网覆盖范围内的可再生能源并网发电项目上网电量的情况实施监管。

《风电发展“十二五”规划》提出了风电的装机容量及电量目标，并第一次要求我国风电产业重点发展省区的风力发电电量应占该省电能总消耗量的 10%以上份额。

工业和信息化部、国家发展改革委、国家能源局于 2010 年 4 月制定《风电设备制造行业准入标准》，提出包括生产企业的设立标准、工艺装备与研发测试所具备的条件和能力标准、产品质量和售后服务的保障要求、为使风电技术进步的鼓励政策、节能环保和资源综合利用的要求、安全生产与劳动保障的标准以及监督和管理的内容等七项标准细则，引导风电设备制造行业健康发展，防止风电设备产能盲目扩张，鼓励优势企业做大做强，优化产业结构，规范市场秩序。

在总结“十二五”规划成功经验的基础上，结合我国风电发展的新情况和新趋势，《风电发展“十三五”规划》提出了“十三五”风电发展的总量目标：到 2020 年，风电并网装机容量达到 2.1 亿 kW 以上，其中海上风电并网装机容量达到 500 万 kW 以上；风电年发电量达到 4200 亿 kW · h 以上，约占全国总发电量的 6%。该规划的核心任务是解决风电消纳问题，因此对风电建设布局有较大的调整，提出以促进风电就地消纳为导向，将风电开发主战场从“三北”地区适当调整到消纳能力好的中东部和南方地区；并且首次明确了消纳利用目标，将“有效解决风电消纳问题”作为规划的第一大重点任务。

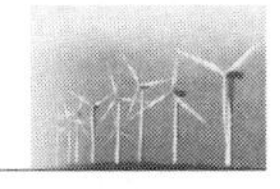

2.2.1.3 地方级政策法规

1. 能源及新兴产业地方总体规划性政策

“十三五”之后，各省市对于可再生能源和新兴产业的发展规划都相对于“十二五”时期进行了改进和更新，河南、河北、江西和山东等省份相继发布《关于“十三五”能源发展规划的通知》和《关于“十三五”战略性新兴产业的通知》，适应经济发展新常态，顺应能源发展新形势，科学谋划省市未来五年能源发展，制定可再生能源和新兴产业的发展总体规划目标和主要任务，其中对于风电场项目建设也提出了需大力推进等鼓励性规划。如河南省在《关于印发河南省“十三五”能源发展规划的通知》中提出鼓励符合条件的区域建设大型风电基地，重点推进资源条件较好的豫西北、豫西南和豫南开发建设；积极推进豫北、豫东等平原地区低风速发电项目建设，因地制宜推动分散式风电开发，并制定了“十三五”期间新增风电装机容量480万kW，累计达到600万kW的目标。

2. 分散式风电政策

由新能源大规模快速集中式开发导致的“三北”地区的弃风限电问题存在已久，尽管2017年以来已有所缓解，但是弃风问题仍持续存在。当前我国风电建设重心逐渐转移至东部、中部地区，分散式风电也迎来发展机遇期。目前贵州、河北、山西、河南、陕西、安徽等地纷纷布局分散式风电场项目。其中，河北在《河北省2018—2020年分散式接入风电发展规划》中计划2018—2020年开发分散式风电装机容量430万kW；河南在《关于下达河南省“十三五”分散式风电开发方案的通知》中表示拟建216.9万kW分散式风电；山西发布《关于山西省“十三五”分散式风电项目建设方案的公示》，计划分散式风电场项目开发建设规模达987.3MW；宁夏、天津等省（自治区、直辖市）也已明确将跟进编制分散式风电建设规划。

据不完全统计，截至2019年3月，我国已有10多个省（自治区、直辖市）下发关于分散式风电规划建设的通知，规划总容量超过900万kW。据统计，截至2020年仅河南、河北、山西三省分散式建设规模就已超700万kW。参照分布式光伏、分布式天然气等装机规模发展规律，预计到2020年，分散式风电装机容量将超过1800万kW，每年新增分散式风电装机容量增速为100%以上。

3. 海上风电政策

2016年11月，国家能源局正式印发《风电发展“十三五”规划》，提出到2020年年底，风电累计并网装机容量确保达到2.1亿kW以上的总量目标；其中海上风电并网装机容量达到500万kW以上，力争累计并网容量达到5GW以上，重点推动江苏、浙江、福建、广东等省的海上风电建设。

伴随着规划的出台，我国海上风电发展规划逐步明确，各省（自治区、直辖市）对于海上风电的建设推进也积极出台相应的政策为其保驾护航。例如广东省2018年出台的《关于海上风电、陆上风电项目竞争配置办法意见》和《广东省能源局关于广东省海上风电项目竞争配置办法（试行）》明确通过竞争性配置，选择具有投资能力、技术水平高、创新能力强、讲诚信的企业以获得广东省海上风电、陆上风电项目建设规模，引导海上风电、陆上风电产业升级和降低成本，提高国家补贴资金使用效益，推动风电产业健康有序发展。

2.2.2　风电场项目投资市场分析

2.2.2.1　电力需求分析

电力需求具有很强的地域性。由于各区域电力系统结构和产业结构的差异，不同区域的电力需求波动特性具有较大的差异；且电力系统建设具有投资大、建设周期长等特点，在进行投资决策时如果不能正确地对电力需求进行分析，将会使风电场建设投入使用后遇到更多的问题。因此对电力需求进行分析及预测对电网的项目投资具有重要的决策指导作用。电力需求分析可通过以下一些步骤开展。

1. 区域电力消费分析

风电场供电区域的电力消耗通常包括三大产业用电与居民用电。"十二五"以来，电力能源对于区域经济社会的快速发展具有强大的支撑作用，产业结构比重的转变与区域电力消耗增长直接相关。因此在进行风电场项目投资市场分析时，需要统计区域内三大产业用电与居民用电的消费水平和电耗强度，分析各产业和居民用电的电力消耗比重及增速，为电力需求分析提供基础性数据。

2. 区域电力需求变化分析

虽然区域电力消费分析能够反映出产业结构变化、产业单耗强度变化、人均用电水平变化对电力需求变化的影响，但不能反映这些因素对电力需求变化的影响程度。因此，需要通过计算能源弹性系数和能源消费强度对能源消费与产业结构之间的关系进行表征，或使用Granger因果关系检验方法、指数分解分析（IDA）等模型和工具分析我国电力需求与影响因素之间的协整关系和影响程度，得到各因素变化对电力需求变化的贡献程度，由此来分析该区域的电力需求变化。

3. 区域电力需求预测与分析

通过分析区域电力需求变化获得影响该区域电力需求的关键因素及因素波动对电力需求增长率的贡献后，再根据各省的国民经济和社会发展中对于该区域最新的区域功能、经济结构、人口控制规划调整，对该区域的电力需求进行预测，并将其与风能资源的预测供给量结合进行供给与需求平衡分析：①当该区域的电力需求大于风能资源供给量时，风能资源可以达到最高的使用效率，即风电场项目的目标效益可以实现最大化；②当该区域的电力需求不大于风能资源供给量时，表明目前的电力市场趋于饱和，由于风能能源属于清洁能源，可用于替代化石能源（如火力发电），因此对该

区域进行风电场投资建设，优先使用风力发电，符合我国提倡使用清洁能源保护环境的政策要求，有利于促进该区域电能的社会效益和环境效益最大化。

2.2.2.2 上网电价分析

风电场项目投资决策需考虑上网电价、容量投资成本、发电利用小时数三个关键因素。20 世纪 90 年代初至今，我国风电场的发展经历了试验示范阶段、产业化建设阶段和规模化发展阶段，风电上网价格政策处于不断变化中。归结起来，我国风电上网电价确定方式的政策大致经历了四个阶段。

1. 范围示范应用阶段（1986—2003 年）

这一时期建设的风电场主要用于科学试验或应用示范项目，未大规模投入商业化应用。因此，风电上网电价很低，与燃煤机组的上网电价相当，上网电价的收入仅够维持风电场的运行。例如 20 世纪 90 年代初期建成的新疆达坂城风电场，上网电价基本上与当地燃煤发电机组的上网电价持平，上网价格不足 0.3 元/(kW·h)。2000 年锡林风电场扩建的 6 台 330kW 风电机组，上网电价为 0.631 元/(kW·h)。

2. 招投标和审批电价并存阶段（2004—2005 年）

这一时期国家组织的大型风电场采用招投标的方式确定电价，将竞争机制引入风电场开发，以市场化的方式来确定风电上网电价；在省级项目审批范围内的项目，仍采用审批电价的形式。

从中标企业来看，项目的中标企业均为国有大型能源集团。有些企业为抢占风能资源开发的市场先机、争取风电发展的优先权和主动权，运用招投标电价政策规则，凭借强大的企业实力刻意压低投标电力价格，给私人企业和外商投资者设置市场进入壁垒，从而赢得项目的投资开发权。招投标电价政策的规则缺陷，给国有电力企业提供了制造壁垒的机会，直接影响了各类项目投资者参与风能资源开发的积极性。对于风电场而言，风电机组等效满负荷工作小时数至少应达到 2000h 才具有经济开发价值，结果导致很多企业退出竞争。

3. 招标加核准电价方式阶段（2006—2009 年）

这一时期，国家发展改革委相继启动了第四～六批风电特许权项目招标工作，如内蒙古锡林郭勒盟灰腾梁风电场、甘肃玉门昌马风电场等。从评标规则中，以最接近所有投标电价的平均值为中标电价，从而可以尽可能地、最大限度地降低项目投标过程中的非理性行为。

除通过特许权招投标制度确定风电上网电价外，国家发展和改革委还通过核准的方式核定了一批风电场项目的上网电价。

4. 分区域标杆上网电价阶段（2009 年至今）

2009 年 7 月底，国家发展改革委发布的《关于完善风力发电上网电价政策的通知》中，规定按照风能资源状况和工程建设条件将我国分为四类风能资源区，各区域相应制定风电标杆上网电价。四类风电标杆价格水平分别为0.51元/(kW·h)、0.54元/(kW·h)、0.58元/(kW·h)和0.61元/(kW·h)。四类风能资源区地区分布及标杆上网电价见表2-2。

表2-2　2009年至今我国四类风能资源区地区分布及标杆上网电价

单位：元/(kW·h)

资源区类别	标杆上网电价	各资源区所包括的地区
Ⅰ类	0.51	内蒙古自治区除赤峰市、通辽市、兴安盟、呼伦贝尔市以外其他地区；新疆维吾尔自治区乌鲁木齐市、伊犁哈萨克族自治州、昌吉回族自治州、克拉玛依市、石河子市
Ⅱ类	0.54	河北省张家口市、承德市；内蒙古自治区赤峰市、通辽市、兴安盟、呼伦贝尔市；甘肃省张掖市、嘉峪关市、酒泉市
Ⅲ类	0.58	吉林省白城市、松原市；黑龙江省鸡西市、双鸭山市、七台河市、绥化市、伊春市、大兴安岭地区；甘肃省除张掖市、嘉峪关市、酒泉市以外其他地区；新疆维吾尔自治区除乌鲁木齐市、伊犁哈萨克族自治州、昌吉回族自治州、克拉玛依市、石河子市以外其他地区；宁夏回族自治区
Ⅳ类	0.61	除Ⅰ类、Ⅱ类、Ⅲ类资源区以外的其他地区

有关四类风能资源区标杆上网电价政策的规定，可以理解为固定价格上网电价政策在我国可再生能源电力领域实施的开端，即按照不同资源条件的地理分布状况，采取不同的上网电力价格水平。在风能资源平均储量丰富、建设成本相对较低的地区，上网电价水平较低；在风能资源可开发利用条件不够理想、项目建设成本较高的地区，上网电价水平相对较高。

2.2.3　风电场项目投资环境分析

风电场的投资情况受到自然环境和风能资源的影响，在对风电场进行可行性研究时要对该地区的自然环境进行实地考察，对风能资源进行测量计算。

1. 自然环境初步分析

在进行可行性研究和投资分析时首先要对项目的自然环境进行分析，以判断其是否满足风电场建设要求。可以从以下方面进行分析：

（1）土地状况。土地平整度和开阔度好能够有效降低风速湍流，提高发电效率；土地区位条件也与征地难度、征地成本等因素相关。因此土地状况是选择风能资源开发区域中心时应考虑的因素。

（2）自然灾害情况。风电机组安装场址应尽量避开强风、冰雪、盐雾等严重的地域。强风对风电机组的破坏力很大，因此要求风电机组有很好的抗强风性能和牢固的基础。叶片结冰或者雪后，其质量分布和翼型会发生显著变化，致使风电机组产生振动，甚至发生破坏现象。气流中含有大量盐分，会使金属腐蚀，引起风电机组内部绝缘破坏和塔架腐蚀。

（3）地质条件。风电机组基础的位置最好是承载力强的基岩、密实的壤土或黏土等，并要求地下水水位低，地震烈度小。

（4）对缺少测风数据的丘陵和山地，可利用地形地貌特征进行风能资源评估。从地形图上可以判别较高平均风速的典型特征有：①经常发生强烈气压梯度的区域内的隘口和峡谷；②从山脉向下延伸的长峡谷；③高原和台地；④强烈高空风区域内暴露的山脊和山峰；⑤岛屿的迎风向和侧风向的峡谷。从地形图上可以判别较低平均风速的典型特征有：①垂直于高处盛行风向的峡谷；②盆地；③表面粗糙度大的区域，例如森林覆盖的平地等。

2. 风能资源初步分析

年平均风速、平均风功率密度、有效风功率密度、有效风能利用小时、极端气候发生频率等指标越大，表明风能资源越丰富，风能资源的开发难度越低，其开发价值也越大。

（1）年平均风速。年平均风速是一年中各次观测的风速之和除以观测次数，是最直观的能简单表示风能大小的指标之一。一般要求风电场建设地10m高处的年平均风速在6m/s左右，此时风能资源才有开发价值。

（2）平均风功率密度。平均风功率密度是一年中各次观测的通过单位截面积的风所含的能量的平均值，是决定风能潜力大小的重要因素。一般来说，地势低、气压高、空气密度大，风功率密度越高，风能潜力也越大。

（3）有效风功率密度。有效风功率密度是可利用的风能在切入风速到切出风速范围内的单位风轮面积上的平均风功率。

（4）有效风能利用小时。有效风能利用小时是一年中风速在切入风速到切出风速范围内的可利用时间，是反映风电场全年累计可发电时间的重要指标。

（5）极端气候发生频率。风向飘忽不定和瞬时狂风等极端气候对风电机组的抗疲劳性能提出了很高的要求。极端气候发生频率既影响正常的风力发电，也对风电机组寿命、维修成本有重要影响。

风功率密度等级见表2-3。

表2-3　风功率密度等级表

风功率密度等级	10m高度		30m高度		50m高度		应用于并网风电场
	风功率密度/(W/m²)	年平均风速参考值/(m/s)	风功率密度/(W/m²)	年平均风速参考值/(m/s)	风功率密度/(W/m²)	年平均风速参考值/(m/s)	
1	＜100	4.4	＜160	5.1	＜200	5.6	
2	100～150	5.1	160～240	5.9	200～300	6.4	
3	150～200	5.6	240～320	6.5	300～400	7.0	较好

续表

风功率密度等级	10m 高度		30m 高度		50m 高度		应用于并网风电场
	风功率密度/(W/m²)	年平均风速参考值/(m/s)	风功率密度/(W/m²)	年平均风速参考值/(m/s)	风功率密度/(W/m²)	年平均风速参考值/(m/s)	
4	200～250	6.0	320～400	7.0	400～500	7.5	好
5	250～300	6.4	400～480	7.4	500～600	8.0	很好
6	300～400	7.0	480～640	8.2	600～800	8.8	很好
7	400～1000	9.4	640～1600	11.0	800～2000	11.9	很好

2.3　风电场项目投资决策组织

2.3.1　风电场项目可行性研究的组织

风电场项目应在初步可行性研究完成，项目建议书上报发展改革委获得批复后，通常采用招标的方式，选定有合格资质的设计单位或工程咨询单位编写可行性研究报告。设计单位需要具备工程设计电力行业或电力企业（风力发电）专业乙级及以上资质，通常还需要同时具备工程勘察综合资质。可行性研究报告是在预可行性研究报告基础上进行的细化，同时还需要委托设计单位（可与可行性研究报告编制单位相同）进行地质勘察报告的编制。

1. 组织流程

可行性研究的组织流程如下：

（1）招标准备。根据自身组织评标的资质和能力确定招标方式和组织形式，可自行或者委托具有相应资质的招标代理机构办理招标事宜。

（2）发布招标公告。招标公告中必须明确项目内容、招标范围、投标人资格要求、招标文件出售日期与地点、合同付款方式、投标截止日期及开标时间地点等内容。

（3）编制发售招标文件。

（4）潜在投标人投标。投标文件应当依照相关法律法规的要求进行密封，并在投标截止日期前交与招标人或招标代理机构。

（5）开标。通常在规定的投标文件提交截止时间之后即刻进行开标，参加开标会议的投标人的法定代表人或其委托代理人应携带能够证明其身份的证件。

（6）评标。评标应坚持公平公正的原则，评标委员会必须严格依照招标文件中的评分步骤与方法，根据各潜在投标人提供的投标文件和资质，向招标人推荐最优的投

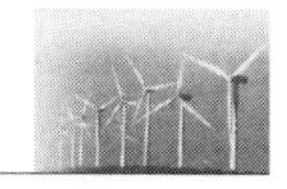

标人。

（7）中标。中标人应由评标委员会推选出中标候选人后，由招标人在规定时间内确定并公示。公示期间若没有异议提出，则最终确定中标单位，发出中标通知书并进行相关备案。

（8）签订合同。在中标通知书发出后，中标人应在不违背已达成协议实质内容的情况下，在规定的时间内与发包人签订合同，缴纳履约保证金。

2. 需要收集的资料

按照《风电场工程可行性研究报告编制办法》（发改能源〔2005〕899号）相关规定，可行性研究报告应达到初步设计的深度要求，各技术报告应满足国家有关技术规定的要求。进行可行性研究工作时应对风电场项目的建设条件进行深入调查，取得可靠的基础资料。需要收集的资料应当包括以下方面：

（1）项目规划审定的结论及预可行性研究成果。

（2）收集附近长期测站气象资料、灾害情况，长期测站基本情况（位置，高程，周围地形地貌及建筑物现状和变迁，资料记录，仪器，测风仪位置变化的时间和位置），收集长期测站近30年历年各月平均风速、历年年最大风速和极大风速以及与风电场现场测站测风同期完整的年逐时风速、风向资料。

（3）从风电场场址处收集至少连续一年的现场实测数据和已有的风能资源评估资料，收集的有效数据完整率应大于90%。

（4）收集风电场边界及其外延10km范围内1：50000地形图、风电场边界及其外延1～2km范围内1：10000或1：5000地形图，尽量收集风电场范围内1：2000地形图。

（5）场址区工程地质勘察成果及资料。

（6）风电场所在地的地区社会经济现状及发展规划、电力概况及发展规划、电网地理接线图和土地利用规划等。

（7）该风电场项目已取得的接入电力系统方案资料。

（8）风电场所在地的自然条件、对外交通运输情况。

（9）工程所在地的主要建筑材料价格情况及其有关造价的文件、规定。

（10）项目可享受的优惠政策等。

投资方将所需资料收集完整，提供给委托的设计单位，同时配合并督促设计人员进行可行性研究报告的编制和地质勘察工作。

2.3.2 风电场工程可行性研究的基本任务

投资方应在合同中明确可行性研究的具体任务，主要如下：

（1）确定项目任务和规模，并论证项目开发的必要性及可行性。

（2）对风电场风能资源进行评估。

（3）查明风电场场址的工程地质条件，给出相应的评价和结论。

（4）选择风电机组机型，提出风电机组优化布置方案，并计算风电场年上网发电量。

（5）根据风电场接入系统方案，确定升压变电站电气主接线及风电场风电机组集电线路方案，并进行升压变电站及风电场电气设计，选定主要电气设备及电力电缆或架空线路型号、规格及数量。

（6）拟定消防方案。

（7）确定工程总体布置，中央控制建筑物的结构型式、布置和主要尺寸，拟定土建工程方案和工程量。

（8）确定工程占地的范围及建设征地主要指标，选定对外交通方案、风电机组的安装方法、施工总进度。

（9）拟定风电场定员编制，提出工程管理方案。

（10）进行环境保护和水土保持设计。

（11）拟定劳动安全与工业卫生方案。

（12）编制工程设计概算。

（13）经济与社会效果分析。

2.4　风电场项目可行性研究

项目可行性研究是风电场前期管理具有决定性意义的工作。可行性研究可以判别投资决策上的合理性、技术上的先进性和适应性以及建设条件的可能性和可行性等，从而为投资决策提供科学依据。从风电场项目可行性研究报告编制规程来看，大致可以归为三部分内容：第一部分是项目概括说明，包括工程特性、综合说明、风能资源、工程地质、项目任务和规模等；第二部分是项目设计方案及影响因素，包括工程消防设计、土建工程、施工组织设计、工程管理设计、环境保护和水土保持设计、劳动安全与工业卫生设计等；第三部分是项目目标的评估测算，包括投资概算、财务评价与社会效果分析等。项目概括说明是研究基础，项目方案设计及影响因素分析是判别依据，项目目标的评估测算是核心。

陆上风电场可行性研究支持性文件主要包括土地预审报告、环境影响评价报告、选址规划意见书、水土保持方案报告、接入系统专题报告、地质灾害危险性评估报告、地震安全性评价报告、压覆矿产资源评估报告、安全生产预评价专题报告、节能评估报告、贷款承诺、社会稳定调查报告及评价等 12 个专题报告。其中土地预审报告、环境影响评价报告、接入系统专题报告和节能评估报告是必须编制的专题报告，

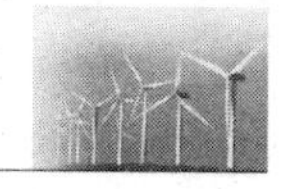

其他专题报告可根据各省级能源主管部门的要求和项目实际情况确定是否开展编制工作。专题报告编制完成后，应及时报请相关主管部门审查，并逐级上报相关行政主管部门办理批复文件。

海上风电场可行性研究支持性文件主要包括 10 个方面内容，分别是海上风电开发规划、项目开发权证书、项目可行性研究报告及技术审查意见、项目用海预审文件、环境影响报告书批复文件、项目接入电网的承诺文件、通航安全审查批复文件、安全预评价备案函、金融机构同意给予项目贷款融资的承诺文件以及根据有关法律法规应提交的其他文件。

2.4.1 项目概括说明

1. 工程特性表

用列表形式对风电场项目的场址、设备、土建、施工、概算指标和经济指标等工程特性进行总体描述。

2. 综合说明

综合说明是对可行性研究的具体研究内容进行概括总结，包括概述、风能资源、工程地质、项目任务和规模、机型选择和发电量估算、电气设计、工程消防设计、土建工程、施工组织设计、工程管理设计、环境保护和水土保持设计、劳动安全和工业卫生设计、节能、投资概算、财务评价与社会效果分析。

3. 风能资源

风能资源主要是对风电场场址的风能资源进行分析，评价其是否具有开发潜力。其主要工作内容有区域风能资源概况、气象站资料整理与分析、实测风资料的验证与订正、风电场风能资源综合评价、计算场址区代表年风能资源特征值 5 个方面。

4. 工程地质

工程地质主要对工程所在地的地貌、地质进行勘探与分析，判断是否满足工程建设需要。具体工作内容有工程概况、区域地质概况、场地工程地质条件 3 个方面。

5. 项目任务和规模

项目任务和规模主要是对风电场项目任务和规模进行分析，运用实地调研、网上调研、访谈等方式，结合我国能源可持续发展战略，通过对地区的社会经济概况、电力系统现状、电力发展规划、能源产业发展等各项调查分析，论证本地区开发风力发电的有利条件和资源优势。

2.4.2 项目方案设计

1. 机型选择和发电量估算

根据实际工程地质条件以及项目任务和规模，选择合适的风电机组机型，设计风电机组布置方案，计算风电场年理论发电量并修正。

2. 电气工程设计

电气部分需论证风电场电气工程部分的电气一次和电气二次的技术可行性和经济性。

电气一次具体工作内容有确定风电场接入电力系统方式、确定电气主接线方式（包括风电场电气主接线和升压站电气主接线）、主要电气设备选择（风电场主要电气设备和升压站主要电气设备）、制定过电压保护及接地措施（风电场过电压保护及接地和升压站过电压保护及接地）和升压站照明及动力设计 5 方面。

电气二次具体工作内容有监控系统设计（风电机组监控系统和升压站监控系统）、制定风电场继电保护措施（机组升压变保护、升压站元件保护、系统继电保护和安全自动装置）、系统调度自动化设计（远动系统、电能量计量系统、电能质量监测装置、风电功率预测系统、有功功率控制系统和无功电压控制系统）、交直流控制操作电源设计、火灾自动报警及消防联动系统设计、配置电工试验室、通信系统设计（风电场通信和升压站通信）。

3. 工程消防设计

针对拟建工程的消防设计进行论证，包括消防设计依据及原则、变电站消防给水、消防配电、暖通空调防火及防排烟、火灾自动探测报警系统及消防控制系统等，主要论证工程消防设计是否满足要求以及是否具有可行性。

消防涉及的法律法规和技术规程规范如下：

(1)《中华人民共和国消防法》。

(2)《建筑设计防火规范》(GB 50016)。

(3)《水喷雾灭火系统技术规范》(GB 50219)。

(4)《自动喷水灭火系统设计规范》(GB 50084)。

(5)《电力设备典型消防规程》(DL 5027)。

(6)《建筑灭火器配置设计规范》(GB 50140)。

(7)《火灾自动报警系统设计规范》(GB 50116)。

(8)《火力发电厂与变电站设计防火标准》(GB 50229)。

(9)《爆炸危险环境电力装置设计规范》(GB 50058)。

(10)《建设工程施工现场消防安全技术规范》(GB 50720)。

拟建风电场的消防设计应遵循《中华人民共和国消防法》及国家有关的方针政策，贯彻“预防为主，防消结合”的消防工作方针，针对工程的具体情况，积极采用行之有效的先进防火技术，做到保障安全、使用方便、经济合理。风电场的消防设计遵循“自救为主，外援为辅”的原则。变电站所有电力设备房间应按《电力设备典型消防规程》(DL 5027) 配置灭火设备。风电场考虑采用消防报警方式，站用电电源的

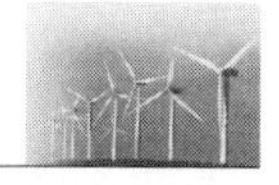

设置应满足消防供电的要求。电力电缆选用A类阻燃电缆，并做好孔洞封堵，设置有效的火灾事故照明和疏散标志灯具。

工程消防设计的可研内容主要有建（构）筑物防火间距、建筑消防设计、主变压器消防设计、消火栓给水系统、灭火设施与器材、消防配电、暖通空调防火及防排烟、火灾自动探测报警系统及消防控制系统、变电站电缆防火、施工消防、风电机组及箱变的消防设计11个方面。

4. 土建工程可研

土建工程可研的内容包括工程等别及建筑物级别、工程地质条件、风电机组基础及箱变基础设计、风电场建筑结构设计、风电场建筑给排水设计及地质灾害治理6个方面。

5. 施工组织设计

从组织管理与技术层面论证项目的可实施性与可施工性，对拟建工程的施工提出全面的规划、部署、组织、计划，作为施工准备和指导施工的依据。施工组织设计主要有确定施工条件、总体部署方案、交通运输条件、工程用地征用方案、施工方案和进度安排6方面工作。

编制方法：参考《建筑施工组织设计规范》（GB/T 50502)、《风力发电工程施工与验收规范》（GB/T 51121）等规范。

6. 工程管理设计

工程管理设计是对拟建工程的施工管理进行规划部署，包括：确定工程管理机构，落实管理范围及责任；提供主要管理设施；制定工程管理措施，以保证工程的有序施工。

编制方法：参考《建设工程项目管理规范》（GB/T 50326）等。

7. 环境保护设计

为加强建设项目的环境保护管理，根据《中华人民共和国环境保护法》、《风电场工程前期工作管理暂行办法》（发改办能源〔2005〕899号）及相关技术规定、《建设项目环境保护管理条例》（2017）（国务院令第253号）及《建设项目环境保护管理办法》[（86）国环字003号]进行环境保护设计，以实现生态环境、地表水环境、环境空气质量和声环境目标。

施工期环境影响分析包括施工对生态环境影响，施工对土地利用补偿方案的设计，噪声影响，扬尘和废气影响，施工期废、污水排放的影响，固体废物的影响，对相关人群健康的影响等内容，并对生态环境、水环境、声环境、空气环境等进行保护方案设计，提出固体废弃物对策措施和工区卫生管理措施。

运行期环境影响分析包括噪声影响、对生态环境的影响、电磁辐射影响、对水环境的影响、固体废弃物影响、对社会经济的影响、对自然景观的影响等内容。

8. 水土保持设计

水土保持工作即通过各种水土保持措施，预防和管理水土流失，保护和合理利用水土资源，改善生态环境，维护生态平衡，确保工程所处环境不受污染和破坏。具体工作有项目区水土流失现状及防治情况、主体工程水土保持评价、水土流失防治责任范围及防治分区、水土流失预测、水土流失防治标准、防治措施、进度安排及施工组织、水土保持监测、水土保持投资估算和水土保持方案实施的保证措施等。

9. 劳动安全与工业卫生设计

风电场项目建设过程中，需要确保劳动者的安全，同时通过改善劳动条件，促进风电场项目建设的顺利进行。工业卫生对项目建设至关重要，直接到关系劳动者的身体健康。因此，应主要从设计依据、任务和目的，工程安全与卫生危害因素分析，劳动安全与工业卫生对策措施，机构设置、人员配备及管理制度，编制事故应急救援预案，确定专项工程量、投资概算，评价预期效果，存在的问题与建议等方面对风电场项目建设的劳动安全与工业卫生进行设计。

2.4.3　项目预期目标实现评估测算

1. 项目节能评估测算

项目节能评估测算主要对风电场进行节能分析，分析工程耗能情况及主要节能降耗措施，判断项目各项节能指标是否均能满足国家有关规定的要求，进而对项目做出可行性评价。

（1）工程能耗种类、数量分析和能耗指标。根据项目特点分别确定原材料能耗种类、数量分析和能耗指标，施工期能耗种类、数量分析和能耗指标，运行期能耗种类、数量分析和能耗指标等。

（2）主要节能降耗措施。工程实际采用的主要节能降耗措施主要从工程节能降耗设计、原材料节约措施、施工期节能降耗措施、运行期节能降耗设计及有关措施等方面展开。

2. 投资概算

投资概算是可行性研究报告的重要组成部分，是进行项目财务评价的依据；经审查后，投资概算是控制固定资产投资规模和进行工程审计、项目法人筹措建设资金和控制、管理工程造价的依据。投资概算主要分析风电场项目投资概算情况，说明工程投资概算编制依据以及投资概算技术经济指标。

风电场工程总费用由风电场工程费用、其他费用、基本预备费、价差预备费、建

设期利息 5 部分组成。风电场项目投资概算编制流程如图 2－2 所示。

工程投资概算须参照水平年价格编制，并依据《陆上风电场工程设计概算编制规定及费用标准》（NB/T 31011）、《陆上风电场工程概算定额》（NB/T 31010）、《风电场工程勘察设计收费标准》（NB/T 31007）等国家级有关部门颁布的法律、法规、规章进行编制。

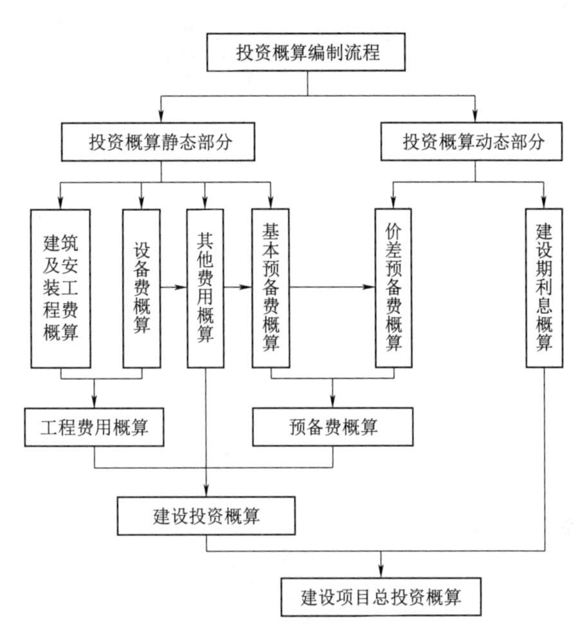

图 2－2　风电场项目投资概算编制流程

编制工程投资概算须得出工程各项技术经济指标，主要技术经济指标见表 2－4。同时，需要根据概算编制依据填写概算表，概算表包括总概算表、施工辅助工程概算表、设备及安装工程概算表、建筑工程概算表、其他费用概算表。

表 2－4　主要技术经济指标表

风电场名称		风电机组设备价格/(元/kW)		
建设地点		塔筒(架)设备价格/(元/t)		
设计单位		风电机组基础单价/(元/座)		
建设单位		升压站(土建)/(元/座)		
装机规模/MW		主要工程量	土石方开挖/m^3	
单机规模/kW			土石方回填/m^3	
年发电量/(亿 kW·h)			钢筋/t	
年利用小时数/h			混凝土/m^3	
静态投资/万元			塔筒(架)/t	
工程总投资/万元		建设用地面积	永久用地/亩	
单位千瓦投资/[元/(kW·h)]			临时用（租）地/亩	
单位电量投资/[元/(kW·h)]		计划施工时间	第一批（组）机发电工期/月	
建设期利息/万元			总工期/月	
送出工程投资/万元		生产单位定员/人		

3. 财务评价与社会效益评价

项目盈利能力是任何新建项目所必须考虑的重要因素，风电场项目对风能的高效利用，有利于节能减排，促进经济可持续发展，社会效益显著。对风电场的财务评价和社会效益分析的具体内容见表 2－5 和表 2－6。

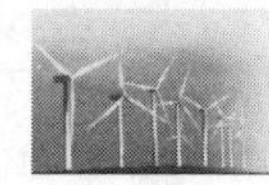

表2-5　财务评价表

序列	内容	要　　求	方法或步骤
1	盈利能力	净现值 NPV 要求如下： (1) 当 $NPV>0$ 时得到超额收益，因此该项目可行。 (2) 当 $NPV=0$ 时，在经济层面上项目上或不上没有明显区别，此时应当根据行业所处属性及其他条件水平对项目的实施与否进行辅助判断。 (3) 当 $NPV<0$ 时，说明该项目盈利低于行业基准收益率的要求，因此认定该方案不可行	净现值 NPV 计算公式为 $$NPV=\sum_{i=1}^{n}(ci-co)_t(1+i_c)^{-t}$$ 式中　$(ci-co)_t$——第 t 年的净现金流量； n——项目计算期； i_c——基准收益率。 查阅相关行业标准后，取风电场项目的基准收益率为8% 计算内部收益率。内部收益率 IRR 就是使项目投资方案在计算期内各年净现值累计等于零时的折现率，即 $$NPV=\sum_{i=1}^{n}(ci-co)_t(1+i_c)^{-t}=0$$ 通过与行业基准收益率 i_c 相比判断是否可行
		内部收益率 IRR 要求如下： (1) 若 $IRR>i_c$，则项目在经济上可以进行。 (2) 若 $IRR=i_c$，说明项目在经济上等于行业标准，勉强可行。 (3) 若 $IRR<i_c$，则项目在经济上不可行，没有开展的必要	
		将项目的投资回收期 T 与行业的标准投资回收期 T_n（$T_n=15$）进行比较： (1) 当 $T<T_n$ 时，说明项目能在规定的时间内收回全部投资，其经济性较好，项目可行。 (2) 当 $T>T_n$ 时，说明项目收回投资的年限超过了行业规定的范围，因此是不可行的，应予拒绝	(1) 动态投资回收期的计算公式为 动态投资回收期＝累计净现金流量开始出现正值年份数$-1+\dfrac{\text{上年净现金流量折现的绝对值}}{\text{当年净现金流量折现值}}$ (2) 与行业的标准投资回收期 $T_n=15$ 年进行比较来判度项目是否可行
2	清偿能力	资产负债率要求如下： (1) 资产负债率保持在60%～70%之间时比较合理，能够保证风电场项目经营管理安全、稳健、有效，同时具备较强的融资能力。 (2) 当资产负债率达到85%以上时应发出预警信号，对投资者和项目本身予以警示	(1) 计算资产负债率。公式为 $$\text{资产负债率}=\frac{\text{负债总额}}{\text{资产总额}}$$ (2) 与行业标准值0.7做对比判断项目可行性
		流动比率越高，说明偿还流动负债的能力越强。行业间流动比率会有很大差异，对风电行业而言，通常的行业标准值是2。 (1) 若流动比率远大于2，说明项目虽然现金流充裕，但是其现金流不能有效地用于产生更大的效益，对项目今后的发展、运营不利。 (2) 若流动比率低于2，则说明项目的短期偿债风险较大，运营存在巨大的资金隐患	(1) 计算流动比率。公式为 $$\text{流动比率}=\frac{\text{流动资产合计}}{\text{流动负债合计}}$$ (2) 与行业标准值2做比较，判断项目的可行性

续表

序列	内容	要　求	方法或步骤
3	经营能力	对风电场项目而言，通过流动资产周转率的对比分析，可以加强项目的内部管理，充分有效地利用流动资产，如降低成本、调动暂时闲置的货币资金用于短期投资创造收益等，还可以促进项目扩大规模加速发展形成规模效应，提高流动资产的利用效率	(1) 计算流动资产周转率。公式为 $$流动资产周转率=\frac{销售收入}{(期初流动资产+期末流动资产)/2}$$ (2) 与行业标准值1做比较，判断项目可行性
		风电场项目的经济敏感性分析，就是根据项目特点，对一些变量如投资金额、上网电量和上网电价方面进行单因素敏感性分析，考察它对项目的净现值流量、资本金内部收益、投资回收期和净利润率等方面造成的影响	(1) 确定风电场经济性的主要变量。如投资金额、上网电量和上网电价。 (2) 通过对上述变量的变动，考察它对项目的净现值流量、资本金内部收益，投资回收期和净利润率等方面造成的影响，找出主要的影响因素和允许变动的范围，并对这些因素采取相应的预防措施来降低项目在经济上的风险

表2-6　社会效益评价表

序列	内容	要　求	方法或步骤
1	自然环境	节约能源	(1) 计算建成后风电场的发电量。 (2) 计算风电场每产生1kW·h电量能够节约的燃煤量和水。 (3) 计算节能总量
		将风电场的环境效益进一步以资金的形式量化分析，则风电场与燃煤电厂相比，其社会效益评价由减排效益、节能效益和其他效益三部分构成	设B为环境和社会效益的量化值，P为减排措施所需要的费用，Q为每千瓦时风电的减排量，则有：$B=PQ$ $B=B_{粉尘}+B_{CO_2}+B_{SO_2}+B_{NO}+B_{节煤}+B_{节水}+B_{运输}+B_{风沙}$
		减少生态破坏	国外已有研究表明，候鸟迁徙过程中，路径上与叶片碰撞的年概率为0.0015%～0.009%
2	社会经济	促进社会就业	将风电场项目所促进的就业人数分为直接就业人数和间接就业人数。 直接就业效益=直接就业人数×该地区年平均工资 间接就业效益=间接就业人数×该地区年平均工资
		促进经济发展： (1) 项目实施能够带动当地原材料及建筑、加工等相关产业发展。 (2) 建设、运营过程中产生的上千万的直接施工费和税收。 (3) 风电场与附近旅游景点的有机结合，拉动第三产业	根据乘数理论，风电场项目的建设将带来比项目投资大得多的国民经济增长。由此，可以将拉动经济中指标表示为 $$Y=KX$$ 式中　K——乘数； X——追加投资
		加快地区建设	风电场项目在促进区域均衡发展中的作用，可以从风电场项目的存在对缩减当地基础设施建设、当地经济增长、居民生活水平、与外部联系程度、科技进步等方面与其他地区的差距来分析

2.5　风电场项目立项

国家对不需要国家财政性资金支持，但列入政府核准目录的重大和限制类企业投资项目实行核准制。政府主要从社会和经济公共管理的角度，从维护经济安全、合理开发利用资源、保护生态环境、优化重大布局、保障公共利益、防止出现垄断等方面进行审核；对于外商投资项目，政府还要从市场准入、资本项目管理等方面进行核准。核准的内容主要是投资项目必须满足的外部条件，同时对核准的时限和核准文件的有效期有明确规定。风电场项目立项采用核准制。

2.5.1　风电场项目立项程序

项目前期审批主要有以下三个阶段：

1. 项目规划阶段

依据行业惯例，项目公司一般在进行风电场宏观选址后、开展前期工作前，根据风电场开发范围，与市（县、区、镇）级人民政府签订“风电项目开发协议”。

2. 项目前期工作阶段

根据各个地区的不同，有的地区要求做预可行性研究，有的地区不要求；有的地区需要先发路条，有的地区预可行性研究评审后发路条。但是总体上，该阶段属于完成预可行性研究、前期测风数据的整理、土地性质的调查、接入条件的调查等前期勘测阶段。

企业在完成选址测风、风能资源评估、预可行性研究等工作后，应当向能源主管部门提出开发前期工作的申请并编制申请报告，经能源主管部门同意后开展后续前期工作。

企业取得主管部门出具的开展前期工作的批复后，方可开展项目可行性研究。根据《风电场工程前期工作管理暂行办法》第十二条，“风电场工程可行性研究在风电场工程预可行性研究工作的基础上进行，是政府核准风电项目建设的依据。风电场工程可行性研究工作由获得项目开发权的企业按照国家有关风电建设和管理的规定和要求负责完成。”

3. 项目核准阶段

（1）为做好地方规划及项目建设与国家规划衔接，根据项目核准管理权限，省级投资主管部门核准的风电场项目，必须按照报国务院能源主管部门备案后的风电场项目建设规划和年度开发计划进行。

（2）风电场项目按照国务院规定的项目核准管理权限，分别由国务院投资主管部门和省级投资主管部门核准。

由国务院投资主管部门核准的风电场项目，经所在地省级能源主管部门对项目申请报告初审后，按项目核准程序，上报国务院投资主管部门核准。项目单位属于中央企业的，所属集团公司需同时向国务院投资主管部门报送项目核准申请。

(3) 项目单位应遵循节约、集约和合理利用土地资源的原则，按照有关法律法规与技术规定要求落实建设方案和建设条件，编写项目申请报告，办理项目核准所需的支持性文件。

(4) 风电场项目申请报告应达到可行性研究的深度，并附有下列文件：

1) 项目列入全国或所在省（自治区、直辖市）风电场项目建设规划及年度开发计划的依据文件。

2) 项目开发前期工作批复文件或项目特许权协议，或特许权项目中标通知书。

3) 项目可行性研究报告及其技术审查意见。

4) 土地管理部门出具的关于项目用地的预审意见。

5) 环境保护管理部门出具的环境影响评价批复意见。

6) 安全生产监督管理部门出具的风电场工程安全预评价报告备案函。

7) 电网企业出具的关于风电场接入电网运行的意见，或省级以上能源主管部门关于项目接入电网的协调意见。

8) 金融机构同意给予项目融资贷款的文件。

9) 根据有关法律法规应提交的其他文件。

(5) 风电场项目须经过核准后方可开工建设。项目核准后 2 年内不开工建设的，项目原核准机构可按照规定收回项目。风电场项目开工以第一台风电机组基础施工为标志。

风电场项目立项程序如图 2-3 所示。

2.5.2 风电场项目立项资料

(1) 完成项目申请报告编制工作。项目申请报告在可行性研究报告的基础上编写，报告中应附带项目核准所需的全部支持性文件。项目单位、基层能源主管部门应按要求逐级上报项目申请报告，申请项目核准。

(2) 列入项目开发计划。项目已列入全国或所在省（自治区、直辖市）风电场工程建设规划及年度开发计划的依据文件。

(3) 取得项目前期工作开展的批复文件。项目开发前期工作批复文件，或项目特许权协议，或特许权项目中标通知书齐全。

(4) 项目可行性研究报告经过审查并收口。

(5) 取得用地预审意见书。项目应取得国土资源主管部门出具的关于项目用地的预审意见。

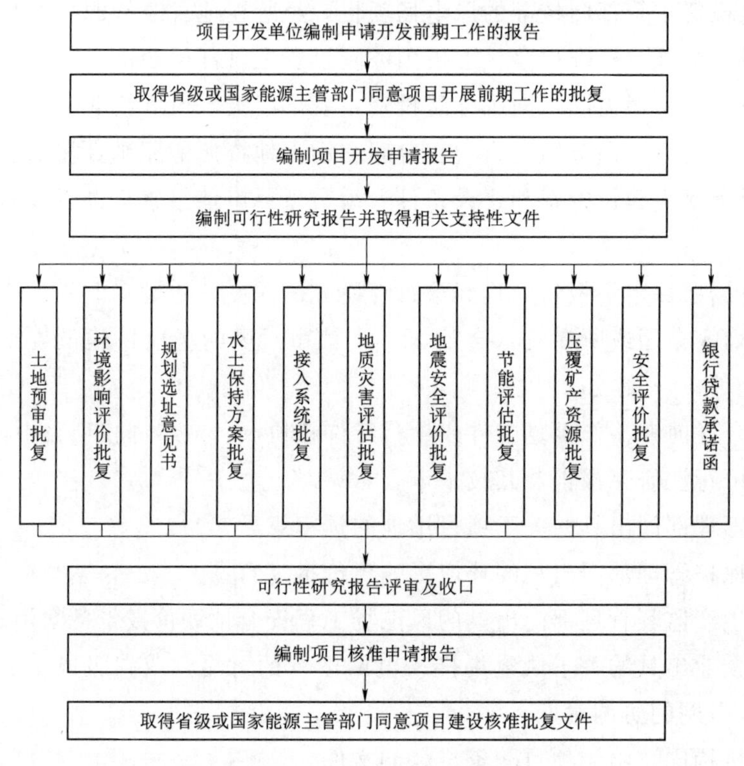

图2-3　风电场项目立项程序

(6) 取得项目环境影响评价批复意见。项目应取得环境保护主管部门出具的项目环境影响评价批复意见。

(7) 取得工程安全预评价报告备案函。项目应取得省级安全生产监督管理部门出具的风电场工程安全预评价报告备案函。

(8) 取得接入电网运行的意见书。项目应取得电网企业出具的关于风电场接入电网运行的意见，或者省级以上能源主管部门关于项目接入电网的协调意见。

(9) 取得金融机构同意给予项目融资贷款的文件。

(10) 取得有关法律法规规定应提交的其他文件。

第3章　风电场项目发包与组织标准化管理

风电场项目类型多样，管理环境复杂多变，任何一种外部或内部、客观或人为管理因素的变化都会给项目的顺利完成带来影响。风电场项目的发包是项目实施阶段的一项重要工作内容，它贯穿于项目实施全过程中的多个环节。常用的发包方式都有其不同的优势和局限性，适用于不同种类、不同规模、不同地域的风电场项目。组织是一切管理活动取得成功的基础。项目管理组织的主要目的是充分发挥项目管理职能，提高项目管理的整体效率，以达到项目管理的目的。因此，如何结合风电场项目的具体情况和现实条件，选择适宜的组织与发包方式是风电场项目标准化管理的重要内容。

3.1　风电场项目发包与组织策划基础

风电场项目发包与组织策划，即风电场项目发包方式、业主方管理组织方式和项目管理组织的设计或规划。这些工作是风电场项目目标管理等的基础性工作，一般要首先做好安排。

3.1.1　风电场项目发包与组织相关概念

1. 项目发包与发包方式

在工程建设领域，项目发包是指建设单位（或总承包单位）将工程任务（勘察、设计、施工等）的全部或部分通过招标或其他方式，交给具有从事工程建设活动法定从业资格的单位完成，并按约定支付报酬的行为。风电场项目作为一种特殊的工程项目亦是如此。风电场项目由多个子项目组成，包括风电机组建设、集电线路铺设安装、升压变电站建设等一系列工程，而建设的过程又基本可以分为设计、采购和施工。风电场项目的业主方可以将整个工程的设计、采购、施工任务分别选择不同的设计、采购和施工单位来完成，也可以选择一家具有设计、采购和施工能力的企业单独完成所有任务。

工程发包方式确定了业主与其他项目参与方之间的关系和相应的合同安排。不同的发包方式适应项目特性的功能不同，所反映出的合同关系和各参建方之间的职责也不同，其本质上是由业主方将工程的建设任务进行合理分解，选择相应的承包商去完成的项目开展方式。

工程发包方式在很大程度上决定了项目的建设速度、成本、质量和合同管理方式。在整个工程建设领域，目前出现了多种发包方式，不同的发包方式特点不同，适用范围也不同。采用不同的发包方式，其技术经济效果差异很大。业主方在选择发包方式时，需要考虑多方面因素，谨慎地进行决策。正确选择风电场项目的发包方式对维护项目各方的利益具有非常重要的意义。

2. 业主方管理组织方式

工程项目管理组织方式是项目管理能否有效运行的关键，项目管理组织方式的好坏对于是否充分调动现有人力、物力资源，充分利用管理经验，发挥各方面积极性有直接的影响。

一个工程项目往往由许多参建单位承担不同的建设任务，而各参与单位的工作性质、工作任务和利益不同，因此就形成了不同类型的项目管理。按工程项目不同参与方的工作性质和组织特征划分，工程项目管理有业主方的项目管理、施工方的项目管理、供货方的项目管理等类型。其中：投资方、开发方和由咨询公司提供的代表业主方利益的项目管理服务都属于业主方的项目管理；施工总承包方和分包方的项目管理都属于施工方的项目管理；材料和设备供应方的项目管理都属于供货方的项目管理。由于业主方是建设工程项目生产过程的总集成者——人力资源、物质资源和知识的集成，业主方也是建设工程项目生产过程的总组织者；因此对于一个建设工程项目而言，虽然有代表不同利益方的项目管理，但是业主方的项目管理是管理的核心。

本章中项目管理组织主要是指业主方的项目管理组织。根据项目具体特点，业主方的项目管理通常采用不同的管理方式。根据业主在项目管理中的地位、作用以及参与度可以将业主方管理方式分为自主管理方式、委托管理方式和业主方与项目管理（咨询）单位合作的管理方式。

3. 项目管理组织结构

从项目管理的角度说，项目管理组织是为了完成某个特定的项目目标而由不同部门、不同专业的人员组成一个特别的工作团队或集体，通过人员计划、组织、领导、协调与控制甚至创新等活动，对项目所需的各种资源进行合理优化设置，以确保项目综合目标的实现，因此，工程项目管理组织具有临时性、目标性、柔性、强调资源优化配置等特点。

项目管理组织是实现项目目标的基础。项目管理组织类型多样，每种项目管理组织形式都有其各自的优点和缺点，有其各自适用的条件和场合。典型的项目管理组织类型有职能式、项目式、矩阵式三种。

（1）职能式。职能式是按照职能原则而建立的项目级组织类型，它是在直线职能

型工程公司里，在不打乱原有建制的条件下，只通过企业纵向常设的不同职能部门组织完成项目，各部门发挥各自组织职能并相互协作达到目标。各级直线主管都配有通晓所涉及业务的各种专门人员，直接向下级作出指示。即组织内除直线主管外还应相应地设立一些职能部门，分担某些职能管理的业务，这些职能部门有权向下级部门下达命令和指示。因此，下级部门除接受上级直线主管的领导外，还必须接受上级各职能部门的领导和指示。该管理组织方式不适用于大型复杂的工程项目，更不适用于项目多、项目交叉严重的工程公司的管理，因而局限性较大。这种项目组织类型一般适用于小型简单项目或单一专业型项目，不需要涉及许多部门。

（2）项目式。项目式组织是将项目从公司组织中分离出来，作为独立的单元来处理，有其自己的技术人员和管理人员。在现有组织中抽调项目所需的人员组成一个综合项目组，这些成员原则上属于项目组，所有要员在项目进行中基本中断了和原所在部门的领导关系，相当于重新建立一个新的部门或组成综合室。项目式管理组织形式就是将项目的组织形式独立于公司职能部门之外，由项目组织自己独立负责其项目主要工作。

（3）矩阵式。矩阵式组织是为了最大限度地发挥项目式和职能式组织的优势，尽量避免其弱点而产生的一种组织类型。它是在职能式组织的垂直结构上叠加了项目式组织的水平结构。矩阵式管理是最常见的项目组织类型。项目成立之后，承包商任命项目经理，项目经理组建项目部。项目经理根据项目的需要设立项目管理组织和岗位，项目部人员根据项目的范围、规模和复杂程度而定。项目部人员由专业职能部门委派，在项目实施过程中，项目部人员接受项目经理和职能部门的双重管理，项目的工作任务由项目经理下达，工作程序和技术支持由专业部门保障。两者相互融合，最终达到资源优化配置、提高效益的目的。

上述三种项目管理组织类型的主要属性比较见表 3-1。

表 3-1　三种项目管理组织类型的主要属性

属性	职能式	项目式	矩阵式
组成人员	项目部是一个松散性的组织，部分成员有一个明确且不属于项目经理领导的直接上司，各项工作按企业职能划分到相关部门展开，少部分固定、大部分机动	每个项目都组建一支独立于企业常设机构之外的项目管理机构，由项目经理领导，项目经理拥有独立的人、财、物支配权	承包商组成项目团队，由指定项目经理领导，人员相对固定，每个项目部内部拥有专职、兼职管理人员，从企业相关职能部门中挑选人员
项目经理投入时间	半职	全职	部分或全部
项目经理权限	较小	很大，甚至全权	有限
项目性质	依附于某企业或上级部门，不具备独立法人资格	具备独立法人资格	多种形式

续表

属性	职能式	项目式	矩阵式
优点	（1）人力资源使用灵活。 （2）没有重复性工作。 （3）专业技术共享。 （4）管理具有连续性	（1）指令一致。 （2）团队目标统一。 （3）决策迅速。 （4）团队成员易于沟通。 （5）资源团队控制灵活	（1）有效利用资源。 （2）工作效率高、反应迅速。 （3）专人专项工作。 （4）沟通良好
缺点	（1）管理没有权威性。 （2）不利于交流。 （3）不注重客户	（1）资源配置重复浪费。 （2）沟通交流不便。 （2）易出现“小团体”思想	（1）管理权力平衡困难。 （2）多头领导。 （3）不利于信息交流共享

3.1.2 风电场项目发包与管理组织方式分类

3.1.2.1 项目发包方式的分类

按工程项目设计与施工是否搭接、是否一体化，可将工程发包方式分为设计与施工相分离的方式和设计与施工相融合的方式。这两大类发包方式下又分为若干具体的发包方式，其中设计与施工相分离的方式主要是传统的 DBB（Design - Bid - Build）方式，设计与施工相融合的方式则有 DB（Design - Build）、EPC（Engineering - Procurement - Construction）、CMR（Construction Management at Risk）方式等。这些方式通过变异又产生不同的衍生形式，如图 3-1 所示。

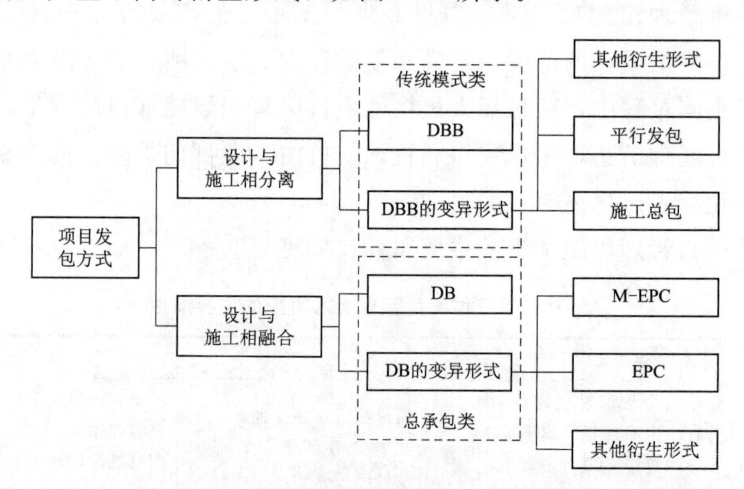

图 3-1 项目发包方式分类一览图

1. 设计与施工相分离的发包方式

设计与施工相分离的发包方式（DBB）是目前国际上最为通用也最为经典的发包方式。DBB（Design - Bid - Build）又称设计—招标—建造方式，采用该方式时，项目组织实施按设计—招标—建造的自然顺序方式进行，即一个阶段结束后另一个阶段才能开始。在 DBB 方式的合同中，整个工程项目的基本要求必须由业主亲自拟定，业

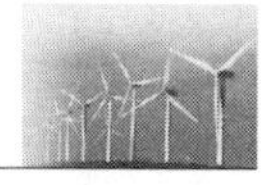

主还要与承包商进行充分的交流沟通，然后通过高效的合作来完成建设工程项目。设计—招标—建造方式的发展时间较长，比较成熟，所以应用也较为广泛，我国第一个利用世界银行贷款进行的项目工程建设就是采用DBB方式，其可以有效保证经济效益和社会效益。

根据业主是否将工程划分成不同标段进行招标，DBB又可分为DBB（施工总发包）和DBB（施工分项发包）两类发包方式。DBB（施工总发包）是在工程设计完成后，将工程项目的全部施工任务发包给一个承包人，由其组织实施，也允许其将部分专业工程进行分包；DBB（施工分项发包）是在工程设计完成后，将工程项目划分为多个标段分别招标，选择承包人完成相应标段的施工任务。设计与施工相分离的发包方式见表3-2。

表3-2 设计与施工相分离的发包方式

序号	工程发包方式	特　点
1	DBB（施工分项发包）	工程设计完成后，业主将工程分成多个标段分别进行发包
2	DBB（施工总发包）	工程设计完成后，业主将整个工程整合为一个标段进行发包

2. 设计与施工相融合的发包方式

设计与施工相融合的发包方式见表3-3。

表3-3 设计与施工相融合的发包方式

序号	工程发包方式	特　点
1	CM（快速轨道法、快速路径法）	CM单位在工程设计阶段就介入工程，不断协调设计与施工关系；设计、施工搭接进行；CM承包人将施工分包，主要负责施工管理
2	DB	设计、施工搭接进行；业主单独与DB承包人签合同
3	M-DB	将工程合理分块，在不同块上进行设计、施工；业主与多个DB承包人签订合同
4	EPC	设计、采购、施工搭接进行；有时还包括前期项目的论证工作；业主单独与EPC承包人签订合同
5	M-EPC	将工程合理分块；在不同块上进行设计、采购、施工；业主与多个EPC承包人签订合同
6	Turnkey（交钥匙承包）	延伸范围大，向前包括项目论证，设计、采购、施工搭接进行，向后包括项目的交付使用；业主单独与Turnkey承包人签订合同

表3-3中，DB、EPC和CM等经典发包方式简要介绍如下：

（1）DB方式。DB（Design-Build）方式又称设计—施工一体化方式。这是一种简练的项目发包方式，在项目原则确定之后，业主一般通过招投标选定一家设计建造总承包商，该承包商根据业主的要求全面负责项目的设计和施工。这种方式在投标和签订合同时一般以总价合同为基础。设计建造总承包商对整个项目的成本负责，总承包商首先选择一家咨询设计公司进行设计，然后采用竞争性招标方式选择分包商，当然也可以利用本公司的设计和施工力量完成一部分工程。

（2）EPC 方式。EPC（Engineering - Procurement - Construction），即设计—采购—建设方式，又称工程总承包，业主选择一家总承包商负责整个项目的设计，相关建筑材料、设备的采购，工程施工，总承包商可将工程再次分包。在这种发包方式下，从项目工程的设计阶段就开始进行相应的招标工作，中标公司要按照合同要求和相关规定对建设项目工程的安全、质量、费用和进度进行全方位的管理和控制，并委托资历高、专业化水平高的公司进行建设项目工程的设计、采购和建设相应的承包工作，同时对整个项目工程的全过程进行管理。

（3）CM 方式。CM（Construction Management）方式，即建筑工程管理方式，又称阶段发包方式或快速轨道方式。该发包方式最大的特点是设计与施工合理搭接，因此可缩短设计和施工周期，尽早投产以取得经济效益。

CM 方式分为两类：一是代理型 CM 方式，此方式业主与各施工承包商直接签订合同，CM 经理仅向业主提供管理咨询服务，与承包商没有合同关系，不负责项目施工建设，也无权向有关各方发布命令；二是非代理型 CM 方式，在此方式下除某些专业性较强的工程外，业主一般不与施工承包商直接签订合同。非代理型 CM 方式可理解为施工总承包与 CM 方式的结合。CM 经理具有双重角色，他既是施工总承包商又是代理型 CM 方式下的 CM 经理。

此模式适用于工程规模大、工期紧、分包多、技术复杂的项目，这是近年来在美国、加拿大、欧洲、澳大利亚等国家和地区广泛流行的一种发包模式。

3. 主要发包方式适用项目类型

工程实践与研究表明，不同发包方式适用项目类型存在较大差异，其比较见表 3 - 4。

表 3 - 4　常见的发包方式适用项目类型

发包方式	适 用 项 目 类 型
DBB	一般是针对技术水平含量较低的工程，比较适用于土木工程、公共设施建设等技术简单的施工工程
DB	适用于房屋建筑和大中型机械、电力等项目
EPC	主要应用于以大型装置或工艺过程为主要核心技术的工业建设领域，例如大量非标准设备的大型石化、化工、能源、橡胶、冶金等项目
CM	主要适用于工程规模大、工期紧、分包多、技术复杂的项目，不适合技术简单、图样完成、涉及标准化、工期短的项目

3.1.2.2　项目管理组织方式

建设单位是项目实施责任主体的总组织者，往往控制和影响其他建设主体行为及行权履责。由于对项目管理组织方式考虑不当而直接或间接导致项目出现问题的情况屡屡发生，因此应该慎重考虑和决策。

1. 业主方项目管理组织方式的分类

业主方的项目管理组织方式是指业主在项目建设过程中展开项目管理的组织方式。根据业主在项目管理中的地位、作用以及参与度可以将业主方项目管理组织方式分为自主管理方式、委托管理方式以及业主方与咨询单位合作进行的项目管理方式。

(1) 自主管理方式。自主管理方式，即业主依靠自己的力量对工程项目进行管理。采用自主管理方式时，在项目具体实施过程中，业主可以聘请投资咨询公司作为该项目的投资顾问公司，协助业主进行投资规划。自主管理方式的主要特点是业主拥有自己的项目管理队伍，并依托自身力量对项目进行管理。

(2) 委托管理方式。委托管理方式，即在工程项目建设中，业主委托工程咨询服务公司或项目管理公司等专业化管理服务机构，代表业主对工程项目的全过程或若干阶段开展项目管理的方式。目前国际上常用的委托管理方式有两类：一是 PM (Project Management) 方式，即委托项目管理公司进行项目管理，其管理范围一般是从设计到施工；二是 CM agency 方式，即委托承包人负责施工阶段或设计施工过程的项目管理，包括协调设计与施工，以及不同施工方案的关系。

(3) 业主方与咨询单位合作进行的项目管理方式。业主方委托项目管理咨询公司与业主方人员共同进行管理。该管理机构是由业主方组织并授权的项目一体化管理团队 (Project Management Team，PMT)。PMT 代表业主对工程的整体统筹、项目决策、设计、工程招标、组织实施、投料试车、考核验收进行全面管理；再通过招投标选择监理或承包商，并对他们的工作进行监督、管理和协调。

业主与项目管理公司在组织结构上、项目程序上，以及项目设计、采购、施工等各个环节上都实行一体化运作，以实现业主和项目管理公司的资源优化配置。项目业主和项目管理公司共同派出人员共同组成一体化项目联合管理组，负责整个项目的管理工作。

2. 业主方项目管理组织方式的特点

(1) 自主管理方式。

1) 优点。

a. 业主按自己建设意图行事的权力程度最高，行使工程建设管理的主动控制权较大，能够由自己把握职责范围内支配和指挥，实施过程中及时并迅速调整措施，能最大限度地保证业主的利益。

b. 有利于业主利用工程建设管理的现有资源和条件，通过对决策和经营活动的监察和督导，为资源的合理有效配置提供保障，这是业主投资的本能要求。

c. 项目管理地位较高，可实现行政协调，纵向管理比较顺畅。相对于其他方式来讲，在选择承建商、过程的检查和控制、工程验收、支付工程费用、建设等环节的主导地位明显。

d. 对于业主委托平行发包方式的项目而言，通用性强，可自由选择咨询、设计、监理方，各方均熟练使用标准的合同文本，管理界面简单，可单独确定承担本工程行为主体的权利和义务，管理内容比较明确，有利于合同管理、风险管理和减少投资，决策也快速。

2）缺点。

a. 业主组织机构直接行使对项目的管理，业主既是投资主体，又是项目的管理主体，承担了较大风险。

b. 工程项目的一次性，决定了业主进行项目管理往往有很大的局限性，缺乏专业化的队伍和管理经验，难以全方位、全过程、全系统、深层次管理，服务管理手段落后、效率低，易造成失误，经常出现返工现象，变更时容易引起较多索赔。

c. 对于业主委托平行发包方式的项目而言，工程项目要经过规划、设计、施工三个环节之后才移交给业主，项目周期长。

d. 对于某些大型建设项目，由于建设项目的规模大、技术复杂、工期长等因素，工程建设各个阶段、各个部分之间的界面管理工作量大而复杂，业主方自行项目管理往往需要配备大量的项目管理人员，容易造成人力资源管理困难。

e. 不利于形成稳定的工程管理团队。一次性管理机构由于没有连续的工程任务，工程建设完成后需解散人员，安置会有许多困难和矛盾，项目管理人员存在“转岗分流”的后顾之忧，工程管理队伍也不稳定。

f. 不利于积累经验和教训，难以培养和形成高素质的专业工程管理队伍，不利于工程建设管理水平的提高。

(2) 委托管理方式。

1）优点。

a. 管理上委托管理公司管理，工程项目（咨询）管理公司实际上是作为建设项目业主代表或建设项目业主的延伸，对项目进行集成化管理，承担受委托管理范围的责任，绝大部分的项目管理工作都由项目管理承包商来承担，重大事项仍由建设项目业主决策。业主将管理风险转移给管理公司承担。

b. 充分利用项目（工程）管理公司的管理资源和项目管理经验，有利于业主的宏观控制。业主所选用公司一般专业从事工程建设管理，有着丰富的项目管理经验，其技术实力和管理水平均强于业主，可为业主决策层提供技术支持，采用专业化项目管理方法，实现全面的项目管理和规范运作，以达到对项目总体的有效控制。

c. 有利于帮助业主节约项目投资。业主在签订委托项目管理的合同中，对节约投资方面做出了相应比例奖励的规定。PMC一般会在确保项目质量工期等目标的前提下，尽量为业主节约投资，从设计开始到工程竣工为止全面介入进行项目管理，从基础设计开始，本着节约的方针进行控制，降低项目采购、施工等以后阶段的投资，以

达到费用节约的目的。通过工程设计优化降低项目成本。PMC承包商会根据项目的实际条件，运用自身技术优势，对整个项目进行全面的技术经济分析与比较，本着功能完善、技术先进、经济合理的原则对整个设计进行优化。通过PMC的多项目采购协议及统一的项目采购策略，降低投资。

d. 有利于规范工程管理和建设行为，提高对国家、行业和地方政府关于项目建设管理制度、标准规范的执行力，完善和细化项目管理工作。

e. 项目管理力量相对固定，能积累一整套管理经验，并不断改进发展，使经验、程序、人员等有继承和积累，形成专业化的管理队伍。可将专业技能、经验和优势，形成统一、连续、系统的管理思路，有助于提高建设项目管理的水平。

f. 有利于精简业主建设期的管理机构，可以大大减少管理人员数量，同时有利于项目建成后的人员安置。

2）缺点。

a. 对工程项目（咨询）管理公司的工程管理水平、能力和资质有非常严格的要求。若实际的工程管理水平、能力较差，就会影响项目目标的实现。目前国内水平较高的工程项目（咨询）管理公司较少，与国外工程公司相比有较大的差距，缺乏定量分析的手段和法律、保险及税收方面的专业人才。

b. 业主对项目的控制力较弱，对工程造价、质量和进度的控制影响力较低，主要依赖项目管理承包人控制。如果管理承包人主动性、积极性不符合要求，则容易发生管理争端，并可能导致项目管理的失败。

c. 建设项目业主通过管理单位实现项目的目的，建设项目管理与工程咨询业主有关工程意见和要求必须通过项目管理公司才能得以实现。业主意图的实现较为困难。

d. 业主要付给工程项目（咨询）管理公司一定的管理费用，管理成本高，且项目管理公司费用控制的理念尚不及投资主体的本能意识。

(3）业主方与咨询单位合作进行的项目管理方式。

1）优点。

a. 业主把项目管理的日常工作交给专于此道的项目管理承包商，自身可以把主要精力放在项目专有技术、功能确定、资金筹措、市场开发及自身核心业务等重大事项决策上。项目管理公司根据合同承担相应的管理责任和风险，业主的责任和风险得到有效分解。

b. 业主和项目管理承包商通过有效组合达到资源、管理和技术优势的最优化配置。业主可以达到项目定义、设计、采购和施工的最优效果，同时又保持业主对项目执行的相对控制力和决策力。

c. 一体化管理实施合同约束行政协调的管理机制，相对于委托管理公司，更少了项目管理的层次，使信息沟通更方便，同时也克服了大型项目自行管理带来的合同界面多、管理任务量大的缺陷。

d. 在项目管理中，一体化管理决策、经营和监督相互依存、相互制衡，形成一个有机的整体，共同服务于团队运行、满足业主需求的目标；确保大型项目总体质量系统和程序；确保设计的标准化、优化及整体性；确保工程采购与施工的一致性。

e. 各参与方在认识上统一，在行动上采取合作和信任的态度，共同解决问题和争议。共享资源，包括公司的重要信息资源；业主可以直接使用管理承包商先进的项目管理工具和设施。业主参与人员可以从项目管理承包商学习到项目管理体系化知识。

f. 通过一体化管理，业主仅投入少量人员就可保证对项目的控制。既不需临时性招人，又不必考虑项目完成后多余人员的安置与分流问题。

2）缺点。

a. 解决出现的问题，依靠制度和程序的程度越高，用行政命令的方式就会越少。尚需建立科学的项目管理体系，包括一套完整的组织机构及职责、制度、程序和规定等。

b. 管理界面复杂、协调工作量大，由于程序规定导致决策周期较长。

c. 对工程项目（咨询）管理公司投入一体化团队人员的素质、专业技能、经验、管理水平以及与业主统筹、决策能力有较高的要求；若达不到这一要求，就会影响项目目标的实现。

d. 此方式往往采用矩阵式组织结构，有可能产生接口不明确或交叉、信息传达不畅的情况。

3. 各种项目管理组织方式适用的情形

（1）自主管理方式适用情形。

1）业主已形成完善的专业化项目管理机构，具有丰富的项目管理、技术方面的知识、经验和人员，完全有能力进行项目管理，可自行进行项目管理。

2）长期投资建设的业主，由于在不断进行的工程建设中取得了丰富的工程项目管理经验，拥有一定技术力量的专业人员，且业主与参与各方的长期合作基础，有连续的建设工程作保证。

3）技术不复杂、难度不大、工程规模较小、工期较短的项目。

4）涉及国家安全或机密的工程；抢险救灾工程；高科技及专利、专业性较强的工程。

（2）委托管理方式适用情形。

1）业主无建设工程项目管理机构，不具备项目管理、技术方面的知识、经验和人员。

2）缺乏建设工程项目管理经验，管理力量不足的项目。

3）工艺多且复杂的项目。

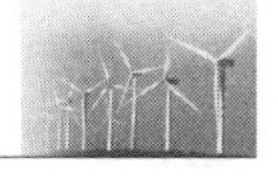

4）有一定的技术复杂程度和难度、中型或大型规模和工期较长的项目。

5）外国政府、国际性投资公司、世界银行、亚洲银行投资贷款的中、大型项目。

（3）业主与咨询单位合作进行的项目管理方式适用情形。

1）业主不具备较强的项目管理、技术方面的知识经验和人员，缺乏大型建设工程项目管理经验，管理力量不足的项目。

2）技术复杂、难度大、大型或特大型工程规模和工期长的项目。

3）不确定因素较多的复杂工程。此类工程往往会产生较多的合同争议和索赔，容易导致业主和施工单位产生矛盾甚至纠纷，导致影响整个建设工程目标的实现。

4）外国政府、国际性投资公司、世界银行、亚洲银行投资贷款的大、特大型项目，常常有外国承包商参与，合同争议和索赔经常发生而且数额较大。此类工程采用合伙方式容易为外国承包商所接受并较为顺利地运作，从而可以有效地防范和处理合同争议和索赔，避免仲裁或诉讼，较好地控制建设工程的目标。

3.1.2.3　风电场项目常用的发包与管理组织方式

风电场项目管理一般会根据建设单位的技术应用规范或经验条件，创建一种有特殊性、针对性的管理方式。目前随着产业分工逐步细化，不少项目工程会选择委托第三方公司，进行相应的协助管理工作，甚至直接由第三方管理机构全权管理。目前风电场工程采用的发包方式与业主方的项目管理组织方式主要有以下形式：

1. 传统方式

传统方式在风电场项目管理阶段的应用与一般的工程项目相似，一般分为设计、招投标和建造三个阶段。现阶段我国风电场项目建设主要应用传统方式。在进行项目工程设计期间，通常会与施工建设部门进行协调，并委托不同的专业公司进行责任担当。这种较为基础的工作方式，参与的部门或利益人相对较多，且设计、施工常常会受到这些参与对象如发包方、业主等方面的影响。

在传统方式中，风电场项目建设必须严格遵守业主与项目工程管理人员共同约定的管理制度与管理流程。其优势是管理职责明确，管理方法和过程清晰、具体；缺点是管理人员多，流程较为烦琐，管理成本高，管理效率低。

2. 总承包方式

风电场项目因为工期短、业主主体多样、专业性强等原因，已经把 EPC 总承包方式作为重要的发包方式，其项目规模占比稳步提升。

在总承包方式中，总承包商负责责任内风电场项目建设管理的所有内容，具体内容由总承包商和业主协定，协定结果以合同的方式呈现，总承包商必须履行合同中约定的所有规定。如果在施工建设准备阶段、设计环节、物资购进、施工管理等方面存在问题，都需要总承包商进一步管控处理。总承包商需要对整个项目工程的质量、工期、造价等全面负责，加强项目工程质量管理。在此期间总承包商还可以在法律允许的范围之内，将部分项目工程管理工作，委托给其他的小型承包商企业单位。承包可以分为阶段性总承包和工程总承包，凡具有承包资质的承包商都可以参与承包。

3. 项目管理方式

项目管理方式是指从事项目管理的企业，受业主的委托，按照和业主签订的合同规定，对该工程项目的实施全权负责，或者在项目过程中的一些阶段进行服务和管理。项目管理方式作为一种全新的管理方式，其管理行为属于委托性质，由具有项目管理资质的企业根据合同中的约定对整个风险工程项目实施综合、统一的服务和管理，其管理更加标准化，具有较高的管理效率和质量。当业主以及企业单位签订合同规定之后，相应的项目工程适宜细化分类。此时根据业主的服务需求或委托，需要将签订一些服务管理合同。项目管理方式能够对整个项目的实施情况全面负责，还能在施工建设期间加强服务或管理指导，同时利用信息技术、大数据技术等做好项目工程相关的数据资料搜集以及信息平台的建设，使各个阶段的服务管理工作全面可靠。业主与相关管理单位的合作通常是阶段性的，且不同的项目工程建设的具体方式应用也有较为明显的差异性，需要有针对性地开展实践工作。

项目管理方式代表风电场项目建设管理的成熟化，属于专业化的管理方式。该方式现已在部分发达国家和国内的部分大型风电场项目建设管理中应用，相信未来我国的风电场项目建设管理方式将会有更好的发展前景。

3.1.2.4　风电场发包方式与项目管理组织的创新发展

目前来说，EPC方式是我国风电场建设领域比较常用的发包方式，适合风电场项目的特点。我国目前已具备许多EPC总承包的工程经验，EPC方式在我国有较大的发展潜力。PMC（Project Management Contract）方式和EPC方式差不多在同一时间引入我国，但是由于大部分人对该方式的认识不足，导致PMC方式的发展受阻，其实我国目前也具有一定的PMC方式的实施经验。由于PMC方式独特的优势和极好的交易灵活性，其在风电场项目建设中具有极大的发展空间。

“EPC＋PMC”是一种新兴的项目管理方式，一般适用于项目比较复杂，技术、管理难度比较大，需要整体协调的工作比较多，业主不希望成立庞大的项目管理机构的工程项目。

1. “EPC＋PMC”方式的适用范围

（1）国际型的大中型、复杂性、技术性强的工程投资项目。

（2）项目融资主要借助贷款或者国外借款的情况，“EPC＋PMC”方式能较好地优化项目现金流。

（3）由于地形、资源、环境、条件等的限制，实施难度较大的项目。

（4）石油、化工、水利、电力和冶金行业。

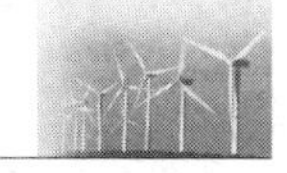

（5）需要节省工期、提高质量并且要大幅度降低工程成本的大中型项目。

2. “EPC+PMC”方式的特点和优势

（1）“EPC+PMC”方式的特点。

“EPC+PMC”方式实质上是EPC和PMC的组合方式，它集成了EPC和PMC两种方式的特点和优势。“EPC+PMC”方式各参与方之间的关系如图3-2所示。其中，根据PMC介入项目程度的大小，PMC和EPC之间既可以是合同关系，也可以是管理、协调、监督关系。PMC、EPC方式在国际上已经运用多年，有许多成功的项目实践，被证明一种行之有效的项目交易方式。鉴于EPC和PMC方式的优点和适用性，在可预见的将来“业主+EPC+PMC”方式必然会得到快速的发展和应用。

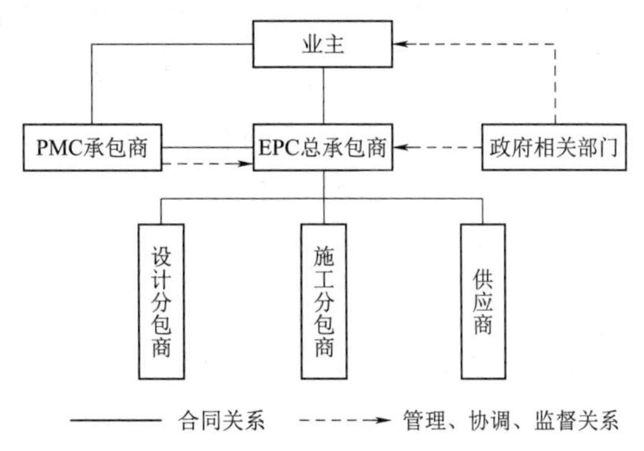

图3-2 “EPC+PMC”各参与方的关系

1）按照业主和PMC管理公司在项目管理上的参与程度“EPC+PMC”方式主要有以下典型的运作方式：

a. 职能型。业主授权PMC代表业主全面负责项目的管理和控制，业主在项目执行过程中控制力较弱，PMC作为业主管理队伍的延伸，对管理绩效负责。

b. 顾问型。项目全部由业主负责管理，项目管理咨询顾问派出少量人员负责提供咨询和提出建议，辅助业主管理项目。

c. 联合项目管理团队型。由业主与PMC组成联合项目管理团队（IPMT），共同负责项目的管理。根据项目联合管理团队的岗位设置，配置合适的人员。业主与PMC组织结构一体化，项目管理程序体系一体化，参与项目管理各方的目标一致。业主对于项目有一定的控制力，双方共同对管理绩效负责。但业主与PMC之间的界面较复杂，会造成决策过程较缓慢。

2）“EPC+PMC”方式的特点如下：

a. 项目目标管理的精准定位。在“EPC+PMC”方式下，PMC和EPC承包商以自己强有力的专业队伍和技术水平为保障，在保证业务利益的前提下，能实现与所有项目参与者的合作共赢。

b. 实现项目的建管分类和集成化管理。“EPC+PMC”方式实现了项目建设和项目管理的分离，使得项目参与方责任分明；同时EPC和PMC的参与和合作能实现项目的集成化管理，能够完善管理体制，整合内部资源，打造具有较强市场竞争力的骨干项目团队。

c. 项目的界面管理明确。在管理界面上，EPC和PMC职责分明，EPC负责工程建设，PMC 负责项目管理，在管理方式上明确业务流程，承担起工程建设项目各阶段的责任。

（2）“EPC＋PMC”方式的优势。由于“EPC＋PMC”方式集成了 EPC 和 PMC 两种发包方式的优点，与国内其他的项目管理方式相比，它的优势显而易见。“EPC＋PMC”方式组合管理的优势主要体现在项目集成管理、项目风险管理等方面，并在项目目标管理中涉及并行工程和系统工程的管理思想，“EPC＋PMC”方式尤其适用于一体化的大型复杂型建设项目。采用“EPC＋PMC”方式能有效整合项目建设资源，优化资源的配置，提高工程项目的建设管理水平，发挥项目的建设投资效益。在“PMC＋EPC”方式下，具有 PMC 和 EPC 资质的企业一般是国内外具有较强管理水平和技术经验的大企业，他们专业化的施工和管理能为业主节省项目投资，对于提高工程建设质量和缩短建设工期也具有专业化的优势。由于 PMC 和 EPC 几乎承担了项目绝大多数的建设和管理，能大大简化业主的管理机构。另外，“EPC＋PMC”方式还会在项目融资、出口信贷等方面对业主提供全面的支持，有利于业主的融资。

3. 我国采用“EPC＋PMC”方式的对策

考虑到工程建设的实际，目前我国采用“EPC＋PMC”方式的对策主要体现在以下方面：

（1）要快速发展 PMC 专业项目管理公司和 EPC 专业工程总承包公司。PMC 专业项目管理公司和 EPC 专业工程总承包公司的缺失是制约我国“EPC＋PMC”方式发展的关键因素。我国要取得“EPC＋PMC”方式的快速发展，必须要快速发展 PMC 专业项目管理公司和 EPC 专业工程总承包公司。

（2）要积累国际上“EPC＋PMC”方式的工程经验。目前我国正处在“EPC＋PMC”方式的尝试和探索阶段，国内工程项目引入“EPC＋PMC”方式缺乏相应的参考经验，并且缺乏“EPC＋PMC”方式的专业人才。我国需要继续加强对国际上新型项目管理方式的学习，组建适合自己的 PMC 和 EPC 队伍，并在工程实践中不断创新，最终形成适合自身情况的“EPC＋PMC”方式。

（3）要加强信息技术在工程建设中的完善和应用。由于大型工程项目具有技术复杂、参与方众多、建设周期长等特点，信息技术在工程管理的应用是保证大型工程项目顺利实施的必要条件。在项目建设过程中，会产生大量的信息处理工作，如果不能保证信息处理技术和信息共享技术的完善，就不可能发挥“EPC＋PMC”方式集成化管理的优势。我国要尽快加强和完善项目管理的信息技术系统，以形成自己的竞争优势。

3.1.3　风电场项目发包与组织策划原理与方法

工程项目发包方式与管理组织方式之间具有紧密的联系，有学者将其统称为工程

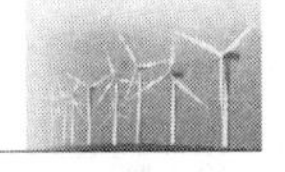

项目交易方式。工程项目交易方式具体包括交易标的物的组织方式，也称交易方式或发包方式，交易合同的类型和交易过程中业主所采用的管理组织方式。风电场项目发包方式的选择以及管理组织方式的选择对工程项目的成功起着决定性作用。

目前许多机构和学者从不同角度对发包方式和管理组织方式的选择进行了研究，研究成果概括如下：

1. 经济学理论方面

对工程项目的经济学分析分为两类，一是将交易费用理论作为工具，研究工程发包方式、建设合同类型选择等工程交易制度；二是针对工程项目交易中信息的不对称性与合同的不完备性，运用信息经济学中的委托代理理论对建筑市场中的各种委托代理关系进行分析。

(1) 基于交易费用理论的研究。交易费用理论是一种以交易为基本分析单位，研究经济组织的比较制度理论。所谓交易费用是指企业用于寻找交易对象、订立合同、执行交易、洽谈交易、监督交易等方面的费用与支出，主要由搜索成本、谈判成本、签约成本与监督成本构成。作为新制度经济学的组成部分，交易费用理论具有理论上的比较优势，可比较从事相同经济活动采取不同组织方式的经济效果，为设计和创新高效的经济组织方式提供了有力的武器。

(2) 基于委托代理理论的研究。委托代理理论是20世纪60年代末70年代初，一些经济学家不满Aroow－Debreu体系中的企业“黑箱”理论而深入研究企业内部信息不对称和激励问题发展起来的，其中心任务是研究在利益相冲突和信息不对称的环境下，委托人如何设计最优契约激励代理人。通常的研究思路是运用委托代理理论分析业主和项目参与各方的选择和行为，提出通过设计合理的激励合同，并利用内外部约束机制和市场声誉来有效抑制在不对称信息环境下的道德风险。委托代理理论为工程项目内部激励约束机制的建立与完善提供了理论工具。

2. 工程项目绩效方面

对现有工程项目发包方式和管理组织方式的绩效进行比较研究，始于20世纪90年代中后期，依据研究方法的不同可以分为两类：一类是实证研究；另一类是案例研究。其一般思路可以归纳为，首先对收集到的若干工程项目的数据进行发包方式和管理组织方式的归类，从成本、进度、质量等项目绩效指标的多个方面对其进行对比，从而识别出各种发包方式和管理组织方式在各个项目绩效指标方面的优劣势，将其作为一般的规律，从而结合项目的具体特点和要求选择适合的、各方面表现良好的项目发包方式和管理组织方式。

3. 工程项目发包方式和管理组织方式选择的方法

由于工程项目包含大量的模糊信息，这些信息很难用常规的方法进行度量和量化；同时，工程项目发包方式和管理组织方式的选择又要追求统筹兼顾、协调平衡和总体优化，这就出现了一定的难度。目前用于工程项目发包方式和管理组织方式选择的方法主要有多元回归分析法、层次分析法和模糊决策评价法等。

（1）多元回归分析法。多元回归分析法是研究多个变量间相互依赖关系的一种统计分析方法。这种方法应用的一般思路是，在收集数量较多工程项目的相关数据基础上，应用多元回归分析法构建若干模型，分别预测诸如某种模式下的项目单位成本、进度、用户满意度等因素。但由于提出的预测模型中包含其他预测变量，如预测项目的进度时，需要项目的单位成本等信息，而这些信息在项目开工前通常是难以获得的，因此，在实际应用中模型的可操作性较差。

（2）层次分析法。层次分析法（Analytic Hierarchy Process，AHP）是对一些较为复杂、较为模糊的问题做出决策的简易方法，它特别适用于那些难以完全定量分析的问题。层次分析法是美国运筹学家Saaty教授于20世纪70年代初期提出的一种简便、灵活而又实用的多准则决策方法。运用层次分析法建模的步骤为：①建立递阶层次结构模型；②构造出各层次中的所有判断矩阵；③层次单排序及一致性检验；④层次总排序及一致性检验。

由于工程项目发包方式和管理组织方式选择是典型的多目标决策问题，所以层次分析法被较早地用于工程交易方式的选择。

（3）模糊决策评价法。工程项目发包方式和管理组织方式选择的影响因素绝大多数是定性指标，研究表明，人们对定性指标的判断总是模糊的、不精确的。因此，人们在处理其决策问题时常常不自觉地应用模糊判断。模糊决策评价法的核心是，运用模糊理论中的模糊数来表达人们的模糊认知，克服了AHP方法中人的主观判断、选择、偏好对结果影响很大的缺陷，使决策更趋于合理。

3.2　风电场项目管理组织与发包策划依据

3.2.1　风电场项目管理组织与发包政策法规

在促进风电场项目发展中制定的各类政策规范是政府发挥作用的必要载体，通过这些政策制度的执行，实现对风电产业的规制。

1. 法律法规类

《中华人民共和国招标投标法》

《电力工程设计招标投标管理规定》

《电力工程施工招标投标管理规定》

《电力工程设备招投标管理办法》

《建设工程承发包管理办法》

《电力建设市场管理规定》(电建〔1995〕503号)

《海上风电开发建设管理办法》(国能新能〔2016〕394号)

《分散式风电项目开发建设暂行管理办法》(国能发新能〔2018〕30号)

《电力安全生产监督管理办法》(发改委令第21号)

《中共中央国务院关于进一步深化电力体制改革的若干意见》(中发〔2015〕9号)

2. 标准规范类

《建设项目工程总承包管理规范》(GB/T 50358)

《建设工程项目管理规范》(GB/T 50326)

《电力建设工程监理规范》(DL/T 5434)

《风电项目竞争配置指导方案》(2019年版)

《风力发电工程施工与验收规范》(GB/T 51121)

《风力发电场设计规范》(GB 51096)

《电力企业标准化良好行为试点及确认工作实施细则》(国标委服务联〔2008〕76号)

《建设项目工程总承包合同(示范文本)》(GF—2011—0216)

《电力工程施工总承包资质标准》(建市〔2016〕226号)

3.2.2 风电场项目咨询与承包市场现状

1. 电力行业外的建筑咨询及施工企业进入风电场项目市场

行业外的建筑安装队伍已进入风电场项目施工的土建市场。相对电力施工企业而言，行业外的建筑安装业具有更低廉的人工成本优势以及区位优势，也适应电建施工作业的艰苦条件与环境。风电场项目建设市场已有不少地方建筑单位进入，这对电力施工企业的土建部分形成潜在的巨大冲击力。

长期跟随电力建设公司从事分包安装工作的地方建筑机电安装队伍，经过多年的发展培育，已具有一定的技术基础，具有专业工程公司所要求的条件及相应资质，将对以设备安装为主的电建施工业务形成威胁。电站建设的整体建筑安装承包必须符合一定的资质，并不容易进入。根据最新颁布的《电力工程施工总承包资质标准》(建市〔2016〕226号)，电力工程施工总承包资质分为特级、一级、二级和三级，并明确规定了各级资质的标准和允许承包的范围。

2. 风电场项目运维服务的市场需求

在风电场项目的补贴不断退坡直至平价的过程中，风电机组效率的提升和风电场投资成本的下降将成为业主关注的焦点。如何在降低投资成本的同时，实现更高的发电收益，这就需要更懂风电机组的整机商提前介入项目的全过程，从风电场项目的起点为业主提供更具竞争力的解决方案。

在传统观念中，整机商的服务一般特指运维服务，从机组交付才正式开始。整机商往往只能用通用型机组应对个性化的风能资源条件，即优化的空间被大大压缩。如果将服务起点前移，在微观选址时就为项目提供技术支撑，将为业主创造更大价值。

实际上，如果业主方在开发资源之初就选择整机商介入，由整机商提供全项目和全过程的深度技术支持，通过整体化的解决方案控制好成本，做好发电量的提升优化，很多看似资源平平的项目完全可以开发成符合投资收益要求的项目。

当前，风电场项目运维正在向“无人值班，少人值守”的运维模式转型。这反映出其运维的智能化、数字化发展趋势，而智能化和数字化的需求，正是风电市场的机遇所在。

3. 风电场项目特许权对风电企业发展的影响

政府特许权经营方式，主要是指用特许权经营的方法开采国家所有的矿产资源，或建设政府监管的公共基础设施项目。风电场项目的特许权是将政府特许经营方式用于我国风能资源的开发。

风电特许权政策实施中涉及政府、项目单位和电网公司三个主体。政府是特许权经营的核心，为了实现风电场项目发展目标，政府对风电特许权经营设定了相关规定：①项目的特许经营权必须通过竞争获得；②规定项目使用本地化生产的风电设备比例，并给予合理的税收激励政策；③规定项目的技术指标、投产期限等；④规定项目上网电价，前3万风能利用小时电量适用固定电价（即中标电价），以后电价随市场浮动；⑤规定电网公司对风电全部无条件收购，并且给予电网公司差价分摊政策。项目单位是风电场项目投资、建设和经营管理的责任主体，承担所有生产、经营中的风险，生产的风电由电网公司按照特许权协议框架下的长期购售电合同收购。电网公司承担政府委托的收购和销售风电义务，并按照政府的差价分摊政策将风电的高价格公平分摊给电力用户，本身不承担收购风电高电价的经济责任。

风电特许权政策的运行机制是，政府采取竞争性招投标方式把项目的开发、经营权给予最适合的投资企业，企业通过特许权协议、购售电合同和差价分摊政策运行和项目管理。

3.3　风电场项目组织与发包策划

风电场项目是涉及政治、经济、文化、技术、资源的系统性工程，在建设过程中还可能遇到特殊的地理和气候条件、不同标准规范的要求以及当地电力政策的限制等

不确定因素，使得工程建设处于复杂多变的环境中，风电场项目组织与发包策划需要考虑这些变化。

首先在环境调查的基础上梳理风电场项目业主方项目管理组织和发包方式的影响因素，从建设工程交易的主体、客体和环境三方面出发，分析它们对风电场项目建设的影响。其次，通过理论分析和专家调查构建风电场项目组织发包方式（模式）的评价指标体系，设计评价方法。再次，通过管理约束分析，构建风电场项目组织发包方式（模式）可行集，评价优选推荐方案。最后，通过一个经典的风电场项目建设案例演示风电场项目组织发包策划。

3.3.1 风电场项目管理组织与发包的原则与评价

1. 风电场项目管理组织与发包原则

风电场项目管理组织与发包策划需要有一定的方式方法，在基于相关原则下进行策划才能保证策划结果的妥当。

（1）统一原则。风电场项目全过程中涉及很多资源，例如信息资源、人文资源、设备、建筑材料等，这些资源既有显性的也有隐性的，但是所有资源都较为松散且缺乏整体性，项目策划需要统一整合这些资源，按照一定的原则使用所有的资源。

（2）客观原则。客观原则要求项目策划立足项目实际，通过对项目进行充分调研和多方分析，确保项目在人力、财力、物力等资源合理的情况下进行实施。

（3）价值原则。风电场项目的实施和推进需要创造价值，利用新思路、新方法和新观点进行增值。一个合理、完善的项目策划对项目的价值提升有很重要的作用，项目商业价值是项目策划价值的体现，需要全方位把控。

（4）定位原则。之所以进行风电场项目策划，主要目的就是确定项目的发展方向和总体目标，项目策划定位是各阶段开展工作的方向。

（5）沟通原则。风电场项目策划中的沟通原则主要是指信息的传递与沟通。建设项目策划需要对信息进行有效整合，这就需要各个参与项目建设的单位提供有效的数据，及时进行沟通，以便全面、正确掌握信息，合理进行沟通。

（6）可行原则。风电场项目策划需要具备一定的可行性，保证项目在经过策划之后可行，并且在策划之后能够达到预期的目标和预期的效果。项目策划过程中需要进行技术经济分析，同时需要进行质量、进度和费用的控制，保证项目不返工、不窝工等。

2. 风电场项目管理组织与发包方式评价

（1）指标体系构建的步骤。

首先，根据对风电场项目管理组织和发包方式影响因素的分析，结合现有文献中的研究成果，可以得到风电场项目管理组织和发包方式影响因素的初选指标体系；再根据指标体系构建的相关原则，运用相关性分析法筛选指标，确定较为全面的指标体系；最后，对指标因素进行筛选，确定指标集，划分指标层次，构建风电场项目管理组织与发包方式影响因素指标体系。

(2) 指标体系构建的原则。

1) 全面性和代表性。经过分析筛选出的指标要具有代表性，指标与指标之间要具有差异性，每个指标都要有其特有的特征，并且能有从局部反映总体的特征。

2) 避免指标相互重叠。选择指标角度的不同，一个相同的指标可能有多种解释，但其实质表达的都是项目的同一特征，因此在选择指标过程中，尽量避免指标交互重叠。

3) 可操作性。所选择的指标能较为容易地获取相关数据，能用定量的方法来表达，这样构建指标体系就有了意义，能够为之后的决策带来帮助。

4) 定性与定量相结合。通过定性与定量相结合的方法，更能科学地选择准确的风电场项目管理组织和发包方式影响因素，合理构建指标体系。

3.3.2　风电场项目管理组织与发包方式影响因素

本小节从风电场项目建设主体、客体和环境三方面对项目管理组织与发包方式影响因素进行综合性分析。

3.3.2.1　风电场项目建设主体影响因素分析

工程项目的主体为发包主体（业主）和承包主体，无论选择什么样的工程项目管理组织与发包方式，业主都起主导性和决定性作用。风电场项目最终的管理组织与发包方式的选择是由业主决定的。其他因素例如项目的规模、当地的政策法规等都是间接因素，而业主是项目管理组织形式和发包方式选择的直接因素。例如风电机组、线路等设备采购方式，将风电场的设计与施工交由一家单位承包或分成几个部分平行发包，均由业主起决定性作用。

1. 业主的影响

(1) 业主对项目的管理能力。业主的管理能力分为对风电场项目建设的技术了解与项目管理两方面，显然并不是所有的业主都具备这一能力。对于大多数的业主而言，风电场项目建设可能是一次性的任务，缺乏工程项目管理的专业人才对工程进行管理。在这种背景下，项目管理公司、代建公司应运而生。国内外实践经验表明，公益性建设工程项目，业主偶然组织实施的建设工程，以及业主虽有一定的项目管理能力，但当工程项目较为复杂或工程建设规模很大，凭借自身能力难以完成建设任务或管理成本很高时，业主期望采用委托管理方式，委托有能力的专业化公司对工程项目的实施进行项目管理。一般仅当自身长期从事建设工程开发，业主才具有一支稳定的建设管理队伍对工程项目的实施进行管理。由此可见，业主对工程项目的管理能力对

业主管理方式的选择或设计起到决定性的作用。

（2）业主对项目的目标要求。建设工程目标包括质量、工期、投资等。业主投资建设工程，对建设工程的目标有具体的要求。与一般工程项目相同，风电场项目业主通常认为项目成本最小化、在计划工期内完成、避免安全事故、满足质量要求等对于项目的成功非常重要。业主选择项目发包方式不同，其对工程项目的目标要求也有不同。如在DBB发包方式下，业主十分关注工程项目能否按时完工和工程质量；而在DB发包方式下，其认为设备的可靠性最大化对工程项目的成功十分重要。例如在马斯洛风电场项目发包方式设计中，与传统的工程总承包相比，EPC总承包在进度上可以缩短工期，在成本上可以降低工程造价，业主在综合分析后决定采用EPC总承包的方式，但要求在总承包招标前提供高质量的项目功能描述书，选取资信较好的总承包商，防止偷工减料的发生。

（3）业主对发包方式和工程风险的偏好。业主的偏好包括对发包方式和工程风险的偏好。风电场项目的发包方式由业主最终确定，因此项目业主的偏好对项目的管理组织与发包方式有重要的影响。其中，业主项目部负责人的偏好又对业主管理方式的选择产生关键的作用。业主及项目部负责人的偏好、企业文化是在多年的管理实践中逐步形成的。

2. 承包主体的影响

业主为获得建设工程产品，先要从建设工程市场上获得满足要求的风电场项目建设工程承包方。一般而言，不同的发包方式，即不同的二元结构单元，业主对承包方的要求不同，即对承包方的资质和能力要求不同。当风电场项目建设市场发育较充分，有足够多不同类型的承包人可供选择时，对发包方式的选择限制性就较小；反之对发包方式的选择就有较大的限制。如风电场项目建设市场上具有工程项目总承包能力的总承包人很少或供应不足时，采用EPC或DB方式也许不太现实。原因有两方面：①在市场经济条件下，总承包人很少时，应用并不普遍，说明工程总承包条件还不成熟；②总承包人很少时，参与工程投标竞争的对手就少，理论上可以证明，此时工程的承包合同价就较高。因此，在选择风电场项目发包方式时，有必要考虑风电场项目建设市场相应承包主体数量的多少，即建设市场承包主体的状态对建设工程发包方式选择或设计的影响。例如湖北省的荆门象河风电场，中国广核集团有限公司（简称中广核）、华润（集团）有限公司（简称华润）、中国华电集团有限公司（简称中国华电）等大型央企全面参与竞争，最后由湖北能源集团新能源发展有限公司以EPC方式拿到风电场特许经营权。该项目采用EPC方式的原因主要有两个：①在市场经济条件下，参与竞争的总承包商多，承包条件成熟；②总承包商业务能力强，有相应的技术以及管理能力可供其采用EPC方式。

3.3.2.2　风电场项目建设客体影响因素分析

风电场项目建设客体指风电场项目本身，包括项目的设计、设备的采购、施工。风电场项目本身的特点对发包方式有一定的影响，主要体现在以下方面：

1. 风电场项目的经济属性

项目按照经济属性可分为经营性项目、公益性项目和准公益性项目。对于公益性项目一般由政府投资组建项目公司建设运营相关项目，主要的资金来自财政收入以及中央政府专项补贴。近几年来PPP/BOT方式成为我国公益性项目的热门发包方式，政府部门与社会资本方合作，由社会资本方出资建设，政府给予其一定时期的运营与收益权，项目期满交付。从项目的经济属性来说，风电场项目经营性很强，建成后业主通过收取电费来获得相应的经济效益。对于像风电场项目这样具有经营效益的经营性项目，有明确的业主，且业主具有较强的项目管理能力时可采用自主管理的方式；当业主缺乏项目管理能力时，业主一般委托专门的项目管理公司进行管理。马斯洛风电场中，根据EPC合同，业主与总承包商成立了临时性组织项目委员会，对风电场项目建设进行管理。总承包方将风电机组设备采购、土建施工及电气安装等工作委托给具有相应资质的分包方；同时，聘用监理公司对分包方进行监督管理。

2. 风电场项目的复杂程度和规模

风电场项目的复杂程度包括工程技术难度、工程的不确定性、工程产品的特征、工程产品所处的地理环境等。当项目较为复杂时，工程设计与施工联系紧密，实行设计施工一体化对工程整体优化、提高“可建造性”具有明显的优势；但对工程承包方的能力、经验以及信用等方面会提出较高的要求。因此，目前国际大型复杂的工程通常采用DB或EPC方式，并且选择具有丰富工程经验和实力强的承包人。考虑到风电场项目的特征，首先选址一般选在风能充足的地方，如高原、山地、海面等，同时还要考虑到地面粗糙度、障碍物以及地形对风能的影响；其次，风电场项目的建设包括设计、采购和施工三个部分，各部分之间搭接较为紧密，一般不将采购交于单独的企业进行；再次，根据项目所处的地理环境，适合将项目分块发包。因此，从项目的复杂程度考虑M-EPC方式和DBB分项发包方式较为合适。

工程规模通常可以用工程投资规模、工程结构尺寸等衡量，并分为大型工程、中型工程和小型工程。大型建设工程对承包方的能力、经验会提出更高的要求，对业主方的管理能力和经验也是挑战。风电场项目投资多为亿元以上的项目，从工程规模来看，不论是工程投资还是工程结构尺寸，都属于大型工程项目。业主根据工程结构特点，将风电场项目建设合理切块，对每块独立子项采用EPC分项发包或施工分包。由于这些发包方式对承包方施工能力、资金垫付能力要求过高，可能会影响到投标竞争。在这种情况下，业主有时就选择分项发包方式以达到提高竞争力、降低工程造价的目的。

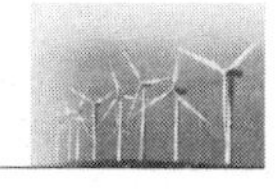

3.3.2.3 风电场项目建设环境影响因素分析

项目建设环境包括经济社会环境和自然环境。风电场项目建设环境对管理组织与发包方式的选择或设计会产生较大的影响。

1. 征地拆迁和移民的影响

征地拆迁和移民是工程中容易经常碰到的难题，且经常会左右业主管理组织或发包方式的选择。风电场项目对地形要求较低，在山丘、海边、荒漠等地都可以建设，与水电相比，不淹没土地，不产生移民问题，因此可以不考虑移民因素；除了个别现象，不存在大面积征地拆迁工作。

2. 工程实施现场条件的影响

工程实施现场条件包括施工场地占用、施工道路占用和施工临时设施布置等。由于项目管理组织与发包方式与工程实施相交织，且在同步进行，因此风电场项目实施现场条件对管理组织与发包方式的选择影响较大。风电场项目施工路线较长，工期紧，新建道路修建困难，需要新建施工主线以及支线通往各个风电机组基础，且风电机组机位多、施工项目复杂，为施工增加很大难度。

3. 国家和工程所在地政策法规的影响

国家和工程所在地的政策法规不论是对工程发包方式还是对业主方管理方式，均有不同程度的影响。2019 年 2 月 27 日，国家林业和草原局印发了《关于规范风电场项目建设使用林地的通知》，其目的是进一步规范风电场项目建设使用林地，减少对森林植被和生态环境的损害和破坏，实行最严格的生态保护制度；明确划出禁建区，严格保护生态功能重要、生态敏感区域的林地，自然遗产地、国家公园、自然保护区、森林公园、湿地公园、地质公园、风景名胜区、鸟类主要迁徙通道和迁徙地等区域以及沿海基干林带和消浪林带为风电场项目禁止建设区。新规进一步压缩了用地空间，但施工单位事先已完成施工招标，为赶工期，容易发生未批先占、擅自改变林地用途等行为。业主可委托政府方来组建项目现场管理组织机构，对项目的实施进行管理。

4. 建设市场发育程度的影响

业主根据工程特点、发包方式等方面在建设市场上选择承包方，而建设市场能提供什么样的承包方与建设市场的发育程度相关。我国目前大多采用工程设计与施工相分离的方式，使得建设市场发育不健全。专业化设计或施工队伍庞大，水平也较高，但是设计施工综合性低，能够承担风电场项目 DB 或 EPC 承包人的队伍稀缺，这使得业主若采用 DB 或 EPC 方式时就必须充分分析潜在的 DB 或 EPC 承包人是否足够多。

3.3.2.4 风电场项目管理组织与发包方式影响因素指标体系构建

根据以上相关影响因素分析，结合其他学者研究成果以及现有文献资料，经过专家打分法和相关性筛选分析，构建风电场项目管理组织与发包方式影响因素指标体系。这些影响因素可分为项目特性方面因素、项目绩效方面因素、业主和承包商方面因素、外部环境方面因素四类。此外，业主或负责的项目咨询单位可以根据风电场项目具体情况进行补充或删减。风电场项目管理组织与发包方式影响因素指标体系见表 3－5。

表 3－5　风电场项目管理组织与发包方式影响因素指标体系

分类因素	具体因素指标
项目特性层面	工程规模、工程复杂性、子项目施工干扰度、项目范围、项目设计深度
项目绩效层面	工期延期率、工程质量等级、成本变化率
业主和承包商层面	业主建设管理能力、业主参与度、承包商的能力、双方责任分配
外部环境层面	国家和地方政策法规、建筑市场发育程度、施工现场条件

3.3.3　风电场项目管理组织与发包方式决策

3.1.3 节介绍了可用于风电场项目多方案决策和评价的理论和方法，包括多元回归分析法、层次分析法和模糊综合决策法等，以及委托代理理论、项目治理结构理论和交易费用理论等相关理论。其中，层次分析法（AHP）作为一种简便、灵活而又实用的多准则方法，特别适用于目标结构复杂且缺乏数据的情况，目前已在各行各业中得到广泛应用。但传统的层次分析法在使用过程中，由于构造判断矩阵时受个体专家主观偏好影响较大，且没有考虑到人判断的不确定性及模糊性问题，因而容易造成决策结果与客观实际偏差较大的情况。为了避免这种情况的发生，有必要发挥群体的智慧，来消除由于个人判断偏好产生的判断偏差，使得最终的排序结果反映的是群组的意愿，而不是个体专家的意愿，以促使决策结果更加符合客观实际，为此引入模糊层次分析法（Fuzzy Analytic Hierarchy Process，FAHP）来解决以上问题。因此，本小节基于 FAHP 的管理组织与发包方式群组决策过程分析，以一个简单的工程实例来介绍一种风电场项目管理组织与发包方式选择的决策方法。同时考虑项目管理组织方式与发包方式的选择，一方面避免了独立选择的片面性；另一方面可以保证决策的总效用最大化。

3.3.3.1　基于 FAHP 的管理组织与发包方式群组决策过程分析

FAHP 是将层次分析法（AHP）与模糊综合评判相结合的一种综合评价方法。它首先通过将评价指标体系分成若干阶层次结构，继而构建模糊一致性矩阵，然后利用层次分析法确定各个指标权重，最后进行综合评判。它是一种定性与定量相结合、综合化程度较高的评价方法。

1. FAHP 建立的基础

定义一：设矩阵 $\boldsymbol{A}=(a_{ij})_{n\times n}$，若满足 $0\leqslant a_{ij}\leqslant 1(i=1,2,\cdots,n;j=1,2,\cdots,n)$，则称 $\boldsymbol{A}$ 为模糊矩阵。

定义二：模糊矩阵 $\boldsymbol{A}=(a_{ij})_{n\times n}$ 满足 $a_{ij}+a_{ji}=1(i=1,2,\cdots,n;j=1,2,\cdots,n)$，则称模糊矩阵 $\boldsymbol{A}=(a_{ij})_{n\times n}$ 为模糊互补矩阵。

定义三：若模糊矩阵 $\mathbf{A}=(a_{ij})_{n\times n}$ 满足 $\forall i, j, k$ 有 $a_{ij}=a_{ik}-a_{jk}+0.5$，则模糊矩阵 $\mathbf{A}=(a_{ij})_{n\times n}$ 为模糊一致性矩阵。其中若 $a_{ij}=0.5$，说明因素 i 和 j 同等重要；若 $0\leqslant a_{ij}<0.5$，说明因素 j 比 i 重要，且 a_{ij} 越小，因素 j 相对于 i 就更重要；若 $0.5<a_{ij}\leqslant 1$，说明因素 i 比 j 重要，且 a_{ij} 越大，因素 i 相对于 j 就更重要。

定义四：模糊一致判断矩阵 $\mathbf{A}=(a_{ij})_{n\times n}$ 按行和归一化求得排序向量 $\mathbf{X}=(x_1,x_2,\cdots,x_n)^{\mathrm{T}}$，满足 $X_i=\dfrac{l_i}{\sum l_i}=\dfrac{2l_i}{n(n-1)}$，其中 $l_i=\sum\limits_{j=1}^{n}a_{ij}-0.5(i=1,2,\cdots,n)$；$\sum l_i=\dfrac{n\ (n-1)}{2}$；$n$ 为矩阵的阶数。

定理一：设模糊互补判断矩阵 $\mathbf{A}=(a_{ij})_{n\times n}$，对矩阵 $\mathbf{A}$ 按行求和，记为 $a_i=\sum\limits_{k=1}^{n}a_{ik}(i=1,2,\cdots,n)$，进行如下数学变换，$a_{ij}=\dfrac{a_i-a_j}{2n}+0.5$，由此经过变换后的矩阵为模糊一致矩阵。

2. FAHP 建立的主要步骤

(1) 建立风电场项目管理组织与发包方式评价的指标层次结构模型。按照系统性、科学性、可比性和可操作性原则，并根据管理组织与发包方式影响因素的问卷调查结果，将其评价指标归纳为三个层次，即目标层、准则层 F 和指标层 f，具体指标见表 3-6。

表 3-6　管理组织与发包方式评价的指标层次结构

目　标　层	准则层 F	指标层 f
风电场项目管理组织与发包方式决策影响因素	项目特性层面因素 F_1	工程规模 f_{11}
		工程复杂性 f_{12}
		项目范围 f_{13}
		子项目施工干扰度 f_{14}
		项目设计深度 f_{15}
	项目绩效层面因素 F_2	工程延期率 f_{21}
		工程质量等级 f_{22}
		成本变化率 f_{23}
	业主和承包商层面因素 F_3	业主建设管理能力 f_{31}
		业主参与度 f_{32}
		承包商的能力 f_{33}
		双方责任分配 f_{34}
	外部环境层面因素 F_4	国家和地方政策法规 f_{41}
		建筑市场发育程度 f_{42}
		施工现场条件 f_{43}

(2) 建立优先关系矩阵。每一层级中的因素针对上层因素的相对重要性建立矩阵，为了能够准确地描述任意两个因素的相对重要程度，这里采用如表3-7中的0.1～0.9标度给予数量标度，并使其满足定义二，构建模糊互补矩阵。

表3-7　0.1～0.9数量标度

标　度	定　义	说　明
0.5	同等重要	两个元素比较，同等重要
0.6	稍微重要	两个元素比较，一个元素比另一个元素稍微重要
0.7	明显重要	两个元素比较，一个元素比另一个元素明显重要
0.8	重要得多	两个元素比较，一个元素比另一个元素重要得多
0.9	极其重要	两个元素比较，一个元素比另一个元素极其重要
0.1、0.2	反比较	若元素 a_i 与 a_j 比较，得到判断 r_{ij}，则 a_j 与 a_i 相比较得到的判断为 $r_{ji}=1-r_{ij}$
0.3、0.4		

(3) 将优先关系矩阵转换成模糊一致矩阵。根据定理一的方法，将各优先关系矩阵转换成模糊一致矩阵。

(4) 层次单排序。使用步骤(3)得到各模糊矩阵，根据定理一的方法、推算层次的各权重目标，并做归一化处理。

(5) 层次总排序。在层次单排序的基础上求出各方案的总体优度值，并据此确定最优方案。

3.3.3.2　案例分析

1. 工程简介

(1) 工程概况。某风电场项目位于华北某省西北部一带山脊。工程规划总容量172MW，一期建设100MW，拟安装50台单机容量为2MW的风电机组，同期建设1座110kV风电场升压站。项目年等效满负荷运行小时数为1821h，年上网电量为 182.1×10^6kW·h。项目总概算86693.37万元。该项目由某上市公司集团于2014年整合成立的新能源公司负责项目的开发。

(2) 工程特点。本项目是该省单期容量最大的风电场项目。工程处于远离市区的山区，现场管理存在交通、信息等诸多不便。业主方对本项目的工期要求特别高，因此本项目工期紧迫、任务繁重。

(3) 业主方的特点。该新能源公司成立后，面临专业建设管理人员不足和风电特许经营权竞争激烈的内外双重压力。新能源公司拥有专业建设管理人员约40人；对于在建的4个风电项目及2个光伏发电项目，建设管理力量薄弱。根据《××省能源局"十三五"能源规划》，"十三五"期间省内风能资源计划开发600万kW。目前中广核、华润、中国华电等大型央企均全面参与风电特许经营权竞争，形势不容乐观。新能源公司唯有在风电特许经营权竞争上倾尽全力，尽可能多地获得项目资源，形成

规模效应，才能在未来风电上网竞价中立于不败之地。

新能源公司树立新型管理理念，即依托专业管理团队，坚持业主重点把控，较好体现业主的管理意图。

2. 管理组织与发包方式备选方案的建立

根据工程特点、建设环境和业主的管理能力，新能源公司采用谱分析的方法分析主要影响因素对它们的影响，采用排除法筛选不可行的方式，分别得到可行的业主管理组织方式和发包方式；然后将可行的业主管理组织方式与发包方式组合，经相容分析，筛除不相容的组合，最后得到可行的管理组织与发包方式方案集。

（1）可行的发包方式。根据工程特点、建设环境和业主的管理能力，该工程项目可行的发包方式有平行发包方式（如DBB方式）和总承包方式（如EPC方式）两种，DBB方式和EPC方式是目前风电场项目最常采用的两种发包方式。

如果本项目采用DBB发包方式，业主先组织项目的可行性研究，之后采用公开招标的方式选择设计单位，签订设计合同。设计单位的初步设计完成经过审核后，业主根据工程特点，按子项工程、专业工程或工程设备，分期分批组织施工和采购招标。各中标签约承包商直接对业主负责，并接受监理工程师的监督和管理。采用此种方式，项目组织实施需按设计、招标、建造的顺序进行，造成项目的工期较长，而且业主还要组织大量的人力、财力去组织各阶段的招标工作。DBB发包方式工程组织框架如图3-3所示。

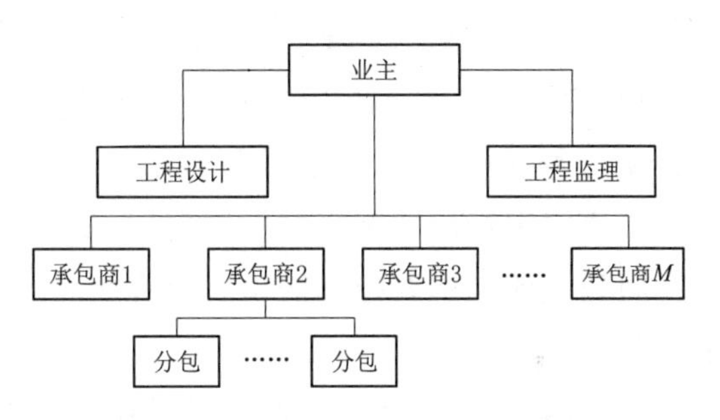

图3-3 DBB发包方式工程组织框架

如果本项目采用EPC方式，项目业主只需明确拟建项目的主要功能和设计大纲，并在此基础上，通过工程招标选择唯一的EPC总承包商。EPC总承包除勘察设计、设备材料采购、土建工程施工、设备安装及调试、240h试运行等常规内容外，还包括与项目施工有关的许可文件办理、征租地、并网验收的协调工作，并对整个建设工程负责。EPC总承包商可以利用自己的设计和施工力量完成部分或全部工程，也可以通过竞争性招标方式选择工程设计公司和分包商完成工程。EPC发包方式的主要优点是建立了"单一责任制"，业主在整个工程中只有一个合同，只面对一个EPC承包商；设计、建造内部有效的沟通减少了不必要的变更，有效降低了项目的总成本，缩短了工程项目的总工期，EPC发包方式工程组织框架如图3-4所示。

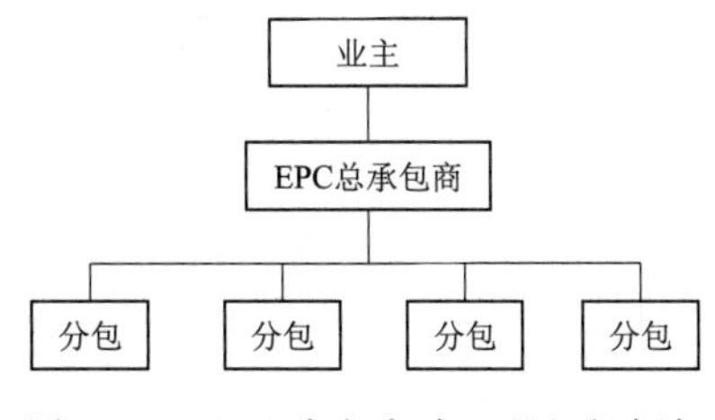

图3-4 EPC发包方式工程组织框架

（2）可行的业主管理组织方式。由于业主公司项目管理人员和精力有限，而本工程项目的规模大，技术复杂程度高，基础施工不确定性因素多，由业主管理方式谱分析图和业主管理方式分析表明，本项目可以采用"业主代表＋监理（主导）"的业主管理方式，且此方式在国内建筑业有一套成熟的规范流程，便于操作，业主只需统筹项目的大局，具体施工细节可由监理公司代为管理。项目建设实行项目部—本部两级管理，项目部配备2～3名管理人员负责现场具体实施，本部负责宏观协调，对安全、质量、进度及造价开展重点把控。

（3）管理组织与发包方式备选方案的建立。根据以上可行的发包方式和业主管理组织方式分析，本项目管理组织与发包方式可行方案有方案A和方案B两种：方案A为DBB发包方式和"业主代表＋监理（主导）"管理组织方式；方案B为EPC发包方式和"业主代表＋监理（主导）"管理组织方式。

3. *管理组织与发包方式决策*

（1）指标权重的计算。

1）管理组织与发包方式包含四个方面，即项目特性层面因素 F_1、项目绩效层面因素 F_2、业主和承包商层面因素 F_3、外部环境层面因素 F_4。针对本项目，根据专家评价，这四个指标的重要性排序为 $F_1 > F_3 > F_2 > F_4$，评判可得模糊互补矩阵。

同理，四个主要指标的下属指标相对于各自指标的权重分配可以得到其各自的模糊矩阵。

2）将各优先关系矩阵改造成模糊一致性矩阵。

3）根据上述模糊一致矩阵 $\boldsymbol{A}$、$\boldsymbol{A}_1$、$\boldsymbol{A}_2$、$\boldsymbol{A}_3$、$\boldsymbol{A}_4$ 对各因素进行层次单排序，即可求得各指标权重。将其归一化后结果如下：

$$X_1' = (0.06,\ 0.07,\ 0.05,\ 0.06,\ 0.07)^{\mathrm{T}}$$
$$X_2' = (0.10,\ 0.06,\ 0.07)^{\mathrm{T}}$$
$$X_3' = (0.07,\ 0.06,\ 0.08,\ 0.05)^{\mathrm{T}}$$
$$X_4' = (0.06,\ 0.07,\ 0.08)^{\mathrm{T}}$$

（2）综合评价。

1）由各专家依据评价指标对2个备选方案的重要程度进行综合评价，专家打分后的平均值见表3-8。

表3-8　专家打分后的平均值

指标	方案A	方案B	指标	方案A	方案B
f_{11}	57	78	f_{21}	65	89
f_{12}	67	83	f_{22}	67	67
f_{13}	41	38	f_{23}	71	70
f_{14}	68	80	f_{31}	74	90
f_{15}	73	76	f_{32}	64	77

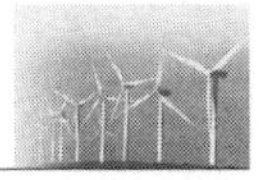

续表

指标	方案A	方案B	指标	方案A	方案B
f_{33}	89	79	f_{42}	73	69
f_{34}	70	78	f_{43}	76	66
f_{41}	65	60			

2）根据指标权重计算中得出的4个主指标和15个子指标的权重分布及表3-8专家打分的结果，计算出两个备选方案的主指标权重，计算结果见表3-9。

表3-9　两个备选方案的主指标权重

指标	方案A	方案B	指标	方案A	方案B
F_1	19.35	22.51	F_3	19.64	21.14
F_2	15.49	17.82	F_4	15.09	13.71

3）对方案进行总排序。

方案A=0.30×19.45+0.23×15.49+0.27×19.64+0.20×15.09=17.68

方案B=0.30×22.51+0.23×17.82+0.27×21.14+0.20×13.71=19.29

根据上述的计算结果，方案的总排序为方案B>方案A，因此本风电场项目选择EPC发包方式和"业主+监理（主导）"管理组织方式。

根据上述基于模糊层次分析法（FAHP）计算得出本风电场项目选择EPC发包方式和"业主+监理（主导）"管理组织方式。由于本项目规模较大、施工复杂难度大、专业工序较多，若将设计、施工分别分包给两家单位，既不利于项目实施过程的连续性，又无形中增加了工程的工期。

（3）EPC发包方式的优势。相较于DBB发包方式承发包合同较多、业主协调管理工作量大、费用增多和工期长的特点，本项目采用EPC发包方式有利于技术复杂工程的施工管理，控制投资达到业主的要求。具体优势如下：

1）满足业主对工程风险控制的要求。本工程采用了较多新材料、新技术，在施工中，影响施工的不确定因素出现将有可能对本工程产生较大的影响，基于业主的综合管理和规避风险的能力，采用EPC发包方式更有利于业主规避风险，以免由于管理不善造成不必要的损失。采用EPC发包方式，工程有单一的权责界面，设计和施工的权责掌握在同一个承包商手中，主要着重于问题的解决而不是责任的归属。对于质量、预算与工期整体绩效而言，可形成一个紧密互动的单一权责界面。由于设计方案由EPC承包商提出，其正确性与可行性均非业主的责任，导致设计变更的机会减少，若在设计与施工的权责范围之间发生矛盾、抵触甚至冲突，都由EPC承包商自行负责整合解决。

2）满足业主对投资预算的要求。由于本项目投资预算及总额已经确定，采用

EPC发包方式有利于业主对项目投资进行总体控制。工程开工前业主掌握了工程投资总体状况，为尽量保证公平合理，在施工中业主既可根据现场实际变更情况进行签证，又保证了总承包商的利益。由于EPC承包商是设计、采购、施工互相结合成为同一团队，施工专业权责早于设计阶段导入，在设计上可使资源利用、施工方法和工艺等较早奏效，提前考虑可施工性，将其纳入设计中，进而达到降低工程造价的目标。因此选用EPC方式更为合适。

3）满足业主对建设工期的要求。本项目业主对工期要求较高，因此，工期因素就作为选择发包方式的主要依据之一。在传统的DBB发包方式下，项目组织实施按设计、施工、建造的自然顺序方式进行，即一个阶段结束后另一个阶段才能开始，建设工期相对较长，设计与施工分离后，设计与施工阶段在时间上就没有了搭接和调节工期的可能，不利于工期的缩短。而EPC发包方式可实现设计和施工的充分整合，有利于缩短工期和提高施工的可建造性。EPC发包方式是利用快速路径法的建设管理技术来缩短工期，各项材料设备的购置与施工作业都可以在相关设计文件尚未完整齐备的情况下就开始办理，并且由于招标次数的减少，以及整合设计与施工后重新设计机会减少，可大幅缩短整体设计与施工所需要的工期。

4）满足业主对工程质量的要求。采用EPC发包方式，承包商必须对成品负全部的责任，同时其组织成员皆为生命共同体，必须讲究团队精神和整合效能。若设计、施工或者其他成员造成缺陷的事情发生，组织成员均要承担责任。这种单一的权责界面自然而然激发了全体成员尊重团队精神并整合资源，在设计与施工的共同配合中，创造团队最高效能与最佳工程质量。

（4）“业主＋监理（主导）”项目管理组织方式的优势。在面临公司专业建设管理人员不足和风电特许经营权竞争激烈的内外双重压力下，新能源公司在风电特许经营权竞争上倾尽了全力，业主项目管理时间和精力有限，而本工程项目的规模大、技术复杂程度高、基础施工不确定性因素多，采用“业主代表＋监理（主导）”的业主管理组织方式在国内建筑业内有一套成熟的规范流程，便于操作，业主只需统筹项目的大局，具体施工细节可由监理公司代为管理。

风电场项目类型多样，管理环境复杂多变，任何一种外部或内部、客观或人为管理因素的变化都会给项目的顺利完成带来影响。组织是一切管理活动取得成功的基础。项目管理组织的主要目的是充分发挥项目管理职能，提高项目管理的整体效率，以达到项目管理的目的。而风电场项目的发包是项目实施阶段的一项重要工作内容，它贯穿于项目实施全过程中的多个环节，常用的发包方式都有其不同的优势和局限性，适用于不同种类、不同规模、不同地域的风电场项目。因此，如何结合风电场项目的具体情况和现实条件，选择适宜的组织与发包方式是风电场项目标准化管理的重要内容。

第 4 章　风电场项目采购标准化管理

4.1　风电场项目采购管理基础

4.1.1　风电场项目采购基本概念

4.1.1.1　采购的概念

采购就是以各种不同的方式，在市场上从组织或者个人外部获取所需要的有形物品或无形服务，如货物、设备、工程和服务的活动，以满足相应需求的行为。

世界银行将采购定义为“以不同方式，通过努力从系统外部获得货物、工程、服务的整个采办过程”。该定义中强调了采购是从系统外部获得系统内不能自给的东西，包含工程、货物和服务三个方面。

《中华人民共和国政府采购法》中所称“采购”是指“以合同方式有偿取得货物、工程和服务的行为，包括购买、租赁、委托、雇用等”。采购是现代社会中一种常见的经济行为，是经济发展和社会分工发展的结果。从普通人的日常生活到企业生产运作，从民间团体到政府机构，无论何种形式的组织，只要存在，就需要从外部环境获取所必需的各种物质，这就是广义上的采购；采购可以包括广泛的途径，如购买、租赁、委托、雇用、交换等，获得所需商品及劳务的使用权或所有权以满足使用的需要。

狭义上的采购是指以购买的方式，由买方支付对等的代价，向卖方换取物品的行为过程。这种以货币换取物品的方式，就是最普通的采购途径。该活动的本质是通过商品交易的手段把商品从一方转到另一方，以商品交易的等价交换原则为基础。

4.1.1.2　采购的分类

（1）按采购的标的分类，采购可分为工程、货物及服务采购。工程是指建设工程，包括建筑物和构筑物的新建、改建、扩建、装修、拆除、修缮等。货物是指各种形态和种类的物品，包括原材料、燃料、设备、产品等。服务是指除货物和工程以外的其他采购对象。

（2）按采购的方式分类，采购可分为公开招标、邀请招标、竞争性谈判、单一来源采购、询价等。这些方式运作不同，各有其优点与弊端，适用于不同性质与规模的采购，同时，也取决于采购人的市场地位。一般说来，政府采购在一定的金额以上者应采用竞争性招标，包括国际竞争性招标的采购方式；有国际开发机构参与融资的采购，必须在国际范围按有关开发机构采购准则规定的程序与方式进行。

(3) 按采购价格的形成机理分类，采购可分为标价采购、议价采购和拍卖（招标）采购，如图 4-1 所示。

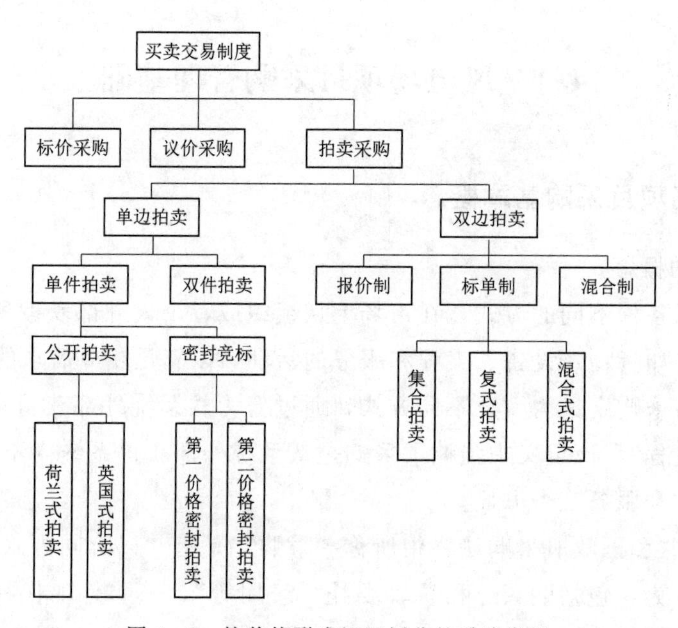

图 4-1　按价格形成机理划分的采购类型

4.1.1.3　采购管理

为了实现企业的经营目标，企业必须对采购活动和过程进行必要的计划、组织与控制，这就是采购管理。采购管理是企业管理的重要职能，也是企业专业管理的重要领域之一。它包括管理供应商关系所必需的所有活动，着眼于企业内部、企业及其供应商之间的采购过程，是从整体考虑的一项职能。

4.1.2　风电场项目采购对象

项目具有的独特性决定了项目采购具有独特性。项目的广泛内涵说明项目采购的范围非常广泛，涉及社会经济活动的各个领域。风电场项目采购包括工程采购、货物采购和咨询服务采购等，其中货物采购和工程采购为有形采购，咨询服务采购为无形采购。

工程项目采购的对象不仅包括采购货物，还包括雇用承包商来实施工程建设和聘用咨询专家来从事咨询服务，是投入资金新建、改建、修建、扩建、拆除、修缮或翻

新构造物及其所属设备以及改造自然环境的行为。一般是以合同方式有偿取得货物、工程和服务的整个采办过程，包括购买、租赁、委托、雇佣等。

1. 工程采购

工程采购在项目采购中主要指土建工程施工采购，通过招标或其他方式选择合适的工程承包商，承担项目工程的施工任务。土建工程包括房屋建筑工程、道路桥梁工程、污水处理工程、厂房工程、水电工程等，土建工程施工涉及施工劳务、施工管理、施工材料和设备、工程设计等。

在设计建造的工程采购中，工程采购还包括工程设计、建筑设计、现场勘察等业务，业主有时在工程采购时将施工材料和施工管理分离采购，则施工材料设备的采购属于货物采购。

2. 货物采购

货物采购是指购买项目所需的各种实体性的投入物，例如机械设备、仪器仪表、办公设备、建筑材料（钢材、水泥、黄沙、木材、构件、成品、半成品等）、生产资料等，以及与之相关的服务，如运输、保险、安装、调试、培训、维修等。

货物采购与货物的价值、技术性能、采购量、货物来源、安装、维修等因素密切相关。国内货物采购和国际货物采购有明显的不同，当地的大宗材料采购与技术参数要求复杂的高技术产品的采购也有明显区别；同时，货物采购的采购量和供应时间与项目需求密切相关。

3. 咨询服务采购

咨询服务采购不同于一般的工程或货物采购，属于专业服务和知识的采购，主要包括聘请咨询公司或者个人提供智力、知识、劳务等方面的服务。咨询服务的范围非常广泛，大致可以分为以下类型：

（1）项目准备阶段的咨询服务，如项目的可行性研究、工程现场勘察、项目方案设计、决策咨询等服务。

（2）项目设计阶段和招标投标阶段的咨询服务，如项目设计和招标代理等服务。

（3）项目实施阶段的咨询服务，如项目管理、施工监理、成本控制等项目实施管理和控制的服务。

（4）项目相关的技术服务，如技术援助、培训、知识传递等服务。

4.1.3 工程项目采购特点

工程项目采购开始于项目选定阶段，并贯穿于整个项目周期。不同于一般的采购，工程项目采购具有以下一些特点。

1. 采购对象复杂

（1）种类多，供应量大。

(2) 各类采购之间关系复杂。

2. 采购数量和时间不均衡

由于工程项目生产过程的不均衡性，使得项目的需求和供应不均衡，采购的品种和使用量在实施过程中有大幅度起伏，而且几乎没有规律可循。

3. 采购供应过程复杂

要保证工程顺利实施，必须采购高质量的物资和高水平的服务，将涉及复杂的招标过程、合同的实施过程和资源的供应过程。每个环节都不能出现问题，这样才能保证工程的顺利实施。

4. 采购过程动态

采购计划是项目总计划的一部分，它随项目的范围、技术要求、总体的实施计划和环境的变化而变化。

(1) 时间安排无法十分精确。由于工程项目的特殊性，采购计划量和采购过程的时间安排很难做到精确。

(2) 采购计划与施工计划相互制约。在制订施工计划时必须考虑市场所能提供的设备和材料、供应条件、供应能力，否则施工计划会不切实际，必须变更。而项目的范围、技术设计和总体的实施计划的任何不准确、错误和修改，必然会导致采购计划和采购过程的改变，可能导致工程返工、材料积压、无效采购、多进、早进、错进，甚至可能导致资源供应和运输方式的变化。

因此资源计划不是被动地受制于设计和施工计划（施工方案和工期），而是应积极地对它们进行制约，作为它们的前提条件。

(3) 采购和供应受外部影响大，不确定因素多，难以控制。例如：业主的资金能力和供应商能力的限制，如承包商不能按时开工，供应商不能及时地交货；在项目实施过程中市场价格、供应条件变化大；物资在运输途中由于政治、自然、社会的原因造成拖延；冬季和雨期对供应的影响。

4.2　风电场项目采购策划依据

4.2.1　风电场项目采购管理政策法规

1999年8月30日第九届全国人民代表大会常务委员会第十一次会议通过了《中华人民共和国招标投标法》。这一法律的制定是为了规范招标投标活动，保护国家利益、社会公共利益和招标投标活动当事人的合法权益，提高经济效益，保证项目质量。2017年12月27日第十二届全国人民代表大会常务委员会第三十一次会议对该法进行了修改，进一步规范了招标投标活动，确立招标投标必须遵守的基本规则和

程序。

2002年6月29日第九届全国人民代表大会常务委员会第二十八次会议通过了《中华人民共和国政府采购法》。这一法律的制定是为了规范政府采购行为，提高政府采购资金的使用效益，维护国家利益和社会公共利益，保护政府采购当事人的合法权益，促进廉政建设。2014年8月31日第十二届全国人民代表大会常务委员会第十次会议对该法进行了修改，进一步加强对政府采购行为的规范化管理，提高政府采购活动的透明度，努力节约采购支出，提高效率；鼓励供应商参与采购活动，促进充分竞争；保证给予供应商公平和平等的待遇。政府采购要保护社会公共利益，做到诚实守信，提高公众对采购活动的信任度。

2015年国务院发布第658号国务院令，公布了《中华人民共和国政府采购法实施条例》，用以完善政府采购制度，进一步促进政府采购的规范化、法制化，构建规范透明、公平竞争、监督到位、严格问责的政府采购工作机制。

4.2.2 风电场项目供应商市场分析

风电场项目市场分析即对市场供需变化的各种因素及其动态、趋势的分析，可以从行业背景和市场现状两个维度来分析。行业背景维度下我国在《能源发展战略行动计划（2014—2020）》中明确提出了绿色低碳的发展战略，大力发展风电。从市场现状维度主要是分析供需市场，供需双方的供需市场决定了双方的地位。

风电场项目供应商市场分析是风电场项目采购策划中的重点，其目的是分析供应商的服务水平，如技术水平、管理水平和资信水平等能否满足风电场建设单位的要求以及供应市场的竞争程度与市场成熟度（市场竞争程度越高说明市场越成熟）。

1. 采购商的市场地位分析

经济学中的供需理论指出，在一个竞争性的市场中，供给和需求的相对稀缺性，也就是供给和需求的多少，决定了商品的价格和产量。供给少会导致价格上升，供给多会导致价格下降。因此对采购商（风电场建设单位/业主）的市场地位进行分析时可以从风电场项目投资规模以及投资数量两个角度来分析。若风电场项目投资规模大，数量多，则采购商地位低；若风电场项目投资规模小、数量少，则采购商地位高。

2. 供应商分析

随着风电开发格局的逐渐优化，风电场项目供应商的市场地位也在进行调整。风电场项目供应商主要包括风电施工企业、设计单位、咨询机构以及风电机组设备生产厂家。

风电机组设备生产厂家头部企业的市场占有率显著提升，为机组设备规模化降低成本提供了可能；风电施工企业有中交第三航务工程局有限公司、江苏龙源振华海洋工程有限公司、南通市海洋水建工程有限公司等；设计单位有中国长江三峡集团公司上海勘测设计研究院有限公司、中国电建集团华东勘测设计研究院有限公司和中国电建集团西北勘测设计研究院有限公司等；咨询机构有 MAKE Consulting、DNV GL 等。由此可见，供应商市场的竞争程度激烈，市场成熟度高。

3. 竞争态势分析

风电行业的市场成熟度较高，参与的企业能够在风电市场中进行充分竞争，推动风电行业的整合发展。以风电机组设备生产厂家为例，过去十年间，中国风电整机制造企业从累计百余家到目前国内市场从事风电整机制造的共计 20 余家的发展之路来看，风电整机制造行业的市场化程度极高，行业集中度不断提升，行业竞争加剧。

4.3　风电场项目采购策划

4.3.1　采购策划内容

1. 采购内容

风电场项目采购策划阶段要明确项目采购内容，如需要进行采购的是风电场工程采购、发电机组等货物采购还是监理设计咨询服务采购等。同时在项目采购中还需要根据市场分析结果选择合适的工程采购方案，如选择 PC 承包采购、设计施工采购或项目总承包采购等。只有明确了采购内容，才能更好地安排采购计划与选择采购方式。

2. 采购进度计划

风电场项目建设周期短，因此需要提前安排好采购进度计划，可以分为以下五个阶段。

（1）提前阶段。首先明确设计单，在项目核准前需确定场区和接入系统设计单位，派发设计委托书进行设计工作，并在项目核准后签订设计合同。

（2）第一阶段。明确设计单位后，可以进行风电机组设备采购和工程监理服务采购。

（3）第二阶段。初步设计基本完成，接入系统设计批复以及设备参数确定后，即可进行主变压器、箱式变压器、开关柜、一次设备、二次设备、电缆、无功补偿等电气设备采购工作。

（4）第三阶段。初步设计审查完成，各施工标段的设计工程已确定，风电机组设备型号已确定，此时即可进行场内道路、基础施工、吊装工程、基础接地工程、塔筒采购、升压站土建及安装过程、集电线路工程等标段的招标采购工作。

（5）第四阶段。在建设过程中的一些零星采购，可随着进度需要随时进行。

3. 采购方式

风电场项目采购方式有招标采购和非招标采购两种形式。其中招标采购方式主要

包括公开招标和邀请招标两种形式；非招标采购方式主要包括竞争性谈判、询价采购和单一采购来源三种形式。

4. 采购文件

依据设计单位提供的场区和接入系统设计文件形成采购清单，并依据清单进行采购。

4.3.2 市场调查与分析

1. 市场调查

我国《能源发展战略行动计划（2014—2020）》中明确提出了绿色低碳的发展战略，在2015年巴黎气候大会向世界承诺，到2020年非化石能源占一次能源消耗比重达15%，到2030年达20%左右。国家能源局《风电发展“十三五”规划》中明确，到2020年年底，风电累计并网装机容量确保达到2.1亿kW以上，其中海上风电并网装机容量达到500万kW以上；风电年发电量确保达到4200亿kW·h，约占全国总发电量的6%；有效解决弃风问题，“三北”地区达到最低保障性收购利用小时数的要求；风电设备制造水平和研发能力不断提高，3～5家设备制造企业全面达到国际先进水平，市场份额明显提升。

风电行业的市场成熟度较高，无论是建设方或者承包商/供应商都有许多优秀的单位。风电市场的供需是平衡的。

2. 市场分析

一般需要对财务能力分析、生产设施分析、寻找新的供应源、估计分销成本、预测制造成本、单一货源、所购材料的质量保证、供应商态度调查、供应商绩效评价、供应商销售战略和对等贸易等进行分析，通过市场调查选择合适的供应商。

通过国家统计局发布的统计年鉴、国家能源局发布的电力资源分析报告以及中信保咨询公司的市场分析报告等内容，对市场形势以及供应商能力进行综合评判，从而选择合适的采购方式。

4.3.3 采购方案策划

目前，国内采用的发包方式主要有平行发包模式、工程总承包模式、阶段发包模式、设计—管理模式。关于风电场项目发包方式的选择可采用本书第3章介绍的方法。这里重点介绍标段划分、招标方式和招标程序等内容。

4.3.3.1 标段划分

风电场项目招标采购涉及建设工程采购、货物采购和咨询服务采购。在明确工程招标范围后，发包人需要结合工程特性、施工顺序、工期、工程造价等进行标段划分。标段划分主要遵循以下原则：

（1）满足系统性原则，依据工程涉及的相关专业划分标段。

（2）满足工程质量控制、进度控制和投资控制的要求。

（3）满足工艺流程、施工顺序、作业方便和工程管理的需要。

（4）满足《中华人民共和国民法典》《中华人民共和国招标投标法》等法律法规的相关规定。

（5）考虑潜在承包人的施工技术水平和装备条件，尽量发挥承包人的技术优势。

（6）尽可能地减少交叉施工，减少标段接口和施工接口。

（7）尽可能地保持各标段主要工程量的平衡。

通用的标段划分见表4-1。

表4-1　通用的标段划分

序号	标段名称
1	××公司××省××风电场×期（××MW）工程勘察设计
2	××公司××省××风电场×期（××MW）工程监理
3	××公司××省××风电场×期（××MW）工程风电机组设备采购
4	××公司××省××风电场×期（××MW）工程塔筒及附件采购
5	××公司××省××风电场×期（××MW）工程道路施工
6	××公司××省××风电场×期（××MW）工程风电机组基础施工和吊装
7	××公司××省××风电场×期（××MW）工程升压变电站土建及安装、场内集电线路施工及箱变安装
8	××公司××省××风电场×期（××MW）工程风电机组基础接地设计及施工
9	××公司××省××风电场×期（××MW）工程接入系统设计及施工
10	××公司××省××风电场×期（××MW）工程×期（××MW）工程电缆采购
11	××公司××省××风电场×期（××MW）工程主变压器及附属设备采购
12	××公司××省××风电场×期（××MW）工程箱式变压器设备采购
13	××公司××省××风电场×期（××MW）工程高低压开关柜和一次设备采购
14	××公司××省××风电场×期（××MW）工程动态无功补偿装置采购
15	××公司××省××风电场×期（××MW）工程综合自动化系统设备采购

4.3.3.2　招标方式

风电场项目属于大型基础设施、公用事业等关系社会公共利益、公众安全的项目，且具备投资额度大的特点，依法属于强制招投标工程的范围。招标采购主要分为公开招标和邀请招标两种方式。

1. 公开招标

（1）定义。公开招标，即招标人按照法定程序，在指定的报刊、电子网络和其他媒介上发布招标公告，向社会公示其招标项目要求，吸引众多潜在承包人参加投标竞争，招标人按事先规定程序和办法从中择优选择中标人的招标方式。

（2）特点。公开招标属于非限制性竞争招标，体现了市场机制公开信息、规范程序、公平竞争、客观评价、公正选择以及优胜劣汰的本质要求。公开招标因为投标人较多、竞争充分，且不容易串标、围标，有利于招标人从广泛的竞争者中选择合适的中标人并获得最佳的竞争效益。

但公开招标的缺点在于投标人较多，因而增大了招标工作量，使组织工作更复杂，需要投入较多的人力、物力，且招标过程所需时间较长。

（3）使用情形。①国家重点项目和省、自治区、直辖市人民政府确定的地方重点项目；②国有资金占控股或者占主导地位的依法必须进行招标的项目；③其他法律法规规定必须进行公开招标的项目。

2. 邀请招标

（1）定义。邀请招标也称选择性招标，即招标人通过市场调查，根据承包商或供应商的资信、业绩等条件，选择一定数量法人或其他组织（不能少于3家），向其发出投标邀请书，邀请其参加投标竞争，招标人按事先规定的程序和办法从中择优选择中标人的招标方式。

（2）特点。邀请招标能够按照项目需求特点和市场供应状态，有针对性地选择合适的投标人参与投标竞争，这些投标人通常具备与招标项目需求相匹配的资格能力、价值目标，能够促进投标人之间的均衡竞争。邀请招标的工作量和招标费用、招标时间相对较小，同时又能够获得基本或者较好的竞争效果。

邀请招标的缺点在于投标人数相对较少，竞争范围较小。由于招标人在选择邀请对象前掌握的信息存在一定局限性，故而招标人可能会失去发现最适合承担该项目的承包商的机会。

（3）使用情形。有下列情形之一的，经批准可以进行邀请招标：①涉及国家安全、国家秘密或者抢险救灾，适宜招标但不宜公开招标的；②项目技术复杂或有特殊要求，或者受自然地域环境限制，只有少量潜在投标人可供选择的；③采用公开招标方式的费用占项目合同金额的比例过大的。依法非必须公开招标的项目，由招标人自主决定采用公开招标还是邀请招标。

国家重点建设项目的邀请招标，应当经国家国务院发展计划部门批准；地方重点建设项目的邀请招标，应当经各省、自治区、直辖市人民政府批准。全部使用国有资金投资或者国有资金投资占控股或者主导地位的并需要审批的工程建设项目的邀请招标，应当经项目审批部门批准，但项目审批部门只审批立项的，由有关行政监督部门审批。

4.3.3.3 招标程序

招标流程如图4-2所示。

4.3.4 招标文件

为了规范施工招标活动，提高资格预审文件和招标文件编制质量，促进招投标活

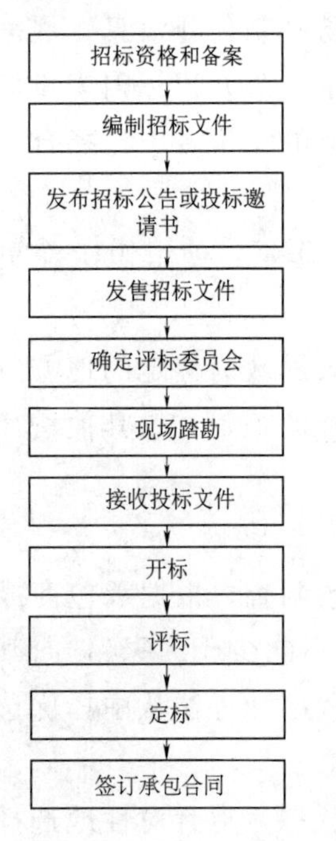

图4-2　招标流程图

动的公开、公平和公正，国家发展改革委等九部委联合发布了《标准施工招标资格预审文件》和《标准施工招标文件》。根据九部委《〈标准施工招标资格预审文件〉和〈标准施工招标文件〉试行规定》（2007年国家发展改革委第56号令），国务院有关行业主管部门可根据《标准施工招标文件》并结合本行业施工招标特点和管理需要，编制行业标准施工招标文件。行业标准施工招标文件和招标人编制的施工招标资格预审文件、施工招标文件，应不加修改地引用《标准施工招标资格预审文件》中的"申请人须知"（申请人须知前附表除外）、"资格审查办法"（资格审查办法前附表除外），以及《标准施工招标文件》中的"投标人须知"（投标人须知前附表和其他附表除外）、"评标办法"（评标办法前附表除外）。

此外，国家发展改革委等九部委在2012年还发布了适用于工期在12个月之内的《简明标准施工招标文件》和《标准设计施工总承包招标文件》。这些标准施工招标文件，成为各类建设工程施工招标及设计施工总承包招标的重要指导。

4.3.4.1　招标文件范本

《标准施工招标文件》共包含封面格式和四卷八章的内容，第一卷包括第一章～第五章，涉及招标公告（投标邀请书）、投标人须知、评标办法、合同条款及格式、工程量清单等内容；第二卷由第六章图纸组成；第三卷由第七章技术标准和要求组成。第四卷由第八章投标文件格式组成。第一卷并列给出了3个"第一章"，2个"第三章"，由招标人根据项目特点和实际需要分别选择使用。标准招标文件相同序号标示的节、条、款、项、目由招标人依据需要选择其一形成一份完整的招标文件。

4.3.4.2　评标准则

评标由招标人依法组建的评标委员会负责。评标委员会由招标人或其委托的招标代理机构熟悉相关业务的代表，以及有关技术、经济等方面的专家组成。评标活动应遵循公平、公正、科学和择优的原则。

按照定标所采用的排序依据，评标方法可以分为四类，即分值评审法（以分值排序，包括综合评分法、性价比法）、价格评审法（以价格排序，包括最低评标价法、最低投标价法、价分比法等）、综合评分法（以总体优劣排序）、分步评审法［先以技术分（和商务分）为衡量标准确定入围的投标人，再以报价排序］。下面以综合评分法为例介绍风电场项目的详细评标准则，具体内容见表4-2。

表4-2 风电场项目综合评分法评标标准

序号	名 称	评审因素	评 审 标 准
1	初步评审标准	—	—
1.1	形式评审标准	投标人名称	与营业执照、资质证书、安全生产许可证一致
		投标文件封面、投标函签字盖章	投标文件封面、投标函须有法定代表人（或其委托代理人）签字（或签章）并加盖单位章，由委托代理人签字的须具有有效的授权委托书
		投标文件格式	符合招标文件中“投标文件格式”的要求
		联合体投标人（如有）	提交联合体协议书，并明确联合体牵头人
		报价唯一	只能有一个有效报价
1.2	资格评审标准	营业执照	具备有效的营业执照
		安全生产许可证	具备有效的安全生产许可证
		资质等级	符合招标文件“投标人须知”中“投标人资格要求”规定
		财务状况	符合招标文件“投标人须知”中“投标人资格要求”规定
		类似项目业绩	符合招标文件“投标人须知”中“投标人资格要求”规定
		信誉	符合招标文件“投标人须知”中“投标人资格要求”规定
		项目经理	符合招标文件“投标人须知”中“投标人资格要求”规定
		其他要求	符合招标文件“投标人须知”中“投标人资格要求”规定
		联合体投标人	符合招标文件“投标人须知”中“投标人资格要求”规定
		不存在禁止投标的情形	不存在招标文件“投标人须知”中“投标人不得存在下列情形之一”规定的任何一种情形
1.3	响应性评审标准	其他要求	符合招标文件“投标人须知”中“投标人资格要求”规定
		联合体投标人	符合招标文件“投标人须知”中“投标人资格要求”规定
		不存在禁止投标的情形	不存在招标文件“投标人须知”中“投标人不得存在下列情形之一”规定的任何一种情形
		投标有效期	符合招标文件“投标人须知”中“投标有效期”规定
		投标保证金	符合招标文件“投标人须知”中“投标保证金”规定
		权利义务	符合招标文件“合同条款及格式”规定
		已标价价格清单	符合招标文件“价格清单”给出的范围、数量及价格清单报价说明的要求
		技术标准和要求	符合招标文件“技术标准和要求”规定
2	详细评审规则	—	—
2.1	评分权重构成（100%）	—	商务部分/% 技术部分/% 投标报价/% 根据《政府采购竞争性磋商采购方式管理暂行办法》（财库〔2014〕214号）第二十四条规定“综合评分法货物项目的价格分值占总分值的比重为30%～60%，服务项目的价格分值占总分值的比重（即权值）为10%～30%”确定评分权重构成

续表

序号	名　称	评审因素	评　审　标　准
2.2	评标价基准值（B）计算方法	—	在开标现场，招标人将当场计算并宣布评标基准价。 (1) 评标价的确定：评标价＝投标函文字报价。 (2) 理论成本价的确定：依据招标文件“投标人须知”中规定计算。 (3) 评标价平均值计算：所有进入详细评审投标人的评标价去掉一个最高值和一个最低值后的算术平均值。 (4) 评标基准价的确定：评标基准价＝(最高投标限价×系数＋评标价平均值×系数)×(1－下浮系数)
2.3	偏差率（D_i）计算公式	—	偏差率＝100％×(投标人评标价－评标价基准值)/评标价基准值
2.4	详细评分标准	—	—
2.4.1	商务部分评分标准	以往类似项目业绩、经验	以往类似项目数量、规模、完成情况及勘察设计施工经验
		履约信誉	根据建设单位发布的供应商信用评价结果或由评标委员会根据其以往业绩及在其他单位的合同履约情况合理确定本次评审信用等级
		财务状况	近3年财务状况（依据近3年经审计过的财务报表）
		报价费用构成的完整性、合理性	由专家对各投标人报价费用构成进行合理性评审
		主要单价水平的合理性	由专家对各价格清单中的主要单价进行合理性和平衡性评审
2.4.2	技术部分评分标准	设计方案及技术方案合理性	从风电场微观选址方案、升压站布置方案、集电线路走向及设计、场内道路设计、用地面积优化等方面评价
		水土保持及环境保护技术方案	对水土保持及环境保护技术方案等进行评价
		对项目重点、难点、风险的分析及施工布置	对项目重点（含水土保持及环境保护技术方案）、难点的分析情况，施工布置的合理性及与现场环境的协调性
		施工资源配置	施工设备配置、选型布置的合理性；劳动力计划安排是否满足工期需要；项目资金使用、保证与分配、封闭管理及奖惩措施的可行性
		施工方法、程序、配合环节合理性	场平及绿化、开挖回填方案的合理性，料源分析的合理性；主要土建施工方案的合理性；主要电气设备安装施工方法、程序、配合环节的合理性
		投标人所供的主要设备材料的品牌和质量	投标人提供的主要设备、材料等选用厂家品牌及质量档次
		施工进度工期与强度分析合理性	施工进度、强度分析的合理性及保证措施
		施工质量、安全和文明施工	保证质量、安全和文明施工的技术措施，防灾应急措施，对周边已有设施的保护措施等
		勘察设计能力	对工程勘察设计能力进行评审。根据投标人工程勘察设计资质等级及风电场勘察设计业绩的综合评分

续表

序号	名称	评审因素	评　审　标　准
2.4.2	技术部分评分标准	管理人员	项目总负责人、项目施工负责人和设计负责人的经历、主持过的工程项目与效果
		专业队伍	对本项目中的专业队伍配置进行评审
		组织机构和运行方式	项目现场组织机构、职责、运行方式及保障措施
2.4.3	投标报价评分标准	价格得分	以入围投标人经修正后的评标总报价与评标基准价 B 进行比较，计算出高于或者低于评标基准价的百分数，确定各比例值区间所对应的得分情况

4.3.4.3　计价方式

合同按计价方式可分为可调价格合同、固定价格合同及成本加酬金合同三类，风电场项目合同中采用何种方式需在专用条款中说明。

1. 可调价格合同

可调价格合同又称为变动总价合同。合同价格是以图纸及相关标准为基础，按照时价进行计算，得到包括全部工程任务和内容的暂定合同价格。可调价格合同通常用于工期较长的施工合同。如工期在 18 个月以上的合同，发包人和承包人在招投标阶段和签订合同时不可能合理预见到 18 个月以后物价浮动和后续法规变化对合同价款的影响，为了合理分担外界因素影响的风险，应采用可调价格合同。

2. 固定价格合同

固定价格合同是指在约定的风险范围内价款不再调整的合同。这种合同的价款并不是绝对不可调整，而是约定范围内的风险由承包人承担。固定价格合同包括固定单价合同和固定总价合同。固定单价合同是指合同的价格计算是以图纸及规定、规范为基础，工程任务和内容明确，业主的要求和条件清楚，合同单价固定不变，即不再因为环境的变化和工程量的增减而变化的一类合同。在这类合同中，承包商承担了全部的工作量和价格的风险。固定价格合同适用条件为：①工程量小、工期短，估计在施工过程中环境因素变化小，工程条件稳定并合理；②工程设计详细，图纸完整、清楚，工程任务和范围明确；③工程结构和技术简单，风险小；④投标期相对宽裕，承包商可以有充足的时间详细考察现场、复核工程量，分析招标文件，拟订施工计划；⑤合同条件中双方的权利和义务十分清楚，合同条件完备，期限短。

3. 成本加酬金合同

成本加酬金合同，是由业主向承包人支付工程项目的实际成本，并按事先约定的某一种方式支付酬金的合同类型。成本加酬金合同适用条件为：①需要立即开展的项目（紧急工程），时间特别紧迫；②新型的工程项目；③风险很大的项目（保密工程）。

4.3.4.4 专用合同条款

专用合同条款是对通用合同条款原则性约定的细化、完善、补充、修改或另行约定的条款。合同当事人可以根据不同建设工程的特点及具体情况，通过双方的谈判、协商对相应的专用合同条款进行修改补充。在使用专用合同条款时，应注意以下事项：

（1）专用合同条款的编号应与相应的通用合同条款的编号一致。

（2）合同当事人可以通过对专用合同条款的修改，满足具体建设工程的特殊要求，避免直接修改通用合同条款。

（3）在专用合同条款中有横道线的地方，合同当事人可针对相应的通用合同条款进行细化、完善、补充、修改或另行约定；如无细化、完善、补充、修改或另行约定，则填写“无”或划“/”。

专用合同条款的内容见表4-3。

表4-3 专用合同条款的内容

条款名称	条款内容
（1）一般约定	①词语定义；②法律；③标准和规范；④合同文件的优先顺序；⑤图纸和承包人文件；⑥联系；⑦交通运输；⑧知识产权；⑨工程量清单错误修正
（2）发包人	⑩发包人代表；⑪施工现场、施工条件和基础资料的条件；⑫资金来源证明及支付担保
（3）承包人	⑬承包人的一般义务；⑭项目经理；⑮承包人员；⑯分包；⑰工程照管与成品、半成品保护；⑱履约担保
（4）监理人	⑲监理人的一般规定；⑳监理人员；㉑商定或确定
（5）工程质量	㉒质量要求；㉓隐蔽工程的检查
（6）安全文明施工与环境保护	㉔安全文明施工
（7）工期和进度	㉕施工组织设计；㉖施工进度计划；㉗开工；㉘测量放线；㉙工期延误；㉚不利物质条件；㉛异常恶劣的气候条件；㉜提前竣工的奖励
（8）材料与设备	㉝材料与工程设备的保管与使用；㉞样品；㉟施工设备和临时设施
（9）试验与检验	㊱试验设备与试验人员；㊲现场工艺试验
（10）变更	㊳变更的范围；㊴变更估价；㊵承包人的合理化建议；㊶暂估价；㊷暂列金额

4.4 风电场项目采购签约

4.4.1 评标

评标需要确定评标委员会、评标原则以及评标机制。

4.4.1.1 评标委员会

评标由招标人依法组建的评标委员会负责。评标委员会由招标人或其委托的招标

代理机构熟悉相关业务的代表，以及有关技术、经济等方面的专家组成。

评标委员会成员有下列情形之一的，应当回避：

(1) 投标人或投标人的主要负责人的近亲属。

(2) 项目主管部门或者行政监督部门的人员。

(3) 与投标人有经济利益关系，可能影响对投标公正评审的。

(4) 曾因在招标、评标以及其他与招标投标有关活动中从事违法行为而受过行政处罚或刑事处罚的。

(5) 与投标人有其他利害关系的。

4.4.1.2　评标原则

评标活动应遵循公平、公正、科学和择优的原则。

4.4.1.3　评标机制及其选择

1. 评标机制

评标机制指在众多投标人/投标文件中确定中标人，即选定承包人的机制。

中标人的投标应当符合下列条件之一：

(1) 能够最大限度地满足招标文件中规定的各项综合评价标准。

(2) 能够满足招标文件的实质性要求，并且经评审的投标价格最低，但投标价格低于成本的除外。

工程评标方法有专家评议法、综合评分法、最低评标价法、最低报价法（评标价最低的投标人中标，但投标价低于成本者除外）。

2. 选择评标机制的因素

当评价工程项目不需要考虑工程履约过程中额外的交易费用时，在投标人通过资格预审，具有承包工程能力的条件下，采用最低报价法应该是最合理的；当招标工程需要考虑工程合同履行过程中额外的交易费用时，采用综合评分法较科学。

对于不同的工程项目、工程特性，其地质条件、技术复杂程度、质量要求等方面的差异性很大，即使是大型工程项目中的不同标段其工程属性也有很大的差异。因此有必要根据工程的具体情况选择适当的评标机制。

(1) 简单工程评标决标机制。对于单一的简单工程，采用最低报价法比较科学。对于这种情况，需要把握两个基本原则：①投标人基本的企业资质、施工能力和经验、财务能力、企业信誉符合要求；②投标报价不能低于工程成本价。

(2) 复杂工程评标决标机制。对于工程技术及建设环境比较复杂的施工标段，对承包人的施工技术、管理水平、建设经验、诚信度等方面提出了较高要求。这种情况下，施工过程中出现较高的额外交易费用的可能性比较大，实现工程目标存在较大的风险。因此应采用综合评分法，包括技术标和商务标两部分。

4.4.2 中标通知与签约

（1）中标候选人和中标结果公示。依法必须进行招标的项目，招标人应当自收到评标报告之日起 3 日内公示中标候选人，公示期不得少于 3 日。

（2）中标通知。在投标有效期内，招标人以书面形式向中标人发出中标通知书，同时将中标结果通知未中标的投标人。

（3）签约。招标人和中标人应当自中标通知书发出之日起 30 日内，按照招标文件和中标人的投标文件订立书面合同。

第5章　风电场项目合同标准化管理

5.1　风电场项目合同的管理基础

5.1.1　合同的基本原理

5.1.1.1　合同的概念、内容与形式

1. 合同的概念

依据《中华人民共和国民法典》（简称《民法典》）第四百六十四条规定："合同是民事主体之间设立、变更、终止民事法律关系的协议。"

建设工程合同，是指承包人进行工程建设、发包人支付价款的合同。依据不同的发包模式合同有不同的表现形式。例如：采用项目总承包发包的，有交钥匙合同（Turnkey合同）、设计—采购—施工合同（EPC合同）和设计—施工合同（DB合同）等；采用设计、招标和施工相分离的发包模式（DBB模式）的，有勘察合同、设计合同、施工合同、监理合同等。《民法典》第七百八十九条规定："建设工程合同应当采用书面形式。"因此风电场项目采购中的勘察、设计、施工等合同都应当采用书面形式。

2. 合同的内容

《民法典》第四百七十条做了一般性规定："合同的内容由当事人约定，一般包括下列条款：当事人的名称或者姓名和住所，标的，数量，质量，价款或者报酬，履行期限、地点和方式，违约责任，解决争议的方法。当事人可以参照各类合同的示范文本订立合同。"风电场项目合同的主要内容及解释见表5-1。

表5-1　风电场项目合同的主要内容及解释

合　同　内　容	具　体　含　义
当事人的名称或者姓名和住所	合同主体包括自然人、法人、其他组织
标的	标的是合同当事人双方权利和义务共同指向的对象
数量	数量是衡量合同标的多少的尺度，以数字和计量单位表示
质量	质量是标的的内在品质和外观形态的综合指标

续表

合同内容	具体含义
价款或者报酬	价款或者报酬是当事人一方向交付标的的另一方支付的货币价款或者报酬，在勘察、设计合同中表现为勘察、设计费，在监理合同中表现为监理费，在施工合同中表现为工程款
履行期限、地点和方式	履行的期限是指当事人各方依照合同规定全面完成各自义务的时间，履行的地点是指当事人交付标的和支付价款或酬金的地点。履行的方式是合同双方当事人约定以何种形式来履行义务
违约责任	违约责任是任何一方当事人不履行或者不适当履行合同规定的义务而应当承担的法律责任
解决争议的方法	为使争议发生后能够有一个双方都能接受的解决办法，应当在合同条款中对此做出规定

5.1.1.2　合同的订立、成立与生效

1. 合同订立的步骤

合同订立包括要约、要约邀请、承诺等步骤，步骤含义及具备的条件见表 5-2。

表 5-2　合同订立的步骤含义及具备的条件

合同订立的步骤	含义	具备的条件
要约	《民法典》合同编第四百七十二条规定："要约是希望和他人订立合同的意思表示，该意思表示应该符合下列规定：①内容具体确定；②表明经受要约人承诺，要约人即受该意思表示约束"	(1) 要约必须具有订立合同的意图，只有以缔结合同为目的，并真实且充分地向对方表达了该目的的意思表示，才是要约。 (2) 要约的内容应当具体、明确和完整。 (3) 要约必须由要约人向受要约人发出。 (4) 要约中必须表明要约人放弃订立合同最后决定权的旨意
要约邀请	《民法典》合同编第四百七十三条规定："要约邀请是希望他人向自己发出要约的表示"	要约邀请并不是合同成立过程中的必经过程，它是当事人订立合同的预备行为，在法律上无须承担责任。这种意思表示的内容往往不确定，不含有合同得以成立的主要内容，也不含相对人同意后受其约束的表示
承诺	《民法典》合同编第四百七十九条规定："承诺是受要约人同意要约的意思表示"	(1) 承诺必须由受要约人向要约人做出。 (2) 承诺的内容必须要与要约的内容一致。 (3) 承诺必须在要约的有效期内做出

2. 合同的成立

《民法典》合同编第四百八十三条规定："承诺生效时合同成立，但是法律另有规定或者当事人另有约定的除外。"一项合同成立，需要符合实质要件及形式要件的要求。实质要件包括具备资格的缔约人和当事人意思表示一致。形式要件是指要符合法律规定的形式。合同成立是指合同当事人对合同的标的、数量等内容协商一致。

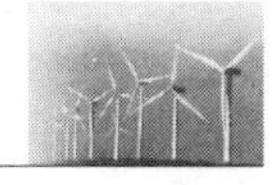

3. 合同的效力

《民法典》合同编第五百零二条规定："依法成立的合同，自成立时生效，但是法律另有规定或者当事人另有约定的除外。"合同的效力是指合同在当事人之间及对第三人产生的法律约束力。

合同成立不等于合同生效，只有具备合同生效要件的合同才能发生法律效力。所谓合同生效要件，是指已经成立的合同发生完全的法律效力，应当具备的法律条件。依照法律、行政法规的规定，合同应当办理批准等手续的，依照其规定未办理批准等手续影响合同生效的，不影响合同中履行报批等义务条款以及相关条款的效力。应当办理申请批准等手续的当事人未履行义务的，对方可以请求其承担违反该义务的责任。

5.1.1.3 合同的履行

1. 合同履行的概念及原则

合同履行是指对合同约定义务的执行。合同履行表现为合同当事人按照合同的约定或法律的规定，全面、适当地履行自己所承担的义务。

合同履行应当遵守一定的原则。合同履行的原则是指导合同履行并适用于合同履行整个过程的特有原则。合同履行除必须贯彻《民法典》基本原则外，还应坚持全面履行、适当履行、协作履行和经济合理等原则（表 5－3）。

表 5－3　合同履行的原则

合同履行的原则	内　　容
全面履行原则	当事人应当按照法律规定和合同约定全面履行合同义务
适当履行原则	当事人应依合同约定的标的、质量、数量，由适当主体在适当的期限、地点，以适当的方式履行合同义务
协作履行原则	合同双方当事人不仅应履行自己的义务，而且还应当协助对方履行义务
经济合理原则	要求履行合同时，应讲求经济效益，付出最小的成本，取得最佳的合同利益

2. 双务合同履行中的抗辩权

在双务合同中，合同当事人都负有合同义务，往往一方的权利与另一方的义务之间具有相互依存、互为因果的关系。为了保证双务合同当事人利益关系的公平，《民法典》作出了规定：当事人一方在对方未履行或者可能不履行合同义务时，可以行使其不履行合同义务的保留性权利，这就是对抗对方当事人要求履行的抗辩权。合同履行中的抗辩权有同时履行抗辩权、先履行抗辩权和不安抗辩权三种。

5.1.1.4 合同的解除和终止

1. 合同的解除

合同的解除是指在合同依法成立后尚未全部履行前，当事人一方基于法律规定或当事人约定行使解除权而使合同关系归于消灭的一种法律行为。合同的解除分为协商解除、约定解除和法定解除三种。

(1) 协商解除。协商解除是指合同生效后，未履行或未完全履行之前，当事人以解除合同为目的，经协商一致解除合同。协商解除是双方的法律行为，应当遵循合同订立的程序，即双方当事人应当对解除合同意思表示一致，协议未达成之前，原合同仍然有效。在实际中大部分合同的解除是通过协商的方式实现的。

(2) 约定解除。约定解除是指在合同依法成立而尚未全部履行前，当事人基于双方约定的事由行使解除权而解除合同。解除权可以在订立合同时约定，也可以在履行合同的过程中约定，可以约定一方享有解除合同的权利，也可以约定双方享有解除合同的权利。

(3) 法定解除。法定解除是指在合同依法成立后而尚未全部履行前，当事人基于法律规定的事由行使解除权而解除合同。根据《民法典》第五百六十三条的规定："有下列情形之一的，当事人可以解除合同：①因不可抗力致使不能实现合同目的；②在履行期限届满前，当事人一方明确表示或者以自己的行为表明不履行主要债务；③当事人一方迟延履行主要债务，经催告后在合理期限内仍未履行；④当事人一方迟延履行债务或者有其他违约行为致使不能实现合同目的；⑤法律规定的其他情形。

2. 合同的终止

合同的终止指依法生效的合同，因具备法定情形或当事人约定的情形，合同债权、债务归于消灭，债权人不再享有合同权利，债务人也不再承担合同义务。根据《民法典》第五百五十七条的规定："有下列情形之一的，债权债务终止：①债务已经履行；②债务相互抵销；③债务人依法将标的物提存；④债权人免除债务；⑤债权债务同归于一人；⑥法律规定或者当事人约定终止的其他情形。合同解除的，该合同的权利义务关系终止。"

5.1.1.5 违约责任

1. 违约责任的概念和特征

违约责任是违反合同的民事责任的简称，指合同当事人一方不履行合同义务或履行合同义务不符合合同约定所应承担的民事责任。违约责任具有以下特征：①违约责任的产生以合同当事人不履行合同义务为条件；②违约责任具有相对性；③违约责任主要具有补偿性；④违约责任可以由当事人约定。

2. 违约责任的构成要件

违约责任的构成要件可分为一般构成要件和特殊构成要件。一般构成要件是指违约当事人承担任何违约责任形式都必须具备的要件。特殊构成要件是指特定的违约责任形式所要求的责任构成要件。违约责任的构成要件主要如下：

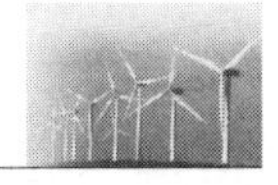

(1) 违约行为。违约行为是指合同当事人违反合同义务的行为,《民法典》合同编第五百七十七条采用了“当事人一方不履行合同义务或者履行合同义务不符合约定的”的表述来阐述违约行为的概念。

(2) 不存在法定或约定的免责事由。免责事由也称免责条件,是指当事人对其违约行为免于承担违约责任的事由。免责事由可分为法定免责事由和约定免责事由两大类。法定免责事由是指由法律直接规定、不需要当事人约定即可援用的免责事由,主要指不可抗力;约定免责事由是指当事人约定的免责条款。

1) 不可抗力。不可抗力指当事人订立合同时不能预见、不能避免和不能克服的自然灾害、战争等客观情况。不可抗力造成违约的,违约方一般不用承担责任,但法律规定因不可抗力造成的违约也要承担责任的除外。鉴于不可抗力是法律规定的免责事由,因此为避免滥用,不可抗力的认定标准较为严格。

2) 免责条款。免责条款是指当事人在合同中约定免除将来可能发生的违约责任的条款,其所规定的免责事由即约定免责事由。需要注意的是,免责条款不能排除当事人的基本义务,也不能排除故意或重大过失的责任。

5.1.2 合同的管理内容

5.1.2.1 合同管理的目标

在风电场工程建设中,实行合同管理是为了工程建设的顺利进行。如何衡量顺利进行,主要用质量、成本、工期、安全、环保等因素来评判;此外,使业主、承包商、监理工程师保持良好的合作关系,便于日后的继续合作和业务开展,也是合同管理的目标之一。

1. 质量控制

质量控制是风电场工程项目管理中的重点,质量不合格意味着投资失败、生产资源的浪费,是不允许发生的。风电场投资巨大、关系民生,其质量控制尤为重要。

2. 成本控制

成本控制对风电场项目建设方和承包方都非常重要。对建设方来说关系到投资效益的高低,对承包商来说关系到盈利空间的大小。双方需要在保证工程质量的前提下,承包方做到优化资源投入、业主方按约定支付价款,从而实现双赢。

3. 工期控制

工期是风电场工程项目管理的重要方面。工程项目涉及的流程复杂、消耗人力物力多,再加上一些不可预见因素,都为工期控制增加了难度。

工程进度计划对于工期控制十分重要。承包商应制定详细的进度计划,并报业主备案。一旦出现变更导致工期拖延,应及时与业主、监理协商。各方协调对各个环节、各个工序进行控制,最终圆满完成项目目标。

4. 安全控制

风电场项目建设安全是指在工程施工过程中人员的安全（特别是合同有关各方在现场的工作人员的生命安全）以及物的安全。安全管理在全世界已被提到很高的地位，国际劳工组织（ILO）制定了《职业安全健康管理体系导则》(OSH2001)，许多国家也都有专门的规定。风电场工程的建设涉及电力设备安装和调试等高危工作，一旦出现疏忽，将会导致重大伤亡事故和损失，因此对工程进行严格的安全控制是十分必要的。

5. 环境保护

风电场项目的施工期对环境的影响主要是对地表原有生态系统的破坏。陆上风电场施工期的危害将破坏地表形态和土层结构，造成地表裸露，植被破坏，土壤肥力受损，导致水土流失发生；在湿地生态系统中建设风电场，施工过程会导致土壤结构和地表植被改变，改变底栖生物的生境，导致风电场范围内底栖生物的消亡；对于海上风电场，除将造成底栖动物全部丧失外，塔架基础结构施工过程中，会引起周围一定范围内悬浮泥沙增加（$>$10mg/L)，造成藻类等植被光合作用减弱，与此同时，施工过程中产生的振动和噪声对海洋生物也会产生一定影响。因此在施工期间工程参与各方都应当注重环境保护，承包方要遵守绿色施工的要求，监理和业主要对施工环境保护进行监督，防止风电场建设环境遭到破坏。

6. 各方保持良好关系

业主、承包商和监理三方的工作都是为了风电场项目建设的顺利实施，因此三方有着共同的目标。但在具体实施过程中，各方又都有自己的利益，不可避免要发生冲突。在这种情况下，各方都应尽量与其他各方协调关系，确保工程建设的顺利进行，即使发生争端，也要本着互利互让、顾全大局的原则，力争形成对各方都有利的局面。

5.1.2.2　合同管理的原则

合同管理是法律手段与市场经济调解手段的结合体，是工程项目管理的有效方法。一般风电场项目合同管理应遵循权威性、自由性、合法性、诚实信用和公平合理的基本原则。

1. 权威性原则

在市场经济体制下，人们已习惯于用合同的形式来约定各自的权利义务。在工程建设中，合同更是双方具有权威性的最高行为准则。工程合同规定和协调双方的权利、义务，约束各方的经济行为，确保工程建设的顺利进行；一方出现争端，应首先按合同解决，只有当法律判定合同无效，或争执超过合同范围时才借助于法律途径。

2. 自由性原则

合同自由性原则是在当合同只涉及当事人利益，不涉及社会公共利益时所运用的

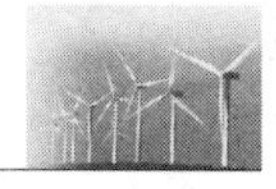

原则，它是市场经济运行的基本原则之一。合同自由体现在以下方面：

（1）合同签订前，双方在平等自由的条件下进行商讨。双方自由表达意见，自己决定签订与否，自己对自己的行为负责。任何人不得对对方进行胁迫，利用权力、暴力或其他手段签订违背对方意愿的合同。

（2）合同自由构成。合同的形式、内容、范围由双方商定，合同的签订、修改、变更、补充、解除，以及合同争端的解决等由双方商定，只要双方一致同意即可。合同双方各自对自己的行为负责，国家一般不介入，也不允许他人干涉合法合同的签订和实施。

3. 合法性原则

合同的合法性原则体现在以下方面：

（1）合同不能违反法律，合同不能与法律相抵触，否则无效。

（2）合同不能违反社会公众利益。合同双方不能为了自身利益而签订损害社会公众的合同。

（3）法律对合法的合同提供充分保护。合同一经依法签订，合同以及双方的权益即受到法律保护。如果合同一方不履行或不正确地履行合同，致使对方受到损害，则必须赔偿对方的经济损失。

4. 诚实信用原则

合同是在双方诚实信用的基础上签订的，工程合同目标的实现必须依靠合同双方及相关各方的真诚合作。

（1）双方互相了解并尽力让对方了解己方的要求、意图、情况。业主应尽可能地提供详细的工程资料、信息，并尽可能详细地解答承包商的问题；承包商应提供真实可靠的资格预审文件，如各种报价文件、实施方案、技术组织措施文件。

（2）提供真实信息并对所提供信息的正确性承担责任，任何一方有权相信对方提供的信息是真实、正确的。

（3）不欺诈、不误导。承包商按照自己的实际能力和情况正确报价，不盲目压价，明白业主的意图和自己的工程责任。

（4）双方真诚合作。承包商正确全面完成合同责任，积极施工，遭到干扰应尽力避免业主损失，防止损失的发生和扩大。

5. 公平合理原则

合同调节合同双方经济关系，应不偏不倚，维持合同双方在工程中公平合理的关系，这反映在如下方面：

（1）承包商提供的工程（或服务）与业主支付的价格之间应体现公平，这种公平通常以当时的市场价格为依据。

（2）合同中的权利和义务应平衡，任何一方在享有某一项权利的同时必须履行对应的义务；反之在承担某项义务的同时也应享有对应的权利。应禁止在合同中出现规定单方面权利或单方面义务的条款。

(3) 风险的分担应合理。由于工程建设中一些客观条件的不可预见性，以及临时出现的特殊情况，不可避免地会产生一些事故或意外事件，使得业主或承包商遭受损失。工程建设是业主和承包商合力完成的任务，因此风险也应由双方合力承担，而且这种风险的分担应尽量保证公平合理，应与双方的责权利相对应。

(4) 工程合同应体现工程惯例。工程惯例是指工程中通常采用的做法，一般比较公平合理，如果合同中的规定或条款严重违反惯例，往往就违反了公平合理原则。

5.1.2.3　合同管理的工作内容

风电场项目合同管理是一个动态过程，包括合同策划、合同订立以及合同履行阶段的管理。

1. 合同履行的详细方案制定与审核

风电场项目合同履行前，在合同总体分析和结构分解的基础上，还应当做好合同工作分析、合同交底及合同界面协调的准备工作。

(1) 承包商制定详细的合同履行方案，包括技术类方案，如风电场重难点工程方案和管理类方案，包括工程资源的配备、节点工期的满足度等。

(2) 监理工程师对风电场项目实施监测、跟踪和诊断，将收集到的工程资料和实际数据进行整理，与工程合同文件、合同分析文件、计划、设计等进行对比分析，得到两者差异的原因。

(3) 监理工程师要定期向业主汇报承包商的合同履行情况，并和业主协商采取调整措施。工程中的调整措施通常包括两个方面：①风电场工程项目目标的修改，如修改设计、变化工程范围、增加投资（费用）、延长工期；②风电场项目实施过程的变更，如改变技术方案、改变实施顺序等。

2. 质量保证与监督

施工质量检查（验）是建设各方质量控制必不可少的一项工作，它可以起到监督、控制质量，及时纠正错误，避免事故扩大，消除隐患等作用。

(1) 承包商定期提交质量检查报告。根据合同规定和监理工程师的指示，承包商应对风电场项目使用的材料和工程设备以及风电场项目的所有部位及其施工工艺进行全过程的质量自检，并做好质量检查（验）记录，定期向监理工程师提交工程质量报告。同时，承包商应建立一套全部工程的质量记录和报表，便于监理工程师复核检验和日后发现质量问题时查找原因。当合同发生争议时，质量记录和报表还是重要的当时记录。

(2) 监理工程师在不妨碍承包商正常作业的情况下，可以随时对作业质量进行检

查（验），即监理工程师有权对风电场全部工程的所有部位及其任何一项工艺、材料和工程设备进行检查（验），并具有质量否决权。

（3）监理工程师向业主定期提交工程的质量检查报告后，业主根据质量检查报告对承包商发布质量改进措施建议和通知，监督承包商的质量改进工作，必要时进行处罚。

3. 安全保证与监督

国际咨询工程师联合会（FIDIC）合同条件均在承包商的一般义务中明确规定“承包商应对所有现场作业、所有施工方法和全部工程的完备性、稳定性和安全性承担责任”。《中华人民共和国建筑法》第四十五条中规定：“施工现场安全由建筑施工企业负责。实行施工总承包的，由总承包单位负责。分包单位向总承包单位负责，服从总承包单位对施工现场的安全生产管理。”

（1）承包商的安全保证措施。风电场项目承包人应为从事危险作业的职工办理意外伤害保险，并为施工场地内所有人员的生命财产和施工机械设备办理保险，支付保险费用，最重要的是遵守工程建设安全生产有关管理规定，严格按安全标准组织施工。

（2）监理对安全施工的监管。为了保证风电场项目的进度和质量，监理工程师应根据业主的要求和合同中的规定，审查承包商的安全措施设计方案，督促承包商建立安全监管机制，关心工程和人身保险，对工地的安全设施提出意见和建议；当遇到紧急情况时，监理工程师有权下令停工，也有权向主管部门和施工安全监督机构报告。

（3）业主对安全施工的监管。业主虽然不承担工程实施过程中的安全责任，但仍要对风电场项目的安全进行监管：①工地有两个以上承包商在同一作业区工作，可能危及对方生产安全时，应由业主组织各方签订安全生产管理协议，明确各自的安全生产职责和应采取的安全措施，并指定专职安全管理人员对安全工作进行检查和协调；②对业主在工地的工作人员应进行安全教育，提出安全生产的要求并做出相应的规定；③如果在某些项目合同中明文规定由业主办理保险，则业主作为投保人要为在工地工作的有关人员（业主人员、工程师、承包商人员、第三方人员等）办理保险。

4. 进度保证与监督

为了便于监理工程师对合同的履行进行有效的监督和管理，协调各合同之间的配合，承包商每个月都应向监理工程师提交进度报告，说明前一阶段的进度情况和施工中存在的问题，以及下一阶段的实施计划和准备采取的相应措施。当监理工程师发现实际进度与计划进度严重偏离时，不论实际进度是超前还是滞后于计划进度，为了使进度计划有实际指导意义，随时有权指示承包商编制改进的施工进度计划，并再次提交监理工程师认可后执行，新进度计划将代替原来的计划。

5. 环境保护与监督

风电场项目的承包商对建设环境负有监控责任。对施工现场遇到的异常情况必须做出记录，如在施工中发现影响施工的地下障碍物，发现古墓、古建筑遗址、钱币等文物及化石或其他有考古、地质研究等价值的物品时，承包商应立即保护好现场，及时以书面形式通知工程师。

承包商对后期可能出现的影响工程施工，造成合同价格上升，工期延长的环境情况进行预警，并及时通知业主。

6. 计量与支付

(1) 承包商对工程量进行计量并提出支付申请。每次支付工程月进度款前，承包商均需通过测量来核实实际完成的工程量，以计量值作为支付依据。

(2) 承包商提供报表。每个月的月末，承包商应按工程师规定的格式提交一式6份的本月支付报表，内容包括提出本月已完成合格工程的应付款要求和对应扣款的确认。

(3) 监理签发支付证书。监理接到报表后，对承包商完成的工程形象、项目、质量、数量以及各项价款的计算进行核查。若有疑问时，可要求承包商共同复核工程量。在收到承包商的支付报表后28天内，按核查结果以及总价承包分解表中核实的实际完成情况签发支付证书。

(4) 业主支付。承包商的报表经过工程师认可并签发工程进度款的支付证书后，业主应在接到证书后及时给承包商付款。业主的付款时间不应超过工程师收到承包商的月进度付款申请单后的56天。如果逾期支付将承担延期付款的违约责任，延期付款的利息按银行贷款利率加3%计算。

工程款的计量和支付根据合同的要求和支付周期一般分为中期进度支付或临时支付、完工支付和最终支付3种支付方式。

7. 工程变更管理

(1) 提出工程变更。无论是发包人、监理单位、设计单位还是承包商，认为原设计图纸或技术规范不适应工程实际情况时，均可向监理工程师提出变更要求或建议，提交书面变更建议书。

(2) 监理工程师负责对工程变更建议书进行审查。监理工程师在工程变更审查中，应充分与发包人、设计单位、承包商进行协商，对变更项目的单价和总价进行估算，分析因此而引起的该项工程费用增加或减少的数额。通过前期协商，使合同双方对变更价款、工期影响等尽早达成一致，以利于后期工作的展开。

(3) 业主对工程变更进行批准。一般来说，由承包商提出的工程变更，应该交由监理工程师审查并经业主批准；由设计方提出的工程变更应与业主协商并经业主审查批准；由业主提出的工程变更，涉及设计修改的应该与设计单位协商；由监理工程师

提出的变更，若该项工程变更属于合同中约定的监理工程师权限范围之内的，监理工程师可做出决定；若不属于监理工程师权限范围之内的工程变更，则应提交业主在规定的时间内给予审批。

8. 索赔管理

工程索赔是指在合同实施过程中，合同当事人一方由于非自身过错，而是应由对方承担责任或风险的事件造成损失后，通过一定的程序向对方提出补偿的权利要求。索赔是一种正当的权利要求，以法律和合同为依据，是工程建设中经常发生的现象。在工程建设的各个阶段，都有可能发生索赔。

(1) 承包商提出索赔。承包商如要对某一事件进行索赔，他应在索赔事件发生后的 28 天内，向业主和监理工程师提交索赔意向书，承包商在发出索赔意向书后 28 天内，应向监理工程师提交索赔申请报告，其内容一般应包括索赔事件的发生情况与造成损害的情况、索赔的理由和根据、索赔的内容与范围、索赔额度的计算依据与方法等，并应附上必要的记录和证明材料。

(2) 监理对索赔申请进行处理。监理工程师收到索赔意向书后，应及时核查承包商的当时记录，并可要求承包商提交全部记录的副本。监理工程师在收到索赔申请报告或最终申请报告后 42 天内，应进行审核报告，认真研究和核查承包商提供的记录和证据，做出判断并提出初步的处理意见，报由业主进行审批并与承包商协商后做出决定。

(3) 业主对索赔进行支付。业主和承包商在收到监理工程师的索赔处理决定后，应在 14 天内向监理工程师做出答复是否同意。若双方均同意监理工程师的决定，则监理工程师应在收到答复后 14 天内，将确定的索赔金额列入当月支付证书中予以支付。

(4) 将索赔申请提交至争议调解组评审。承包人接受最终的索赔处理决定，索赔事件的处理即告结束。如果承包人不同意，就会导致合同争议。通过协商双方达到互谅互让的解决方案，是处理争议的最理想方式。如达不成谅解，承包人有权提交仲裁或诉讼解决。

9. 痕迹管理

在合同实施过程中，业主、承包商、工程师、业主的其他承包商之间有大量的信息交往；承包商项目经理部内部的各个职能部门（或人员）之间也有大量的信息交往。作为合同责任，承包商必须及时向业主（工程师）提交各种信息、报告、请示。因此，合同管理人员负责各种合同资料和工程资料的收集、整理和保存工作，建立风电场工程资料的文档系统。

5.1.2.4 合同管理制度

1. 落实合同责任

合同和合同分析的资料是工程实施的依据。合同分析后，应对项目管理人员和各工程小组负责人进行“合同交底”，把合同责任具体落实到各责任人和合同实施的具体工作上。

（1）“合同交底”，就是组织大家学习合同和合同总体分析结果，对合同的主要内容做出解释和说明，使大家熟悉合同中的主要内容、规定、管理程序，了解承包商的合同责任和工程范围，各种行为的法律后果等，使大家树立全局观念，工作协调一致，避免在执行中出现违约行为。

（2）将各种合同实施工作责任分解落实到各工程小组或分包商。使他们对合同实施工作表（任务单，分包合同）、施工图纸、设备安装图纸、详细的施工说明等有十分详细的了解；并对工程实施的技术和法律问题进行解释和说明，如工程的质量、技术要求和实施中的注意点、工期要求、消耗标准、相关事件之间的搭接关系、各工程小组（分包商）责任界限的划分、完不成责任的影响和法律后果等。

（3）在合同实施前与其他相关的各方面，如业主、监理工程师、承包商沟通，召开协调会议，落实各种安排。在现代工程中，合同双方有互相合作的责任。包括：①互相提供服务、设备和材料；②及时提交各种表格、报告、通知；③提交质量体系文件；④提交进度报告；⑤避免对实施过程和对对方的干扰；⑥现场保安、保护环境等；⑦对对方明显的错误提出预先警告，对其他方（如水电气部门）的干扰及时报告。但上述工作更大程度上是承包商的责任。

（4）合同责任的完成必须通过其他经济手段来保证。对分包商，主要通过分包合同确定双方的责权利关系，保证分包商能及时地按质按量地履行合同责任。如果出现分包商违约行为，可对他进行合同处罚和索赔。对承包商的工程小组可通过内部的经济责任制来保证。在落实工期、质量、消耗等目标后，应将它们与工程小组的经济利益挂钩，建立一整套经济奖罚制度，以保证目标的实现。

2. 建立合同管理工作程序

在项目实施过程中，合同管理的日常事务性工作很多。为了协调好各方面的工作，使合同管理工作程序化、规范化，应订立如下工作程序：

（1）定期和不定期的协商会办制度。在项目过程中，业主、工程师和各承包商之间，承包商和分包商之间以及承包商的项目管理职能人员和各工程小组负责人之间都应有定期的协商会办。通过会办可以解决：①检查合同实施进度和各种计划落实情况；②协调各方面的工作，对后期工作做出安排；③讨论和解决目前已经发生的和以后可能发生的各种问题，并做出相应的决议；④讨论合同变更问题，做出合同变更决议，落实变更措施，决定合同变更的工期和费用补偿数量等。

承包商与业主、总包和分包之间会谈中的重大议题和决议，应用会谈纪要的形式确定下来。各方签署的会谈纪要作为有约束力的合同变更，是合同的一部分。合同管理人员负责会议资料的准备，提出会议的议题，起草各种文件，提出对问题解决的意

见或建议，组织会议，会后起草会谈纪要，对会谈纪要进行合同方面的检查。对工程中出现的特殊问题可不定期地召开特别会议讨论解决方法，从而保证合同实施一直得到很好的协调和控制。同样，承包商的合同、成本、质量（技术）、进度、安全、信息管理人员都必须在现场工作，他们之间应经常进行沟通。

（2）建立合同实施工作程序。对于一些经常性工作应订立工作程序，有章可循，合同管理人员也不必进行经常性的解释和指导，如图纸批准程序，工程变更程序，承（分）包商的索赔程序，承（分）包商的账单审查程序，材料、设备、隐蔽工程、已完工程的检查验收程序，工程进度付款账单的审查批准程序，工程问题的请示报告程序等。这些程序在合同中一般都有总体规定，在这里必须细化、具体化，在程序上更为详细，并落实到具体人员。

3. 建立文档系统

（1）在合同实施过程中，业主、承包商、工程师、业主的其他承包商之间有大量的信息交往，承包商项目经理部内部的各个职能部门（或人员）之间也有大量的信息交往。作为合同责任，承包商必须及时向业主（工程师）提交各种信息、报告、请示，这些是承包商证明其工程实施状况（完成的范围、质量、进度、成本等），并作为继续进行工程实施、请求付款、获得赔偿、工程竣工的条件。

（2）合同管理人员负责各种合同资料和工程资料的收集、整理和保存工作。这项工作非常繁琐和复杂，要花费大量的时间和精力。工程的原始资料在合同实施过程中产生，它必须由各职能人员、工程小组负责人、分包商提供，应将责任明确地落实下去：①各种数据、资料的标准化，如各种文件、报表、单据等应有规定的格式和规定的数据结构要求；②将原始资料收集整理的责任落实到人，资料的收集工作必须落实到工程现场，必须对工程小组负责人和分包商提出具体的要求；③各种资料的提供时间要求；④准确性要求；⑤建立工程资料的文档系统等。

4. 严格检查验收制度

承包商有自我管理工程质量的责任。承包商应根据合同中的规范、设计图纸和有关标准采购材料和设备，并提供产品合格证明，对材料和设备质量负责，达到工程所在国法定的质量标准（规范要求）。如果合同文件对材料的质量要求没有明确的规定，则材料应具有良好的质量，合理地满足用途和工程目的。

合同管理人员应主动做好全面质量管理工作，建立一整套质量检查和验收制度，例如：①每道工序结束应有严格的检查和验收；②工序之间、工程小组之间应有交接制度；③材料进场和使用应有一定的检验措施；④隐蔽工程的检查制度等；⑤防止由于承包商的工程质量问题造成工程检查验收不合格，使生产失败而承担违约责任。在工程中，由此引起的返工、窝工损失，工期的拖延应由承包商负责，无法得到赔偿。

5. 建立报告和行文制度

承包商和业主、工程师、分包商之间的沟通都应以书面形式进行，或以书面形式作为最终依据。这是合同的要求，是法律的要求，也是工程管理的需要。报告和行文制度包括如下内容：

（1）定期的工程实施情况报告，如日报、周报、旬报、月报等。应规定报告内容、格式、报告方式、时间以及负责人。

（2）工程过程中发生的特殊情况及其处理的书面文件，如特殊的气候条件、工程环境的变化等应有书面记录，并由工程师签署。对在工程中合同双方的任何协商、意见、请示、指示等都应落实在纸上。在工程中，业主、承包商和工程师之间要保持经常联系，出现问题应经常向工程师请示、汇报。

（3）工程中所有涉及双方的工程活动，如材料、设备，各种工程的检查验收，场地、图纸的交接，各种文件（如会议纪要、索赔和反索赔报告、账单）的交接，都应有相应的手续，如签收证据。

5.2　风电场项目合同管理依据

5.2.1　相关法律法规

风电场项目合同实施过程中应遵守但不限于附录1.1中的法律法规。例如，对风电场建设活动的监督管理、风电场建设市场秩序的维护以及风电场工程的质量和安全保证进行指导的《中华人民共和国建筑法》《中华人民共和国安全生产法》及《建设工程质量管理条例》；在风电场项目建设过程指导水土、森林、野生动植物等资源的保护工作，防止风电场建设产生污染和其他公害，保护并改善生态环境的《中华人民共和国环境保护法》《建设项目环境保护管理条例》及《中华人民共和国环境影响评价法》。

5.2.2　技术规范标准

风电场项目合同管理还应遵循但不限于附录1.2中的各类技术规范标准。例如：《风力发电场设计技术规范》（DL/T 5383）、《陆地和海上风电场工程地质勘察规范》（NB/T 31030）及《风电场工程电气设计规范》（NB/T 31026）等勘察设计标准规范；《建筑工程施工质量验收统一标准》（GB 50300）、《建筑设计防火规范》（GBJ 16）及《混凝土结构工程施工质量验收规范》（GB 50204）等建筑工程施工标准规范；《电气装置安装工程　高压电器施工及验收规范》（GB 50147）、《风力发电场安全规程》（DL/T 796）、《风力发电场项目建设工程验收规程》（DL/T 5191）等安装验收工程标准规范。

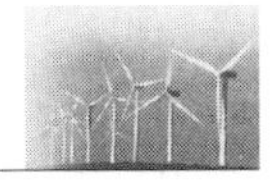

5.2.3 风电场项目合同条款分析

在履行合同的过程中，合同双方应明确各自的权利义务、所承担的风险和责任。同时，由于不确定事件影响以及各种过错和疏忽，也常常需要处理索赔和解决纠纷，而进行合同分析是合理解决这些问题的重要依据和途径。项目合同分析是项目合同管理的重要组成部分，是确保双方正确理解合同条款，减少纠纷的前提，是制定合同管理计划的基础，是合同交底的依据，以保证项目合同的真实性、公正性和合法性。风电场项目合同条款分析见表5-4。

表5-4 风电场项目合同条款分析表

编号	分析项目	分析内容	分析目的
1	合同主体条款	（1）发包人的主体资格。 （2）承包人的主体资格。 （3）承包人项目经理的资质	（1）保证项目合同合法、有效。 （2）维护建筑市场秩序。 （3）保证项目建设的质量、进度、造价、双方合作的顺畅度等
2	承包范围条款	明确发包工程的范围和具体内容	（1）使发包人明确合同标的，规范工程发包。 （2）为承包人确定工程造价、工期、施工组织设计、能否盈利、是否投标以及如何编制投标文件等事项的确定提供依据
3	工程质量条款	（1）分析工程质量要求，确保其符合国家法律及质量标准的要求。 （2）承包人的质量管理。 （3）承包人的质量检查。 （4）监理人的质量检查。 （5）工程隐蔽部位覆盖前的检查。 （6）清除不合格工程	（1）保证工程质量，不威胁社会公众不特定人群的人身和财产安危。 （2）使承包人明确工程质量要求，保证工程质量合格，方可顺利取得工程价款。 （3）为承包人在投标报价时考虑发包人提出的质量标准对工期、造价产生的影响，并将增加的费用考虑到投标报价中提供参考
4	合同价格与调整条款	（1）合同价格的形式（单价/总价/其他合同价格形式）、风险范围、风险费用的计算方法、风险范围以外合同价格的调整方法。 （2）市场价格波动、法律变化引起的调价方式	为合同价款的支付及价格调整、变更、索赔等事项提供依据
5	计量与支付条款	（1）明确工程量计量规则。 （2）明确计量周期。 （3）计量的具体程序和具体内容。 （4）约定预付款、进度款和竣工结算价款的支付额度、方式、时间等	为确定施工合同价格和支付合同价款提供依据

续表

编号	分析项目	分 析 内 容	分 析 目 的
6	工期条款	（1）进度计划。 （2）开工和竣工，即关于开工、竣工、发包人的工期延误、异常恶劣的气候条件、承包人的工期延误、工期提前等事项的全面规定。 （3）暂停施工	（1）避免工期争议，也为合同当事人向对方主张权利、承担工期责任提供依据。 （2）为合同当事人的工期管理提供参考，避免承担工期延误责任。 （3）为工期的调整、变更、索赔等事项提供依据。 （4）为承包人在投标报价时考虑发包人规定的不利物质条件、异常恶劣的气候条件、暂停施工、提前竣工条款等内容对工期产生的影响提供参考
7	竣工结算与最终结清条款	（1）明确竣工结算的范围。 （2）竣工结算的申请，包括竣工结算文件提交的时间、内容、主体等方面的具体内容。 （3）竣工结算审核，明确竣工结算的审批、支付以及异议程序。 （4）最终结清，包括最终结清的条件、程序、逾期支付的程序	（1）避免在结算过程中发生争议、矛盾、纠纷。 （2）实现合同目的，使合同当事人获得合同利益。 （3）规范工程竣工结算，解决长期存在的拖延结算和欠付工程款纠纷问题。 （4）最终结清证书是表明发包人已经履行完其合同义务的证明文件
8	索赔条款	（1）承包人索赔情形、方式、程序。 （2）对承包人索赔的处理。 （3）发包人的索赔情形、方式、程序。 （4）对发包人索赔的处理。 （5）提出索赔的期限	（1）保障合同当事人的合法权益，避免合同履行纠纷，保证工程建设顺利进行。 （2）索赔期限的相关规定有助于督促合同当事人及时进行索赔，及时化解争议，减轻纠纷处理的难度
9	缺陷责任和保修条款	（1）缺陷责任的时间。 （2）保修期限。 （3）保修义务履行。 （4）质量保证金的计取与返还	有助于施工方履行缺陷责任和保修义务，保证工程质量，及时返还质量保证金
10	争议解决条款	（1）合同纠纷处理的方式。 （2）争议评审制度	有利于及时高效地化解矛盾，使纠纷得到专业、公正，且双方都信服的调解结果，以确保项目的经济效益和社会效益

5.3　风电场项目合同管理方案

5.3.1　管理组织

风电场项目合同管理主要涉及业主、监理、承包商（包含施工、勘察设计、设备

供应等）三方。业主通过风电场项目建设合同管理获得满意的交付标的物（风电场）；承包商通过竞争获得工程合同并认真履行，使业主满意，从而得到合理利润和发展空间；监理受业主委托对承包商的工程合同履行进行监督。三方的合同管理组织关系如图 5-1 所示。

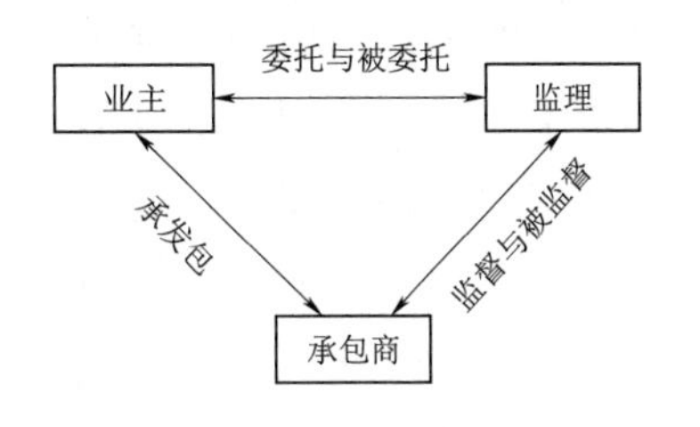

图 5-1 业主、监理和承包商三方的合同管理组织关系

5.3.1.1 承包商责任

这里主要分析承包商的合同责任和权利，通常如下：

（1）承包商的总任务，即合同标的。承包商承担设计、采购、生产制作、试验、运输、土建施工、安装、验收、试生产、缺陷责任期维修等方面的主要责任，负责施工现场的管理，有责任给业主的管理人员提供生活和工作条件等。

（2）工作范围。它通常由合同中的工程量清单、图纸、工程说明、技术规范所定义。工程范围的界限应很清楚，否则会影响工程变更和索赔，特别对固定总价合同尤其应注意这点。

在合同履行的过程中，如果工程师指令的工程变更属于合同规定的工程范围，则承包商必须无条件执行；如果工程变更超过承包人应承担的风险范围，则可向业主提出工程变更的补偿要求。

（3）关于工程变更的规定。它在合同管理和索赔处理中极为重要，重点分析如下：

1）工程变更的范围定义应列明所有变更条款。

2）工程变更的程序。在合同实施履行过程中，变更程序非常重要，通常要做工程变更工作流程图，并交付相关的负责人员。

3）工程变更的索赔有效期由合同具体规定，一般为 28 天。一般索赔有效期越短，对承包商管理水平的要求越高。这是索赔有效性的保证，应落实在具体工作中。

4）工程变更的补偿范围，通常以合同金额一定的百分比表示。例如某承包合同规定，工程变更在合同价的 5%范围内为承包商的风险或机会。在这个范围内，承包商无权要求任何补偿。通常这个百分比越大，承包商的风险越大。

有时有些特殊的规定应重点分析。例如某承包合同规定，业主有权指令进行工程变更，业主对所指令的工程变更的补偿范围是，仅对重大的变更，且仅按单个建筑物和设施地平以上体积变化量计算补偿费用。这实质上排除了工程变更索赔的可能。

5.3.1.2 业主责任

这里主要分析业主的权利和合同责任。业主作为工程的发包人选择承包商，向承包商颁发中标函。业主的合同责任是承包商顺利完成合同所规定任务的前提。通常包括以下方面：

（1）业主雇用监理工程师并委托其在授权范围内履行业主的部分合同责任。在合同实施中要注意监理工程师的职权范围，这在合同文本中有比较全面的规定。但每个合同又有它独特的规定，业主要给监理工程师授予哪些权力应做专门分析。

（2）业主的其他承包商和供应商的委托情况以及责任、合同类型。应了解业主的工程合同体系及与本合同相关的主要责任界面。业主和监理工程师有责任对平行的各承包商和供应商之间的责任界限做出划分，对这方面的争执做出裁决，对他们的工作进行协调，并承担管理和协调失误造成的损失。例如设计单位、施工单位、供应单位之间的互相干扰都由业主承担责任，这经常是承包商工期索赔的理由。

（3）及时做出承包商履行合同所必需的决策，如下达指令、履行各种批准手续、作出认可、答复请示，完成各种检查和验收手续等。应分析它们的实施程序和期限。

（4）提供施工条件，如及时提供设计资料、图纸、施工场地、道路等。

（5）按合同规定及时支付工程款，及时接收已完工程等。

5.3.1.3　监理单位责任

（1）工程监理单位应当依照法律、法规以及有关技术标准、建设工程监理规范、设计文件和建设工程承包合同，代表建设单位对施工质量实施监理，并对施工质量承担监理责任。

（2）监理单位应依据监理合同配备监理组成员进驻施工现场并配备必要的检测设备和工具。

（3）使用或者安装建筑材料、建筑物构件、设备一般必须得到监理工程师的签字认可，单位工程的验收、隐蔽工程的验收、工程款的支付及竣工验收须得到监理工程师的签字认可。

（4）监理工程师应当按照工程监理规范，采取旁站、巡视和平行检验等形式实施监理。

（5）监理机构必须遵守国家有关的法律、法规及技术标准；全面履行监理合同，控制工程质量、造价和进度，管理建设工程相关合同，协调工程建设有关各方关系；做好各类监理资料的管理工作，监理工作结束后，向本监理单位或相关部门提交完整的监理档案资料。

（6）监理单位应对项目监理机构的工作进行考核，指导项目监理机构有效地开展监理工作。项目监理机构应在完成监理合同约定的监理工作后撤离现场。

（7）监理单位负责在工程监理期间所发生的一切安全事故，如因监理单位原因造成的安全事故由监理人自行负责。

(8) 监理单位应按照委托监理合同的约定履行监理义务。对应当监督检查的项目不检查或者不按照规定检查，给建设单位造成损失的，应当承担相应的赔偿责任。工程监理单位与承包商串通，为承包商谋取非法利益，给建设单位造成损失的，应当与承包商承担连带赔偿责任。

(9) 在合同期内或合同终止后，未征得有关方同意，不得泄露与本工程、本合同业务有关的保密资料。

5.3.2 常规管理

风电场项目合同的常规管理是指风电场项目的发包方和承包方根据合同规定的时间、地点、方式、内容及标准等要求，各自履行合同义务，致力于完成合同目标而进行的合同管理工作。风电场项目涉及合同类别众多，主要包括采购合同、勘察设计合同、施工安装合同、工程监理合同等。

5.3.2.1 采购合同的常规管理

风电场项目中设备材料的招标采购应严格执行国家、行业、集团和投资公司相应的法律、法规、规范、规定；设备招标的技术文件应由设计单位提供，技术参数等技术要求应清楚明确，符合初步设计文件和工程实际要求；业主方的工程技术人员和专业监理工程师应认真审查设备招标的技术文件，在签订合同时应对所选用的设备相关技术参数再次确认，以避免产生误差。

1. 设备监造

对于塔筒等风电场关键设备，应对设备的制造过程进行监造。设备监造单位应首先对设备所采用的关键材料进行验收，然后根据设备制造工艺确定设备监造是采用旁站监督还是采用节点验收等。设备制造单位应根据招标文件及合同有关工期的要求合理安排制造计划。设备的制造计划应根据监造单位的监造要求，明确制造的关键节点，以便监造单位及时派人监督检查。凡是监造的设备须得到监造工程师验收签字后方可出厂。

没有监造要求的重要设备，如风电机组、主变压器、机组变压器、站用变压器、开关柜、GIS等，业主方宜在有条件时到设备制造厂家对关键工序进行检查验收。

2. 设备运输

(1) 设备厂家应采取措施确保设备在运输途中的安全。

(2) 有包装的设备，在运输中要保障设备的包装完好。

(3) 固定设备的支架和绳索在设备接触部位应用柔软的衬垫保护好，防止油漆破损和刮伤。

(4) 电器等要求防雨的设备应在运输中采取措施有效防止雨水淋入。

主变压器等要求防震的设备应在运输中采取措施防止设备碰撞和振动。

3. 设备材料验收

由业主方提供的设备运到施工现场后，业主方应及时组织监理单位、设备制造单位、设备安装调试单位进行验收；由施工单位代为采购的设备、材料运到施工现场后，先由施工单位提出申请，监理单位、业主方工程技术人员、设备制造单位共同对设备进行验收。

到场的设备首先应包装完整无破损，并应符合订货合同规定的规格、数量和供货范围，应有出厂合格证、试验记录、材质化验单及必要的技术文件及设备、工具和备品备件清单等；设备的型号、规格、数量、性能和安装要求与设计图纸相符，设备安装环境及使用条件应符合工程具体条件；设备的技术性能、工作参数以及控制要求应能满足设计规定的运行方式。

检验、试验项目应符合有关规程、标准要求；设备开箱检查时，业主方、监理单位、设备厂家、安装单位应对设备进行验收并签字确认，设备验收合格后，将设备交由保管单位入库保管或交由安装单位进行安装，将工具、备品备件及有关资料交业主方保管。

某风电场项目设备、材料、构配件申报表见附表2-14。

4. 资料与台账管理

设备、材料采购过程中应保留完善的管理台账，包括：①合同文件资料；②工厂试验、检验、监造记录和报告；③进场检验、试验记录和报告；④运输和验收交接记录；⑤保管、保养记录；⑥出厂合格证、质量证明书；⑦材料、设备使用和安装调试记录。

5.3.2.2　施工安装合同的常规管理

1. 施工安装合同进度管理

（1）承包商的进度管理义务。

签订风电场项目合同后，承包商应按合同的规定编制施工总进度计划，总进度计划应满足合同规定的全部工程、单位工程和分部工程完工日期的要求，并提交监理工程师审批，经监理工程师批准的施工总进度计划也称为合同进度计划，是控制工程进度的依据，对业主和承包商都具有约束作用。

承包商还应根据监理工程师批准的施工总进度计划编制符合总进度计划要求的年、季、月进度计划，并报送监理工程师审批，经监理工程师批准后作为实际施工与进度控制的具体根据。

此外，承包商在向监理工程师提交施工总进度计划的同时，应按合同规定的格式向监理工程师提交按月的资金流估算表。估算表应包括承包商计划可从业主处得到的全部款额，以供业主筹措资金参考，有利于按计划向承包商付款。

（2）监理工程师对施工进度的监督。

为了便于监理工程师对合同的履行进行有效的监督和管理，协调各合同之间的配

合，承包商每个月都应向监理工程师提交进度报告，说明前一阶段的进度情况和施工中存在的问题，以及下一阶段的实施计划和准备采取的相应措施。

监理工程师发现实际进度与计划进度严重偏离时，为了使进度计划有实际指导意义，随时有权指示承包商编制改进的施工进度计划，并再次提交监理工程师认可后执行，新进度计划将代替原来的计划。也允许在合同内明确规定，每隔一段时间（一般为 3 个月）承包商都要对施工计划进行一次修改，并经过监理工程师认可。按照合同条件的规定，监理工程师在管理中应注意两点：①不论因何方应承担责任的原因导致实际进度与计划进度不符，承包商都无权对修改进度计划的工作要求额外支付；②监理工程师对修改后进度计划的批准，并不意味着承包商可以摆脱合同规定应承担的责任。例如，承包商因自身管理失误使得实际进度严重滞后于计划进度，按其实际施工能力修改后的进度计划，竣工日期将迟于合同规定的日期。监理工程师考虑此计划已包括了承包商所有可挖掘的潜力，只能按此执行而批准后，承包商仍要承担合同规定的延期违约赔偿责任。

2. 施工安装合同质量管理

（1）施工合同质量目标管理。

1）质量目标是项目建设质量管理的基础，业主在开工前应确定项目建设质量管理目标。

2）项目建设工程质量目标应不低于上级公司确定的质量目标，创优项目质量目标应满足创优要求。

3）业主应将质量目标分解到单项工程或单位工程中。

4）业主在监理、设计、施工、设备招标中应明确项目建设的质量目标。

5）投标单位在投标时所承诺的质量目标应不低于业主的质量目标，投标单位的投标文件技术部分应有对质量目标的保证措施。

6）施工单位应将质量目标分解到每个分部、分项工程，并在施工组织设计（方案）中清楚表述详细的质量保证措施。业主工程管理人员和监理单位在施工过程中应监督施工单位的质量目标和保证措施的落实情况。

7）创优的项目应按行业或地方的创优要求组织项目的质量管理，施工单位应依据自己的承包范围编制创优方案；投资公司鼓励项目创优，对在创优项目表现突出的参建单位，业主可以考虑采用适当的鼓励措施。

（2）工程质量会议。

1）工程例会制度。业主工程部（或监理单位）每周可召开工程例会，协调各施工单位现场施工，研究解决施工中的质量、安全及文明施工等问题。会议一般由监理单位组织，业主工程部人员、施工单位总工程师或项目经理及相关人员、设计代表等参加。周工程例会主要内容是通报一周工程质量、安全、进度等情况，工程中发现的问题及解决办法，上次会议决议的落实情况，传达布置上级有关文件精神等。会后由监理单位形成会议纪要发给参建单位。

业主每月可召开一次工程协调会，会议由业主工程部组织，相关单位参加。会议由业主工程部经理主持，业主主管工程建设的领导参加，施工单位项目经理及总工程师、监理单位总监等相关人员参加会议。会议除日常工作外，主要是解决目前工程中存在的问题，确定下一步的工作方案。会后由业主工程部将会议内容整理，并形成会议纪要下发各参会单位。

2）工程周报/月报制度。业主应按照合同要求和相关规定，及时通过周报和月报等形式向公司汇报本项目的基本建设情况。

（3）施工安装过程质量管理。

1）施工单位的选择。业主应通过招投标选择施工承包单位，应公平、公正地对施工承包商进行评价，拒绝报价及工期不合理的施工单位。合格的承包商应满足以下条件：①与工程项目相适应的资质等级和施工范围；②能提供以往的相关工程业绩和近期内工程施工质量状况的客观证据，无不良施工纪录；③施工承包商在本工程的项目经理及技术负责人应具有与本工程相适应的技术资格及安全资格；④施工承包商针对工程特点所做的施工组织设计、施工方法和措施切实可行，技术力量及机械设备能满足承包工程施工的需要。

2）施工组织设计与审查。施工组织设计（包括施工组织总设计、专业施工组织设计、重大施工技术方案措施和作业指导书）是组织施工的指导性文件，施工组织设计的编制是直接影响工程质量的关键因素。

施工组织设计中保证质量的内容包括：①编制依据；②工程概况，包括工程特点、工艺要求、主要工程量、外委协作项目等；③主要施工方案和重大技术措施（包括主要施工项目的交叉配合方案、起吊方案、大件运输方案以及新工艺、新技术、新材料的应用等），质量标准和质量控制点，保证质量的计划、措施，保证文明施工的措施及培训计划等；④对吊装工程、土方爆破等应编制重大施工技术方案措施和作业指导书；⑤业主工程部、监理单位对施工方案进行审查批准后才可执行。

3）设计交底与图纸会审。施工图到现场后，工程部和监理单位、施工单位应抓紧时间对施工图进行审查。施工图审查内容一般包括：①图纸技术要求与规程要求是否一致，是否有违反强制性条文的内容，设计方案、设计标准是否符合初步设计审定的原则；②设计图纸是否经过设计单位相关人员正式签署；③设计图纸与说明书是否齐全，图纸内容、表达深度是否满足施工需要，施工中所列各种标准图册是否已经具备；④施工图设计与到货设备、特殊材料的技术要求是否一致，主要材料来源有无保证、能否替换，设计采用的新技术、新工艺、新设备、新材料有无经权威部门技术鉴定和成功应用经验，在施工技术及施工机具、物资供应上有无困难；⑤土建结构布置

与设计是否合理，是否与工程地质条件紧密结合，是否符合抗震设计要求；⑥各专业之间、平立剖面之间、总图与分图之间有无矛盾，预埋件、预留孔洞等是否安全、准确，各类管沟、支吊架（墩）等专业之间是否协调统一；⑦施工图的几何尺寸、平面位置、标高等是否与总平面一致；⑧是否满足施工安全、生产运行安全、检修维护作业的需要，环境卫生有无保证；⑨消防设计是否满足有关规程要求；⑩对安全预评价中有关安全方面的设计问题是否落实。

业主工程部将图纸中的问题和疑问以书面形式汇总通知设计单位。监理单位要及时组织工程部、施工单位参加设计单位对施工图的设计交底，说明设计意图、工艺布置与结构设计特点、工艺要求、施工技术措施和有关注意事项，同时对问题和疑问进行解答。

设计交底与图纸会审的会议纪要应由监理单位整理，并填写“施工图会审纪要”，经与会各单位负责人签字后，作为设计文件的组成部分存入档案。设计交底与图纸会审中如有涉及工程变更问题，应办理工程变更。

（4）验收质量管理。工程检验批（或分项工程）施工完成后，施工单位首先应进行自检，然后向监理单位申请检查验收。

一般情况下，监理单位组织分项工程（或检验批）验收，验收合格后，施工单位可进行下一步施工。对于测量定位与放线、基槽开挖、基础、框架钢筋、防水闭水试验、给水和消防管道水压测试、下水通球试验、防雷接地、电气试验、电气联动等工程中的关键和重要分项，业主工程部专工应参加验收，该分项应提前在施工单位申报项目划分表中明确，施工单位应在验收前提前 24 小时通知业主工程部。分项工程（或检验批）的验收应依据国家和行业验收规范以及图纸进行。分部工程施工完成后，经过施工单位自检合格，向监理单位申请验收；分部工程的验收由监理单位组织，业主工程部参加验收；分部工程的验收应符合图纸和规范要求。

某风电场项目验收申请表见附表 2-16。

（5）工程质量监督检查。

1）检查步骤。鉴于风电场项目工程建设的技术特点，质量监督检查的方式可以以阶段性检查为主，结合不定期巡检和抽检的方式进行。阶段性质量监督检查按自检、预监检、正式监检三个步骤进行。

a. 自检。由参建各单位依据“大纲”的要求，对质量行为、强条的执行情况、工程的实体质量、技术文件和资料进行自查，对发现的问题认真整改合格后，向质监站提出预监检申请。

b. 预监检。质监站依据“大纲”对工程进行检查，对发现的问题，要求监理单位督促施工单位尽快整改，并对整改工作闭环管理。

c. 正式监检。预监检验收合格后，质监站对工程项目进行正式检查验收，并签署验收结论。

2）检查方法与阶段。质监站对项目工程的检查方法一般有大会听取汇报、分组检查资料、座谈咨询、现场察看、抽查实测等方式。一般情况下，质监站对风电场项目的监检分为变电站基础出零米、变电站结构施工完毕、变电站装饰施工完成、变电站带电、风电机组基础施工完成、风电机组安装完成、风电场竣工验收七个阶段。

3）汇报材料内容。

a. 业主方汇报内容，包括工程概况、工程建设的组织、管理，工程质量目标和质量管理措施，里程碑工程进度计划和工程实际进度，目前工程开展情况。

b. 设计单位汇报内容，包括工程设计概况和技术特点，设计指导思想和工作原则，设计质量控制措施，设计技术供应，工代现场服务计划，设计意图在工程中的实施情况。

c. 监理单位汇报内容，包括监理工作范围、工作指导思想、工作原则、组织机构设置和人员设置、对工程质量目标的响应、监理工作的组织管理、工程质量控制、对目前施工质量的评估。

d. 施工单位汇报内容，包括施工承包范围和主要工程量、质量管理体系和运行效果、施工质量目标、质量管理工作、质量控制效果、实际施工进度，工程质量、验收结果、发生的质量问题和处理结果，遗留问题和处理计划，经验教训和改进措施。

3. 竣工验收合同管理

根据《风电场工程竣工验收管理暂行办法》（国能新能〔2012〕310号），对于国家和省级投资主管部门核准的风电场项目各省（自治区、直辖市）能源主管部门在国务院能源主管部门的指导下，负责本地区风电场项目竣工验收工作的协调和监督工作，并按年度将本地区风电场项目竣工验收工作的情况报国务院能源主管部门备案。

风电场项目一般由项目业主单位组织竣工验收。国务院能源主管部门可根据行业管理需要，选择重点项目组织开展竣工验收工作。

（1）风电场工程竣工验收的依据有：①国家有关法律、法规及行业有关规定；②国家及行业相关技术标准、规程和规范；③项目审批、核准、备案批复文件及有关支持性文件；④经批准的可行性研究设计、施工图设计、设计变更及概算调整等文件；⑤工程建设的有关招标文件、合同文件及合同中明确采用的质量标准和技术文件等。

（2）风电场通过竣工验收的主要条件：

1）项目各项建设指标符合核准（审批、备案）文件和审定。

2）项目的建设过程符合国家和行业的基本建设程序。

3）环保、节能、消防、安全、信息系统建设、并网及其他各项规定的工作已按照国家有关法规和技术标准完成专项验收。

4）项目的电气设备已按照设计方案和有关的技术标准完成建设，配套电网送出工程已经建成，具备满足《风电场接入电力系统技术规定》（GB/T 19963）要求的检测报告，并与电网公司签订了并网调度协议和购售电合同。

5）工程项目批准文件、设计文件、施工安装文件、竣工图及文件、监理文件、质监文件及各项技术文件按规定立卷，并通过档案验收。

6）完成其他需要验收的内容。

申请竣工验收的风电场项目应完成主体工程建设内容，通过用地、环保、消防、安全、并网、节能、档案及其他规定的各项专项验收，并完成竣工验收总结报告。基本符合竣工验收条件的，仅有零星土建工程和少数非主要设备未按设计规定的内容全部建成，但不影响工程使用或投产，也可办理竣工验收手续。对未完工程应按设计安排资金，限期完成。

（3）风电场验收工作程序。风电场竣工验收应在主体工程完工，全部机组各专项验收及试运行验收通过后一年内进行。

符合验收条件的风电场项目由项目业主单位制定工程竣工验收方案，并成立验收委员会。验收委员会设主任委员一名，副主任委员若干名。主任委员由项目业主单位所属企业集团有关负责人或项目法人代表担任。项目建设、勘察、设计、施工和监理等被验收单位不得参加验收委员会。

（4）风电场竣工验收备案管理。通过竣工验收的风电场项目实行竣工验收备案管理。其中，国家能源投资主管部门核准的风电场项目由项目业主单位在完成竣工验收后15日内将竣工验收总结报告、验收鉴定书和相关材料报省级能源投资主管部门，省级能源投资主管部门初审通过后，在15个工作日内报国务院能源主管部门备案，并抄送国家风电信息管理中心。省级能源投资主管部门核准的风电场项目，由项目业主单位在完成竣工验收后15日内将竣工验收总结报告、验收鉴定书和相关材料报省级政府能源投资主管部门备案，并抄送国家风电信息管理中心。

风电场竣工验收总结报告应包括项目基本情况、各专项验收鉴定书的主要结论以及所提主要问题和建议的处理情况、遗留单项工程的竣工验收计划安排等。

风电场通过竣工验收并完成竣工决算后，项目业主单位应当按国家有关规定办理档案、固定资产移交等相关手续，加强固定资产的管理。风电场竣工验收鉴定书可作为项目业主单位办理固定资产移交和产权登记的依据。

某风电场项目工程竣工报验单见附表2-17。

4. 缺陷责任期合同管理

（1）缺陷责任期。缺陷责任期自实际竣工日期起计算。在全部工程竣工验收前，已经发包人提前验收的区段工程或进入施工期运行的工程，其缺陷责任期的起算日期相应提前到相应工程竣工日。

由于承包人原因造成某项缺陷或损坏使某项工程或工程设备不能按原定目标使用而需要再次检查、检验和修复的，发包人有权要求承包人相应延长缺陷责任期，但缺陷责任期最长不超过2年。

（2）缺陷责任归属。

1）承包人应在缺陷责任期内对已交付使用的工程承担缺陷责任。

2）缺陷责任期内，发包人对已接收使用的工程负责日常维护工作。发包人在使用过程中，发现已接收的工程存在新的缺陷或已修复的缺陷部位或部件又遭损坏的，承包人应负责修复，直至检验合格为止。

3）监理人和承包人应共同查清缺陷和（或）损坏的原因。经查明属承包人原因造成的，应由承包人承担修复和查验的费用。经查验属发包人原因造成的，发包人应承担修复和查验的费用，并支付承包人合理利润。

4）承包人不能在合理时间内修复缺陷的，发包人可自行修复或委托其他人修复，所需费用和利润由发包人承担。

5.3.2.3　勘察设计合同的常规管理

风电场项目勘察合同是指根据建设工程的要求，查明、分析、评价建设场地的地质地理环境特征和岩土工程条件，编制建设工程勘察文件的协议。风电场项目设计合同是指根据建设工程的要求，对建设工程所需的技术、经济、资源、环境等条件进行综合分析、论证，编制建设工程设计文件的协议。

发包人一般通过招标方式与选择的中标人就委托的勘察、设计任务签订合同。订立合同委托勘察、设计任务是发包人和承包人的自主市场行为，但必须遵守《中华人民共和国招标投标法》《中华人民共和国民法典》《中华人民共和国建筑法》《建设工程勘察设计管理条例》《建设工程勘察设计市场管理规定》等法律、法规和规章的要求。为了保证勘察、设计合同的内容完备、责任明确、风险责任分担合理，建设部和国家工商行政管理局在2016年颁布了建设工程勘察合同示范文本和建设工程设计合同示范文本［《建设工程勘察合同（示范文本）》(GF—2016—0203)］。

风电场项目的勘察设计单位必须拥有国家行业管理部门颁发的、满足工程要求的勘察设计资质等级证书，严禁无证设计或越级设计；设计单位应有一定数量同类工程项目的设计业绩，近年来同类设计无不良记录。勘察设计单位的工程设计人员应具有同类工程丰富的设计经验，专业配置合理，人员数量能够满足工程设计进度的要求。

设计单位应按照法律规定，以及国家、行业和地方的规范和标准完成设计工作，并符合发包人要求；勘察设计单位派驻现场的设计代表机构，应做到专业配套，人员相对稳定；施工图设计原则上应由负责初步设计的同一家设计单位承担；勘察设计单位应重视项目安全预评价中的有关风险，并在施工图设计中采取措施，避免安全质量风险。

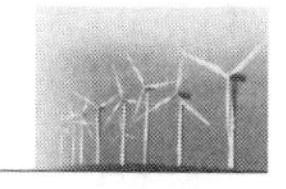

5.3.2.4　监理合同的常规管理

1. 监理单位的合同管理工作

虽然监理合同的专用条款内注明了委托监理工作的范围和内容，但从工作性质而言属于正常的监理工作。作为监理人必须履行的合同义务，除了正常监理工作之外，还应包括附加监理工作和额外监理工作。这两类工作属于订立合同时未能或不能合理预见，而合同履行过程中发生，需要监理人完成的工作。

(1) 附加工作。附加工作是指与完成正常工作相关，在委托正常监理工作范围以外监理人应完成的工作。可能包括以下内容：

1) 由于委托人、第三方原因，使监理工作受到阻碍或延误，以致增加了工作量或延续时间。

2) 增加监理工作的范围和内容等。如由于委托人或承包人的原因，承包合同不能按期竣工而必须延长的监理工作时间；又如委托人要求监理人就施工中采用新工艺施工部分编制质量检测合格标准等。

(2) 额外工作。额外工作是指服务内容和附加工作以外的工作，即非监理人自己的原因而暂停或终止监理业务，其善后工作及恢复监理业务前不超过42天的准备工作时间。如合同履行过程中发生不可抗力，承包人的施工被迫中断，监理工程师应完成的确认灾害发生前承包人已完成工程的合格和不合格部分、指示承包人采取应急措施等，以及灾害消失后恢复施工前必要的监理准备工作。

由于附加工作和额外工作是委托正常工作之外要求监理人必须履行的义务，因此委托人在其完成工作后应另行支付附加监理工作报告酬金和额外监理工作酬金，但酬金的计算办法应在专用条款内予以约定。

2. 监理合同有效期

尽管双方签订的《建设工程委托监理合同》中注明了"本合同自×年×月×日开始实施，至×年×月×日完成"，但此期限仅指完成正常监理工作预定的时间，并不一定是监理合同的有效期。监理合同的有效期即监理人的责任期，不是用约定的日历天数为准，而是以监理人是否完成了包括附加和额外工作的义务来判定。

因此通用条款规定，监理合同的有效期为双方签订合同后，工程准备工作开始，到监理人向委托人办理完竣工验收或工程移交手续，承包人和委托人已签订工程保修责任书，监理收到监理报酬尾款，监理合同才终止。如果保修期间仍需监理人执行相应的监理工作，双方应在专用条款中另行约定。

3. 监理合同违约责任

(1) 违约责任。

1) 在合同责任期内，如果监理人未按合同中要求的职责勤恳认真地服务，或委托人违背了他对监理人的责任时，均应向对方承担赔偿责任。

2）任何一方对另一方负有责任时的赔偿原则为：①委托人违约应承担违约责任，赔偿监理人的经济损失；②因监理人过失造成经济损失，应向委托人进行赔偿，累计赔偿额不应超出监理酬金总额（除去税金）；③当一方向另一方的索赔要求不成立时，提出索赔的一方应补偿由此所导致的对方各种费用支出。

（2）监理的责任限度。监理人在责任期内，如果因过失而造成经济损失，要负监理失职的责任；监理人不对责任期以外发生的任何事情所引起的损失或损害负责，也不对第三方违反合同规定的质量要求和完工（交图、交货）时限承担责任。因不可抗力导致本合同全部或部分不能履行时，双方各自承担其因此而造成的损失、损害。

4. 监理合同的价款与酬金

建设工程监理费是指业主依据委托监理合同支付给监理单位的监理酬金。它是构成工程概（预）算的一部分，在工程概（预）算中单独列支。建设工程监理费由直接成本、间接成本、税金和利润四部分构成。

（1）直接成本。直接成本是指监理单位履行委托监理合同时所发生的成本，主要包括：①监理人员和监理辅助人员的工资、奖金、津贴、补助、附加工资等；②用于监理工作的常规检测工器具、计算机等办公设施的购置费和其他仪器、机械的租赁费；③用于监理人员和辅助人员的其他专项开支，包括办公费、通信费、差旅费、书报费、文印费、会议费、医疗费、劳保费、保险费、休假探亲费等；④其他费用。

（2）间接成本。间接成本是指全部业务经营开支及非工程监理的特定开支，具体内容包括：①管理人员、行政人员以及后勤人员的工资、奖金、补助和津贴；②经营性业务开支，包括为招揽监理业务而发生的广告费、宣传费、有关合同的公证费等；③办公费，包括办公用品、报刊、会议、文印、上下班交通费等；④公用设施使用费，包括办公使用的水、电、气、环卫、保安等费用；⑤业务培训费，图书、资料购置费；⑥附加费，包括劳动统筹、医疗统筹、福利基金、工会经费、人身保险、住房公积金、特殊补助等；⑦其他费用。

（3）税金。税金是指按照国家规定，工程监理单位应交纳的各种税令总额，如营业税、所得税、印花税等。

（4）利润。利润是指工程监理单位的监理活动收入扣除直接成本、间接成本和各种税金之后的余额。

5. 双方义务

（1）委托人义务。

1）委托人应负责建设工程所有外部关系的协调工作，为监理人履行本合同提供必要的外部条件。

2）委托人应在委托人与承包人签订的合同中明确监理人、总监理工程师并授予项目监理机构的权限。如有变更，应及时通知承包人。

3）为了不耽搁服务，委托人应在合理的时间内就监理人以书面形式提交并要求做出决定的一切事宜做出书面决定。

4）为监理人顺利履行合同义务，做好协助工作。

（2）监理单位义务。

1）监理人在履行合同的义务期间，应运用合理的技能认真勤奋地工作，公正地维护有关方面的合法权益。当委托人发现监理人员不按监理合同履行监理职责，或与承包人串通给委托人或工程造成损失时，委托人有权要求监理人更换监理人员，直到终止合同并要求监理人承担相应的赔偿责任或连带赔偿责任。

2）合同履行期间应按合同约定派驻足够的人员从事监理工作。开始执行监理业务前向委托人报送派往该工程项目的总监理工程师及该项目监理机构的人员情况。合同履行过程中如果需要调换总监理工程师，必须首先经过委托人同意，并派出具有相应资质和能力的人员。

3）在合同期内或合同终止后，未征得有关方同意，不得泄露与本工程、合同业务有关的保密资料。

4）任何由委托人提供的供监理人使用的设施和物品都属于委托人的财产，监理工作完成或中止时，应将设施和剩余物品归还委托人。

5）未经委托人书面同意，监理人及其职员不应接受委托监理合同约定以外的与监理工程有关的报酬，以保证监理行为的公正性。

6）监理人不得参与可能与合同规定的与委托人利益相冲突的任何活动。

7）在监理过程中，不得泄露委托人申明的秘密，也不得泄露设计、承包等单位申明的秘密。

8）负责合同的协调管理工作。在委托工程范围内，委托人或承包人对对方的任何意见和要求（包括索赔要求），均必须首先向监理机构提出，由监理机构研究处置意见，再同双方协商确定。当委托人和承包人发生争议时，监理机构应根据自己的职能，以独立的身份判断，公正地进行调解。当双方的争议由政府行政主管部门调解或仲裁机构仲裁时，应当提供作证的事实材料。

9）经委托人同意，签发工程暂停令和复工令；审查施工承包人提交的竣工验收申请，编写工程质量评估报告；参加工程竣工验收，签署竣工验收意见；审查施工承包人提交的竣工结算申请并报委托人；编制、整理工程监理归档文件并报委托人。

5.3.3　支付管理

5.3.3.1　计量内容

计量的范围一般包括工程量清单中的全部项目、合同文件中规定的项目和工程变更项目三方面的工程项目；工程量清单是建设工程计价的依据，也是工程付款和结算的依据，由分部分项工程量清单、措施项目清单、其他项目清单、规费清单、税金清单组成，其主要内容见表5-5。

表5-5　工程量清单主要内容

序号	项　目	内　　容
1	分部分项工程量清单	人工费、材料费、施工机械使用费、企业管理费、利润、风险费用等
2	措施项目清单	安全文明施工费、冬雨季施工费、夜间施工费、二次搬运费、大型机械设备进出场及安拆费、施工排水费、施工降水费、地上（地下）设施费、建筑物的临时保护设施费、已完工程及设备保护费等
3	其他项目清单	暂列金额、暂估价、计日工、总承包服务费等
4	规费清单	工程排污费、工程定额测定费、社会保障费、住房公积金、危险作业意外伤害保险等
5	税金清单	增值税、城市维护建设税、教育费附加等

5.3.3.2　计量方法

工程计量是按照合同条款、技术规范等的规定，对承包人已完成的符合要求的工程量进行测量、计算、检查和确定的过程。计量的方法一般为三方面结合：①对工程进行实地测量和实地勘察；②按图纸计算；③现场记录资料和监理工程师的签认。工程的计量应以净值为准，除非项目专用合同条款另有约定。

工程量清单中各个子目的具体计量方法按合同文件技术规范中的规定执行，主要如下：

（1）断面法。断面法主要用于计算取土坑和路堤土方。

（2）图纸法。混凝土体积、钢筋长度、钻孔灌注桩的桩长等。

（3）钻孔取样法。钻孔取样法主要用于道路面层结构计量。

（4）分项计量法。分项计量法就是根据工序或部位将一个项目分成若干子项，对完成的各子项计量支付。

（5）均摊法。均摊法就是对清单中合同价按合同工期每月平均计量，它适用于临时道路、桥梁的修建和养护、办公室的维修。

（6）凭证法。凭证法就是根据合同中要求承包人提供的票据进行计量支付。

一般情况下，计量每月一次，如承包人申请增加计量次数，应提前向监理工程师填报计量申请，并写明要求计量的原因、计量的工程部位和计量时间。

5.3.3.3　合同支付

发包人和承包人应在合同协议书中选择单价合同或总价合同。

1. 单价合同

单价合同是指合同当事人约定以工程量清单及其综合单价进行合同价格计算、调整和确认的建设工程施工合同，在约定的范围内合同单价不作调整。合同当事人应在

专用合同条款中约定综合单价包含的风险范围和风险费用的计算方法，并约定风险范围以外的合同价格的调整方法。

2. 总价合同

总价合同是指合同当事人约定以施工图、已标价工程量清单或预算书及有关条件进行合同价格计算、调整和确认的建设工程施工合同，在约定的范围内合同总价不作调整。合同当事人应在专用合同条款中约定总价包含的风险范围和风险费用的计算方法，并约定风险范围以外的合同价格的调整方法。

合同支付主要分为以下四个阶段：

(1) 预付款支付。预付款的支付按照专用合同条款约定执行，但至迟应在开工通知载明的开工日期 7 天前支付。预付款应当用于材料、工程设备、施工设备的采购及修建临时工程、组织施工队伍进场等。

(2) 进度款支付。承包商编制进度付款申请表，按合同约定时间向监理人提交，并附上已完成工程量报表和有关资料，除专用合同条款另有约定外，监理人应在收到承包人进度付款申请单以及相关资料后 7 天内完成审查并报送发包人，发包人应在收到后 7 天内完成审批并签发进度款支付证书。发包人逾期未完成审批且未提出异议的，视为已签发进度款支付证书。发包人应在进度款支付证书或临时进度款支付证书签发后 14 天内完成支付，发包人逾期支付进度款的，应按照中国人民银行发布的同期同类贷款基准利率支付违约金。

(3) 竣工结算。除专用合同条款另有约定外，承包人应在工程竣工验收合格后 28 天内向发包人和监理人提交竣工结算申请单，并提交完整的结算资料，监理人应在收到竣工结算申请单后 14 天内完成核查并报送发包人。发包人应在收到监理人提交的经审核的竣工结算申请单后 14 天内完成审批，并由监理人向承包人签发经发包人签认的竣工付款证书。发包人应在签发竣工付款证书后的 14 天内，完成对承包人的竣工付款。

(4) 最终结清。除专用合同条款另有约定外，承包人应在缺陷责任期终止证书颁发后 7 天内，按专用合同条款约定的份数向发包人提交最终结清申请单，并提供相关证明材料。发包人应在收到承包人提交的最终结清申请单后 14 天内完成审批并向承包人颁发最终结清证书。发包人应在颁发最终结清证书后 7 天内完成支付。

5.3.4　变更与索赔管理

风电项目建设环境差、地点偏僻、施工范围大，必然会发生适量的工程变更，而工程变更又是引发工程索赔的主要原因之一。合同变更与索赔管理是风电场项目合同管理的重要组成部分，增强合同主体各方的主观能动性，对工程变更实施有效的管理和控制，可以减少索赔的发生，提高工程合同管理的水平，对实现工程项目合同管理目标具有重要的意义。

5.3.4.1　风电场项目合同变更管理

合同变更，广义上是指改变原合同关系，包括合同主体的变更和合同内容的变更；在狭义上仅指合同内容的变更，而不包括合同主体的变更。合同内容的变更主要包括：①标的的变更；②标的物数量的增减；③标的物品质的改变；④价款或酬金的增减；⑤履行期限的变更；⑥履行地点的改变；⑦履行方式的改变；⑧结算方式的改变；⑨所附条件的增添或除去；⑩单纯债权变为选择债权；⑪担保的设定或消失；⑫违约金的变更；⑬利息的变化等。

风电场项目合同变更从广义讲，包含风电工程建设所有合同变更的全部内容，如风能资源再评估、场地址变迁、总体布置修改、扩大建设规模及施工过程中的所有变更。狭义风电场项目合同变更仅为施工过程中业主、承包商和监理单位三方签字确认的工程变更签证所含内容，如集控楼、升压站等建筑物尺寸的变动；风电机组基础结构、混凝土标号、钢筋种类变更；地质结构处理；道路和天气引起施工内容、方式的变化等。

1. 风电场项目合同变更的分类

根据导致工程变更的因素进行分类，风电场项目合同变更可分为自然和社会经济条件变化、设计单位产生变更、承包单位产生变更、业主单位产生变更、监理单位产生变更、外部环境变化、政府主管部门等第三方产生变更等，其代表性变更内容见表5-6。

表5-6　风电场项目合同变更分类表（按影响因素分类）

变更类别	代表性变更内容与特征
自然和社会经济条件变化	工期延误或停工
设计单位产生变更	风电机组基础和建筑物地质勘察质量低、差错、遗漏；风电场设计文件与施工现场条件相互矛盾，无法按图施工；图纸设计错误或设计漏项
承包单位产生变更	承包商改变，监理工程师已批准的施工方案或承包商技术和管理方面的失误引起的返工；因施工安全、质量的控制需要
业主单位产生变更	业主取消、增加、减少风电场建设合同中所含工程项目；指令新增工程；提供材料、设备的品种和数量、合同工期改变；提高建设标准和扩大规模
监理单位产生变更	监理工程师为优化设计而提出的设计变更方案；为节省投资或缩短工期而提出的新的施工技术方案；出于对工程进展有利指示承包商变更施工作业顺序或时间；因监理工程师工作失误或协调不力引起的工程变更
外部环境变化	电力、生产生活用水供应紧张；原材料供应缺货
政府主管部门等第三方产生变更	依法增加环保或生态保护项目

2. 风电场项目合同变更的控制原则

风电场项目合同变更需要遵循分类控制的原则。在风电场工程实施过程中，按照

工程变更的性质和费用可分为重大变更、重要变更与一般变更三类不同等级。

（1）重大变更。重大变更是指设计方案、施工措施方案、技术标准、建设规模和建设标准等涉及价款超越一定限额以上的变更，如风电场生活区和升压站布局结构变更；风电机组基础地质结构处理变更；风电机组检修道路调整；风电机组位置移动；集电线路路径变更等。应由现场监理工程师初审，总监理工程师审核，业主单位组织勘察、设计、监理和承包商等各方评审通过后实施。

（2）重要变更。重要变更是指不属于重大变更的涉及价款在一定限额以内的变更，如变电站、生活区局部标高的调整；冬季施工方案变动等。由现场监理工程师初审，总监理工程师批准，业主单位核准后实施。

（3）一般变更。一般变更是指设计差错或遗漏，材料替换以及根据施工实际情况必须进行局部调整等涉及价款在一定限额以下的变更。由现场监理工程师审查，业主代表批准后实施。

三类变更的限额一般是依据合同总额、监理工程师执业能力和业主授权等因素设定。例如 50MW 风电场项目建设，可设限额为：变更产生的增减价款小于 3000 元为一般变更；单个变更产生增减价款在 3000 元至 1 万元之间或多个类似变更累计产生增减价款小于 1 万元为重要变更；一个变更产生增减价款超过 1 万元或多个类似变更累计产生增减价款超过 2 万元的为重大变更。

此外，虽然风电场项目合同变更管理往往以施工阶段为控制重点，但施工阶段发生的变更大多数是风电场项目决策和设计造成的。因此，提高项目决策和勘察设计质量，能够从根本上降低工程变更发生的频率和数量。项目建成后对工程变更的产生原因进行评估分析与总结，可以为今后风电场项目建设提供借鉴和帮助。

3. 风电场项目合同变更的程序

由于工程变更对工程施工过程影响很大，会造成工期的拖延和费用的增加，容易引起双方的争执，所以要十分重视工程变更管理问题。工程变更的处理程序应该在合同执行的初期确定，并要保持连续性。工程变更一般按照如下程序进行：

（1）工程变更的提出。无论是发包人、监理单位、设计单位、还是承包商，认为原设计图纸或技术规范不适应工程实际情况时，均可向监理工程师提出变更要求或建议，提交书面变更建议书。承包商提出合理化建议经论证可行的，发包人可以予以一定奖励。工程变更建议书包括以下主要内容：①变更的原因及依据；②变更的内容及范围；③变更引起的合同价款增加或减少；④变更引起的合同工期的提前或延长；⑤为审查所必须提交的附图及其计算资料等。

工程变更申请表的格式和内容可以按具体工程需要设计。附表 2-18 是某风电场项目工期变更申请表。

（2）工程变更建议的审查。监理工程师负责对工程变更建议书进行审查，审查的

基本原则是：①工程变更的必要性与合理性；②变更后不降低工程的质量标准，不影响工程完建后的运行与管理；③工程变更在技术上必须可行、可靠；④工程变更的费用及工期经济合理；⑤工程变更尽可能不对后续施工在工期和施工条件上产生不良影响。

监理工程师在工程变更审查中，应充分与发包人、设计单位、承包商进行协商，对变更项目的单价和总价进行估算，分析因此而引起的该项工程费用增加或减少的数额。通过前期协商，使合同双方对变更价款、工期影响等尽早达成一致，以利于后期工作的展开。

（3）工程变更的批准与设计。一般来说，由承包商提出的工程变更，应该交由监理工程师审查并经业主批准；由设计方提出的工程变更，应与业主协商并经业主审查批准；由业主提出的工程变更，涉及设计修改的应该与设计单位协商；由监理工程师提出的变更，若该项工程变更属于合同中约定的监理工程师权限范围之内的，监理工程师可做出决定，若不属于监理工程师权限范围之内的工程变更，则应提交业主在规定的时间内给予审批。

另外需要说明的是，对于涉及工程结构、重要标准等以及影响较大的重大变更，有时需要发包人向上级主管部门报批。此时，发包人在申报上级主管部门批准后再按照合同规定的程序办理。

工程变更获得批准后，涉及设计修改的，应由发包人委托设计单位负责完成具体的工程变更设计工作。设计单位在规定时间内提交工程变更设计文件（包括施工图纸），最后再报由监理工程师审核。

（4）工程变更指令的发布与实施。建立在对变更价款初步达成一致的基础上，由监理工程师向承包商下达工程变更指令，承包商据此组织工程变更的实施。当变更时间紧迫或对变更价款还未达成一致意见时，为了避免影响工程进度，监理工程师可先行发布变更指令。一旦发出变更指令，承包商必须予以执行。承包商若有意见则在执行变更的同时，与工程师和发包人协商解决。

工程变更指令必须以书面形式发布。当监理工程师发出口头指令时，其必须在规定的时间内予以书面证实。承包商在没有得到工程师的变更指令时，不能做任何变更。如果承包商在没有工程师指令的情况下进行了变更，由此造成的后果则由承包商承担。

变更指示只能由监理人发出。变更指令应说明变更的目的、范围、变更内容以及变更的工程量及其进度和技术要求，并附有关图纸和文件。承包人收到变更指令后，应按变更指令进行变更工作。

（5）变更价款的估算。变更指令发布后，承包商应响应监理工程师的要求，在变更建议书估价的基础上，提出详细的工程变更的价款估算和相关工期要求，并报监理

工程师审查，发包人核批。

（6）工程变更计量与支付。承包商在完成工程变更的内容后，按合同相关要求申请进行工程计量与支付。风电场项目变更的一般流程如图 5－2 所示。

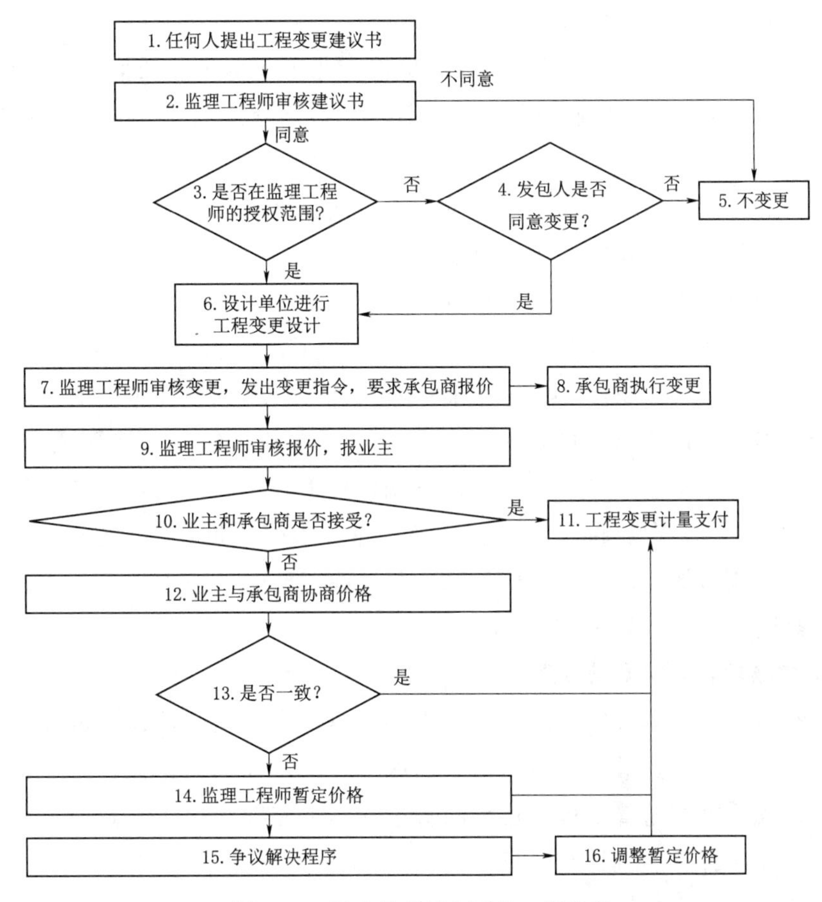

图 5－2　风电场项目变更的一般流程

4. 风电场项目合同变更价格的调整

工程变更引起的价格调整有两种情况：①工程变更引起本项目和其他项单价或合价的调整；②工程变更引起的工程量或总价款超出合同规定值导致合同价格的调整。风电场项目变更的价格调整与其他项目类似，合同专用条款中应当规定变更价格的适用情形和相应的调价方式。

（1）工程变更引起本项目和其他项单价或合价的调整。任何一项工程变更都有可能引起变更项目和有关其他项目的施工条件发生变化，以致影响本项目和其他项目的单价或合价，此时，业主和承包商均可提出对单价或价格的调整。这种情况下按以下原则进行价格调整：

1）变更的项目与工程量清单中某一项目施工条件相同时，则采用该项目的单价。

2）如工程量清单中无相同的项目，则可选用类似项目的单价作为基础，适当调整后采用。

3）如既无相同项目，也无类似项目，则应由监理工程师、业主和承包商进行协商确定新的单价或价格。

4）如协商不成，可由监理工程师暂定价格，业主和承包商任何一方对此不满意，均有日后就此提出索赔的权利。但承包商不得因不满意此暂定价格而拒绝实施工程变更。

如双方不能达成一致意见，双方可提请工程所在地工程造价管理机构进行咨询或按合同约定的争议或纠纷解决程序办理。

（2）工程变更引起的工程量或总价款超出合同规定值导致合同价格的调整。在竣工结算时，如发现所有合同变更引起的工程量或总价款变化超出合同规定（不包含暂定金）的某一数值（如 15%，具体视合同约定，不同工程有所不同）时，除了上述单价或合价的调整外，还应对合同价格进行调整。考虑到承包商总部管理费、启动费、遣散费等不定成本不会受其影响，应当修正调整额度，其原则是：当变更价款导致合同价格增加时，发包人在支付时应减少一笔费用；当变更价款导致合同价格减少时，发包人在支付时应增加一笔费用。应注意的是，在调整时仅考虑超出合同价格（不包括暂定金）合同规定值（如 15%）的部分。

5.3.4.2　风电场项目合同索赔管理

工程索赔是建设工程合同管理的一个重要内容，是工程项目建设过程中投资者或业主控制工程投资的重要措施；也是承包商保护自己正当利益，弥补工程损失，提高利润空间的有效手段。随着工程项目合同管理的不断完善和强化，做好工程索赔和索赔管理的重要性和必要性也日益凸显。

1. 工程索赔的相关概念

17 版 FIDIC 系列合同条件对索赔的概念给予了明确的定义：索赔是指一方向另一方要求或主张其在合同条件中的任何条款下，或与合同、工程实施相关或因其产生的权利或救济。索赔具有广义和狭义两种解释：广义的索赔是指合同双方向对方提出索赔，既包括承包商向业主的索赔，也包括业主向承包商的索赔；狭义的索赔则一般指承包商向业主的索赔。

（1）索赔的性质。索赔是一种是正当的权利要求，以法律和合同为依据，是工程建设中承发包双方之间经常发生的管理业务。索赔本身不是惩罚，而是一种补偿，索赔的损失结果与被索赔者的行为并不一定存在法律上的因果关系，且不存在固定的模式，没有统一的标准。在工程建设的各个阶段，都有可能发生索赔。

（2）索赔的分类。

1）按索赔的合同依据分类，分为合同中明示的索赔、合同中默示的索赔、道义

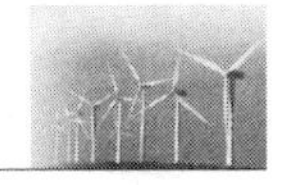

索赔。

2）按索赔的目的分类，分为工期索赔、费用索赔、综合索赔。

3）按索赔事件的性质分类，分为工程延误索赔、工程变更索赔、工程加速索赔、合同被迫中止的索赔、意外风险和不可预见因素的索赔、其他索赔。

（3）索赔的起因。

1）发包人违约。发包人违约包括发包人、监理人及承包人没有履行合同责任，没有正确地行使合同赋予的权利，工程管理失误等。常常表现为没有按照合同约定履行自己的义务，如未能及时发出图纸、指令等。

2）合同缺陷。如合同条文不全、错误、矛盾、有歧义，设计图纸、技术规范错误等，表现为合同文件规定不严谨甚至矛盾、合同中的遗漏或错误。在这种情况下，工程师应当给予解释，如果这种解释将导致成本增加或工期延长，发包人应当给予补偿。

3）合同变更。如双方签订新的变更协议、备忘录、修正案，发包人下达工程变更指令等，表现为设计变更、施工方法变更、追加或者取消某项工作、合同其他规定的变更等。

4）工程环境变化。工程项目本身和工程环境有许多不确定性，技术环境、经济环境、政治环境、法律环境等的变化都会导致工程的计划实施过程与实际情况不一样，这些因素都会导致工期和费用变化，承包商可依据合同条款进行索赔。

5）不可抗力因素。不可抗力可以分为自然事件和社会事件。不利的物质条件通常是指承包人在施工现场遇到的不可预见的自然物质条件、非自然的物质障碍和污染物，包括自然事件及社会事性，如恶劣的气候条件、地震、洪水、战争状态、罢工等。

6）其他第三方原因。表现为与工程有关的第三方的问题而引起的对本程的不利影响，由其他原因引起的索赔，包括：业主指定的分包商出现工程质量不合格、工程进度延误等违约情况；合同范围内未明确说明，但对施工造成费用和工期增加；施工过程设计有误对设计修改而引起的变更等。

（4）索赔的依据。

1）招标文件、施工合同文本及附件、补充协议、施工现场的各类签认记录，经认可的施工进度计划书，工程图纸及技术规范等。

2）双方往来的信件及各种会议、会谈纪要。

3）施工进度计划和实际施工进度记录、施工现场的有关文件（施工记录、备忘录、施工月报、施工日志等）及工程照片。

4）气象资料，工程检查验收报告和各种技术鉴定报告，工程中送停电、送停水、道路开通和封闭的记录和证明。

5）国家有关法律法令政策性文件。

6）发包人或者工程师签认的签证。

7）工程核算资料、财务报告、财务凭证等。

8）各种验收报告和技术鉴定。

9）工程有关的图片和录像。

10）备忘录，对工程师或业主的口头指示和电话应随时书面记录，并给予书面确认。

11）投标前发包人提供的现场资料和参考资料。

12）其他，如官方发布的物价指数、汇率、规定等。

2. 风电场项目索赔程序

风电场项目索赔程序与其他工程项目索赔程序类似，一般是指从出现索赔事件到最终处理全过程所包括的工作内容及步骤。除合同另有规定外，其步骤如图5-3所示，所提的索赔主要指承包商向业主的索赔。

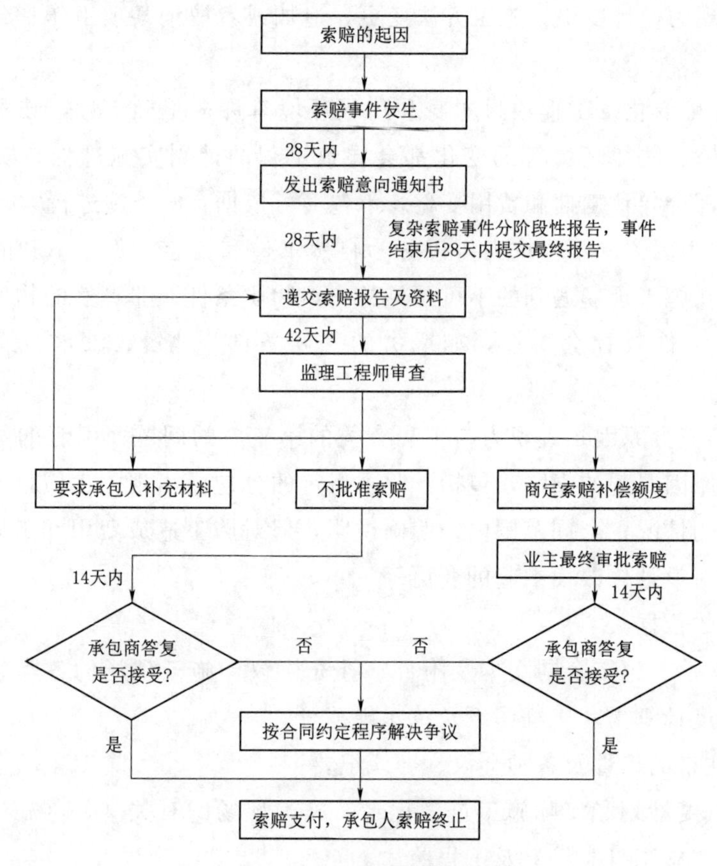

图5-3　索赔程序流程图

从图5-3中归纳得出，风电场项目索赔的主要程序如下：

（1）索赔的提出。

1）索赔意向书。承包商如要对某一事件进行索赔，应在索赔事件发生后28天内向业主和监理工程师提交索赔意向书，目的是要求业主及时采取措施消除或减轻索赔起因，以减少损失，并促使合同双方重视收集索赔事件的情况和证据，以利于索赔的处理。

2）索赔申请报告。承包商在发出索赔意向书后28天内，应向监理工程师提交索赔申请报告，其内容一般应包括索赔事件的发生情况与造成损害的情况，索赔的理由和根据、索赔的内容与范围、索赔额度的计算依据与方法等，并应附上必要的记录和证明材料。如果索赔事件影响的延误时间较长，则承包商还应向监理工程师每隔一段时期提交中间索赔申请报告，并在索赔事件影响结束后28天内，向业主和监理工程师提交最终索赔申请报告。某风电场项目费用索赔申请表见附表2-19。

（2）索赔的处理。

1）监理工程师收到索赔意向书后，应及时核查承包商的当时记录，并可要求承包商提交全部记录的副本。此外，监理工程师还应及时调查并收集事件有关情况的资料。

2）监理工程师在收到索赔申请报告或最终申请报告后42天内，应进行审核报告，认真研究和核查承包商提供的记录和证据，必要时可向承包商质疑，要求答复。监理工程师处理时应分清合同双方对事件应负的责任，分析承包商所提供索赔额度计算方法的合理性与准确性，做出判断并提出初步的处理意见，报由业主进行审批并与承包商协商后做出决定。

（3）索赔的支付。业主和承包商在收到监理工程师的索赔处理决定后，应在14天内向监理工程师做出答复是否同意。若双方均同意监理工程师的决定，则监理工程师应在收到答复后14天内，将确定的索赔金额列入当月支付证书中予以支付。

（4）提交争议调解组进行评审。承包人接受最终的索赔处理决定后，索赔事件的处理即宣告结束。如果承包人不同意，就会导致合同争议。通过协商双方达到互谅互让的解决方案，是处理争议的最理想方式。如达不成谅解，承包人有权提交仲裁或诉讼解决。

5.3.5 争议管理

在合同实施过程中，出现争议、甚至争端是正常现象，解决争议是维护当事人正当合法权益，保证工程施工顺利进行的重要手段。解决争议的方式主要有和解、调解、争议评审、仲裁和诉讼。

1. *和解*

合同当事人可以就争议自行和解，自行和解达成协议的经双方签字并盖章后作为合同补充文件，双方均应遵照执行。

2. 调解

合同当事人可以就争议请求建设行政主管部门、行业协会或其他第三方进行调解，调解达成协议的，经双方签字并盖章后作为合同补充文件，双方均应遵照执行。

3. 争议评审

合同当事人在专用合同条款中约定采取争议评审方式解决争议以及评审规则，并按下列约定执行：

(1) 争议评审小组的确定。合同当事人可以共同选择1名或3名争议评审员组成争议评审小组。除专用合同条款另有约定外，合同当事人应当自合同签订后28天内，或者争议发生后14天内，选定争议评审员。

选择1名争议评审员的，由合同当事人共同确定；选择3名争议评审员的，各自选定1名，第3名成员为首席争议评审员，由合同当事人共同确定或由合同当事人委托已选定的争议评审员共同确定，或由专用合同条款约定的评审机构指定第3名首席争议评审员。

除专用合同条款另有约定外，评审员报酬由发包人和承包人各承担一半。

(2) 争议评审小组的决定。合同当事人可在任何时间将与合同有关的任何争议共同提请争议评审小组进行评审。争议评审小组应秉持客观、公正原则，充分听取合同当事人的意见，依据相关法律、规范、标准、案例经验及商业惯例等，自收到争议评审申请报告后14天内做出书面决定，并说明理由。合同当事人可以在专用合同条款中对本项事项另行约定。

(3) 争议评审小组决定的效力。争议评审小组做出的书面决定经合同当事人签字确认后，对双方具有约束力，双方应遵照执行。任何一方当事人不接受争议评审小组决定或不履行争议评审小组决定的，双方可选择采用其他争议解决方式。

4. 仲裁和诉讼

因合同及合同有关事项产生的争议，合同当事人可以在专用合同条款中约定以下一种方式解决争议：①向约定的仲裁委员会申请仲裁；②向有管辖权的人民法院起诉。

第6章　风电场项目进度标准化管理

6.1　风电场项目进度管理基础

6.1.1　风电场项目进度计划工期与体系

6.1.1.1　风电场项目进度与工期

进度一般指活动或工作进行的速度，风电场项目进度反映了风电场项目实施结果的进展情况。项目实施过程中所消耗的时间为工期，风电场项目工期是指完成风电场项目所需要的时间，常用日历天、周或月来表示。

工期一般可以进一步分为建设工期、合同工期、规定工期、计划工期和计算工期。

（1）建设工期。建设工期是指工程项目或单项工程从正式开工到全部建成投产或交付使用所经历的时间。建设工期一般按日历月计算，有明确的起止年月，并在建设项目的可行性研究报告中有具体规定，它是具体安排建设计划的依据。

（2）合同工期。合同工期是指完成合同范围工程项目所经历的时间，它的开始计算日期为承包人接到监理工程师开工通知令的这一天。监理工程师发布开工通知令的日期和工程竣工日期在投标书附件中一般均有详细规定，但合同工期除了该规定的天数外，还包括因工程内容或工程量的变化、自然条件不利的变化、业主违约及应由业主承担的风险等不属于承包人责任事件的发生，且经过监理工程师发布变更指令或批准承包人的工期索赔要求，而允许延长的天数。

（3）规定工期。规定工期是指项目可行性研究报告或初步设计文件所确定的、要求完成该项目的时间，或承包合同规定的、要求承包人完成该合同项目的时间。建设工期、合同工期是规定工期，上一级项目进度计划确定的某子项目（或活动）的计划工期，对该子项目的进度计划编制者而言，也应将其视为规定工期，并作为编制该子项目进度计划的依据。

（4）计划工期。计划工期是指进度计划编制者，在规定工期的约束下，根据工程项目的特点以及经济性和安全性等方面要求而确定的计划完成该项目所需要的时间，也称目标工期。编制工程项目总进度计划时，一般根据项目可行性研究报告或初步设计文件确定的建设工期来确定工程项目总进度计划工期，并要求工程项目总进度计划工期不大于规定工期；承包人在编制合同工程进度计划时，一般根据承包合同规定的工期，确定完成该合同项目的计划工期，并要求合同工程计划工期不大于合同规定的工期。

（5）计算工期。计算工期是指项目计划者在计划工期指导下，对项目进行分解、设计各子项目（或活动）的实施方案，包括资源配置、子项间逻辑关系，以及估算完成每个子项目所需的时间，然后借助一定的分析计算工具，确定完成该项目所需要的时间。一般要求计算工期不大于计划工期，反之，则项目的进度或工期目标不能实现。

项目实施过程中，除了消耗时间，还会消耗劳动力、材料等，风电场项目的进度可以通过这些消耗指标予以综合体现。与一般项目一样，风电场项目的进度不能过慢或过快，工程进度过慢意味着建设时间延长，项目将不能按期交付，无法投产运营，继而影响到项目的经济效益和收益水平。而工程进度过快，可能会增加资源供应强度，进而增加工程成本，工程质量也容易出现问题。因此，工程进度安排合理是风电场项目取得成功的根本前提。

6.1.1.2　风电场项目进度计划体系

风电场项目的进度涉及所有工程建设参与方，取决于工程建设的方方面面，其中进度计划起到至关重要的作用。风电场项目进度计划是指根据实际条件和合同要求，以满足项目总工期要求为前提，将工期目标进行分解，确定设计进度计划、主要设备采购及进场计划以及道路工程、风电机组基础工程、风电机组吊装工程以及集电线路工程等各类单位工程（或分部工程）的施工计划，并按照合理的逻辑关系进行工期的编排。进度计划也是物资、技术资源供应计划编制的依据。如果进度计划不合理，将导致人力、物力使用的不均衡，影响经济效益。

风电场项目实施过程中不同项目参与方将构建多个不同类型、不同深度的项目进度计划系统，形成完善的项目进度计划体系，以保证项目的顺利实施。风电场项目进度计划体系涵盖由多个相互关联的不同项目参与方的进度计划组成的计划系统、由多个相互关联的不同计划深度的进度计划组成的计划系统、由多个相互关联的不同计划功能的进度计划组成的计划系统、由多个相互关联的不同计划周期的进度计划组成的计划系统等。

（1）由不同项目参与方的进度计划构成进度计划系统，包括：①业主方编制的整个项目实施的进度计划；②设计进度计划；③施工和设备安装进度计划；④采购和供货进度计划等。

（2）由不同深度的进度计划构成进度计划系统，包括：①总进度计划；②项目子系统进度计划；③项目子系统中的单项工程进度计划等。

(3) 由不同功能的进度计划构成进度计划系统，包括：①控制性进度计划；②实施性进度计划等。

(4) 由不同周期的进度计划构成进度计划系统，包括：①长期进度计划；②短期进度计划。例如年度、季度、月度和旬计划等。

6.1.2 风电场项目进度管理基础理论

风电场项目进度管理是为了确保项目按预期目标发电运行，根据工期目标的要求，对项目各阶段的工作内容、工作时间、各活动之间的衔接关系编制实施计划，将计划付诸实施，并在项目的实施过程中进行连续的跟踪观测，将观测结果与计划目标加以比较，如有偏差，及时进行偏差分析，必要时采取纠正措施的活动过程。

6.1.2.1 进度管理的主要任务

1. 建立工程项目进度管理组织

工程项目进度管理是工程项目管理的主要工作之一，在工程项目管理组织中必须建立专门的工程项目进度管理组织负责工程项目进度管理工作。

2. 制定工程项目进度管理制度

工程项目进度管理工作除了要有专门的工程项目进度管理组织负责之外，还必须要有完善的工程项目进度管理制度作保证。因此，在工程项目管理制度体系中，应该有专门的工程项目进度管理制度。

3. 工程实施进度计划

要想保证工程建设进度目标的实现，就要在收集资料和调查研究的基础上，认真分析建设工程任务的工作内容、工作程序、持续时间和搭接关系，按照工程建设合同工期的要求，编制工程实施进度计划。

4. 工程项目建设的进度控制

编制的工程实施进度计划付诸实施后，为了确保工程建设进度目标的实现，在进度计划实施过程中还需要经常检查工程建设的实际进度是否符合工程实施进度计划的要求。

5. 工程项目进度管理工作总结

在工程建设任务完成之后，还应该进行工程项目进度管理工作总结，为今后的工程项目进度管理工作积累经验，不断提高工程项目管理团队的管理水平。

6.1.2.2 进度管理的基础工作

为了保障项目进度可以顺利进行，必须做好进度管理的基础工作，主要从如下方面着手：

(1) 配备好各项资源，项目进度管理能够成功的决定性因素是科学配置人力资源、动力资源、设备资源、资金，并确保环境不影响项目施工。项目资源的合理配置、及时跟踪是满足施工计划执行、确保施工进度计划顺利开展的根本保障。

（2）做好技术信息的收集、汇总、归纳及整理工作。借助于项目进度管理软件如Gantt Project，实时关注项目进度，并做好信息搜集与整理，进而全面分析项目的进度实施细节，确保高效完成进度管理工作。

（3）做好统计工作。项目在开展进度管理时，很多工作需要多次重复，这就要求管理人员必须做好各项进度工作的统计，确保各个环节无一遗漏，以免影响进度管理效果。

（4）做好常见问题的应对处理措施，按照以往类似项目进度管理的经验与教训，结合本项目实际，预测在进度管理中可能发生的问题，然后准备相应的应对方案、所需资源及其他资源。

6.1.2.3　进度管理的主要方法

1. 横道图

横道图由美国管理学家甘特于 1917 年提出的，又称甘特图（Gantt chart）。它是一个二维平面图，工程项目施工进度横道图如图 6－1 所示。横道图的表头为工作及其简要说明，横向表示时间进度，单位可以为小时、天、周、月等，纵向表示工作过程，工作可按照时间先后、责任、项目对象、同类资源等进行排序，项目进展能清晰地展示在时间表格上。横道图一般包括两个部分，即左侧的数据区域（主要有工作名称、持续时间、单位、工程量等）和右侧的横道线区域，一段横道线显示了每项工作的开始时间和结束时间，横道线的长度表示工作持续时间。

横道图直观、清晰、简单，非常容易看懂，同时制作简单、使用方便，能够被各个层次的人员掌握和运用，因此具有广泛的群众基础。横道图不仅能够表示进度计划，还可以与劳动力计划、资源计划、资金计划相结合。

横道图具有上述优点的同时也存在以下缺点：

（1）不能明确表达出工作之间的逻辑关系。横道图只表示工程项目管理人员对工作时间的安排，并不表示工作之间的逻辑关系。当某项工作的进度提前或拖延时，不便于分析这种提前或拖后会影响到哪些工作，无法评估对后续工作的影响程度。

（2）不能明确反映出项目的关键工作和关键线路，无法体现各项工作的重要性和相对重要程度，因而不便于进度控制人员抓住影响工期的主要矛盾。

（3）不便于进行工期、资源和费用优化。由于横道图无法表示工作之间的逻辑关系、工作活动的等待时间、重要性等信息，且缺乏科学的数学模型，因此难以进行定量的计算和分析，量化工作提前或拖延的影响，不便于优化调整。

基于横道图的上述特点，它一般适用于比较简单的小型项目或大型项目的子项目上，由于工作比较少，可以直接用来安排工期，或用于计算资源需要量和概要预示进度，做总体计划，也可用于其他计划技术的表示结果。

序号	工作名称	持续时间/d	进度/d										
			5	10	15	20	25	30	35	40	45	50	55
1	施工准备	5											
2	预制梁	20											
3	运输梁	5											
4	东侧桥台基础	10											
5	东侧桥台	10											
6	东桥台后填土	5											
7	西侧桥台基础	25											
8	西侧桥台	10											
9	西桥台后填土	5											
10	架梁	5											
11	与路基连接	5											

图 6-1 工程项目施工进度横道图

2. 网络图

随着工程项目规模越来越大，项目的组织管理工作也变得越来越复杂。为了适应对复杂管理工作的需要，同时克服横道图的局限性，20 世纪 50 年代末，美国相继开发出面向计算机安排进度计划的方法，包括关键线路法（Critical Path Method，CPM）、计划评审技术（Program Evaluation and Review Technique，PERT）、图示评审技术（Graphical Evaluation and Review Technique，GERT）、风险评审技术（Venture Evaluation Review Technique，VERT）等网络图技术。

网络图技术是以直观形象的符号组合表示工作流向的有向、有序网状图形，以此对工程任务的工作进行安排的技术，它将活动、事件和线路三个部分有机地构成为一体，有效地反映了整个方案，从而实现缩短工期、提高效率、节省人力、降低成本等预期目标。网络图技术的基础是网络图，它是由箭线和节点组成，用来表示工作流程的有向、有序网状图形。一个网络图表示一项计划任务。网络图中的工作是计划任务按需要粗细程度划分而成的、消耗时间或同时也消耗资源的一个子项目或子任务。工作可以是单位工程，也可以是分部工程、分项工程；一个施工过程也可以作为一项工作。

相比于横道图，网络图能全面明确地反映工作之间的逻辑关系，便于分析进度偏差和调整进度计划，还能进行工作时间参数计算，确定关键工作和关键线路，并能应用计算机对计划进行优化、调整和管理。然而，网络图没有横道图简单和直观，并且不能直接根据网络图计算资源需要量，此外绘制网络图需要一定的技术，且网络图中时间参数的计算和整个计划的优化比较烦琐。

网络图可以用于详细的项目计划编制，在执行阶段，可以作为进度计划编制备选方案的分析工具和控制工具，并且项目管理软件可以根据活动状况和预计完成日期来更新项目文件和网络图。基于网络计划实施的项目监控可以使项目团队及时交流项目的变化和目前所处的状况；为项目计划的调整决策提供信息上的支持；为项目总结提供分析资料。网络图技术既是一种科学的计划方法，又是一种有效的科学管理手段。

3. 双代号时标网络图

网络图有双代号网络图和单代号网络图两种，双代号网络图又称箭线式网络图（activity - on - arrow network），单代号网络图又称节点式网络图（activity - on - node network）。在工程实践中，双代号网络的衍生图双代号时标网络使用较多，应用范围较广。

双代号时标网络图（time - coordinate network 或 time scale network）简称时标网络，是以时间坐标为尺度表示活动的进度网络，如图6-2所示。双代号时标网络图将双代号网络图和横道图结合起来，既可以表示活动的逻辑关系，又可以表示活动的持续时间。

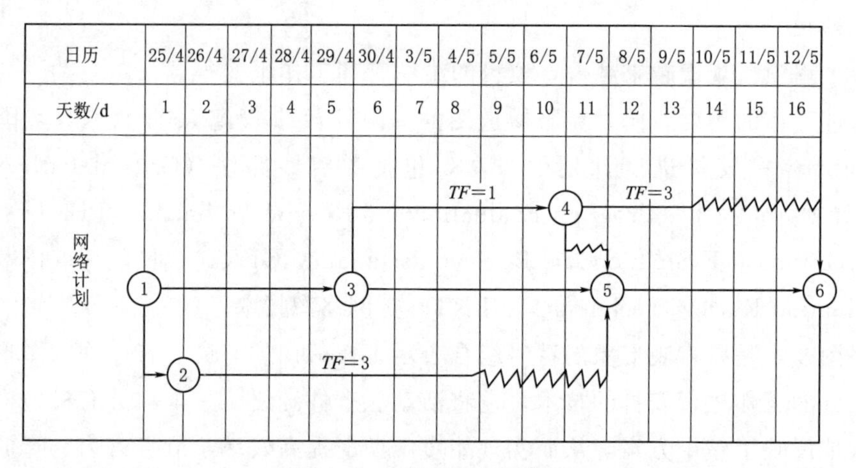

图6-2　双代号时标网络图

双代号时标网络图绘制在时标计划表上。时标计划表的时间单位可在编制时标网络计划之前确定，可以是小时、天、周、旬、月或季等。时间可标注在时标计划表顶部，也可以标注在底部，必要时还可以在顶部和底部同时标注。在时标网络计划中，以实箭线表示工作，实箭线的水平投影长度表示工作的持续时间；以虚箭线表示虚工作；以波形线表示工作与其紧后工作之间的时间间隔。时标网络计划既具有网络计划逻辑关系清楚的优点，又具有横道图直观易懂的优点，它将网络计划的时间参数直观地表达出来，可以大大节省计算量，但是由于箭线的长短受时标的制约，故绘图比较

麻烦，另外修改活动持续时间必须重新绘图。

由于时标网络计划具有上述优点，其在我国应用面较广。时标网络计划主要适用于以下情况：①活动少、工艺过程较为简单的工程项目进度计划，能边绘制、边计算和边调整；②初始网络计划的优化可在时标网络图上进行；③用前锋线法评价进度状态时，也应使用时标网络计划。

时标网络图的绘制主要包括以下步骤：

（1）将起点节点定位在时标计划表的起始点上。

（2）以网络计划起点节点为开始节点，在时标计划表上按工作持续时间绘制工作的箭线。

（3）其他工作的开始节点为该工作的紧前工作都确定以后，这些紧前工作完成时间最大值的位置。如果紧前工作的箭线长度达不到该节点时，用波形线补足与该节点连接。

（4）用上述方法自左至右依次确定节点位置，直至网络计划终点节点。时标网络计划的终点节点是在无紧后工作全部确定后，在最迟完工的时间位置。时标网络计划的关键线路可自终点节点逆箭线方向朝起点节点逐次进行判定，没有波形线的线路为关键线路。

6.2 风电场项目进度管理依据

6.2.1 风电场项目进度管理基本原理

风电场项目进度管理是否得当决定了风电场能否在设定的时间内完成并交付使用，直接关系到投资者的利益。实现科学有效的进度管理，在进度管理的实践活动中需要参考动态控制原理、信息闭环原理、弹性时限原理等。

6.2.1.1 动态控制原理

纠偏是进度动态控制的重要方法，纠偏的依据是项目建设过程中的进度对照检查。因此，为了有效地控制管理风电场项目建设进度，应充分认识和评估各种影响工程建设进度的因素，做到预控为主、跟踪检查为辅，侧重预见和预警性，以便事先采取防范措施，找到其应对方法，消除不良影响，使工程建设进度尽可能按计划实施。当出现偏差时，应结合相关影响因素分析产生的原因，以保证工程建设进度的事前、事中控制。

6.2.1.2 信息闭环原理

风电场进度管理的信息闭环是实现风电场建设进度控制的关键环节。进度控制管理人员及时跟踪检查进度完成情况，进度控制部门将跟踪检查信息进行盘点并制定纠

偏措施，形成报告后上报进度管理单位，进度管理单位对纠偏措施进行审核，在审核通过后返回至进度控制部门及各进度控制管理者，实现信息传递的闭环。风电场建设进度管理就是进度控制信息的闭环管理过程。

6.2.1.3　弹性时限原理

风电场项目建设周期长，其建设进度计划编制过程中应充分考虑任何影响工程进度的因素。鉴于风险的不可预知性，针对某些节点设定弹性实现，使各节点的实现过程中留有余地，充分发挥弹性时限的作用。在进行施工项目进度控制时，便可以利用这些弹性，缩短有关工作的时间，以避免频繁调整进度计划。

6.2.2　风电场项目进度管理合同分析

进度管理的合同分析是风电场项目进度管理的重要环节，是保证有关进度约定的合同条款反映合同双方真实意思，减少进度纠纷的前提，是制定进度管理计划的基础。风电场项目业主通过合同将项目建设的总体进度和重要的节点进度向承包商提出并进行约定。承包商需充分理解业主的进度要求，并以此制定科学合理的实施型进度计划及进度保证措施。

6.2.2.1　风电场项目进度计划编制

1. 总进度计划要求

承包商应按风电场项目合同约定的内容、期限和工程总进度计划的编制要求，编制工程实施总进度计划，报送监理机构。工程项目总进度计划编制应满足以下要求：

（1）符合监理机构提出的工程总进度计划编制要求。

（2）工程总进度计划响应（符合）合同约定的总工期和阶段性工期目标。

（3）工程总进度计划无项目内容漏项或重复的情况。

（4）工程总进度计划中各项目之间逻辑关系正确，施工方案可行。

（5）工程总进度计划中关键路线安排合理。

（6）人员、施工设备等资源配置计划和施工强度合理。

（7）原材料、中间产品和工程设备供应计划与工程总进度计划相协调。

（8）本合同工程实施与其他合同工程实施之间相协调。

（9）用图计划、用地计划等合理，以及与发包人提供条件相协调。

监理机构应在风电场项目建设合同约定的期限内完成审查并批复或提出修改意见。

2. 分阶段、分项目实施进度计划要求

（1）承包商依据风电场项目合同约定和批准的工程实施总进度计划，分年度编制年度工程实施进度计划，报监理机构审批。

（2）根据进度控制需要及监理指示，承包商可能还需编制季、月施工进度计划，

以及单位工程或分部工程施工进度计划，报监理机构审批。

6.2.2.2 风电场项目进度检查与调整

1. 施工进度的检查

承包商需按照合同约定接受监理机构对资源投入及实际进度与批准进度计划是否符合进行检查。监理机构会跟踪检查施工进度，分析实际施工进度与施工进度计划的偏差，重点分析关键路线的进展情况和进度延误的影响因素，并采取相应的监理措施。承包商也应进行进度实施的自我监控与偏差分析，并接受监理的合理建议，切实改进。

2. 施工进度计划的调整

一般工程合同会就进度检查发现的偏差做如下约定：

(1) 监理机构在检查中发现实际进度与批准进度计划发生了实质性偏离时，指示承包商分析进度偏差原因，修订施工进度计划报监理机构审批。

(2) 当变更影响工程进度时，监理机构应指示承包商编制变更后的工程实施进度计划，并按工程合同约定处理变更引起的工期调整事宜。

(3) 工程进度计划的调整涉及总工期目标、阶段目标改变，或者资金使用有较大的变化时，监理机构应提出审查意见报发包人批准。

6.2.2.3 暂停施工与复工的合同分析

1. 暂停施工责任

(1) 承包人暂停施工的责任。因下列暂停施工增加的费用和（或）工期延误由承包人承担：

1) 承包人违约引起的暂停施工。

2) 由于承包人原因，为保障工程合理施工和安全所必需的暂停施工。

3) 承包人擅自暂停施工。

4) 承包人其他原因引起的暂停施工。

5) 专用合同条款约定由承包人承担的其他暂停施工。

(2) 发包人暂停施工的责任。由于发包人原因引起的暂停施工造成工期延误的，承包人有权要求发包人延长工期和（或）增加费用，并支付合理利润。属于下列任何一种情况引起的暂停施工，均为发包人的责任：

1) 由于发包人违约引起的暂停施工。

2) 由于不可抗力的自然或社会因素引起的暂停施工。

3) 专用合同条款约定的其他由于发包人原因引起的暂停施工。

2. 暂停施工指示

(1) 当发生某些影响施工的情况时，监理机构应提出暂停施工的建议并及时报告发包人，经发包人同意后签发暂停施工指示。若发包人逾期未答复，则视为其已同意，监理机构可据此下达暂停施工指示。这些情况包括：

1）工程继续施工将会对第三者或社会公共利益造成损害。

2）为了保证工程质量、安全所必要。

3）承包人发生合同约定的违约行为，且在合同约定时间内未按监理机构指示纠正其违约行为，或拒不执行监理机构的指示，从而将对工程质量、安全、进度和资金控制产生严重影响，需要停工整改。

（2）监理机构认为发生了应暂停施工的紧急事件时，应立即签发暂停施工指示，并及时向发包人报告。具体如下：

1）发包人要求暂停施工。

2）承包人未经许可即进行主体工程施工时，改正这一行为所需要的局部停工。

3）承包人未按照批准的施工图纸进行施工时，改正这一行为所需要的局部停工。

4）承包人拒绝执行监理机构的指示，可能出现工程质量问题或造成安全事故隐患，改正这一行为所需要的局部停工。

5）承包人未按照批准的施工组织设计或施工措施计划施工，或承包人的人员不能胜任作业要求，可能会出现工程质量问题或存在安全事故隐患，改正这些行为所需要的局部停工。

6）发现承包人所使用的施工设备、原材料或中间产品不合格，或发现工程设备不合格，或发现影响后续施工的不合格的单元工程（工序），处理这些问题所需要的局部停工。

（3）监理机构应分析停工后可能产生影响的范围和程度，确定暂停施工的范围。在暂停施工指示中要求承包人对现场施工组织做出合理安排，以尽量减少停工影响和损失。

（4）若由于发包人的责任需暂停施工，监理机构未及时下达暂停施工指示时，在承包人提出暂停施工的申请后，监理机构应及时报告发包人并在施工合同约定的时间内答复承包人。

（5）下达暂停施工指示后，监理机构应按下列程序执行：

1）指示承包人妥善照管工程，记录停工期间的相关事宜。

2）督促有关方及时采取有效措施，排除影响因素，为尽早复工创造条件。

3）具备复工条件后，视情况明确复工范围、直接签发复工通知，或报发包人批准后，及时签发复工通知。

4）在工程复工后，监理机构应及时按施工合同约定处理因工程暂停施工引起的有关事宜。

3. 复工

（1）暂停施工后的复工。

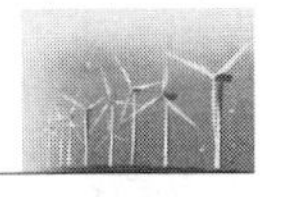

1）暂停施工后，监理人应与发包人和承包人协商，采取有效措施积极消除暂停施工的影响。当工程具备复工条件时，监理人应立即向承包人发出复工通知。承包人收到复工通知后，应在监理人制定的期限内复工。

2）承包人无故拖延和拒绝复工的，由此增加的费用和工期延误由承包人承担；因发包人原因无法按时复工的，承包人有权要求发包人延长工期和（或）增加费用，并支付合理利润。

（2）暂停施工持续56天以上的复工。

1）监理人发出暂停施工指示后56天内未向承包人发出复工通知，除了该项停工属于《建设工程施工合同》约定的情况外，承包人可向监理人提交书面通知，要求监理人在收到书面通知后28天内准许已暂停施工的工程或其中一部分工程继续施工。如监理人逾期不予批准，则承包人可以通知监理人，将工程受影响的部分视为按合同约定的可取消工作。如暂停施工影响到整个工程，可视为发包人违约，应按合同约定办理。

2）由于承包人责任引起的暂停施工，如承包人在收到监理人暂停施工指示后56天内不认真采取有效的复工措施造成工期延误，可视为承包人违约，应按合同约定办理。

6.2.2.4 风电场项目进度延误与提前合同分析

1. 发包人的工期延误

在履行合同过程中，由于发包人的下列原因造成工期延误的，承包人有权要求发包人延长工期和（或）增加费用，并支付合理利润。需要修订合同进度计划的，按照合同的约定办理。

（1）增加合同工作内容。

（2）改变合同中任何一项工作的质量要求或其他特性。

（3）发包人迟延提供材料、工程设备或变更交货地点的。

（4）因发包人原因导致的暂停施工。

（5）提供图纸延误。

（6）未按合同约定及时支付预付款、进度款。

（7）发包人造成工期延误的其他原因。

2. 承包人的工期延误

由于承包人原因，未能按合同进度计划完成工作，或监理人认为承包人施工进度不能满足合同工期要求的，承包人应采取措施加快进度，并承担加快进度所增加的费用。由于承包人原因造成工期延误，承包人应支付逾期竣工违约金。逾期竣工违约金的计算方法在专用合同条款中约定。承包人支付逾期竣工违约金，不免除承包人完成工程及修补缺陷的义务。

3. 监理对工期延误的管理

（1）由于承包人的原因造成施工进度延误，可能致使工程不能按合同工期完工的，监理机构应指示承包人编制并报审赶工措施报告。

（2）由于发包人的原因造成施工进度延误，监理机构应及时协调，并处理承包人提出的有关工期、费用索赔事宜。

4. 工期提前

发包人要求承包人提前完工，或承包人提出提前完工的建议能够给发包人带来效益的，应由监理与承包人共同协商采取加快工程进度的措施和修订合同进度计划。发包人应承担承包人由此增加的费用，并向承包人支付专用合同条款约定的相应奖金。

发包人要求提前完工的，双方协商一致后应签订提前完工协议，协议内容包括：①提前的时间和修订后的进度计划；②承包人赶工措施；③发包人为赶工提供的条件；④赶工费用（包括利润和奖金，在暂列金额中列支）。

6.2.3　风电场项目进度风险分析

6.2.3.1　客观因素

（1）自然灾害如地震、洪水、火灾、台风等。

（2）地形地势地貌的影响，如高山、潮间带、冻土等。

（3）施工现场临近单位、居民的干扰、盗窃、重大政治活动、各种突发刑事案件、交通管制、交通中断等。

（4）工程水文地质条件与勘察设计不符、通信不畅、供电困难等。

6.2.3.2　主观因素

（1）参建单位人员配置不科学，现场施工人员责任心不强、现场协调能力弱，不能及时跟踪和调整进度计划，达不到及时纠偏的要求；资质经验水平及施工力量不能满足要求，施工组织设计不合理，施工进度计划与业主进度计划脱节；出现安全质量事故，各参建单位之间缺乏沟通协调，相互配合工作不及时、不到位。

（2）设备供货厂家产能受限不能及时供货，设备缺陷较多或存在重大隐患，设备未取得相关认证（如低电压穿越报告），售后服务跟不上。

（3）建设单位融资困难，不能按合同支付进度款；征地用林等各种手续不能及时办理；施工过程中相关索赔引发的合同谈判类问题迟迟得不到解决；征租地工作进展缓慢，施工单位无法正常进场开工；对涉及环境污染、人身安全的事宜不能及时预防；对施工方提交的施工组织计划的合理性和可行性缺乏正确的判断能力，往往造成对工期的难以控制；未能协调好各方面的利益关系，不能使参建方加强合作、相互配合，达不到各方共赢的目的。

（4）地方政府不支持项目建设，项目各类手续办理不予配合；有关风电场建设的

政策、法律法规发生调整；当地居民经常阻工。

（5）较难控制风电场接入系统建设进度，同时接入系统通信以及保护设备的参数可能涉及较多变电站，需大量的协调工作以确保通信工作的先行投入运行。

（6）大件设备运输无进场道路或靠岸码头，需大量拆迁修建道路或者修建码头。

6.3　风电场项目进度计划与控制

风电场项目进度控制是为了确保项目按预期目标发电运行，对项目的实施过程进行连续的跟踪观测，并将观测结果与计划目标加以比较，如有偏差及时进行偏差分析，必要时采取纠正措施的过程。风电场项目进度控制主要包括进度控制的组织、进度计划的编制与审核以及进度计划的落实与控制等。

6.3.1　风电场项目进度管理组织

风电场项目进度管理的组织是否得当是进度目标能否实现的决定性因素。为了目标的顺利达成，各参建单位（业主单位、监理单位以及承建单位等）都必须建立健全项目进度管理的组织体系，设立专门的进度管理部门和符合进度控制岗位要求的专人负责进度控制工作。项目进度管理应当确定相应的工作流程。进度控制流程图如图6-3所示。

此外，进度控制的组织工作包含大量的协调工作，会议是组织与协调的重要手段。除了在项目日常例会上包含大量的项目进度控制的内容外，还应经常召集项目进度协调专项会议。为了提高会议效率，应该进行有关进度控制会议的组织设计，以明确会议类型，各类会议的主持人及参会人员，各类会议的召开时间，各类会议文件的整理、分发和确定等。

6.3.2　风电场项目进度计划编制与审核

风电场进度计划应按照分级原则依次进行编制。先由建设单位（或委托监理单位）针对本项目重要节点目标制定本项目一级里程碑节点计划；再由承建单位在此基础上组织编写二级总进度计划、三级总进度计划以及年度进度计划。主要编制方法如下：

1. 一级里程碑节点计划

一级里程碑节点计划主要针对重要节点工程进行编排，反映主要工程形象进度控制点，是二级进度安排必须满足的前提条件。由建设单位（或委托监理单位）牵头，制订本项目的里程碑节点计划。编制方法为：先确定项目总目标；再将总目标分解成重要的阶段目标或子目标；最后形成里程碑节点计划。

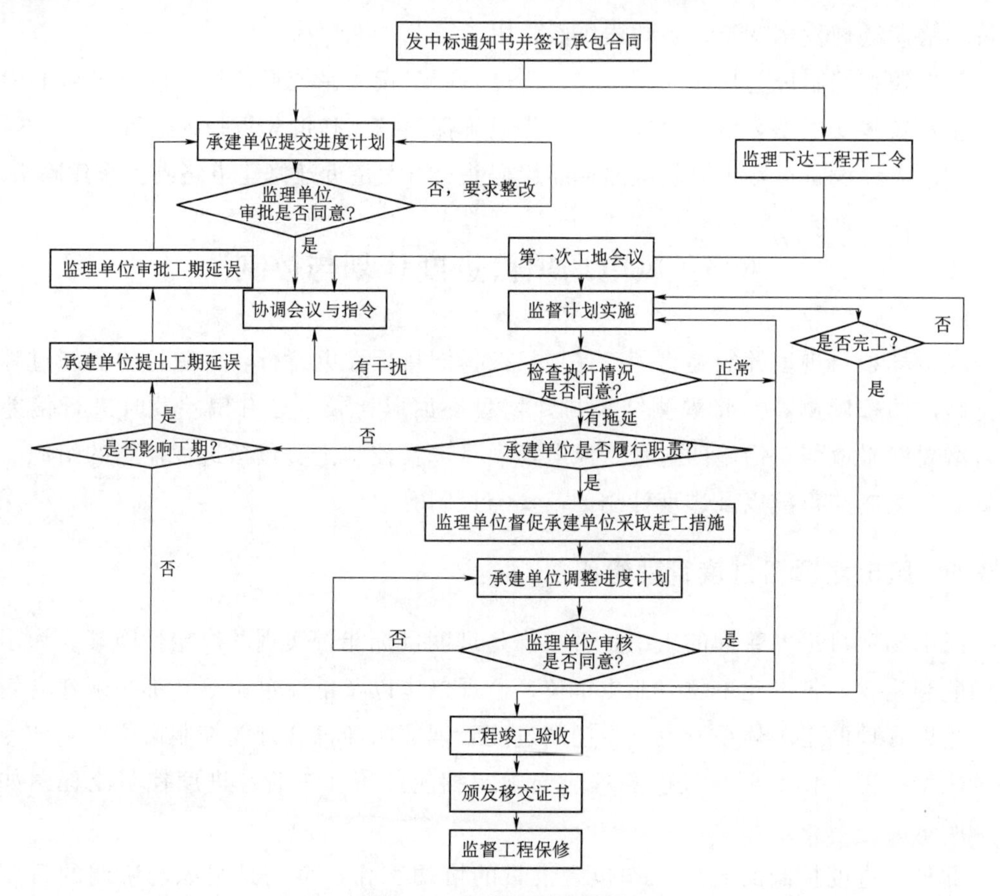

图 6－3　进度控制流程图

2. 二级总进度计划

二级总进度计划是根据一级进度计划受控时间，由承建单位编制而成。二级计划包括单位工程（或分部工程）的开始时间、完成时间、资源投入等内容。该计划经监理及业主单位审批通过后方可实施。

本节采用 P6 项目管理进度软件进行二级进度计划的编排，主要编制程序如下：

（1）在 P6 项目管理进度软件中建立项目。

（2）根据项目特点及整体工作流程（如设计、采购、施工、试运行等），建立项目工作分解结构（WBS），对项目进行逐级划分。风电场项目工作分解主要如下：

1）工程手续办理可分为开工手续办理以及专项验收手续办理。

2）勘测设计可下设地质勘探、道路设计、风电机组及箱变基础设计等内容。

3）设备采购及进场计划应根据设备自身生产周期，结合设备安装时间节点进行编制。设备采购及进场计划主要包括设备采购技术准备、设备采购实施以及主要设备进场计划。

4）施工临建及辅企工程包括施工人员设备进场、临建区场平及道路、办公及生

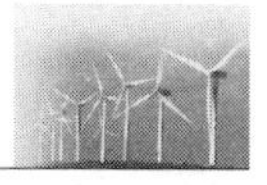

活区建筑、施工辅企（仓库、综合加工厂等）等。

5）风电场区施工计划主要包括风电机组及箱变基础施工、风电机组及箱变安装调试施工以及并网发电与验收移交等内容。

（3）在项目工作分解结构（WBS）下，根据具体工作内容设置作业项目，编写作业工期、作业资源投入等，形成进度计划的主体框架。风电场项目WBS分解图如图6-4所示。

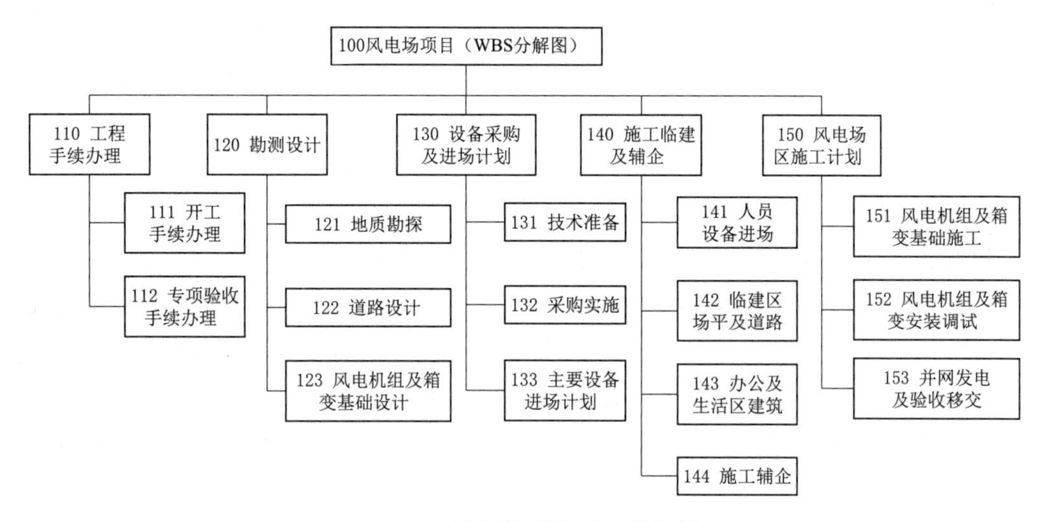

图6-4 风电场项目WBS分解图

（4）根据一级里程碑节点工期目标、工程量清单、拟投入资源情况等确定每道作业的计划工期和资源配置，再根据施工工序安排设置作业的逻辑关系等，完成项目总进度计划编制工作。

3. 三级总进度计划

三级总进度计划由承建单位督导分包单位（如果有）根据二级总进度计划的受控要求，对二级进度计划进行分解，是具体的作业层面的施工计划。内容包括人员、材料、设备（机具）投入情况，施工作业段流水作业的起止时间、施工节奏以及各工序之间的逻辑关系等，工程内容分解到分部分项工程或检验批。

4. 年度进度计划

年度进度计划承建单位根据总进度计划，结合项目实际以及年度资源投入情况编制年度进度计划，并将其纳入工程年报编制内容。年度进度计划是对二级总进度计划按年进行划分，要确保二级总施工进度计划的实现。年度施工进度计划应反映以下内容：

（1）单位工程（或分部工程）的形象进度安排，包括计划开始时间、计划完成时间及阶段性目标等内容。

（2）单位工程（或分部工程）的资源投入计划。

（3）因工期延误，对项目关键线路进行调整（如果有）。

（4）因工期延误，采取相关补救措施。

在风电场项目进度计划编制完成后，总进度计划及年度计划需经监理及业主单位审批通过后，方可实施。

6.3.3　风电场项目进度计划落实与控制

风电场项目是一个动态的实施过程，项目进度计划的落实与控制也必然是一个不断循环进行的动态过程。项目进度计划的落实与控制，是在采取一定控制措施的同时，通过对计划的实施、计划的跟踪与检查、计划的调整以及计划的分解等手段，在项目实施过程中对滞后作业及时采取补救措施，从而保证总进度计划的顺利完成。

6.3.3.1　控制措施

控制措施主要包括组织措施、管理措施、经济措施、技术措施。

（1）组织措施。建立项目组织机构，配置进度管理人员负责进度控制。对建设项目的环节进行分析，编制进度计划，跟踪施工进度，定期进行巡检和纠偏等。处理好建设进度中的协调和组织工作以及编制工作进度的流程。

（2）管理措施。提高组织和协调能力，采用先进的网络技术和信息技术来编制进度控制计划，采取合理的控制手段降低管理、组织、合同、资源等风险。

（3）经济措施。做好资金管理工作，处理好奖励和处罚的关系，同时保证风电场工程建设中的材料、设备、工程款等根据实际情况进行拨付。根据每个月的施工进度情况来拨付工程款，满足施工进度的需要，提高施工效率。

（4）技术措施。做好工程的可行性论证工作，验证地质勘测数据的准确性，做好施工组织的编制工作，严格控制施工图纸的会审和评审情况，提高施工图纸的质量。施工图纸中的变更问题要及时解决和处理。做好对恶劣天气和复杂地质状况的技术控制措施，做好对地震、洪水等自然灾害的预防方案。加强文件和数据资料的管理，保证数据资料的准确性和完整性。

6.3.3.2　计划的实施

计划的实施就是对进度计划的落实。根据监理单位批准的进度计划以及施工组织设计，承建单位根据分解的月（季度）进度计划要求，做好分包单位的协调部署工作，定期召开生产例会，部署本周期内组织的劳动力、工程材料、构配件、施工机具等生产要素，掌握进度计划的落实情况，协调各方关系，采取必要措施。

承建单位在进度计划的实施过程中，应接受监理单位工程师的监督与检查，监理单位应定期向建设单位报告工程进展情况。在实施过程中，为确保在保证质量、安全的前提下，完成作业计划和实现进度目标，各参建单位应做到以下几点：

（1）做好现场施工记录，填写进度统计表。在施工进度计划的实施过程中，各级

参建单位应制定相关管理措施，施工员对过程中每项作业的开始时间、进度实施情况的完成日期进行如实记录，并在相关项目管理软件中录入，为下一步的检查分析提供准确的信息。

（2）做好施工过程中的协调工作。协调是施工实施过程中处理各个施工阶段、施工环节以及各个参建方关系的必要手段，是确保进度计划顺利实施的重要保障。协调工作的主要内容是：调整各参建方之间的协作配合关系，采取各类沟通方式积极处理施工过程中出现的各类问题，确保项目实际进度与计划进度始终处于相对平衡与可控状态，保证目标的实现。主要内容如下：

1）监督计划实际实施情况，协调各方面工作衔接。

2）检查部署人力资源、施工机具等分包单位的工作，监督各项施工准备工作。

3）定期召开施工进度专题协调会议，及时贯彻上级单位的各项工作指示。

4）及时发现处理现场各类质量、安全隐患，加强各种施工薄弱环节，以免事故发生影响施工正常开展。

5）按照施工总平面布置安排，并根据现场实际情况及时进行调整，尽量降低现场不同施工环节的相互干扰，保证道路通畅。

6）随时掌握现场水、电及其他资源的供应情况，及时采取防范措施保障资源投入。

6.3.3.3 计划的跟踪与检查

1. 计划的跟踪

计划的跟踪是指项目各级管理人员根据项目的工期目标，在项目实施过程中对影响项目施工进度的各类要素进行及时的、不间断的记录。项目各参建单位都应采取专项措施、派专人，结合已分解的各类进度计划，对工程的实际完成情况进行定期（按天或按周）跟踪，并形成相关信息报告。

2. 计划的检查

（1）检查的主要工作流程。收集作业施工进度信息，掌握施工实际进度；整理统计相关信息，使其与前期计划数据具备可比性；对施工实际进度与计划进度进行对比分析，确定偏差数量；根据检查结果进行对比分析，编报进度分析报告。

（2）检查的对比分析。施工进度检查的对比分析是将经过整理的实际施工进度数据与计划施工进度数据进行比较，从中分析是否出现进度偏差。如果出现偏差，则判断所出现偏差的作业是否为关键路线作业、是否影响项目总工期以及是否对紧后作业造成工期影响。如果是，则在后期施工中通过各类调整纠偏措施进行弥补。主要分析方法如下：

1）P6进度管理软件结合赢得值法分析。采用P6等项目进度管理软件结合赢得值法的费用（进度）偏差（可综合反映同一项目之间的费用、进度完成情况的绝对偏差）进行分析检查。同时在软件中对制约工程进度的重要作业进行重点监控与预警设置。其分析方法主要包括费用增加且进度拖延、费用增加但进度提前、进度拖延但费用节约、进度提前且费用节约。

2）横道图法分析。用横道编制施工进度计划、指导施工的实施是常用的方法之一。它形象简明直观，编制方法简单，易于操作。横道进度控制法就是把在项目施工中检查实际进度收集的信息，经整理后直接用横道线平行绘于原计划横道图下，进行直观比较的方法。横道图法主要包括匀速进展横道图法、非匀速施工横道比较法。

3）S形曲线法分析。S形曲线比较法是以横坐标表示进度时间，纵坐标表示累计完成任务量，而绘制出一条按计划时间累计完成任务量的S形曲线，将施工项目的各检查时间实际完成的任务量与S形曲线进行实际进度与计划进度相比较的一种方法。

从整个施工项目的施工全过程而言，一般是开始和结尾阶段单位时间投入的资源量较少，中间阶段单位时间投入的资源量较多。单位时间完成的任务量也是呈同样变化的，而随时间进展累计完成的任务量则应该呈S形变化。

S形曲线比较法同横道图一样，是在图上直观地进行施工项目实际进度与计划进度相比较。

4）前锋线法分析。前锋线比较法是通过绘制某检查时刻工程项目实际进度前锋线，进行工程实际进度与计划进度比较的方法，它主要适用于时标网络计划。前锋线是指在原时标网络计划上，从检查时刻的时标点出发，用点划线依次将各项工作实际进展位置点连接而成的折线。前锋线比较法就是通过实际进度前锋线与原进度计划中各工作箭线交点的位置来判断工作实际进度与计划进度的偏差，进而判定该偏差对后续工作及总工期影响程度的一种方法。

6.3.3.4　计划的调整

根据检查分析结果，对于需要对原计划进行调整或修改的，采取具体的补救措施。主要包括如下补救措施：

（1）改变工作之间逻辑关系。如果偏差影响到总工期，且有关工作之间的逻辑关系允许被改变，则可通过改变逻辑关系缩短工期，如流水作业改为平行作业。

（2）缩短某些工作的持续时间。即在不改变工作之间逻辑关系的前提下，采取增加资源投入、改进施工工艺、经济奖励等措施，缩短某些工作的持续时间，满足工期目标。

（3）如果采取各类调整措施均无法改变工期的延误，则承建单位应尽快形成相关分析报告，上报监理及建设单位，并对原工期进行适当调整。

6.3.3.5　计划的分解

由承建单位根据年度进度计划安排、项目实际进度情况以及现有施工条件，分阶

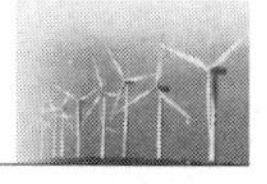

段编制各月（季度）的进度计划，使年度进度计划更加具体、更加切实可行。在月（季度）进度计划中要明确本月（季度）应完成的工作任务、所需要的各种资源数量、要达到的各类目标、提高劳动生产率的措施等内容。

6.3.3.6 案例分析

为便于读者理解和掌握本节内容，本书以新疆某装机容量201MW的风电场进度执行情况为例进行说明。

1. 项目概况

某风电场位于新疆维吾尔自治区哈密市巴里坤县境内，风电场区域的海拔为1180.00～1330.00m。风电场安装134台单机容量1.5MW的风电机组，总装机容量201MW，新建一座110kV升压站（含监控中心），安装2台10万kV·A的主变压器，通过同塔双回110kV送出线路接入上级220kV升压站。

该风电场采用EPC总承包模式，EPC总承包合同工作内容及范围（包括但不限于）为风电场工程勘察设计、设备及材料采购、施工一体EPC总承包。具体为：风电场工程勘察设计；所有设备、材料的采购、供货、催交、运输、接车、接货验收仓储保管；134台1.5MW风电机组、箱变、场内35kV集电线路、110kV升压站（含监控中心）土建及安装工程、110kV线路土建及安装工程、场内道路、临建工程；从工程的施工准备到并网验收前各项建设手续办理、各项专项验收及手续办理、土地征（占）用及补偿；工程施工准备与施工；设备安装、调试及试验；并网试运行及消缺；启动验收；风电机组试运行；工程移交；环保、水保、消防、安全、并网等专项验收和竣工验收的相关工作；质保期内的服务。

2. 项目主要节点工期

某风电场于2015年3月10日开工建设，原计划于2015年12月30日前并网发电，实际于2015年12月26日并网发电。主要节点工期如下：

2015年3月10日—4月15日，完成临建设施及混凝土拌和系统建设。

2015年3月20日—4月25日，完成场内施工道路修建。

2015年4月26日—8月30日，完成134台风电机组（含箱变）基础施工。

2015年8月8日—11月30日，完成134台风电机组（含箱变）安装。

2015年11月15日—12月10日，完成134台风电机组静态调试。

2015年5月1日—10月25日，完成110kV升压站（含监控中心）土建施工。

2015年8月1日—12月11日，完成110kV升压站（含监控中心）电气设备安装、试验及调试。

2015年7月20日—12月10日，完成35kV集电线路施工。

2015年6月20日—11月6日，完成110kV送出线路施工。

2015年12月15日，召开启动验收会。

2015年12月25日，110kV升压站（含监控中心）倒送电。

2015年12月26日，首台风电机组并网发电。

3. 进度计划跟踪与检查

根据该风电场建设单位下发的一级计划2015年12月30日并网发电，EPC总承包单位编制了二级计划（某风电场计划施工进度表）并组织各施工单位编制了三级计划，将进度计划详细分解。在该风电场施工全过程中，项目施工日志、周报、月报均详实跟踪记录了项目实际进度、实际进度与计划进度的对比检查，最终形成某风电场实际施工进度计划表，见表6-1。

4. 进度计划纠偏及调整

某风电场计划施工进度与实际施工进度对比表见表6-2。根据该风电场计划施工进度与实际施工进度对比结果分析如下：

（1）费用增加且进度拖延。表6-2中编号4项的风电机组（含箱变）安装属于此类情况。风电机组设备到场时间滞后于原计划到场时间，导致主吊车及施工设备、施工人员到场后，未能按期开始风电机组安装，造成费用增加（窝工费用）且进度拖延。对此，EPC总承包单位组织施工单位提前开展施工准备等工作，减少施工人员、施工设备窝工；开始施工后，EPC总承包单位组织施工单位合理安排工序、形成流水作业，将进度拖延降至最低。

（2）进度拖延但费用节约。表6-2中编号6项的110kV升压站（含监控中心）土建施工属于此类情况。110kV升压站（含监控中心）建构筑物、设备基础、电缆沟、给排水埋管、接地、室内外装修等土建施工较为繁多，交叉作业较多。EPC总承包单位组织施工单位先确保按期完成与并网发电目标有关的土建施工，剩余的户外地坪、建筑物外墙装修等土建施工在不影响并网发电目标下适时延期。因此，虽然110kV升压站（含监控中心）土建施工进度拖延但费用节约。

6.3.4　风电场项目进度的信息化协同管理

6.3.4.1　风电场项目管理信息化的含义和目的

项目各类管理活动存在相互制约、相互依托的关系，且相互之间存在大量的信息交流与传递。因此，项目管理信息系统的使用，能够为提高风电场项目的管理效率以及管理信息的准确性提供重要保障，对于有效提升风电场项目管理水平有重要的意义。

1. 风电场项目管理信息化的含义

风电场项目管理信息化是指对项目控制的各类信息进行收集、整理、处理、存储以及分析等一系列工作的总称。它不只是在风电场项目施工过程管理中对计算机进行

表 6-1 某风电场实际施工进度计划表

编号	工作名称	持续时间/d	开始时间	结束时间	2015									
					3	4	5	6	7	8	9	10	11	12
1	临建设施及混凝土拌和系统建设	37	2015-3-10	2015-4-15	临建设施及混凝土拌和系统建设									
2	场内施工道路修建	42	2015-3-20	2015-4-30	场内施工道路修建									
3	风电机组（含箱变）基础施工	123	2015-5-1	2015-8-31			风电机组（含箱变）基础施工							
4	风电机组（含箱变）安装	109	2015-7-15	2015-10-31					风电机组（含箱变）安装					
5	风电机组静态调试	40	2015-11-1	2015-12-10								风电机组静态调试		
6	110kV 升压站（含监控中心）土建施工	153	2015-5-1	2015-9-30			110kV 升压站（含监控中心）土建施工							
7	110kV 升压站（含监控中心）电气设备安装、试验及调试	137	2015-8-1	2015-12-15		110kV 升压站（含监控中心）电气设备安装、试验及调试								
8	35kV 集电线路施工	137	2018-8-1	2015-12-15							35kV 集电线路施工			
9	110kV 送出线路施工	153	2015-7-1	2015-11-30					110kV 送出线路施工					
10	110kV 升压站（含监控中心）倒送电	1	2015-12-29	2015-12-29					110kV 升压站（含监控中心）倒送电					
11	并网发电	1	2015-12-30	2015-12-30									并网发电	

表 6-2　某风电场计划施工进度与实际施工进度对比表

编号	工作名称	计划施工进度			实际施工进度			计划和实际施工进度对比结果
		持续时间/d	开始时间	结束时间	持续时间/d	开始时间	结束时间	
1	临建设施及混凝土拌和系统建设	37	2015-3-10	2015-4-15	37	2015-3-10	2015-4-15	实际与计划一致
2	场内施工道路修建	42	2015-3-20	2015-4-30	37	2015-3-20	2015-4-25	实际较计划提前
3	风电机组（含箱变）基础施工	123	2015-5-1	2015-8-31	127	2015-4-26	2015-8-30	实际与计划基本一致
4	风电机组（含箱变）安装	109	2015-7-15	2015-10-31	115	2015-8-8	2015-11-30	实际较计划拖延
5	风电机组静态调试	40	2015-11-1	2015-12-10	26	2015-11-15	2015-12-10	实际与计划基本一致
6	110kV 升压站（含监控中心）土建施工	153	2015-5-1	2015-9-30	178	2015-5-1	2015-10-25	实际较计划拖延
7	110kV 升压站（含监控中心）电气设备安装、试验及调试	137	2015-8-1	2015-12-15	133	2015-8-1	2015-12-11	实际与计划基本一致
8	35kV 集电线路施工	137	2015-8-1	2015-12-15	144	2015-7-20	2015-12-10	实际与计划基本一致
9	110kV 送出线路施工	153	2015-7-1	2015-11-30	140	2015-6-20	2015-11-6	实际较计划提前
10	110kV 升压站（含监控中心）倒送电	1	2015-12-29	2015-12-29	1	2015-12-25	2015-12-25	实际较计划提前
11	并网发电	1	2015-12-30	2015-12-30	1	2015-12-26	2015-12-26	实际较计划提前

简单地使用，而具有更深层次的内涵。首先，它是基于信息的应用，对项目管理过程中需要处理的所有信息进行高效采集、分析和实时共享，减少不同专业部门的重复工作，提高效率，使共享的信息为项目进度决策提供真实、可靠的依据。其次，它使项目管理过程中的监督与检查更加具有时效性，使各类资源投入计划变得更加合理，使进度过程管理活动流程更加科学，提升项目进度管理的自动化水平。

2. 风电场项目管理信息化的目的

通过对风电场项目管理实施信息化管理，可以实现有关信息的共享，为项目各参与方提供一个良好的协同平台，减少因信息传递的不同步导致管理失误，提高决策效率，具体从以下方面提高工作效率：

（1）依靠信息化技术支持的便利，减轻项目各参建方进度管理人员的日常工作负担。对于重复性施工内容，可为日常管理人员提供已完工类似项目基本信息，减少传统模式下的大量重复工作。

（2）创造一个多方参与的统一管理平台，提高管理效率。在统一的管理平台上，可达到信息的快速共享，减少不同参与方之间信息的重复沟通，有利于短时间内达成统一共识。

（3）满足风电场项目管理信息急剧增长的实际需求。风电场项目的项目管理涉及专业面多，存在相互交叉作业，信息量大。通过信息化管理，可对进度管理相关的大量信息进行动态采集输入，并对各环节进行及时的督促和检查，实行规范化管理，促进项目进度管理工作实效。

（4）可将风电场项目管理的全部信息系统化地存储起来，便于日后随时提取。对项目管理实行信息化，可利用尽可能少的资源，最大限度地保障项目各项目标的顺利实现。

6.3.4.2 项目管理信息系统的基本原理

1. 项目管理信息系统的结构和功能

一个完整的工程项目管理信息系统一般是由费用控制模块、进度控制模块、质量控制模块、合同管理模块、安全管理模块以及综合事务管理模块等组成，其结构如图6-5所示。

项目管理信息系统是一个由不同功能子系统关联而成的一体化信息系统。系统的各个模块与共有数据库相连接，在数据库中进行数据传递与交换，使项目各职能模块共享彼此信息，减少多余信息，保证了数据的一致性。

一个完善的项目管理信息系统具有强大的数据处理、分析功能，能够有力地辅助各参与方对项目进行管理。但是，项目管理信息系统仍然是一个项目管理工具，信息的收集和处理是人机共同完成的。信息系统是否能够充分发挥作用，在很大程度上取决于管理人员的基础性输入工作。因此，通过集中培训、加强管理等手段，使得进度

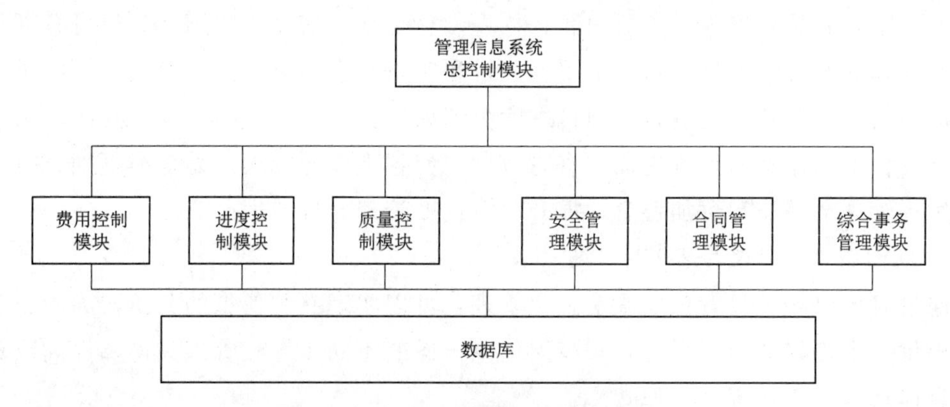

图6-5　工程项目管理信息系统结构图

管理人员对进度管控功能板块足够熟悉，同时能够及时有效地输入相关数据信息，就显得尤为重要。

2. 项目进度管理软件的功能模块

市场上现有多种项目进度管理软件，例如 Primavera Project Planner 6（P6）、Primavera Project Planner 3（P3）、Microsoft Project、同洲工程项目计划管理系统等。为了实现项目进度管理的信息化，需要项目进度管理软件至少包括如下功能：

（1）编制进度计划，绘制进度计划网络图及横道图。可对每项任务排定计划起始日期、计划工期、链接各个任务之间的逻辑关系以及资源配置情况。

（2）项目实际进度数据的统计与分析，监督和跟踪项目实际进度。如任务完成情况、资源费用消耗情况等。

（3）项目进度计划与实际完成的对比分析。用户可先在软件中编制一个完整的项目进度计划，在实际执行过程中，根据输入的实际进度及资源投入情况生成各类统计图表，直观地显示项目的实际完成情况。

（4）基于项目实际完成情况，对项目未来进度进行模拟分析。假定以目前的资源投入及施工强度，分析完成各个作业所需要的时间，判断是否影响工程总工期。

（5）进度计划的调整。如果某项作业的工期拖延会影响工程总工期，则首先考虑是否可以调整该作业与其他作业间的逻辑关系，如流水作业改平行作业等；若不能，则考虑通过增加资源投入加快进度，确保工程总目标工期。

6.3.4.3　项目管理网络信息平台

PM（project management）系统是专门针对项目管理的应用项目管理信息系统。平台将与项目管理有关的管理流程、相关标准等全部固化，涵盖了设计管理、工程建设进度管理、质量管理、HSE（health - safety - environment）管理、商务结算计量管理、合同管理、信息管理等各个必需的专业，实现了管理信息化、程序化、表单化。采用手机 App 协同，可以随时对管理情况进行监控，并随时执行。

1. PM 管理信息系统的目标

建立以计算机为中心的管理信息系统可以使项目部日常发生的数据及时准确地进行收集、加工、分析与处理，用更快的信息传递渠道向各级管理人员提供准确有用的信息。利用计算机管理促进项目部基础管理工作，控制项目部资金、材料的使用，可以使企业在良好的管理体系下创造更多的经济效益。

建立项目部施工管理信息系统，可实现施工资料管理、计划经营管理、进度管理、质量管理、安全管理、物资管理、技术管理、文明施工管理、财务管理、人力资源管理、工作程序及流程管理。利用 VPN 网络资源，可实现项目部和业主、项目部和公司本部的信息交流和资源共享。

2. PM 管理信息系统的主要功能

(1) 施工资料管理系统。施工资料管理系统包括：①按国家档案管理标准的要求，建立项目部资料、图纸管理数据库；②可进行深层次的图纸资料详细内容管理；③全部图纸以电子文件方式存储，可方便地实现网上查阅；④重要的文字资料以电子文件方式录入计算机，其他文字资料可以扫描文件方式录入计算机；⑤图纸、资料与材料有明确的对应关系，利于相关数据的调用；⑥全部图纸、资料可以实现多种方式的模糊查询；⑦资料的接收、存放、发放、借阅、归档一条龙管理，实现资料管理最终无纸化办公；⑧建立图纸资料的变更档案，实时对图纸的变更进行置换，并附有必要的置换说明；⑨系统所包括的内容有图纸管理、设计变更管理、开箱资料管理、工程联系单管理、施工方案及作业指导书管理、竣工资料管理、备忘录管理、会议纪要管理、工程文件管理等。

(2) 计划经营管理系统。计划经营管理系统包括概预算管理、施工成本管理、合同管理、分包管理、计划统计管理、计经资料管理等。

(3) 进度管理系统。进度管理系统主要通过与 P6 软件进行深度融合，编制二级、三级 P6 网络计划，每周动态盘点，每月出盘点分析报告。

(4) 质量管理系统。质量管理系统包括质量目标、质量网络、质量计划、质量验收、过程监督检查、质量状况报告、质量会议纪要、质量通知单、质量奖惩通报、质量方面的台账，有关质量的资料管理（法律法规、标准、竣工资料、管理制度）等。

(5) 安全管理系统。安全管理系统包括安全目标、安全网络、安全计划、安全技术、安全管理台账，安全生产管理，安全通知单，有关安全的资料管理（法律法规、标准、管理制度）等。

(6) 物资管理系统。物资管理系统包括材料管理、物资报表等子系统，能够实现物资计划、合同管理、台账、贮存、采购、发放、验收、查询等功能。

(7) 技术管理系统。技术管理系统包括技术管理的规章制度、施工组织设计、图纸会审、开工报告等的管理。

(8) 文明施工管理系统。文明施工管理系统包括管理体系、规章制度、检查与考核等。

(9) 财务管理系统。财务管理系统包括审核管理、记账管理、材料核算、出纳管理、分包管理、资金计划、工程款结算、管理制度等。

(10) 人力资源管理系统。人力资源管理系统包括各方人员数据库查询、劳动力资源管理、劳动力统计分析等。

(11) 工作程序及流程管理。工作流程包括实际工作过程中的工作环节、步骤和程序。在一个建设工程项目实施过程中，其管理工作、信息处理，以及涉及工作、物资采购和施工的内容都属于工作流程的一部分。

3. PM 管理信息系统的使用要点

(1) 重视 PM 管理信息系统的前期策划。由于项目规模、工程类型和外部环境各不相同，往往会导致不同项目管理模式不尽相同。因此，将 PM 管理信息系统的各类管理模块与风电场项目实际情况进行紧密结合就显得尤为重要。这就需要在系统建立之前，首先要对本项目总体运作模式和项目管理实际需求进行全方位的、详细的了解，以完成系统建立的前期策划。

(2) 重视各类资料的搜集和更新。PM 管理信息系统的应用主要建立在现场施工进度、施工质量、费用结算、设计出图等情况的基础之上，系统内容的有效性取决于项目各方面的真实情况。同时，为了实现对项目管理的动态把控，必须将系统各个模块的信息进行及时、准确更新，为项目决策提供有力支撑。

6.3.4.4　P6 项目进度管理软件

目前，市场上的各类项目进度管理软件从功能上看各具特色，其中以 P6 项目进度管理软件功能最为强大，在国内外各类项目中使用也最为广泛。

P6 项目进度管理软件融汇计算机技术和网络计划技术，融合项目管理思维与方法，可动态反映工程进展、资源、费用，预测工程进度。P6 项目管理遵循“计划、实施、检查、总结完善”的循环法则，形成一个闭环系统。实施时一环扣一环，在前一循环和后一循环的衔接处靠反馈信息将前一循环处理阶段所总结出来的经验应用到后一循环的计划阶段中去，使得施工进度计划不断完善、不断发展，进而使得实际进度与计划目标逐渐趋近。

1. 管理流程

P6 的项目管理流程通常分为初始阶段、计划阶段、控制阶段和结束阶段四个阶段。

(1) 初始阶段即准备工作阶段，包括建立 P6 小组、收集信息、了解工程项目有关情况。

(2) 计划阶段即对整个项目过程中的时间进度、资源和费用进行计划安排，包括建立工程目标和工作范围（WBS 结构)、建立作业代码和作业分类码，确定每个作业

的工作时间（包括计划工期和作业日历）、确定每个作业的资源量、建立作业间逻辑关系、费用预算等，经过进度计划得出工程完工日期最长的连续作业路径或自由时差为0的作业线路，即为关键线路。

（3）控制阶段即在项目的实施过程中，根据不同作业的特性，深入现场、采集信息，弄清制约当前工程进度的因素，并加以整理、归纳、分析，将结果反映到P6计划中，通过P6软件进行运算并提供各类工程数据，再提出新的调整计划用于实施。

（4）结束阶段即对工程的最终实施过程进行图表描述，并加以小结，得出有关的经验和教训。

2. 实施步骤

（1）进度计划的策划、编制阶段（P阶段）。承建单位根据业主提供的一级里程碑节点计划，按照统一的WBS编码结构将工程项目施工内容进行分解，分析各管理单元内部作业清单与作业间的工艺关系和组织关系，测算各作业所需的资源费用、工期及工程量，编制总进度控制计划。在编制过程中，详细考虑各专业的施工特点、施工方案和特殊要求，认真对各专业及各个工序间的关系进行分析和调整，优化协调各专业的工作，进一步确定进度计划。

（2）进度计划实施阶段（D阶段）。项目进度计划实施过程是一个复杂的动态过程，现场各种变化的因素多，当计划的实施情况与原计划出现差别时，应及时进行调整、反馈更新，确保其实施。

（3）进度计划的检查（C阶段）。及时对工程的进展进行检查，定期搜集实施过程中的各种信息，将实际情况与原计划进行比较，分析出现偏差的原因，对执行过程中存在的问题有针对性地去解决，并对以后的进度计划做出预测。

（4）进度计划的分析与总结（A阶段）。实际操作中，本着“日计划保周计划，周计划保月计划，月计划保季计划，季计划保年计划”的原则进行分析总结，积累经验。

6.3.4.5 P6软件结合赢得值法进行项目进度管控

1. 赢得值法

赢得值法，又称为挣值法，是一种以货币（或价格）的形式来全面衡量项目整体执行进度的方法，其基本思想是用货币量（价格量）代替传统的工程量，对工程的进度进行测量，是一种完整和有效的工程项目监控指标和方法。

赢得值法作为一项先进的项目管理技术，广泛运用于各类工程项目的费用和进度综合分析控制。本节拟借助当前在项目管理实践中广泛应用的P6软件，结合赢得值法的相关理论，达到对风电场项目进度的科学管控。

2. 管控目标

（1）在项目实施过程中，对项目进度计划实现全面的动态管理。

（2）根据实际情况，建立 P6 平台中的资源库。

（3）通过赢得值分析管理，实现项目进度的预测和纠偏功能，同时实现进度、费用综合管理。

3. 赢得值参数确定

已完工作的预算费用、计划工作的预算费用和已完工作的实际费用计算公式为

已完工作的预算费用 $BCWP$ = 实际完成工程量×工程量的预算单价

计划工作的预算费用 $BCWS$ = 计划完成工程量×工程量的预算单价

已完工作的实际费用 $ACWP$ = 实际完成工程量×工程量的实际单价

费用偏差、进度偏差、费用绩效指数、进度绩效指数计算公式为

$$费用偏差\ CV = BCWP - ACWP$$

$$进度偏差\ SV = BCWP - BCWS$$

$$费用绩效指数\ CPI = BCWP/ACWP$$

$$进度绩效指数\ SPI = BCWP/BCWS$$

其中：①当 $CV<0$ 时，即表示项目运行超出预算费用；反之，则表示实际费用没有超出预算费用；②$SV<0$ 时，表示进度延误，即实际进度落后于计划进度；当 $SV>0$ 时，表示进度提前，即实际进度快于计划进度；③当 $CPI<1$ 时，表示超支，即实际费用高于预算费用；当 $CPI>1$ 时，表示节支，即实际费用低于预算费用；④当 $SPI<1$ 时，表示进度延误，即实际进度比计划进度落后；当 $SPI>1$ 时，表示进度提前，即实际进度比计划进度快。

4. 进度计划的编制

（1）WBS 分解。根据风电场项目的特点，可将工程手续办理、勘测设计、设备采购及进场计划、施工临建及辅企工程以及风电场区施工进度计划作为整个项目计划编制的 WBS 结构，如图 6-6 所示。

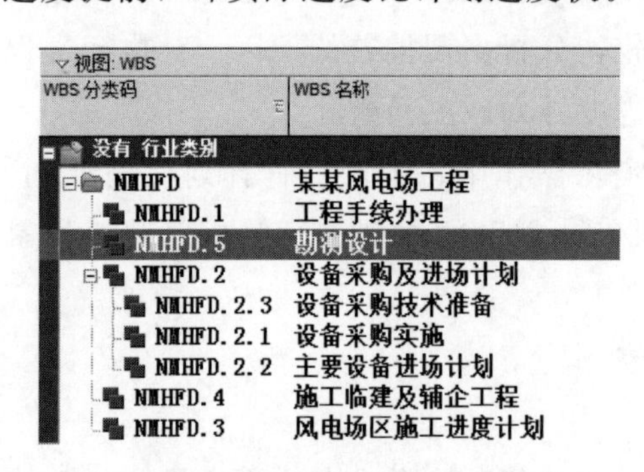

图 6-6　风电场工程 P6 项目管理软件 WBS 结构图

（2）计划编制。施工作业进度计划是在 WBS 结构的基础上进行细化和分解。主要如下：

1）工程手续办理可分为开工手续办理以及专项验收手续办理。

2）勘测设计可下设地质勘探、道路设计、风电机组及箱变基础设计等内容。

3）设备采购及进场计划应根据设备自身生产周期，结合设备安装时间节点进行编制，主要包括设备采购技术准备、设备采购实施以及主要设备进场计划。

4）施工临建及辅企工程包括施工人员设备进场、临建区场平及道路、办公及生

活区建筑、施工辅企（仓库、综合加工厂等）等。

5）风电场区施工进度计划主要包括风电机组及箱变基础施工、风电机组及箱变安装调试施工以及并网发电与验收移交等内容。

某风电场工程 P6 项目管理软件总进度计划横道图如图 6 - 7 所示。

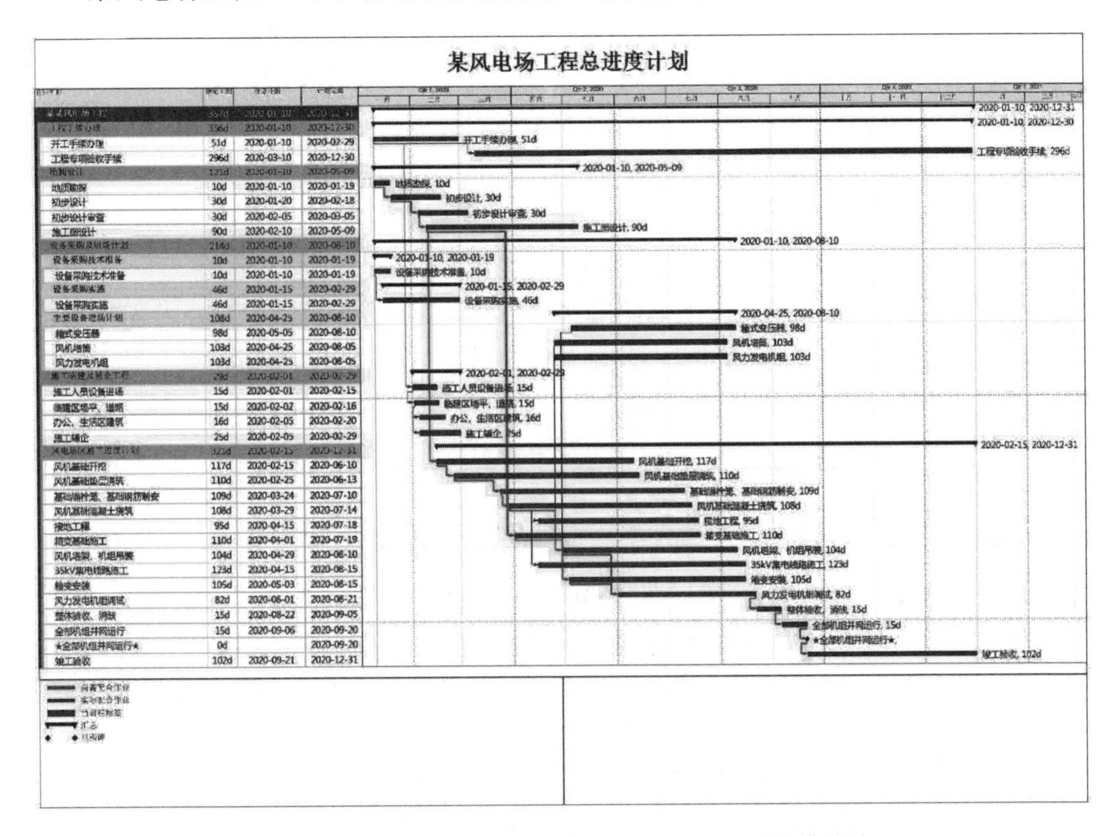

图 6 - 7　某风电场工程 P6 项目管理软件总进度计划横道图

（3）计划检查与跟踪。检查跟踪周期一般以周或月为单位，通过每个周期的进度实施情况检查，定期计算每道作业的实际开始、结束时间，实际工期和剩余工期，以及每个子项的关键路径。当关键路径出现改变或总工期突破合同工期时，考虑重新调整剩余部分的进度计划以保证最终目标的顺利实现。

（4）计划分析与纠偏措施。以 P6 软件录入的实际数据作为基础数据库，对项目进度计划进行赢得值模拟计算。同时，按照以下四种情况进行进度分析并采取对应措施。

1）当 $CV<0$，$SV<0$ 时，表示项目在进行到计算时点时超出预算费用且进度延误，必须采取措施纠正偏差。

产生的原因可能有：设计变更导致工程量增加；施工单位投入不够；业主资金不到位；现场条件发生变化；不可抗力导致的停工损失等。

可采取如下措施：提高设计质量，尽量减少设计变更；加大现场管理力度，要求施工单位严格按照计划施工；针对非我方原因导致的进度和费用损失，要保留证据，尽早提出索赔。

2）当$CV>0$，$SV<0$时，表示项目在进行到计算时点时费用节约但进度延误。需根据工期拖延程度进行综合考量，判断是否需要采取措施纠正偏差。

导致此种情况的可能原因有：施工图出图进度滞后；所采购的设备、材料未按计划到场；施工单位施工进度滞后；因非承包方原因造成的工期滞后（如业主方下达的暂停令，场地无法按预期进度交付等）。

可采取如下措施：加快施工图出图进度，或者根据工序，调整施工图出图顺序；设备及材料的催交；采取抢工措施，抢回施工进度。

3）当$CV<0$，$SV>0$时，表示项目在进行到计算时点时进度提前但费用超出预算费用。需对工期提前带来的效益与增加的费用进行分析对比，判断是否需要采取措施纠正偏差。

导致此种情况的可能原因有：施工单位资源分配不均匀；施工工艺有所调整；长周期设备提前到货。

可采取如下措施：对于第一种原因，可要求施工单位重新分配资源，适当增加非关键线路上作业的持续时间；对后两种原因，由于对总的费用不构成直接影响，故可采取观察的方法，不需要采取专门措施纠偏。

4）当$CV>0$，$SV>0$时，表示项目在进行到计算时点时进度提前且费用节约。属于理想状态，不需要采取纠偏措施。

主要原因有：设计在施工图设计过程中进行了优化，减少了工程量；新技术的采用，使得原定工程量减少；施工过程中主材的价格下降较大，超出了分包合同约定的价格调整范围，总体成本降低。

以上分析均可在P6项目进度管理软件上的进度计划执行图以及进度差值、费用差值的赢得值曲线图上得到反映，进度管理人员可定期通过P6软件进行过程监控，并按照以上情况采取必要措施。

（5）注意事项。

1）在进行数据录入时，可直接调用企业级造价数据库中的标准内容（如果有），同时安排专人对特殊数据进行手动录入，这样可大大减少项目级数据库的人工录入。

2）对项目前期的赢得值计算，需结合现场实际情况，安排经验丰富的计划工程师进行判断，尽量减少因软件使用造成的误差。

第7章 风电场项目质量标准化管理

7.1 风电场项目质量管理基础

7.1.1 风电场项目质量管理的概念

项目质量是指项目产品满足规定要求和需要的能力。规定要求，通常是指规程规范、技术标准和合同所规定的要求；需要，一般是指用户的需要。这种规定要求和需要经常包括适用性、可靠性、经济性、安全性、耐久性、环境协调性。

风电场项目质量管理是指为了保证和提高风电场质量而进行的一系列管理工作。风电场项目质量管理包括制定质量方针和质量目标，以及通过质量策划、质量保证、质量控制和质量改进实现质量目标的过程。质量策划致力于制定质量目标并规定必要的运行过程和相关资源以实现质量目标；质量保证致力于提供质量要求会得到满足的信任；质量控制致力于满足质量要求；质量改进致力于增强满足质量要求的能力。

7.1.2 项目质量管理的基础理论方法

7.1.2.1 项目质量管理的发展概况

质量管理科学的发展是以社会对质量的要求为原动力的，随着社会的发展，人们对质量的要求不断提高，质量管理科学也得到不断的发展与完善。质量管理科学自产生至今可以大致分为质量检验阶段、统计质量管理阶段、全面质量管理阶段及质量管理标准化阶段四个阶段。

1. 质量检验阶段（20世纪初至30年代末）

从20世纪初至30年代末期，质量管理科学处于初级阶段。其主要特点是通过事后检验剔除不合格品达到保证产品质量的目的。20世纪初，美国管理专家泰勒提出科学管理理论，要求按照职能的不同进行合理分工，首次将质量检验作为一种管理职能从生产过程中分离出来，建立了专职质量检验制度。

2. 统计质量管理阶段（20世纪40年代至50年代）

休哈特和道奇是将数理统计方法引入质量管理的先驱者，也是统计质量控制理论的创始人。这一阶段的主要特点是：从单纯依靠质量检验事后把关，发展为进行工序控制，突出了质量的预防性控制与质量检验相结合的管理方式。

3. 全面质量管理阶段（20世纪50年代末）

20世纪50年代末，科学技术突飞猛进，大规模系统开始涌现，人造卫星、第三代集成电路的电子计算机等相继问世，并出现了强调全局观念的系统科学。同时，随着国际经济全球化的不断发展，国际贸易往来日益增多，国际贸易竞争开始加剧，对产品的质量要求越来越高。所有这些都促进了全面质量管理（total quality mangement，TQM）的诞生和不断发展与完善。提出全面质量管理概念的代表人物是美国的费根鲍姆与朱兰等。全面质量管理的核心是"三全管理"，即：

（1）全面质量管理。全面质量管理所指的质量是广义上的质量，不仅包括产品质量，而且包括服务质量和工作质量等。

（2）全过程质量管理。质量管理不仅包括产品的生产过程，而且包括市场调研、产品开发设计、生产技术准备、制造、检验、销售、售后服务等质量环的全过程。

（3）全员参加的质量管理。质量管理不仅是某些人员、某些机构的重要工作，而且是所有人员都需要予以关注的工作，质量第一，人人有责。

4. 质量管理标准化阶段（ISO 9000标准阶段）

进入21世纪，随着国际贸易的日益扩大，产品和资本的流动日益国际化，企业的竞争范围逐渐扩大，随之产生了国际产品质量保证和产品责任问题。制定质量管理国际标准以促进国际经济合作，消除技术壁垒成为世界各国的共同需要。国际化标准组织（ISO）所提出的ISO 9000族标准已为许多国家所采用，它标志着现代质量管理向着规范化、系列化、科学化、国际化和标准化的新高度不断发展和深化。

7.1.2.2　项目质量管理的基本理论方法

项目质量管理可归纳为过程控制论、PDCA循环管理、全面质量管理、数理统计方法、质量控制原理、质量保证原理、质量监督原理7个基本理论方法。

1. 过程控制论

控制论对控制所下的定义是：控制，是指一定的主体为保证在变化着的外部条件下实现其目标，按照拟定的计划和标准，通过各种方式对被控制对象进行监督、检查、引导、纠正的行为过程。控制论的研究对象，主要是指具有复杂性和或然性的系统，而风电场项目作为一个系统，正具有这些特征。因此，对于风电场项目质量控制系统的研究，可以采用控制论的思想和方法。

为了实现风电场项目质量控制，首先必须明确控制目标，其次应建立控制机制，同时必须重视和加强信息的传递和反馈。在风电场项目质量控制中，根据被控系统全过程的不同阶段，控制可分为事前控制、事中控制、事后控制三类。

（1）事前控制。事前控制又称为预先控制或事先控制，即在投入阶段所进行的控制。事前控制的主要环节包括：编制风电场项目实施计划，编制项目质量计划，明确

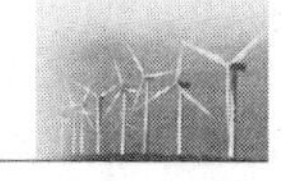

项目质量目标，设置项目质量管理点，签署质量责任制，分析风电场各主要工程质量影响因素（风电机组单位工程、升压站建筑单位工程、升压站设备安全调试单位工程、集电线路单位工程、场内道路单位工程），并针对这些影响因素制定有效的预防措施。

（2）事中控制。事中控制也称为过程控制，即在转化阶段所进行的控制，如工序质量控制就属于事中控制。在风电场项目的施工过程中，应对影响项目质量的各种因素进行全面的动态控制。事中控制也称为作业活动过程质量控制，包括质量活动主体的自我控制和他人监控的控制方式。自我控制是指作业者在作业过程中对自己的质量活动行为的约束和技术能力的发挥，以完成符合预定质量目标的作业任务，如施工过程三检制；他人监控是指来自企业内部管理者和企业外部有关方面的监督，如质监站的质量监控。

（3）事后控制。事后控制即在输出阶段所进行的控制，如项目交验阶段所进行的质量控制，这种控制实质上是一种合格控制。风电场项目的事后控制主要环节包括：竣工验收对质量活动结果进行评定，对质量偏差的纠正，对不合格部分的整改和处理（遗留项和消缺处理）。

事前控制、事中控制、事后控制相互联系、相互协调，共同组成了有机的系统控制过程。

2. PDCA循环（戴明环）管理

美国质量管理专家戴明把全面质量控制的基本方法概括为4个阶段、8个步骤。

（1）计划阶段，也称为P阶段（Plan），主要是在调查问题的基础上制定计划。计划的内容包括确立目标、活动等，并制定完成任务的具体方法。这个阶段包括8个步骤中的4个步骤，即：①查找问题；②进行排列；③分析问题产生的原因；④制定对策和措施。

（2）实施阶段，也称为D阶段（Do），就是按照制定的计划和措施去实施，即执行计划。这个阶段是8个步骤中的第5个步骤，即⑤执行措施。

（3）检查阶段，也称为C阶段（Check），就是检查生产（设计或施工）是否按计划执行，其效果如何。这个阶段是8个步骤中的第6个步骤，即⑥检查采取措施后的效果。

（4）处理阶段，也称为A阶段（Action），就是总结经验和清理遗留问题。这个阶段包括8个步骤中的最后两个步骤，即：⑦建立巩固措施，即把检查结果中成功的做法和经验加以标准化、制度化，并使之巩固下来；⑧确定遗留问题，并将其转入下一个循环，即将本次循环中没有解决的问题或不完善之处列出来，作为下一次循环中应处理的内容。

上述4个阶段工作形成循环，即PDCA循环，又称“戴明环”。其不断重复，使

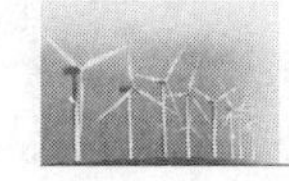

工作不断改进，质量不断提高。同时还应该看到，各级质量管理都有一个PDCA循环，可形成大环套小环，一环扣一环，互相制约，互为补充的有机整体。一般来说，上一级循环是下一级循环的依据；下一级循环是上一级循环的落实和具体化。

3. 全面质量管理（TQM）

全面质量管理是指一个组织以质量为中心，以全员参与为基础，目的在于通过顾客满意和本组织所有成员及社会受益而达到长期成功的管理途径。其内涵是指质量管理的范围不仅限于产品质量本身，而是包含质量管理的各个方面，即将质量管理工作从生产扩大到设计、研制、生产准备、材料采购、生产制造、销售与服务等各个环节；将产品质量扩大到工序质量、工作质量和管理质量。因此，全面质量管理是一种涵盖全员、全面、全过程的质量管理体系。

全面质量管理在项目质量管理中的应用需要强调质量效益的思想、以人为本的思想、预防为主的思想、技术与管理并重的思想、注重过程的思想等重要思想。

全面质量管理的特点是全面性、全员性、预防性、服务性、科学性。

（1）全面性：是指全面质量管理的对象是企业生产经营的全过程。

（2）全员性：是指全面质量管理要依靠全体职工。

（3）预防性：是指全面质量管理应具有高度的预防性。

（4）服务性：主要表现在企业以自己的产品或劳务满足用户的需要，为用户服务。

（5）科学性：质量管理必须科学化，必须更加自觉地利用现代科学技术和先进的科学管理方法。

4. 数理统计方法（工具）

要正确判断项目、工序的质量状况或水平，首先必须具有可靠性高、代表性强的质量数据，这取决于获得质量数据的手段和方法；其次必须采用科学的方法对质量数据加以处理。质量数据初看杂乱无章，但如果经过一定的整理以及用统计方法加以处理，就可能从中发现一些规律和某些典型的数字特征。主要的数理统计方法有直方图、控制图、直线图和折线图、排列图。

（1）直方图。为了能够比较准确地反映出质量数据的分布状况，可以用横坐标标注质量特性值，纵坐标标注频数或频率值，各组的频数或频率的大小用直方柱的高度表示，这种图形称为直方图，如图7-1所示。

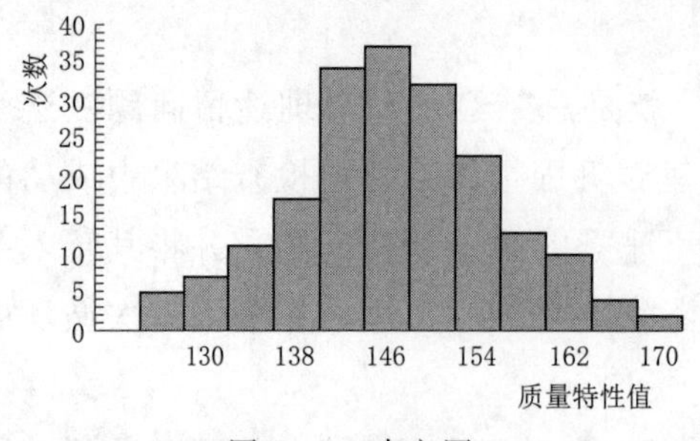

图7-1　直方图

（2）控制图。质量控制图是一种根据假设检验的原理，以横坐标表示样组编号，以纵坐标表示根据质量特性或其特征值求得的中心线和上、下控制线。在直角坐标系中，

把抽样所得数计算成对应数值并以点子的形式按样组抽取次序标注在图上。视点子与中心线、界限线的相对位置及其排列形状，鉴别工序中是否存在系统原因，分析和判断工序是否处于控制状态，从而具有区分正常波动与异常波动的功能，控制图如图 7-2 所示。

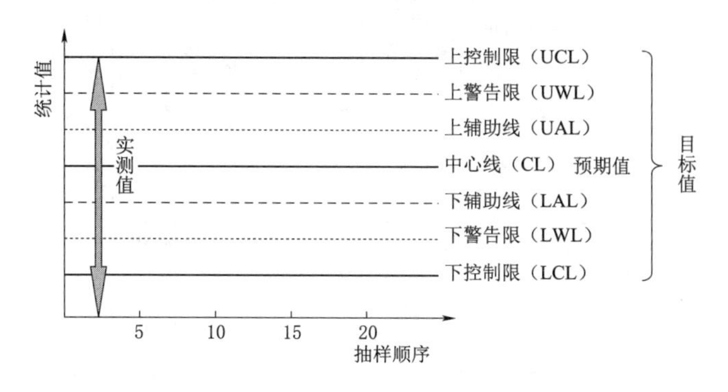

图 7-2 控制图

（3）直线图和折线图。

1）直线图。直线图是直方图的简化形式，即以质量特性值为横坐标，以频数（或频率）为纵坐标，以直线的长短表示频数或频率的大小。直线图的制作过程和直方图一致，所不同的是，直线所对应的位置为组中值。

2）折线图。以质量特性值为横坐标，以频数或频率为纵坐标，将各组频数（或频率）所对应的点用折线连接起来形成的图形，即为折线图。折线图能更为清楚地反映数据分布形态，但不便于进行观察和分析。因此，如果只需要对数据分布状态有大致了解，则可采用折线图。

直线图和折线图如图 7-3 所示。

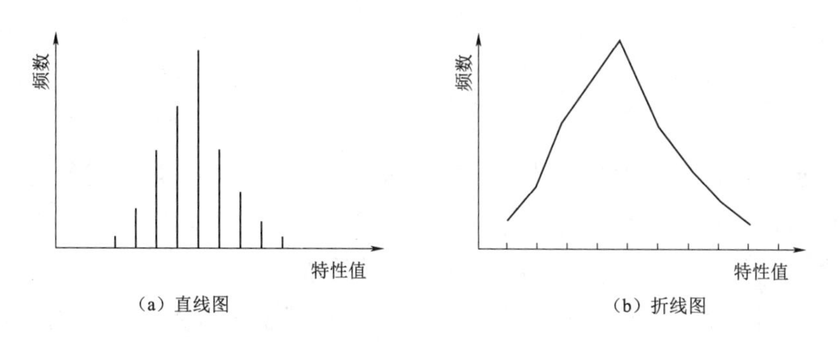

图 7-3 直线图和折线图

（4）排列图。排列图（pareto chart）又称为主次图、帕累托图，是一种可以将出现的质量问题和质量改进项目按照重要程度依次排列的图表，可以用来分析质量问题，确定产生质量问题的主要因素。排列图用双直角坐标系表示，左边纵坐标表示频数，右边纵坐标表示频率，分析线表示累计频率，横坐标表示影响质量的各项因素，按影响程度的大小（即出现频数多少）从左到右排列，通过对排列图的观察分析可以抓住影响质量的主要因素。帕累托图如图7-4所示。

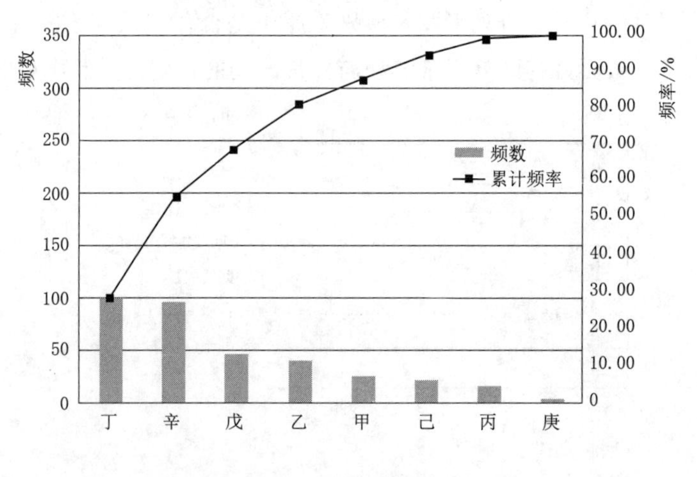

图7-4　帕累托图

5. 质量控制原理

质量控制是质量管理的一部分，致力于满足质量要求。质量控制的目标就是确保项目质量能满足顾客、法律法规等方面的质量要求。质量控制的范围涉及项目形成全过程的各个环节。

项目质量控制的工作内容包括专业技术和管理技术两方面。围绕质量环每一阶段的工作，应对影响项目质量的人、机、料、法、环因素进行控制，并对质量活动的成果进行分阶段验证，以便及时发现问题，查明原因，采取相应纠正措施，防止质量问题的再次发生，并使质量问题在早期得以解决，以减少经济损失。因此，质量控制应贯彻预防为主和检验把关相结合的原则。

6. 质量保证原理

项目的质量保证是项目质量管理的一部分，致力于使用户信任项目实施能够满足质量要求。

质量保证的内涵不是单纯地为了保证质量，保证质量是质量控制的任务，而“质量保证”则是以保证质量为基础，进一步引申到“使用户信任”这一基本目的上。要使用户能产生“信任”，项目实施者应加强质量管理，完善质量体系，对项目有一套完善的质量控制方案、办法，并认真贯彻执行，对实施过程及成果进行分阶段验证，以确保其有效性。在此基础上，项目实施者应有计划、有步骤地采取各种活动和措施，使用户能了解其实力、业绩、管理水平、技术水平以及项目在设计、实施各阶段主要质量控制活动和内部质量保证活动的有效性，由此建立信心，相信完成的项目能达到所规定的质量要求。

7. 质量监督原理

质量监督是指为了确保满足规定的质量要求，对产品、过程或体系的状态进行持

续的监视和验证，并对记录进行分析。

项目的完成方作为独立的项目实施方，其质量行为始终受到实现最大利益这一目标的制约。最大利润是在保证质量或服务质量的前提下、通过提高工作效率取得，还是偷工减料、降低质量获得，显然是两种完全不同的获得方式，前者是正当的，后者是不正当的。为了减少出现不正当的获利行为，减少质量问题的发生，进行质量监督是必要的。

质量监督包括政府监督、社会监督和自我监督。政府监督一般是一种宏观监督，包括质量的法制监督、各种行政法规执行状况的监督、行业部门或职能部门的行政监督等；政府监督通常是强制性的，工程质量监督站对工程项目的质量监督就是政府监督的一种类型。社会监督就是通过舆论、社会评价、质量认证等行为对项目质量的监督。自我监督一般是指项目相关方自身所组织的监督，工程监理单位对工程项目的监理就属于项目需求方自我监督的一种形式。

7.1.3 风电场项目质量管理的基础工作

有效的风电场项目质量管理工作需要具备优秀的质量管理基础工作。基础工作做得越好，项目质量管理的效果就越显著。项目质量管理的基础工作主要包括质量教育工作、质量责任制、质量信息工作、计量工作等。

7.1.3.1 质量教育工作

在项目质量管理中，人是最为重要的要素。全面质量管理的基本思想强调用人的质量来保证工作质量，用工作质量来保证产品质量。可见，人的素质是有效进行项目质量管理的根本保证，只有通过质量教育，增强项目参与者的质量意识，提高其思想觉悟和文化、科学、技术水平，才可能高效、优质地完成项目。

风电场质量教育的基本内容包括质量意识教育、质量管理知识教育与专业技术教育三个方面。

1. 质量意识教育

质量意识是质量管理的重要前提，它的强弱直接关系到质量管理的成败。因此，质量意识教育被视为质量教育的首要内容，质量教育必须以加强质量意识为前提。

强化质量意识，就是要增强人们对质量重要意义的认识。具体地说，就是增强人们关心项目质量和改善质量的自觉性和紧迫感。强化项目参与者的质量意识，主要应依靠以下方面的共同作用：

(1) 明确使命和责任。首先应根据风电场项目的具体情况以及项目部员工的角色确定各自的使命和责任。

(2) 通过多种形式的教育，明确提高质量的重大意义，牢固树立“质量第一”的思想。

(3) 依靠政府制定的有关风电场的质量政策、法规，引导项目参与者增强质量意识。

(4) 通过社会舆论，敦促和推动员工增强质量意识。

(5) 将项目竞争机制作为增强质量意识的内在动力，激发以质量求生存的自觉性。

(6) 通过质量工作使项目组织获得显著的经济效益，使项目参与者获得更多利益，使质量意识进一步得到增强和巩固，并转化为重视质量的自觉行动。

2. 质量管理知识教育

质量管理知识教育是质量教育的主体。风电场质量管理知识教育应当本着因人制宜、分层施教的原则，针对不同人员进行不同内容的教育。通常可分为领导层、技术与管理人员、作业人员三个层次。

(1) 领导层的教育内容。其内容包括：①风电场质量管理概论；②风电场质量保证体系；③风电场质量目标管理；④风电场质量审核；⑤风电场质量改进；⑥风电场质量成本管理。

(2) 技术与管理人员的教育内容。除了上述领导层教育内容外，还需增加以下内容：①风电场质量管理方法、概率分布与统计推断；②风电场工序质量控制；③抽样检验与感官检验；④风电场质量经济效益。

(3) 作业人员的教育内容。其内容包括：①风电场质量的概念；②风电场现场质量管理；③风电场工序质量；④风电场质量改进；⑤风电场质量控制点；⑥风电场质量检验；⑦质量管理小组。

3. 专业技术教育

专业技术教育是指为保证和提高项目质量，对相关人员所进行的必备的专业技术和操作技能的教育。它是质量教育中不可忽视的重要组成部分。即使人们有了提高质量的强烈欲望，并且熟练地掌握了全面质量管理的技术和手段，但是如果缺乏应有的专业知识和操作技能，也无法达到保证和提高项目质量的目的。对于作业人员，要加强风电场项目基础技术训练，使其掌握和了解施工工艺流程，并不断进行提高操作技能的培训和开展岗位技术练兵，掌握风电场有关的新技术，学会使用新设备。

7.1.3.2　质量责任制

建立质量责任制是保证和提高风电场项目质量的一项重要组织措施，也是一项重要的组织基础工作。质量责任制实质上就是通过制定一系列的规定和制度，具体体现项目各相关部门、机构和人员在质量工作中的责、权、利。

(1) 项目经理是工程质量的第一责任人，对所承建风电场项目的质量负全面责任。

(2) 项目总工程师负责实施风电场项目质量工作规划，制定质量管理目标，负责

拟定工程的质量保证措施，领导工程技术部和设计部对工程质量进行具体工作。单位工程质量由工程技术部组织评定，总工程师审核验证。

(3) 工程技术部主任具体负责现场施工过程质量管理，纠正施工过程中直接影响施工质量的施工方法和行为，把好质量关；强调质量监督和检验，制定奖罚制度并切实实施，及时报验已完工的分部分项工程并收集相关资料。

7.1.3.3　质量信息工作

1. 质量信息的含义、来源和作用

风电场项目质量信息是指在项目质量管理活动中和质量有关的各种数据、报表、资料、文件、文献、动向等，主要来源为内部信息和外部信息。内部信息是指从风电场项目开始到项目交付的项目实施全过程中发生的各种质量信息。外部信息包括：来自风电场项目参建各方的各种质量信息；国内外与风电场项目有关的质量、技术、方法、测试、装备、管理的先进成果和发展动向方面的信息；国家、地方和上级主管部门有关风电场项目质量的方针、政策、原则、意见等。

项目管理的本质是信息流的活动，信息是管理活动的重要动力。质量信息的主要作用包括：①进行决策、制定方针目标的依据；②信息反馈是质量控制的最基本手段；③认识和掌握项目质量规律的原始资料；④考核评价质量的基础资料。

2. 质量信息的管理

为了发挥质量信息的作用，应当重点抓好以下方面的管理工作：

(1) 建立质量信息反馈网络和信息系统。风电场项目各参建方需要根据项目特点建立包括信息收集、汇总、存储、传递、分析、处理的全过程质量信息反馈网络，并设专门的机构或人员负责，形成完整的质量信息系统。

(2) 实行分级管理。风电场项目涉及各个相关方、各个不同部门和层次。不同的相关方、不同部门和层次所掌握和需要的质量信息也不尽相同，因此应实行分级管理。

(3) 加强对第一手质量信息的管理。第一手信息来源于项目实际，客观反映了项目的质量状况，是项目质量管理最重要的信息来源，因此应加强管理，以确保信息提供的及时性和可靠性。

(4) 建立信息管理制度。为了保证信息系统的正常运行，必须建立相应的管理制度，明确各级信息管理人员职责，确定信息考核办法。

3. 质量信息管理中的职责和权限

(1) 项目经理的职责和权限。

1) 带头贯彻执行公司质量方针、质量手册，把质量信息管理工作列入风电场项目管理的重点。

2) 负责加强项目部员工的质量意识教育工作，利用信息系统使本公司的质量方针深入人心。

3）协调和处理与质量管理活动有直接关系的政府部门。

4）组织和领导监控业主信息，不断改进风电场工程质量。

（2）项目总工的职责和权限。

1）负责风电场项目质量管理体系的运行管理，组织编制项目质量保证措施，利用质量信息系统及时传递到各管理层及作业班组。

2）负责风电场施工过程检查控制及质量信息的管理工作。

3）严格执行公司的质量管理办法和各项质量管理制度，并及时向项目经理反映质量信息。

4）在技术管理中充分运用可靠性、安全性和先进性技术，按质量手册的有关规定处理施工生产中的技术质量问题。

（3）质量员的职责和权限。

1）熟悉与本岗位有关的质量文件，严格执行质量管理办法及各项质量管理制度。

2）对风电场项目各种施工及验收规范、地方标准做到精通、熟悉，持证上岗，认真检查，不得错检、漏检，保证各检验批、分项、分部符合图纸和工艺要求，并做好标识和原始记录，及时传递质量信息。

3）熟练掌握检测工具、仪器、设备，遵守操作规程，认真做好各项质量记录，按规定做好标识，对施工现场实施监控，做好不合格项的判定。

4）参加项目的质量分析会，参加制定对质量事故的改进措施，并督促检查执行情况。

5）注意收集各类质量信息，做好质量信息的反馈工作。

7.1.3.4　计量工作

计量工作是项目实施中的重要环节，是质量管理中一项重要的技术基础工作。风电场项目的实施过程是严格按照图纸要求进行的，在项目实现过程中要求得到各种技术参数，这些技术参数大多数是计量值数据，如混凝土强度、钢筋抗拉强度、混凝土方量、回填压实度、基础开挖量、含水率等。要得到各种准确可靠的计量值数据，必须有先进的计量仪器和科学的计量手段。因此，项目质量管理离不开计量这个技术基础。

计量工作也是风电场项目技术监督系统的重要组成部分，如果没有准确可靠的计量数据信息，生产指挥要失误，成本核算要失真，质量检验更是无法进行。因此，建立健全项目的计量保证体系，将项目的生产、经营管理、能源消耗、工艺质量检验过程中所必需的计量器具配置齐全，并达到有关标准，对风电场项目组织的各项管理有效运行具有十分重要的现实意义。具体体现在以下方面：

（1）有利于对施工工艺的控制，有利于消除技术隐患，为确保项目质量提供可靠

的科学依据。

(2) 计量工作有利于节约资源，降低成本，加强科学的经济核算能力，达到提高经济效益的目的。

(3) 计量工作有利于提高项目质量，加强风电场项目施工全过程以及每道工序的控制程度。

7.2　风电场项目质量管理依据

7.2.1　相关法律、法规文件

为了保证风电场项目质量，监督规范风电场工程建设，国家及电力工程管理部门颁发的法律法规主要有《中华人民共和国建筑法》《建设工程质量管理条例》《电力建设工程质量监督规定》《工程建设标准强制性条文》等。风电场工程施工单位必须确保施工过程中的质量行为、质量控制手段等符合相应的法律、法规。

7.2.2　合同文件

风电场承包合同文件和委托监理合同文件中分别规定了参与各方在质量控制方面的权利和义务，有关各方必须履行在合同中的承诺。工程建设参与各方的质量责任和义务一般包括如下内容：

7.2.2.1　建设单位的质量责任和义务

(1) 建设单位应当将工程发包给具有相应资质等级的单位，不得将建设工程肢解发包。

(2) 建设单位应当依法对工程建设项目的勘察、设计、施工、监理以及与工程建设有关的重要设备、材料等的采购进行招标。

(3) 建设单位必须向有关的勘察、设计、施工、工程监理等单位提供与建设工程有关的原始资料，原始资料必须真实、准确、齐全。

(4) 建设工程发包单位不得迫使承包方以低于成本的价格竞标，不得任意压缩合理工期。建设单位不得明示或者暗示设计单位或者施工单位违反工程建设强制性标准，降低建设工程质量。

(5) 施工图设计文件审查的具体办法由国务院建设行政主管部门、国务院其他有关部门制定。施工图设计文件未经审查批准的，不得使用。

(6) 实行监理的建设工程，建设单位应当委托具有相应资质等级的工程监理单位进行监理，也可以委托具有工程监理相应资质等级并与被监理工程的施工承包单位没有隶属关系或者其他利害关系的该工程的设计单位进行监理。

（7）建设单位在开工前，应当按照国家有关规定办理工程质量监督手续，工程质量监督手续可以与施工许可证或者开工报告合并办理。

（8）按照合同约定，由建设单位采购建筑材料、建筑构配件和设备的，建设单位应当保证建筑材料、建筑构配件和设备符合设计文件和合同要求。建设单位不得明示或者暗示施工单位使用不合格的建筑材料、建筑构配件和设备。

（9）涉及建筑主体和承重结构变动的装修工程，建设单位应当在施工前委托原设计单位或者具有相应资质等级的设计单位提出设计方案；没有设计方案的不得施工。房屋建筑使用者在装修过程中，不得擅自变动房屋建筑主体和承重结构。

（10）建设单位收到建设工程竣工报告后，应当组织设计、施工、工程监理等有关单位进行竣工验收。

（11）建设单位应当严格按照国家有关档案管理的规定，及时收集、整理建设项目各环节的文件资料，建立健全建设项目档案，并在建设工程竣工验收后，及时向建设行政主管部门或者其他有关部门移交建设项目档案。

7.2.2.2　勘察、设计单位的质量责任和义务

（1）从事建设工程勘察、设计的单位应当依法取得相应等级的资质证书，并在其资质等级许可的范围内承揽工程。禁止勘察、设计单位超越其资质等级许可的范围或者以其他勘察、设计单位的名义承揽工程。禁止勘察、设计单位允许其他单位或者个人以本单位的名义承揽工程。勘察、设计单位不得转包或者违法分包所承揽的工程。

（2）勘察、设计单位必须按照工程建设强制性标准进行勘察、设计，并对其勘察、设计的质量负责。注册建筑师、注册结构工程师等注册执业人员应当在设计文件上签字，对设计文件负责。

（3）勘察单位提供的地质、测量、水文等勘察成果必须真实、准确。

（4）设计单位应当根据勘察成果文件进行建设工程设计。设计文件应当符合国家规定的设计深度要求，注明工程合理使用年限。

（5）设计单位在设计文件中选用的建筑材料、建筑构配件和设备，应当注明规格、型号、性能等技术指标，其质量要求必须符合国家标准。除有特殊要求的建筑材料、专用设备、工艺生产线等外，设计单位不得指定生产厂、供应商。

（6）设计单位应当就审查合格的施工图设计文件向施工单位做出详细说明。

（7）设计单位应当参与建设工程质量事故分析，并对因设计造成的质量事故提出相应的技术处理方案。

7.2.2.3　施工单位的质量责任和义务

（1）施工单位应当依法取得相应等级的资质证书，并在其资质等级许可的范围内承揽工程。禁止施工单位超越本单位资质等级许可的业务范围或者以其他施工单位的

名义承揽工程。禁止施工单位允许其他单位或者个人以本单位的名义承揽工程。施工单位不得转包或者违法分包工程。

（2）施工单位对建设工程的施工质量负责。施工单位应当建立质量责任制，确定工程项目的项目经理、技术负责人和施工管理负责人。建设工程实行总承包的，总承包单位应当对全部建设工程质量负责；建设工程勘察、设计、施工、设备采购的一项或者多项实行总承包的，总承包单位应当对其承包的建设工程或者采购设备的质量负责。

（3）总承包单位依法将建设工程分包给其他单位的，分包单位应当按照分包合同的约定对其分包工程的质量向总承包单位负责，总承包单位应当对其承包的建设工程质量承担连带责任。

（4）施工单位必须按照工程设计图纸和施工技术标准施工，不得擅自修改工程设计，不得偷工减料。施工单位在施工过程中发现设计文件和图纸有差错的，应当及时提出意见和建议。

（5）施工单位必须按照工程设计要求、施工技术标准和合同约定，对建筑材料、建筑构配件、设备和商品混凝土进行检验，检验应当有书面记录和专人签字；未经检验或者检验不合格的，不得使用。

（6）施工单位必须建立健全施工质量的检验制度，严格工序管理，做好隐蔽工程的质量检查和记录。隐蔽工程在隐蔽前，施工单位应当通知建设单位和建设工程质量监督机构。

（7）施工人员对涉及结构安全的试块、试件以及有关材料，应当在建设单位或者工程监理单位监督下现场取样，并送具有相应资质等级的质量检测单位进行检测。

（8）施工单位应当建立健全教育培训制度，加强对职工的教育培训；未经教育培训或者考核不合格的人员，不得上岗作业。

（9）施工单位对施工中出现质量问题的建设工程或者竣工验收不合格的建设工程，应当负责返修。

7.2.2.4 工程监理单位的质量责任和义务

（1）工程监理单位应当依法取得相应等级的资质证书，并在其资质等级许可的范围内承担工程监理业务。禁止工程监理单位超越本单位资质等级许可的范围或者以其他工程监理单位的名义承担工程监理业务。禁止工程监理单位允许其他单位或者个人以本单位的名义承担工程监理业务。工程监理单位不得转让工程监理业务。

（2）工程监理单位与被监理工程的施工承包单位以及建筑材料、建筑构配件和设备供应单位有隶属关系或者其他利害关系的，不得承担该项建设工程的监理业务。

（3）工程监理单位应当依照法律、法规以及有关技术标准、设计文件和建设工程承包合同，代表建设单位对施工质量实施监理，并对施工质量承担监理责任。

(4) 工程监理单位应当选派具备相应资格的总监理工程师和监理工程师进驻施工现场。未经监理工程师签字，建筑材料、建筑构配件和设备不得在工程上使用或者安装，施工单位不得进行下一道工序的施工。未经总监理工程师签字，建设单位不拨付工程款，不进行竣工验收。

(5) 监理工程师应当按照工程监理规范的要求，采取旁站、巡视和平行检验等形式，对建设工程实施监理。

7.2.3　设计文件

“按图施工”是施工阶段质量控制的一项重要原则。因此，经过批准的设计图纸和技术说明书等设计文件无疑是质量控制的重要依据。风电场工程施工单位应严格按照已批准的设计文件进行质量控制。

1. 施工图会审

施工图是对风电场工程建筑物、金属结构、机电设备等工程对象的尺寸、布置、选用材料、构造、相互关系、施工及安装质量要求的详细图纸和说明，是指导施工的直接依据。

施工图会审是指监理单位组织施工单位以及建设单位，材料、设备供应等相关单位，在收到审查合格的设计文件后，在设计交底前进行的全面细致的熟悉和审查施工图纸活动。施工图会审主要有两个方面：①使施工单位和各参建单位熟悉设计图纸，了解工程特点和设计意图，找出需要解决的技术难题，并制定解决方案；②解决图纸中存在的问题，减少图纸的差错，将图纸的质量隐患消灭在萌芽状态。

2. 设计交底

设计交底是指在施工图完成并经审查合格后，设计单位在设计文件交付施工时，按法律规定的义务就施工图设计文件向施工单位和监理单位做出详细说明。其目的是对施工单位和监理单位正确贯彻设计意图，使其加深对设计文件特点、难点、疑点的理解，掌握关键部位的质量要求，确保工程质量。设计交底的主要内容如下：

(1) 设计文件依据。

(2) 建设项目所规划的位置、地形、地貌、气象、水文地质、工程地质、地震烈度。

(3) 施工图设计依据。施工图设计依据包括初步设计文件、规划部门要求、主要设计规范、业主方或市场上供应的设备材料等。

(4) 设计意图。设计意图包括设计思路、设计方案比选情况和建筑安装方面的设计意图和特点。

(5) 施工时应注意的事项。注意事项包括建筑安装材料方面的特殊要求，基础施工要求，本工程采用的新材料、新设备、新工艺、新技术对施工提出的要求等。

（6）建设单位、施工单位审图中提出设计需要说明的问题。

（7）对设计交底会议形成记录。

施工单位项目部应按照规定接受设计文件，参加图纸会审和设计交底对结果进行确定。施工单位项目部应高度重视设计交底，对设计意图存在疑问的及时向设计单位释疑，施工难度较大或存在优化设计的方案，可以向设计单位提出，争取设计优化。

7.2.4 风电场项目质量检验的主要规范

7.2.4.1 风电机组安装单位工程

（1）《电气装置安装工程　电缆线路施工及验收规范》（GB 50168）。

（2）《混凝土结构工程施工质量验收规范》（GB 50204）。

（3）《建筑电气工程施工质量验收规范》（GB 50303）。

（4）《电力建设施工及验收技术规范》（DL 5007）。

（5）《风力发电场运行规程》（DL/T 666）。

（6）风电机组技术说明书、使用手册和安装手册。

（7）风电机组订货合同中有关的技术性能指标要求。

（8）风电机组塔架及其基础设计图纸与有关技术要求。

7.2.4.2 升压站设备安装调试单位工程

（1）《电气装置安装工程　电气设备交接试验标准》（GB 50150）。

（2）《电气装置安装工程　电缆线路施工及验收规范》（GB 50168）。

（3）《电气装置安装工程　接地装置施工及验收规范》（GB 50169）。

（4）《电气装置安装工程　工作盘、柜及二次回路接线施工及验收规范》（GB 50171）。

（5）《电气装置安装工程　低压电器施工及验收规范》（GB 50254）。

（6）《建筑电气工程施工质量验收规范》（GB 50303）。

（7）《电气装置安装工程　高压电器施工及验收规范》（GB 50147）。

（8）《电气装置安装工程　电力变压器、油浸电抗器、互感器施工及验收规范》（GB 50148）。

（9）《电气装置安装工程　母线装置施工及验收规范》（GBJ 149）。

（10）设备技术性能说明书。

（11）设备订货合同及技术条件。

（12）电气施工设计图纸及资料。

7.2.4.3 升压站建筑单位工程

（1）《混凝土结构工程施工质量验收规范》（GB 50204）。

（2）《建筑工程施工质量验收统一标准》（GB 50300）。

(3)《建筑电气工程施工质量验收规范》(GB 50303)。

(4)《电力建设施工及验收技术规范》(DL 5007)。

(5) 设计图纸及技术要求。

(6) 施工合同及有关技术说明。

7.2.4.4 集电线路单位工程

(1)《电气装置安装工程 电缆线路施工及验收规范》(GB 50168)。

(2)《电气装置安装工程 35kV及以下架空电力线路施工及验收规范》(GB 50173)。

(3)《110～500kV架空电力线路施工及验收规范》(GBJ 233)。

(4) 架空电力线路勘测设计、施工图纸及其技术资料。

(5) 施工合同。

7.2.4.5 场内道路单位工程

(1)《公路工程技术标准》(JTG B01)。

(2) 道路施工设计图纸及有关技术条件。

(3) 施工合同。

7.2.5 其他质量管理依据

1. 已批准的施工组织设计和施工方案

风电场工程施工单位应组织编制切实可行、能够满足质量要求，同时又尽可能经济的施工组织设计、施工技术措施和施工方案，施工组织设计、施工技术措施及施工方案应由项目部内部进行严格审查后报监理、建设单位审批。经过批准的施工组织设计包括施工单位进行工程施工的现场布置、人员组织配备和施工机具配置，每项工程的技术要求，施工工序和工艺、施工方法及技术保证措施，质量检查方法和技术标准等。一旦获得批准，项目部必须将其作为质量控制的依据。

2. 制造厂提供的设计说明书和有关技术标准

制造厂提供的设备安装说明书和有关技术标准是风电场施工安装企业进行设备安装必须遵循的重要技术文件。

7.3 风电场项目质量计划

7.3.1 风电场项目质量计划的概念

风电场项目质量计划是指确定风电场项目应该达到的质量目标和如何达到这些质量目标而做的项目质量计划和安排，包括实现质量目标所规定的必要作业过程、配套

的质量措施和匹配的相关资源等详细的计划工作。风电场项目质量计划应明确指出所需开展的质量活动，并直接或间接通过相应的程序或其他文件，指出如何实施和控制这些活动。由于质量计划所需要的质量管理活动规定了具体的控制措施，以保证质量目标的实现，因此质量计划是完成项目的重要依据。

7.3.2 风电场项目质量计划的编制依据

风电场项目质量计划编制的主要依据文件应包括以下内容：

(1) 项目合同文件。

(2) 项目设计文件、设备说明书等。

(3) 企业质量体系程序文件。

(4) 施工操作规程、作业指导书及各专业工程施工质量验收规范。

(5)《中华人民共和国建筑法》《建筑工程质量管理条例》《建设项目环境保护管理条例》等法律法规。

7.3.3 风电场项目质量计划的编写内容

风电场项目质量计划是针对具体项目的质量要求所编制的对设计、采购、施工、安装及试运行等活动的质量控制方案。

质量计划可分为整体计划和局部计划两个阶段来编制。整体计划是从项目总体上来考虑如何保证项目质量的规划性计划，随着项目实施的进展，再编制各个阶段详细的局部计划，如设计质量计划、施工质量计划、采购质量计划、安装质量计划及试运行质量计划等。质量计划可随项目的进展做必要的调整和完善。质量计划可以单独编制，也可以作为工程项目其他文件（如项目实施计划、施工组织设计、设计工作计划等）的组成部分。

质量计划的主要内容包括：①项目概况；②编制依据；③项目的质量目标；④组织结构；⑤项目各阶段的职责、权限和资源的分配；⑥质量控制及管理组织协调的系统描述；⑦必要的质量控制手段；⑧实施中应采用的程序、方法和指导书；⑨项目各阶段（设计、采购、施工、安装、试运行等）适用的试验、检查、检验及验收大纲；⑩完成质量目标的检验方法；⑪随着项目的进展，质量计划修改和完善的程序；⑫为了达到质量目标应采取的其他措施，如更新检测设备、研究新的工艺方法、补充制定特定的程序等。

7.3.4 风电场项目质量计划的编制要求

风电场项目的质量计划作为对项目的质量保证和质量控制的主要依据，既要包括工程项目从分项工程、分部工程到单位工程的质量过程控制，也要包括从资源投入到完成工程质量最终检验和试验的质量过程控制。风电场项目质量计划编制的要求主要如下：

1. 质量目标

合同范围内全部工程的所有使用功能符合设计要求；分部、单位、分项工程质量达到既定的施工质量验收统一标准，合格率为100%。附表4-1以某风电场项目质量目标分解为例，概述了风电场项目质量计划质量目标分解的基本情况。

2. 管理职责

（1）项目经理是工程实施的最高负责人，对工程符合设计、验收规范、标准要求负责，对各阶段按期完成负责。

（2）项目经理委托项目质量专职人员负责工程质量计划和质量文件的实施及日常质量管理工作。

3. 资源提供

（1）规定项目管理人员及操作人员的岗位任职标准及考核认定方法。

（2）规定项目人员流动时进出人员的管理程序。

（3）规定人员进场培训的内容、考核、记录等。

（4）规定对新技术、新结构、新材料、新设备修订的操作方法和对操作人员进行培训并记录等。

（5）规定施工所需的临时设施、支持性服务手段、施工设备及通信设备等。

4. 项目实施过程控制

（1）规定施工组织设计或专项项目质量的编制要求及接口关系。

（2）规定重要施工过程的技术交底和质量计划要求。

（3）规定新技术、新材料、新结构、新设备的计划要求。

（4）规定重要过程验收的准则或技术评定方法。

5. 材料、机械、设备等采购控制

规定采购的工程材料、工程机械设备、工具等对供应方产品标准及质量管理体系方面的要求，选择、评估、评价和控制供应方的方法，以及特殊质量保证证据等方面的要求。

6. 施工工艺过程控制

（1）对工程从合同签订到交付全过程的控制方法做出规定，对工程的总进度计划、分段进度计划、分包工程进度计划、特殊部位进度计划、中间交付的进度计划等做出过程识别和管理规定。

（2）规定工程实施全过程各阶段的控制方案、措施、方法及特别要求等。

（3）规定工程实施过程需用的程序文件、作业指导书（如工艺标准、操作规程、工法等），作为方案和措施必须遵循的文件。

（4）规定对隐蔽工程、特殊工程进行控制、检查、鉴定验收、中间交付的方法。

（5）规定工程实施过程需要使用的主要机械、设备、工具的技术和工作条件，运行方案，操作人员上岗条件和资格等内容，作为对机械设备的主要控制方式。

（6）规定对各分包单位项目上的工作表现及其工作质量进行评估的方法、评估结果送交有关部门、对分包单位的管理办法等，以此控制分包单位。

7. 成品保护和交付过程控制

（1）规定工程实施过程中形成的分项、分部、单位工程的半成品、成品保护方案、措施、交接方式等内容，作为保护半成品、成品的准则。

（2）规定工程期间交付、竣工交付、工程的收尾、维护、验收评价、后续工作的处理方案、措施，作为管理的控制方式。

（3）规定重要材料及工程设备包装防护的方案及方法。

8. 安装和调试过程控制

对工程中水、电、暖、电信、通风、机械设备等的安装、检测、调试、验收评价、交付、不合格的处置等内容规定方案、措施、方式。由于设备安装和调试等多工序间施工交叉配合较多，因此对于交叉接口程序、验证哪些特性、交接验收、检测、试验设备要求、特殊要求等内容做出明确规定。

9. 检验、试验及验收过程控制

（1）规定项目上使用所有检验、试验、测量和计量的控制和管理制度。

（2）规定工程验收的方式、方法和方案，工程验收所用的规程及规范。

（3）规定工程各阶段验收的流程和管理制度。

10. 不合格品控制

（1）编制各工种、分项分部工程不合格产品出现的处置方案、措施，以及防止与合格产品之间发生混淆的标识和隔离措施。

（2）规定哪些范围不允许出现不合格产品，明确一旦出现不合格哪些允许修补返工，哪些必须重新实施，哪些必须局部更改设计或降级处理。

（3）编制控制质量事故发生的措施及一旦发生后的处置措施。

7.4 风电场项目质量控制

7.4.1 风电场项目质量控制的概念

风电场项目质量控制是工程质量管理中非常重要的一部分，是指通过采取一系列的措施、方法和手段，对工程项目建设各个环节进行有效控制，以保证工程项目质量满足工程合同、设计文件及相关的规范标准，是项目决策、项目实施及项目验收等各

个环节工作质量的综合表现。

7.4.2　风电场项目质量控制的目标

风电场项目质量目标控制至少需要满足合同范围内全部工程的所有使用功能符合设计要求；单位、分部、分项工程质量达到既定的施工质量验收统一标准，合格率为100%。若在合同中约定了其他或更高级别的质量目标，需将其列入该项目质量控制的目标范围。项目质量控制目标可分解为适用性、安全性、耐久性、可靠性、经济型和与环境协调性六项，是项目质量必须要达到的基本要求。

7.4.3　风电场项目质量控制的关键环节及要点

7.4.3.1　影响质量控制的因素及关键环节

为使风电场项目的质量得到有效保证，要求在项目实施过程中各单位、各部门精心准备，在实施过程中严加控制影响工程的各个因素。

1. 影响质量控制的因素

风电场项目施工过程中的质量问题表现形式多样，影响这些质量问题的因素，可归纳如下：

（1）施工前期工作缺陷。施工前期工作缺陷包括地质勘测不准确和设计计算不合理。前者主要包括：未认真进行地质勘察，提供地质资料、数据有误；地质勘察时，钻孔间距太大，不能全面反映地基的实际情况，如当基岩地面起伏变化较大时，软土层厚薄相差亦甚大；地质勘察报告不详细、不准确等。设计方面的问题包括设计考虑不周、结构构造不合理、计算简图不正确、计算荷载取值过小、内力分析有误等，都是诱发质量问题的隐患。

（2）违背建设程序。包括：不经可行性论证，不做调查分析就拍板定案；没有搞清工程地质、水文地质就仓促开工；无证设计，无图施工；任意修改设计，不按图纸施工；工程竣工不进行试车运转、不经验收就交付使用等。

（3）建筑材料及制品不合格。钢筋物理力学性能不符合标准，水泥受潮、过期、结块、安定性不良，项目质量管理砂石级配不合理，有害物含量过多，混凝土配合比不准，外加剂性能、掺量不符要求时，均会影响混凝土的强度、和易性、密实性、抗渗性，导致混凝土结构强度不足、裂缝、渗漏、蜂窝、露筋等质量问题；预制构件断面尺寸不准，支承锚固长度不足，未可靠建立预应力值，钢筋漏放、错位，板面开裂等，必然会出现断裂、垮塌。

（4）施工和管理问题。许多工程质量问题往往是由施工和管理造成的。例如：不熟悉图纸，盲目施工；图纸未经会审，仓促施工；未经监理、设计部门同意，擅自修改设计；施工管理紊乱，施工方案考虑不周，施工顺序错误；技术组织措施不当，技

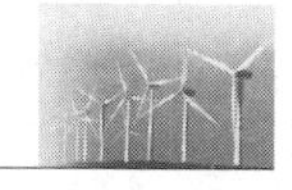

术交底不清，违章作业；不重视质量检查和验收工作等。

(5) 自然条件影响。施工项目周期长、露天作业多，受自然条件影响大，温度、湿度、日照、雷电、供水、大风、暴雨等都可能造成重大的质量事故，施工中应特别重视，采取有效措施予以预防。

2. 项目质量控制的关键环节

风电场项目不能只依靠终检来判断工程质量，竣工验收无法检验工程内在质量，发现其隐蔽缺陷。工程质量是按检验批、分项工程、分部工程、单位工程进行检查评定与验收。因此，项目的终检存在局限性，做到以预防为主，防患于未然是工程质量控制的必要保证。通过上面对影响质量的重要因素分析，项目质量控制的关键可以从以下方面进行：

(1) 人的控制。人是生产经营活动的主体，是工程项目建设的决策者、管理者、作业者、使用者，工程建设的全过程。人员的素质，即人的文化水平、技术水平、决策能力、领导能力、管理能力、组织能力、作业能力、控制能力、身体素质及职业道德等，都将直接和间接地对项目规划、决策、勘察、设计、采购和施工的质量产生影响，而规划是否合理，决策是否正确，设计是否符合所需要的质量功能，施工是否满足合同、规范、技术标准需要等，都将对工程质量产生不同程度的影响，因此人员素质是影响工程质量的一个最关键因素。各类专业从业人员必须持证上岗，实施以前必须反复交底，提醒注意事项，避免产生错误行为和违纪违章等现象。例如高空作业、水下作业、危险作业、易燃易爆作业等对人的身体（心理）素质有相应的要求；对技术难度大或精度要求高的作业（如重型构件吊装或多机抬吊，动作复杂而快速运转的机械操作，精密度和操作要求高的工序，技术难度大的工序等）均应对人的技术水平有相应的要求。

(2) 材料的控制。工程材料泛指构成工程实体的各类建筑材料、构配件、半成品等，它是风电场工程建设的物质条件，是工程质量的基础。工程材料选用是否合理，产品是否合格，材质是否经过检验，产品防护、保管、使用是否得当等，都将直接影响工程的结构刚度和强度、外表及观感、使用功能以及使用安全。因此，材料的质量和性能是直接影响工程质量的主要因素；尤其是某些工序，更应将材料质量和性能作为控制的重点。

(3) 机械设备的控制。机械设备可分为两类：①组成工程实体及配套的工艺设备和各类机具，如风电机组、升压站设备等，它们构成了风电场设备安装工程或工业设备安装工程，形成完整的使用功能；②施工过程中使用的各类机具设备，包括大型垂直与横向运输设备、各类操作工具、各种施工安全设施、各类测量仪器和计量器具等，简称施工机具设备，它们是施工生产的手段。工程机具设备的产品质量优劣直接影响工程使用功能质量。施工机具设备的类型是否符合工程施工特点，性能是否先进稳定，操作是否方便安全等，都将间接影响工程项目的质量。因此，施工阶段必须综合考虑施工现场条件、建筑结构型式、施工工艺和方法、建筑技术经济等合理选择机械的类型和性能参数，合理使用机械设备，正确地操作。设备进场时，要按设备的名称、型号、规格、数量清单逐一检查验收。设备安装要符合有关设备的技术要求和质量标准。操作人员必须认真执行各项规章制度，严格遵守操作规程，并加强对施工机械的维修、保养、管理。

（4）工艺方法的控制。工艺方法是指施工现场采用的施工方案，包括技术方案和组织方案。前者如施工工艺和作业方法，后者如施工区段空间划分及施工流向顺序、劳动组织等。施工方案是否合理，施工工艺是否先进，施工操作是否正确，都将对工程质量产生重大的影响。在工程施工中，往往由于施工方案考虑不周而拖延进度，影响质量，增加投资。因此，制定和审核施工方案时，必须结合工程实际，从技术、管理、工艺、组织、操作、经济等方面进行全面分析、综合考虑，力求方案技术可行、经济合理、工艺先进、措施得力、操作方便，有利于提高质量、加快进度、降低成本。

（5）施工过程的控制。注重施工过程的控制，主要关注对施工顺序、关键施工操作、技术参数和技术间隙的控制。

（6）新材料、新工艺、新技术的控制。当新工艺、新技术、新材料虽已通过鉴定、试验，但施工操作人员缺乏经验，又是初次进行施工时，也必须将其操作作为重点严加控制。

（7）施工环境条件的控制。环境条件是指对工程质量特性起重要作用的环境因素，包括：①工程技术环境，如工程地质、水文、气象等；②工程作业环境，如作业面大小、防护措施、通风照明和通信条件等；③工程管理环境，主要包括工程实施的合同结构与管理关系的确定，组织体制及管理制度等；④周边环境，如工程邻近的地下管线、建筑物等；⑤工程自然环境，如夏季高温作业、冬季作业、雨天作业、洪涝灾害等。环境条件往往对工程质量产生特定的影响。加强环境管理，改进作业条件，把握好技术环境，辅以必要的措施，是控制环境对质量影响的重要保证。

综上，在项目质量管理方面，需根据质量的要求，准确、有效进行质量控制点的选择，选择质量控制的重点因素、重点部位和重点工序作为质量控制点，继而进行重点控制和预控，这是质量控制的有效方法。

7.4.3.2　风电场施工准备期的质量控制要求

1. 建设单位施工准备工作要求

为使风电场项目施工顺利进行，建设单位应在工程正式开工前做好以下准备工作：

（1）到项目所在地建设主管部门备案。

(2) 勘测、设计单位已选定，地勘报告已完成，施工图设计已完成并评审通过。

(3) 监理单位招标已选定。

(4) 施工单位招标已选定。

(5) 建设项目征地工作具备施工条件。

(6) 风电场所需的风电机组、中控设备、箱式变电站、主变压器、变电所电气设备、输电线路器材及电缆等设备已招标采购，并能确保交货期能满足现场施工需要。

(7) “四通一平”，即为施工单位提供现场用电、用水、道路、通信及施工现场场地平整的方便条件。由于各风电场当地条件千差万别，现场“四通一平”的进行有各种操作方式。其中较为普遍的有两种：①由建设单位自己安排解决；②把施工现场“四通一平”列入工程施工合同的内容中，由施工单位实施。综合考虑施工场区条件，“四通一平”优先考虑永临结合的方式。

2. 设计单位施工准备工作要求

(1) 到项目所在地建设主管部门备案。

(2) 已完成风电场地质勘察的全部工作。

(3) 对地形图完成复核。

(4) 施工测量控制网已确定并移交建设单位。

(5) 施工图设计文件已完成并通过评审。

(6) 编制完成施工图供图计划。

(7) 设计代表已驻场。

(8) 已完成施工图设计文件交底及图纸会审工作。

3. 监理单位施工准备工作要求

(1) 到项目所在地建设主管部门备案。

(2) 总监理工程师在工程开工前组织监理工程师根据工程特点编写工程监理规划，由监理单位技术负责人审批后实施。监理规划作为工程监理实施的纲领性文件，确定监理工作的总体设想、明确控制目标以及实施的措施和手段。

(3) 各专业监理工程师负责组织编写专业监理实施细则，由总监理工程师审批后实施。

(4) 督促施工单位建立健全质量、安全管理体系，监督检查其体系是否正常运行。

(5) 组织或参与施工图的图纸会审和设计交底，检查施工单位是否按照有效的最新控制版本进行施工，未经会审和无效版本的施工图不得在工程中使用。

(6) 审查施工单位编制的施工组织设计，施工技术方案，施工作业指导书（施工措施），施工质量计划，施工质量保证措施，大件运输及吊装施工方案，冬季、雨季和高温季节施工措施，安全文明施工等措施及方案。对施工中可能出现的问题提出预防性的措施，防患于未然。

(7) 督促施工单位根据工程特点确定施工质量通病清单，研究制定重点施工工艺保证措施。

(8) 审核施工单位的质量检验计划，审核见证点和停工待检点，编制旁站监理项目计划，确定旁站点。

(9) 审核施工单位报送的开工报告。对项目的开工条件如施工图是否经过会审，施工作业指导书是否编写完毕并经监理审查，材料、设备的到货情况，机械、劳动力的组织情况，施工场地是否具备施工条件等进行审查。各项条件具备后由项目总监及时签发开工令。

(10) 对工程上所使用的原材料、半成品、预制件、加工件和外购件必须具备完整的材料质量合格证件、技术文件，经监理工程师审查确认后方可在本工程中使用。

(11) 对工程中使用的新材料、新工艺、新结构、新技术必须具备完整的技术鉴定证明和试验报告，经总监理工程师审查确认后方可在本工程中使用。

(12) 检查施工单位各类人员的持证上岗情况。

(13) 监督施工单位做好计量工作，完善计量及质量检测技术和手段，对各计量器具要建立台账，并按规定的周期定期校验。

(14) 明确本工程进行质量验收和检查所遵循的规范及标准。

(15) 审查施工单位选择的分包单位、试验单位的资质并认可，发现与申报情况不符者，提出更换或调整要求。

4. 施工单位施工准备工作要求

施工单位履约保函和各项保险手续已办理完成，并按照相关要求向银行专户存储工资专项资金、农民工工资保证金、社保保证金等；到项目所在地建设主管部门完成备案。在工程开工前必须上报监理单位的资料有开工申请报告、图纸会审记录、施工单位的资质、专业分包单位资格报审、施工组织设计方案报审、工程/材料/构配件、大型机械设备报审等，并准备以下资料报审：

(1) 企业资质证书、营业执照及注册号。

(2) 企业等级证书、信用等级证书。

(3) 施工企业安全资格审查认可证书。

(4) 企业法人代码证书。

(5) 质量体系认证证书。

(6) 施工试验室资质文件。

(7) 工程项目管理人员上岗证资格证书、上岗证复印件。

(8) 建设工程特殊工种人员上岗证审查表及上岗证复印件。

(9) 施工组织设计及专项方案。

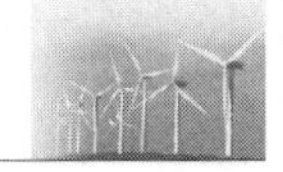

(10) 脚手架工程施工方案，临时用电方案，基坑支护方案，模板支护方案，起重吊装作业方案，物料提升机装拆卸方案（如有物料提升机），土方开挖方案，桩基施工方案，大体积混凝土施工方案，临时设施搭设方案和其他分阶段、分专业施工方案。

(11) 进场机械设备报验。

(12) 对建设单位提供基准坐标点、水准点复核记录。

(13) 施工现场质量管理检查记录。

(14) 施工总进度计划报审。

(15) 专业分包资质报审材料。

(16) 建设工程开工申请报告。

7.4.3.3 风电场施工质量控制要点

风电场施工过程中，原材料及中间产品和各分项工程的主要质量控制要点分析见附表 5-1。

7.4.4 风电场项目质量控制的系统过程

项目质量控制是一件非常复杂且庞大的系统工程，工程项目质量控制的关键是施工阶段的质量控制。施工阶段的质量控制是一个经由对投入的资源和条件的质量控制进而对生产过程及各环节质量进行控制，直到对所完成的工程产出品的质量检验与控制为止的全过程的系统控制过程。这个过程可以根据在施工阶段工程实体质量形成过程的时间阶段不同来划分；也可以根据施工阶段工程实体形成过程中物质形态的转化来划分；或者是将施工的工程项目作为一个大系统，对其组成结构按施工层次加以分解来划分。

1. 根据施工阶段工程实体质量形成过程的时间阶段划分

施工阶段的质量控制可以分为以下阶段的质量控制：

(1) 事前控制，即在施工前的准备阶段进行的质量控制。它是指在各工程对象正式施工活动开始前，对各项准备工作及影响质量的各因素和有关方面进行的质量控制。

(2) 事中控制，即施工过程中进行的所有与施工过程有关各方面的质量控制，也包括对施工过程中的中间产品（工序产品或分部、分项工程产品）的质量控制。

(3) 事后控制，是指对于通过施工过程所完成的具有独立的功能和使用价值的最终产品（单位工程或整个工程项目）及其有关方面（如质量文件审核与建档）的质量进行控制。

上述三阶段的质量控制系统过程及其所涉及的主要方面如图 7-5 所示。

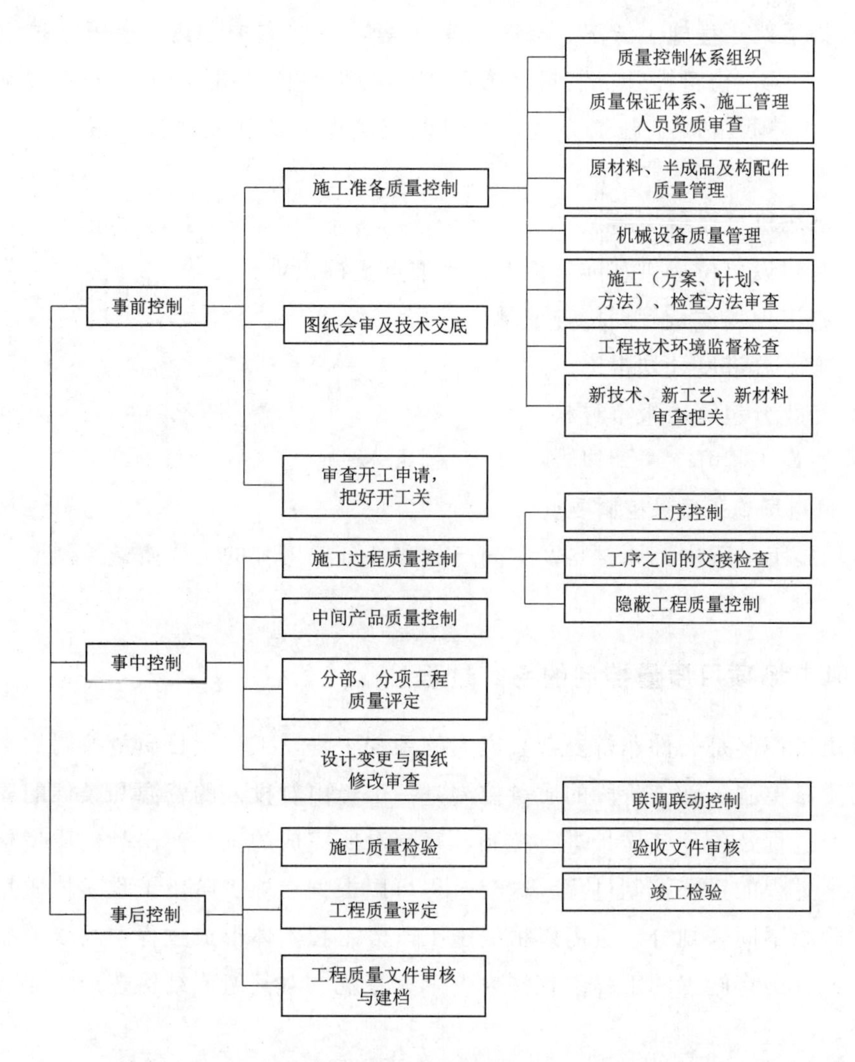

图7-5　三阶段质量控制系统过程图

2. 根据施工阶段工程实体形成过程中物质形态的转化划分

由于工程对象的施工是一项物质生产活动，因此施工阶段质量控制的系统过程也是一个经由以下阶段的系统控制过程：

（1）对投入的物质资源质量的控制。重点是对材料、构配件、半成品、机械设备的质量控制。主要依据有：有关技术标准及规程；有关试验、取样、方法的技术标准；有关材料验收、包装、标志的技术标准，质量说明书；涉及新材料时，应该有权威的技术检验部门关于其技术性能的鉴定书或相应级别的技术鉴定。

（2）施工及安装生产过程质量的控制。即在使投入的物质资源转化为工程产品的过程中，对影响产品质量的各因素、各环节及中间产品的质量进行控制。

（3）对完成的工程产出品质量的控制与验收。依据是施工及验收规范、质量评定标准。

在上述三个阶段的系统过程中，前两阶段对于最终产品质量的形成具有决定性的作用，特别是对所投入的物资资源质量的控制对最终产品质量又具有举足轻重的影响。因此，在质量控制的系统过程中，无论是对投入物资资源质量的控制，还是对施工及安装生产过程质量的控制，都应当对影响工程实体质量的五个重要因素方面，即对施工有关人员因素、材料因素、机械设备因素、施工方法因素以及环境因素等进行全面的控制。

3. 按工程项目施工层次结构划分的系统控制过程

一个工程项目通常由几个单位工程组成，一个单位工程又由几个分部工程组成，一个分部工程又由几个分项工程组成，而一个分项工程又是由几道工序组成的。通常任何一个大中型工程建设项目都可以划分为若干层次。例如，对于建筑工程项目，按照国家标准可以划分为分项工程、分部工程和单位工程等层次。各组成部分之间的关系具有一定的施工先后顺序的逻辑关系。从工程项目组成的意义上来说，由工序质量形成分项工程质量，由分项工程质量形成分部工程质量，由分部工程质量形成单位工程质量，由单位工程质量形成项目工程质量。

通常，一个单位工程中包含建筑施工和设备安装施工，因此单位工程的质量又包含建筑施工质量、安装施工质量和材料设备质量三部分。显然，工序施工的质量控制是最基本的质量控制，它决定了有关分项工程的质量；而分项工程的质量又决定了分部工程的质量。各组成部分及层次间的质量控制系统过程如图 7-6 所示。

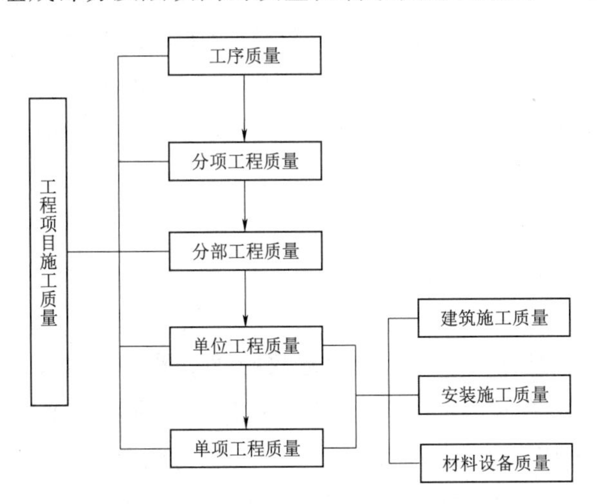

图 7-6　按施工层次结构划分的质量控制系统过程图

以上是通过不同的方式将质量控制的系统过程进行分类阐述，对于每一种分类，整个系统过程可分为多个子过程，子过程还可以再往下分，最终到达具体的操作环节。然而每个操作环节之间，甚至子过程之间往往并不是孤立的，是相互联系，甚至是因果关系。因此，项目质量控制系统过程不能简单视为若干子系统的合并。

第8章　风电场项目成本标准化管理

8.1　风电场项目成本管理基础

8.1.1　风电场项目成本构成

8.1.1.1　风电场项目成本管理的概念

风电场项目成本管理是以制定合理的投资纲领，约束风电场项目投资执行过程行为，从而达到或接近低投入、高产出的理想目的。但因风电场项目自身所处的新能源行业特性，造价要素投资占总投资比例相对固定，可通过管理手段控制的成本空间更加狭小，对管理水平和计划的要求更加精细，可执行程度要求也越高。

近年来，通过有效的市场总结和政策刺激，我国风电场项目已呈现较稳定的投资比例架构，项目设备投资平均比例已超过项目总投资数额的70%，技术投资表现先进且积极。各地方政府陆续出台风电场项目的竞价及平价竞争方案，政策导向驱使风电场项目上网电价逐年下降，平价上网趋势日趋明显。在无法改变风电场项目设备投资支出较大的客观前提下，各建设单位为保证自身投资收益，需将适用自身且可归纳的管理手段体系化，压缩可控成本，扩大目标项目发电产值与已投入货币资源的差值数额。

8.1.1.2　风电场项目的成本构成类型

1. 按投资时段分类

(1) 前期成本。对建设单位一般指各地政府发布风电场项目开发计划后，企业依据计划内容，为获取潜在项目资源的开发权利而投入的前期成本，一般包括获取资源（标段）、预测风能资源、办理前期各项支持性文件、项目前期管理等成本。对承包单位一般指投标成本，含招标文件购置费、投标保证金、投标人员差旅费、投标文件编制成本以及个别企业联合经营成本等。

(2) 建设期成本。一般指建设单位获取资源成功且按地方政府要求完成核准或备案后，使拟建项目由计划转变为实体的成本投入，同样为承包单位承揽合同工程的施工成本。按《陆上风电场工程设计概算编制规定及费用标准》(NB/T 30311) 指导意见，一般包括施工辅助工程、设备及安装工程、建筑工程（如环境保护工程、水土保

持工程等)、其他费用(含土地成本、其他税费)、预备费、建设期利息，个别项目需考虑建设手续办理等。

(3) 运营期成本。一般特指建设单位对项目已完成建设期投资，项目已完全投入使用且通过竣工验收，已合规完成预估投资转为固定资产投资后，产生的所有直接或间接保障或维持项目产生营业收入的成本投入。一般包括经营期利息、人工成本、管理费用、风电机组常规维护成本(含运营期备件成本)、电力营销成本、运营期环境因素成本(如为抵销场区防洪、防涝及房屋建筑物沉降等影响的工程类修筑、修葺成本以及叶片覆冰、机组尾流等因素导致的技改成本)、税务成本(如土地使用税)及各企业预算内的文化宣传成本等。

风电场项目成本构成见表 8-1。

表 8-1 风电场项目成本构成(按投资时段划分)

投资时段	建设单位成本	承包单位成本
前期成本	资源获取成本 风能资源预测成本 办理前期支持性文件 项目前期管理费	招标文件购置费 投标保证金 投标文件编制成本 投标人员差旅费 联合经营成本
建设期成本	施工辅助工程 设备及安装工程 建筑工程(如环境保护工程、水土保持工程等) 其他费用(含土地成本、其他税费) 预备费 建设期利息 手续办理费用	
运营期成本	经营期利息 人工成本 管理费用 机组常规维护成本 电力营销成本 运营期环境因素成本 税务成本 文化宣传成本	—

2. 按费用要素分类

(1) 建筑安装工程费。建筑安装工程费一般指用于场区道路、风电机组及箱式变压器基础、风电机组及塔筒吊装、场区集电线路、升压站土建及安装、场区及升压站全站接地、防洪工程、送出线路工程及厂用电线路、水土保持及环境保护工程等直接或间接用于施工建设的费用。

(2) 设备及主要材料费。设备及主要材料费一般指风电机组，塔筒，箱式变压器，电缆，塔材及导线，升压站一、二次设备，消防、安全、水土保持监控（测）设备等设备购置类成本。

(3) 项目建设管理费。项目建设管理费指风电场项目建设单位对项目自建设筹建至竣工验收及后评价全过程管理所需的费用成本。一般由建设项目法人管理费、前期工程费、备品备件购置费、工程保险费组成。

(4) 接入费。接入费指风电场项目（接入方）向地方电网企业或拟接入升压变电站的权属企业（被接入方）交纳的接入点费用。被接入方一般以此回收已投入的被接入线路或变电站的工程建设、改造和运维成本。

(5) 过网费。过网费指风电场项目接入电网企业已建设完成的送电线路时，电网企业以上网电量为计费数量，以一定标准数额为收费单价收取的电网线路使用费用。

(6) 项目建设保证金。项目建设保证金指建设单位为获取风电场项目开发资源权利，向地方政府作出开发承诺并因此缴纳的承诺履行费用，一般数额较大。多以千万元为计数单位。

(7) 建设用地（海）费。建设用地（海）费一般指土地出让金、海域使用金、土地补偿费、地上附着物补偿费、青苗补偿费、安置补偿费、耕地占用税、植被恢复费等。

(8) 应缴税费。应缴税费指国家税法规定应计的城市维护建设税、教育费附加、地方教育费附加、企业所得税、车船使用税、房产税、印花税、土地使用税等。

(9) 财务成本。财务成本指为风电场项目建设所发生的必要贷款利息。

风电场项目成本构成（按要素划分）如图 8-1 所示。

8.1.2　风电场项目成本管理理论

与一般民用、工业建设项目相比，风电场项目工期短、工艺相对简单、分部工程构成较少，但成本管理控制环节和难度并未因此降低。就建设过程而言，由前期启动至项目竣工验收，再由竣工验收至项目“三减三免半”税收优惠政策结束进入常规运营期，各节点的成本控制效果均对项目后评价水平有决定作用。积极的成本管理取决于各节点的强力管控及配合，项目的最终投资效果与起始决策的准确性，以及执行过程的受控程度。另外，由于建设单位的企业价值对项目未来现金流量现值存在重要影响，各单位在行业中的竞争战略和目标定位不同，使得相似项目的收益目的和收益结果不尽相同，企业价值从筹建阶段就可以隐形地左右成本管理的细节与结果。因此，风电场项目的成本控制除了受直接相关的各环节因果影响，还存在一定的个性化差异。

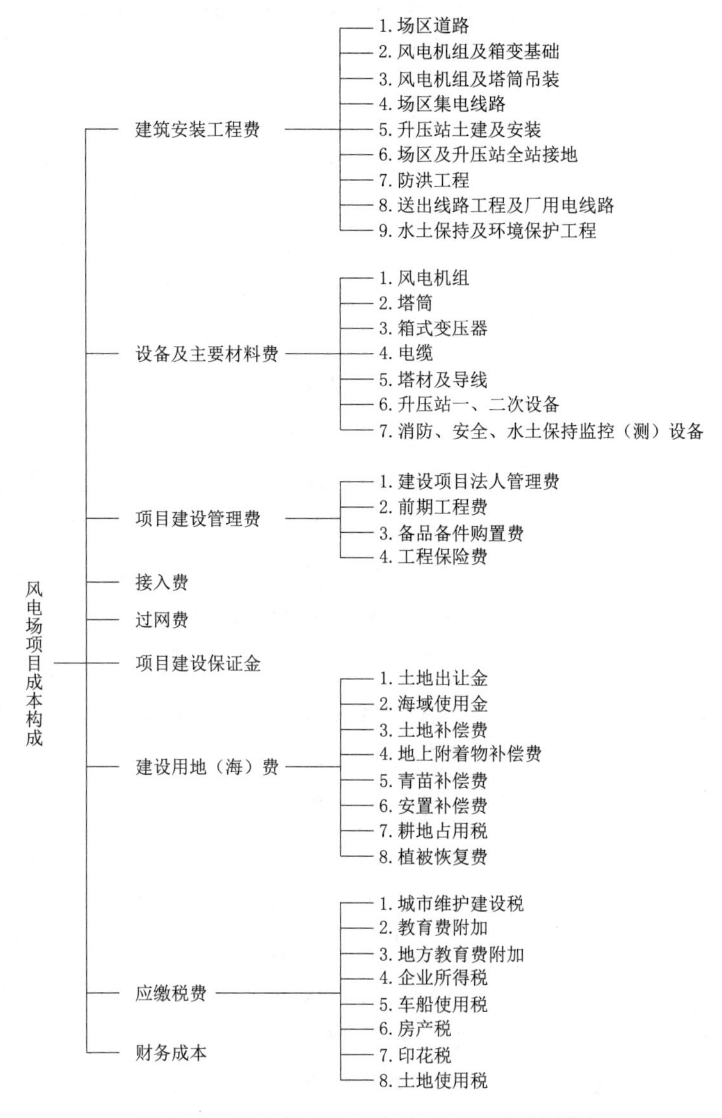

图 8-1　风电场项目成本构成(按要素划分)

8.1.2.1　风电场项目成本管理的环节

风电场项目成本管理与常规项目基本一致,一般有预测、计划、控制、核算、分析、考核等环节,具体如下:

(1)成本预测。通过已收集的成本信息和风电场项目特性信息,运用一定的测算方法,考虑一定的未来趋势,对项目成本水平进行预测,本质是在项目投资或参与建设实施前对企业自身进行标准衡量。

(2)成本计划。成本计划一般作为风电场项目发承包双方对项目整体成本进行计划和管理的前瞻性工具。主要以货币形式编制项目计划周期内前期成本、建设成本和运营期成本(指建设单位项目运营成本)的成本水平和其降低率目标的措施、规划,

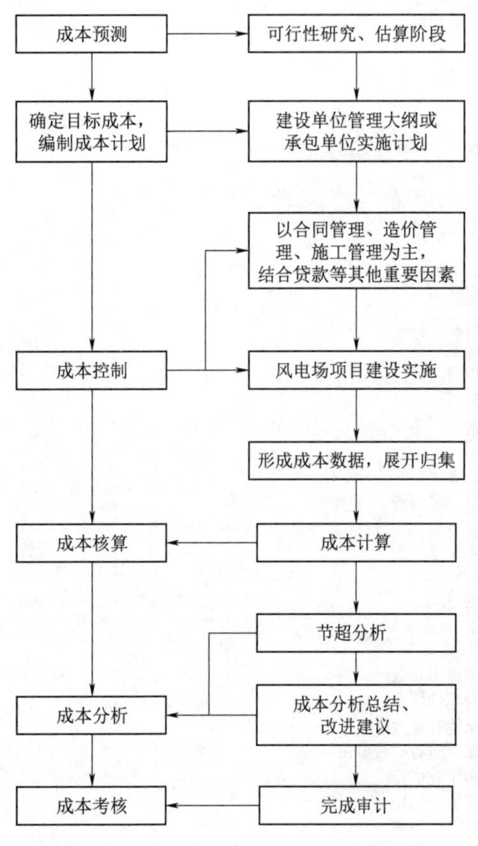

图 8－2　风电场项目成本管理流程图

作为风电场项目降低成本目标的指导性依据。

（3）成本控制。成本控制指项目确定投资或参建后，在具体落成的实施过程中对影响项目成本的各类因素进行整理、归纳和总结性管理。通过各种有效措施揭露阶段内成本管理偏差，确保各类成本符合预期标准，消除资金货币浪费现象，是风电场项目成本管理的执行阶段。

（4）成本核算。成本核算一般指风电场项目投资、参建或运营过程所发生的各种费用和各类形式的支出成本核算，是预测、计划、控制、分析、考核等五项环节的客观数据来源和决策依据。

（5）成本分析。成本分析是在风电场项目投资、参建或运营成本产生的过程中对其成本数据进行对比和剖析的行为，是成本管理的成效总结工作。成本分析基本贯穿风电场项目成本管理全过程，以系统性的研究分析判断风电场项目各项经济指标与预期目标的差异位置，可以印证成本计划的合理程度，找到一定的成本管理规律。

（6）成本考核。成本考核指风电场项目各成本支出阶段完成后，对成本结果产生实质影响的管理人员进行考核。按成本核算和分析的实际数据结论，对管理人员是否落实计划、拟定经营方案进行对比分析来认定其管理业绩，并对其业绩进行奖励或考核，调动员工工作积极性并培养其成本管理意识。

根据以上六个环节的互相关联及内部相互作用、影响，可以有效提升建设单位或承包单位的成本掌控水平，各参建单位做到上述管理要素后，均可获得相应的客观收益。风电场项目成本管理流程如图 8－2 所示。

8.1.2.2　风电场项目成本管理的方向

优质的成本管理方案需要成本预测、计划、控制、核算、分析、考核的多重协作。各协作点的控制手段是成本管理的核心内容，任何做到全面控制的风电场项目，其最终表现出的投资收益都是与项目建议书（或可行性研究报告）一致且积极的。对于风电场项目而言，成本管理的具体方向如下：

1. 做好全面的前期规划

建设项目决策阶段是决定工程造价的基础阶段，对工程造价的准确性影响可以达到70%～90%，直接决定了项目固定资产投资的最终价值。风电场项目的收益受自然资源、地方用地政策、税收政策及电网友好性的直接影响。部分风电场项目处于地方政府规划设立的产业园区中，还受来自周边风电场项目尾流效应的间接影响。

由此可见，对建设单位来讲，精准的风能资源分析、深入的地方政策解读可以有效规避常规甚至竞价或平价风电场项目的投资陷阱，获取尽可能全面的边界条件，从而提高企业对风电场项目的合理投资率。在前期阶段对环境、技术、市场、财务等进行充分的可行性论证，对建设单位是一种投资责任，是企业发展的战略性投资前瞻；对风电场项目是一种投资基调，是项目自破土动工至运营期满的持续性约束。因此，对资源分析、政策解读、送出通道、土地成本、地质条件及限电情况进行全方面调研的风电场项目，做出的投资决策也相对准确。

2. 履行有效的招标采购工作

风电场项目一般投资巨大，从结果看，通过合理的竞标过程，可以有效地提高投资企业的实际收益。所以恰当且合理的招标采购，是压缩成本的有效手段。结合成本控制及招标全过程，应注意的内容如下：

（1）确定便利的结算方式。根据前期规划了解到的边界条件，充分判断拟建风电场项目的建设难度。以建筑安装工程为例：建设边界条件较好，在当地有过投产项目建设经验的风电场项目，宜采用单价结算方式压低建设成本；建设边界条件复杂，增加额外风险投资的可能性较大且无法预估金额的风电场项目，宜采用总价结算（固定或可调均可）方式合理转嫁一定范围内的企业风险。常规情况下，总价结算方式的合同价款构成，存在不平衡报价的可能性更高，承包单位获利方式较单价结算方式也更丰富。虽然从价款数额上看，总价结算方式的造价成本普遍高于单价结算方式，但对于因前期规划阶段掌握的信息较少且因为其他因素不得不投资建设的项目，或是前期规划阶段已经探明边界条件复杂的项目，若以数字表现结果来看，总价结算方式虽然做成了较高的价款结算，但与其承担的其他隐形边界成本相比，对建设单位而言实际上达成了积极的成本控制效果，而承包单位也可以通过内部强力的成本管理手段，合理提升项目利润率。

（2）确定严谨的招标、承揽范围。风电场项目一般含多个单位工程，所辖专业较多，各专业跨度较大。因为“并网”这种特殊的建设目标，项目的建设成果实际不受建设单位在内的参建单位及质量监督部门验收认可，建设方案和目的更多是围绕地方电网公司评审并同意的接入系统方案制定，其出具的并网验收结论才是直接评判风电场项目建设成绩的重要依据，是投资风电场项目能否获得营收的关键因素。在项目招投标阶段，招标承揽范围是否扎实地按照项目并网要求编制和确定，将直接影响风电场项目的建设范围、工期耗时和成本金额，对建设单位为项目准备的货币资金额度和其时间成本的承担能力预判能否准确都将起到决定性影响，对承包单位提前准备材料、物资和衡量自身承揽能力起到一定的对照标准性作用。

一般情况下，风电场项目的招投标工作应完成并注意以下步骤：成立招标（投标）工作组（含各专业工程人员）—工作组起草招标（投标）文件—公司组织各专业专家评审—工作组根据评审意见修改文件—公司复审—招标（投标）人决策机构批准—发售（递交投标文件）。

(3) 合理的评标办法和严谨的招投标成果。为控制土地成本，风电场项目场址一般设在国有未利用地或经批准的新能源用地地区内，导致拟投入项目建设的各种原材料或设备的供货途径相对单一、运距成本较高。部分山地风电场项目更存在为满足风电机组设备运输的道路要求而劈山开路的超高成本。由此可见，真实的建设成本势必由客观的边界条件和建设单位的企业化个性要求决定。当评标办法偏向于价格因素时，大概率会出现投标人（设备及建安）报出低于实际成本的超低报价，伴随着物价波动和风电行业短工期的行业特性等客观因素，中标人因履约困难而产生合作分歧时有发生，影响着合同的执行效力，严重的情况将导致出现合同终止的极端情况，直接否定了招标采购的全部流程。重新履行采购流程的必要耗时占用企业的计划工期时间，但招标范围不变而工期变短，投标报价及最终合同价格定将产生一定上浮，增加了企业的时间和货币成本，造成本可避免的成本浪费。

3. 建设以成本控制为本的项目管理体制

风电场项目的建设流程是跨专业性的综合建设集合体，施工现场多工种同面工作情况普遍，如何做好合理配置和资源调度，是风电场项目建设过程成本控制的核心问题。对参与建设的发承包双方来讲，从面到点，由粗至细的建设管理思路如下：

(1) 明确以成本管理为核心的原则。将质量、安全、工期及环境保护等因素融汇，归纳整合成建设管理纲要，明确并框定建设容错范围，可以最大限度地规范施工行为，减少非必要消耗以提高项目的经济效益。

(2) 建立必要的成本控制体系。建立整合人力、物力、机械及管理资源等建设要素为一体的高集成化，统一建设目标、统一通病防治和应急方案的高标准化，丰富渠道和高频次更新进展的高信息化，去繁增效、去重复程序的高实践化为主的“四高”体系，实现风电场项目建设的高效管理。

(3) 建立目标责任制度。将项目最终并网目的中的技术要求、工期要求转化为定量目标。除已签订的承包合同所约定的违约条款外，以项目并网总体要求反推各参建单位的目标责任，明确目标执行层级和责任层级，通过细化指标完成程度控制项目总目标的实现。

(4) 全过程消耗管理。根据风电场项目消耗主要材料普遍成本较高的特性，尽可

能降低各环节资源消耗，重点分析各分项工程影响成本的主要因素，制定贴合需求且符合实际的工序程序，使施工各环节处于受控状态。搭建各环节关联通道，减少通道成本，提高物资消耗及循环的系统控制程度。

4. 采取有利的资金筹措方式

2019年11月20日，国务院发布《国务院关于加强固定资产投资项目资本金管理的通知》（国发〔2019〕26号），细致明确了我国固定资产投资项目的资本金比例，风电场项目维持在20%，未发生变化。以我国内陆荒漠地区风电场项目为例，2019年的平均造价指标在7.50元/W左右，目前国内集中式风电场项目的资源批复趋势，常规项目容量已突破100MW。百兆瓦级别的风电场项目，资本金筹措比例至少为1.5亿元。对建设单位的现金流要求实际并没有因行业发展而降低，反而设备的市场价格上浮一定程度上增加了风电场项目的造价水平，企业须承担更大的资金筹措和贷款难度。

以陆上风电场项目为例，参考内陆地区风能资源条件较好的三北地区，2019年实际可利用小时数平均值为2043.43h，而2019年全国脱硫燃煤标杆电价平均值为0.3644元/(kW·h)，在不考虑限电及交易难度，仅考虑0.4%的发电量输送损耗情况下，一个100MW容量的风电场项目2019年可获得的发电收入为7148.41万元。若企业资金实力极佳，全部投资均为自有资金，项目全生命周期均考虑如此理想化的年发电收入，也需要10年左右的回本周期。而大部分风电场项目实际还是以20%的资本金加80%的贷款为主，一旦资金筹措利率较高，则投资回报周期将更长。

目前国内有较强资金实力的风电开发企业，还是以国有独资或国有资本控股企业为主。国有企业一般货币资金储备较充裕，贷款方式也更加多样化。在风电场项目处于同等建设规模、相近建设地址、相似建设方案的情况下，民间资本投资的风电企业想获得等额的资本金和贷款，难度是较大的。因此，在近年来风电场项目因风电机组涨价等因素导致投资日趋增加的情况下，建设单位资金筹措成本将很大程度上影响项目的实际收益。而承包单位会受建设单位资金能力的影响，发生垫资施工等情况，企业风险实际较大。

8.2 风电场项目成本管理依据

8.2.1 相关法规政策

《中华人民共和国招标投标法》

《中华人民共和国民法典》

《中华人民共和国公司法》

《企业会计准则》

《基本建设财务规则》

《基本建设项目建设成本管理规定》

《贷款通则》

《陆上风电场工程设计概算编制规定及费用标准》（NB/T 31011）

《电力建设工程工程量清单计价规范》（DL/T 5745）

《建设工程施工合同（示范文本）》（GF—0201）

8.2.2　风电场项目成本管理合同分析

按《中华人民共和国民法典》对合同的规范性分类，风电场项目合同类别一般常用的有：建设工程合同、买卖合同、委托合同（适用于项目代建管理等）、借款合同及融资租赁合同。合同使用时段与风电场项目的成本构成类别相似，主要划分为前期规划、建设施工、运营期三个阶段。严谨的合同内容有利于甲乙双方顺畅履约，对双方资金的使用计划、风险预判和责任区分有积极的帮助，以下就各类别合同的细致适用范围和成本风险因素展开论述。

1. 建设工程合同

建设工程合同是风电场项目合同中的主要合同，主要发生在风电场项目建设施工阶段（少数发生在运营期，如房屋修葺），是发电企业（建设单位）与电力（或特种）工程承建单位对商定的施工工程明确互相权利、义务的协议；以承建单位按需求完成建设任务，提供建设成果，建设单位按规定提供必要的工程价款为基础责任。

在风电场项目建设实施过程中，建设工程合同是除机组设备采购外，金额最高的合同。因投资大、涉及面广、管理难度大等特点，也是变更因素最多、变更频次最高、最受审计重点关注的合同。建设工程合同的真实价值除了与协商一致的标的有关，还受地质条件、并网进度、设备供货、建设用地等多方面无法预判的其他因素影响，最终结算金额一般较合同签订金额不一致。

建设工程合同价值一般占风电场项目建设投资的15%～20%，粗放的合同管理工作往往转化成不公允的结算价值，对项目成本控制造成极大影响。不严谨的招投标采购成果或合同签订时对风险的错误研判，使得合同执行过程中经常发生责任约定不明、零星工作无法准确计价、市场风险责任划分模糊等影响履约效率的情况。遇到现场管理不规范的情况，更容易发生低价中标、高价结算的现象。

除了建筑安装，建设工程合同还适用于监理服务、监造服务、勘察及设计等双务合同。

2. 买卖合同

风电场项目买卖合同，常指电气一次、二次设备出卖人向发电企业（建设单位）

或总承包单位等买受人转移目标设备所有权并获取对应价款的合同。这一类合同通常以总价合同为主，合同文件中约定了细致的标的物型号、数量、技术要求、交货方式、地点与时间、延期交货或付款的违约责任以及质保责任等要素。目前国内风电场项目涉及的设备市场已经比较成熟，买卖双方在合同签订前均明确知晓供给需求，所以双方的意见分歧多在合同洽商阶段便可解决。一般合同签订后，出现履约分歧的情况较建设工程合同少，履约程度较高。可制约合同正常履约的因素主要为原材料价格上涨或上游部件市场供应波动，已签订合同价格低于出卖人的生产成本，或是出卖人承接订单较多，产量限制导致出货困难。与并网需求相比，违约考核实际不是建设单位真正需要的，所以容易产生调高合同价格鼓励厂家等行为，但这种情况除了违反招标的公正性，也增加项目的投资成本。因此，设备厂家的货物产品质量、履约能力、排产计划和产能都直接或间接地左右着风电场项目的建设成本。

3. 委托合同

委托合同常用于项目与合规性手续办理或项目代理建设管理等方面。此类合同与其他合同配套履约，一般金额较小，对风电场项目造价影响较小。执行难度相对建设工程合同简单，合同本身不存在难控制的成本管理风险。但是因为被委托人（合同乙方）能力不一致，合同约定的工作可能会关联到其他重大的阶段工作中，因“蝴蝶效应”对项目造成重大成本问题。

4. 借款合同及融资租赁合同

两类合同资金来源和引资方式不同，但合同实际目的都是通过借贷资金降低企业对项目的货币投资比例，减轻短期内的资金压力。借贷资金一般以信用贷款、担保贷款和票据贴现为主，部分集团化企业贷款手段则更加多样，可以通过短期委托贷款来满足借款需求。对于风电场项目来说，短期投资大且回本周期较长。理论上讲，选择时间成本最低的借贷方式，是最有利于项目成本控制的。但在实际筹资过程中，面对风电场项目急迫的资金压力，除信誉极佳的国有集团化企业，大部分企业因信誉、营收、还款能力等多方面因素综合评估后，借款利息普遍带来较大的运营负担。综合来看，借贷方式、利率、营收能力、建设单位经营能力等都可以影响到风电场项目的整体投资成本。

8.2.3 风电场项目成本风险分析

对于风电场项目的投资企业来讲，后期稳定的发电收益，以及降低投资成本的同时还能提升企业营收是建设风电场项目的最终目的。我国风电产业经过多年发展，不考虑设备市场价格波动的情况下，实际风电场项目单位千瓦造价已得到有效控制，行业整体的投资效果呈现准确、低耗、高效的积极态势。以西北地区国有未利用荒漠地类为例，2011—2013年该地区风电场项目单位千瓦造价为8500元左右，截止到2018

年末，相似建设条件的风电场项目单位千瓦造价已经控制在 6000 元上下，造价指标波动已经非常微小，主要原因为：①设备采购的供需已经比较稳定，先进性技术成本逐步减少；②行业建设经验日益丰富，建设工艺趋近成熟；③惠利政策对行业扶持程度增大，减少税务和土地成本；④施工承包市场竞争较大，国有施工企业缺乏退出机制，施工行业重视中标轻视管理，中标价格趋近成本价。

综合以上因素，风电场项目建设成本已经得到有效控制，但带给发承包双方的实际成本影响却是更加深入且剧烈的。看似温和的风电市场让参建单位无法从明面找到成本支出漏洞，对投资成本控制的管理方向已经由直观转变为试探，优秀的成本控制手段由易懂的概念进化为探索和总结。

8.2.3.1　参建企业的盈亏风险

常规风电场项目建设时，一般参建单位包括建设单位、建设单位委托的管理单位、监理单位、施工承包单位、风电机组及其他设备供应单位、勘察设计单位等。常规理解中，各参建单位通过参与市场竞争，在收取一定利益后，提供等值服务或成果，各单位共同提供的合同成果最终汇集成具有营收能力的风电场项目。但在实际风电场项目建设过程中，各单位因介入时间与工作内容、交付成果形式以及承包价格盈利程度的不同，对项目表现出的责任高度和立场并不一致。各单位为保证自己的盈亏平衡，通常会忽略整体的成本控制目标，常见的情况如下：

(1) 委托的建设管理单位和监理单位压缩专业人员投入，减少人工成本和车辆成本，现场配置人员实际无法满足风电场项目跨多种专业的建设需求；实际表现与合同约定的服务质量不一致，往往未能起到预期的监督管理作用；对项目的管理深度和广度不足，增加隐患性非常规成本，常暴露出为解决隐患而追加投入的情况。

(2) 施工承包企业在参与风电场项目建设时，因前期低价中标已成事实，投标文件中承诺的施工方案难以落实于现场。企业为获得一定利润，实际施工成本将被压缩，工作重心由重建设、重工艺转变为重索赔、重商务，项目建设成果的质量较低。施工承包企业以转嫁亏损责任、提高盈利为履约目标，给风电场项目造成极大的未知成本风险。建设单位往往需要支付超出预期的建设成本或得到存在缺陷的项目成果。

(3) 设备采购在风电场项目投建过程中占投资总额比例最大。类似变压器、塔筒等利润较平衡、技术性成本较低的设备，受国家环保督察及钢材市场价格波动影响较大，设备价格波动基本取决于材料价格。履约过程中遇到材料价格上涨的情况，设备交付成本很大可能将高于销售所得。对风电机组这一类有较高技术生产成本的设备，市场政策和上游部件市场带来的价格波动风险则更加明显。即便风电场项目建设单位执行合同违约考核条款，也并不能有效改变厂家无法如期供货的被动局面。目前行业对这种情况的处理方式一般为：①延长项目的建设工期，导致项目转商运时间滞后，

直接影响风电场项目上网电价，增加了同项目施工承包人的工期索赔隐患；②部分项目采取情势变更原则对采购合同进行价格调整，实际是以追加建设投资的方式抵消电价下调的风险。但以上两种方式对建设单位而言，都是以牺牲自身利益来突破投资计划，为市场行为埋单。

（4）与地质勘察成果客观数据的重要性一样，勘察设计的准确程度也是影响风电场项目土建工程成本的重要因素之一。风电场项目的初步选址直接决定项目的收益水平和可行性，而对机位点地质勘察的细致程度，决定了风电机组基础工程的造价水平。粗略的勘察成果，对后期设计影响较大，设计人员无法得到客观全面的持力层数据，就不能准确计算出地基承载力数值、基础型式及混凝土方量。以目前市场上常见的单机容量2.5MW及以上的陆上风电机组为例，其含塔筒的重量普遍超过200t。设计人员未得到可靠勘察成果的情况下，为保证基础荷载满足承载设备的需求，降低自身企业的责任风险和赔偿风险，提高获取利润的安全程度。对基础型式、钢筋用量、混凝土方量设计只能采用较保守的方案，增加了建设单位对土建工程的投资成本和施工单位的建设难度，无形中延长了项目的施工工期。

综上举例不难看出，不同的参建单位在同一风电场项目建设中因自身角度和盈利形式不同，对项目实际建设成本的责任态度并不一致。这一情况受各自所处的节点壁垒、主营业务差异和缺少统一约束的成本控制目标影响，很难做到步调一致。各参建单位主动或被迫考虑自身的盈亏利益，结果就是默契地在各自承揽的范围内扩大了风电场项目的成本投入。

8.2.3.2 建筑企业联合经营的连带风险

风电场项目建设施工具有一定特殊性，以单台风电机组为一个单位工程，其土建工程与吊装工程作为两个分部工程。与吊装工程相比，土建工程施工入门相对简单且安全性较高，受地质、风电机组形式的不同影响，入门后施工难度浮动较大但都存在对应的处理措施和质量通病防治方案。这就导致存在部分没有资质或资质较低的建筑承包企业通过签订联营协议、承包协议等形式，以其他有较高资质的建筑企业名义承揽工程。较高资质的建筑企业承担履约名义，无资质或低资质企业肩负履约事实。在项目实际建设过程中，这种情况使得建设单位及监理单位对承包企业和现场施工管理存在“令不能达、责不能罚”的情况，在工程质量、安全、进度、造价等方面难以得到有效控制。同时，其联合经营内部产生经济纠纷后，极有可能出现对风电场建设消极怠工的不利局面。最终使风电场项目失去最有利的并网时机，损失计划电价。在项目竣工结算时，部分建设单位为分流电价损失责任，又拿出合同条款对合同承包人进行违约考核，联合经营囤积的损失责任最终由资质较高的建筑承包企业承担名誉损失，高额的电价索赔超出名义承包人的承受范围，对建设单位主张的违约考核执行难度较大，因项目纠纷问题可能影响监理、勘察设计单位回款或需要其作为第三人配合诉讼，对各家企业都存在较大的法律隐患。

8.2.3.3　设备材料管理及调度风险

风电机组及塔筒、电缆等设备材料价值较高，如何做到在最恰当的时机支付设备款项、怎么确保设备及材料在预计时间内进场、现场施工进度与设备及材料的消纳和到场节奏匹配是建设单位或总承包单位的成本管理难点，也是成本控制的重要风险要素。过早地支付大额款项不利于己方资金控制，给企业现金流带来负面影响。付款时间滞后又不能按时获得目标设备，存在不能按期并网发电的隐患。现场设备的安装进度太快或太慢，与设备进场进度不相匹，都暗藏着资金占用时点不合理的隐形成本损失风险。

此外，因为现场物资并未得到有效保管和进出库调度，对材料的消耗没有准确地控制，现场施工过程中物料消耗极大，非常规损耗使得实际物资消耗水平远高于定额消耗水平，承包单位的承揽成本被迫提高。若合同约定清晰，则承包单位利润降低；若合同约定模糊则极有可能转嫁成建设单位的项目投资成本。

8.2.3.4　建设工艺及管理水平风险

与常规建设项目一致，风电场项目在建设初期会明确项目适用的行业规范及标准。设计单位在施工图中也会明确对应分项工程所需工艺的参照图集或标准。但因参建企业的联合经营风险，施工人员和管理人员的认知差异，规范要求的理论工艺无法完全落实在实际施工中。有些风电场项目基础设计文件中对二次灌浆材料作限定性要求，但市场上符合要求的可选择品牌较少，伪冒产品较多。场址较偏远的项目采购符合原设计要求的灌浆材料难度较大，不得已只能降低灌浆材料要求，但因过程中缺乏有效的承受荷载计算说明，延长了项目验收和质量论证的时间，导致承包单位错失回收工程款项的最佳时间，垫资时间被迫延长，增加财务成本。有些风电场项目因管理人员经验问题，对项目建设重点方向把握不清晰，在机械和人员配置方面调度失衡，未能将现场人、机数量转化成合理的生产能力，建设投入与产出回报未能达到平衡，形成一定的资源浪费。

以上情况都是工艺和管理水平制约建设计划的实证举例，可以看出计划方案偏离实际可行程度，或是拟定计划受人为因素存在谬误，对参与风电场项目建设的各家单位成本控制都存在不小的危害。因此在建设初期，除了考虑符合质量需求的工艺方案，还需要考虑拟用工艺、技术、材料等价的成本和可行程度。在工期较紧、预算水平较低的特殊要求风电场项目中，需要考虑参建人员的整体素质和职业水平，做到人员与项目需求配置一致，才能尽可能规避成本损失风险。

8.2.3.5　项目资金管理风险

风电场项目在资金使用时，除了常规的前期成本、工程建设成本、运营期成本三大板块外，还有建设单位向地方政府缴纳的建设保证金（即风电投资企业获取资源时

向地方政府缴纳的履约成本)、各参建单位向建设单位缴纳的投标保证金、投标保函或履约担保成本等。

建设单位在获取项目资源后，因核准需要或企业在当地信誉度不足、地方政府统一规定等要求，根据项目容量不同，常需缴纳数千万甚至上亿元的建设保证金，该费用以建设单位向政府保证按争取资源时的承诺如期组织投资建设为目的。一般情况下，建设保证金退还周期较长，短则项目完成竣工验收后一年，长则三五年。对建设单位投资风电场项目来讲，将数千万元资金多年质押于信誉保证，实际是对货币资源的一种额外消耗，增加了建设期至运营期初期的资金成本，无形占用了建设单位的货币资源，建设单位只能依靠消费企业信用以提高建设期贷款额度，填补资金缺口。因此对建设单位而言，风电场项目成本并非完全是常规理解的固定资产投资和必要运营投资，还包括非直接用于建设投资的资金被占用产生的财务成本。在风电场项目资源获取阶段，尽可能依托企业信誉和品牌降低非常规的财务成本，对建设单位成本控制有着极大的帮助。

对项目参建单位而言，资金风险因素更加细致。从各种担保承诺到建设期间垫资履约、从合同结算到工程竣工审计、从履行质保期责任到合同尾款清收，所有过程都存在资金管理风险。遇到信誉、经营水平较差或资金能力不足的建设单位，还存在其破产、拖欠应付账款等风险。一般参建单位的资金风险如下：

1. 承揽项目的担保风险

参建单位一般承揽项目的方式以公开招标、投标为主，其担保风险主要发生在投标和合同签订初期，主要的担保风险有：①投标时考虑欠缺，中标却无法按要约内容与建设单位签订合同，导致担保损失；②建设单位非信誉保证单位，以招标为由诈骗潜在投标单位，完成招标后不退还投标担保费用；③未中标但被各种理由阻挡退还投标担保费用；④履约担保条款严苛，为承包人单方义务。

造成担保风险的原因主要是投标单位在投标前未能全面了解标段背景，没做到对建设单位的“双向”资质考察，未通读招标需求并按需求做充分的市场资源调研。除此还存在着为追求市场业务量而冒进投标，对投标保证金要求过高的项目没做到有效甄别，对履约担保条件严苛的项目未考虑退出竞争。

因此参建企业在参与风电场项目投标时应做到：①认真调查项目真实性；②认真摸底业主信誉可靠性；③认真了解项目报价因素（环境要求、服务难度、海拔、原材料运距、地质条件等）；④认真分析自身履约实力，判断要求做到的投标承诺是否符合实际；⑤通过澄清函或合同谈判方式积极主张己方权益。在切实做到以上防范措施时，可以帮助承包企业有效抵御常规的资金担保风险。

2. 垫资参建风险

因为风电场项目建设工期较短，但短期资金流动较大，对建设单位资金储备要求

较高，故而建设单位资金筹措不及时的时候常有施工承包单位垫资施工的情况，一般分两种情况：①合同约定付款要求为以形象进度支付或带条件支付，需承包单位带资施工；②除带资施工外，承包单位需额外承担建设单位成本，如征地补偿款等。长期垫资施工，承包单位将面临以下风险：①己方同时承揽项目较多，资金流断裂；②拖欠劳务费用，存在被劳动监察部门约谈或处罚风险；③设备或材料购置时以赊欠为主，存在经济纠纷隐患；④风电场项目建设过程因业主主导权力变化（股权交易）而损失或降低原合同承包权益；⑤长期垫资施工却无法达到合同约定形象进度要求，举债施工后应得利润偿还财务成本；⑥长期负债造成企业信誉受损，市场公信力降低，承揽其他项目的竞争力减弱；⑦因负债压力过大，为避免偿债成本无限堆积，被迫接受让利结算。⑧盈利能力变差，企业内部动荡且人才流失严重，不稳定因素增多导致企业最终破产。

因此，为避免承揽项目获利失败，任何承包单位在项目参与全过程都应该树立维护自身权益的观念。可采取的方式一般如下：

（1）对预付款比例较低或可明确预判预付款无法支撑到具备首次进度款申请条件的项目，充分判断自身能力后再决定是否参与投标。

（2）有过合作经验且明确知晓该风电场项目的建设单位存在拖欠习惯或回款流程较长的项目，尽可能避免合作。

（3）严格要求现场施工质量及安全控制，尽可能避免建设单位或监理单位因质量、安全问题叫停或延缓进度款支付工作，利用管理手段避免额外罚款的发生。

（4）加大对项目真实程度和建设单位的资信调查，目前风电行业资源获取情况已非常透明，能源部门发布的项目建设指标归属可通过网络渠道进行查询。

（5）争取合同中有利己方或相对公平的付款条件，善于利用合同文本维权，甚至在有些小问题上通过自惩手段以抬高合同效力，杜绝建设单位怠慢合同条款的情况发生。

（6）突出中间结算效力，压缩竣工结算周期。充分利用建设工程合同优先受偿权，通过硬化自身经营管理、函件催告等手段争取回款权益。

3. 变更及结算结果的资金风险

风电场项目因前期地质勘察不周密、接入系统方案编制粗糙、地方电网要求等因素，发承包双方签订的合同会因建设需求产生变更和最终结算变化。有的总承包合同对变更条款描述模糊，可变更范围、核准流程、设计变更手续流程、量价计算、现场签证和价格确认文件格式、审批层级都无约定。有些变更或洽商金额较大，价款确定周期长，回款时间慢，影响承包单位的正常经营。按我国工程造价类规范《建设工程工程量清单计价规范》（GB 50500）、《电力建设工程工程量清单计价规范》（DL/T 5745）要求，现场签证和发包人确认的索赔金额应随合同价款期中支付。但实际风电

场项目建设周期短，期中变更和洽商、签证未能在建设过程中得到确认，主要原因为：①建设工期短，施工管理专业大，管理机构精简，承包单位现场项目经理部疲于现场管理而忽略变更申请时效性；②建设单位资金计划无力支持期中合同外变更结算；③承包单位合理变更、洽商等诉求在建设期内被搪塞，未得到建设单位实质支持；④承包单位为后期合作关系妥协并承担变更成本。

为有效规避变更及结算资金风险，通常可以采用以下措施：

(1) 建设单位编制招标文件时，细致明确结算方式、计量及计价原则、变更原则、变更范围、变更流程及结算时点。承包单位在投标阶段就要对招标文件此部分条款细致核阅，确定风险较低或满足己方资金风险底线。

(2) 合同或建设初期明确洽商变更、结算递交的程序和规范，对变更指令的颁发机构、签批人员层级进行明确。

(3) 对建设单位口头下达的变更要求，承包单位应及时保留签认依据，形成书面信函证据。

(4) 因建设单位内部变更磋商和流程耗时影响正常工期，应收集初始延误依据并及时书面确认延误时间，保留索赔证据。

(5) 建设单位应对合同约定的竣工资料进行严格验收，验收报告经建设单位认可后的 28 天内，承包单位应及时向其递交结算报告和完整的结算资料，双方按合同约定条款对合同价款进行调整并进行竣工结算。

(6) 建设单位应在收到结算文件的 28 天内对结算文件进行审核，予以及时确认或反馈修改意见，对异议部分及时组织确认和讨论。

(7) 在结算文件审核成果经发承包双方确认后，应及时明确回款时间，若建设单位内部审计需延长一定付款时间，应与承包单位形成书面确认痕迹，否则应在建设单位合规收到结算文件后第 29 天起按承包单位同期向银行贷款利率支付拖欠利息，承包单位应保留递交和配合结算审核依据。

(8) 合理使用催告手段。在承包单位保留应付款项依据或是建设单位保留应交付工程依据但对方仍未交付时，虽然我国法律并未明确规定催告是工程款项结算的必须手续，但债权单位仍可依靠法律手段对对方执行未尽责任形成法律成果。

8.3 风电场项目成本计划与控制

8.3.1 风电场项目成本管理组织

风电场项目的成本管理组织可以以风电场项目成本构成类型结合成本业务要素划分权责。合理的项目成本管理组织机构，应根据风电场项目的建设特点、融资难度、地区特性等项目个性因素作针对性调整。达成优秀的成本管理成果的具体实施建议如下：

8.3.1.1 设置组织机构

组织机构在设置时应明确管理层位置，确定职能结构、管理层级、专业配合人员、职责区别和范围、上下从属关系，业务配合关系等，重点如下：

（1）职能结构。职能结构指风电场项目成本管理目标所需的各项业务和其内部对接关系。

（2）管理层级。管理层级即以纵向结构的形式明确管理组织。建设单位和监理服务单位一般设置公司级—项目级—岗位级，承包单位一般设置公司级—项目级—业务班组级—岗位级。

（3）执行层级。执行层级即配合管理层级下的横向结构，具体执行成本控制中的业务方案。风电场项目中主要以采购、基建、技经、财务、物资、质量安全、人资、审计、生产等专业为主，建设单位因资源获取需求，一般还需增设风能资源分析专业。

（4）职责划分。职责划分指确定风电场项目成本管理组织机构的职能目标、管理层级、执行层级后，明确各层级、人员的权责划分、工作范围、目标细化程度等。

成本管理组织机构一定要设置于合理节点，过早的设置不利于企业人力履职，提前造成精力分流；较晚的设置又无法起到成本管理效果。对于建设单位，一般宜在启动竞价、平价投标或项目可行性论证阶段完成机构设置。对于承包单位，一般宜在购置招标文件之后，组织招标文件解读前完成机构设置。

职能结构应尽可能避免由单一专业持续全过程牵头管理，不利于管理层级和执行层级的纵横配合，因为对多专业的业务理解深度不同，实际成本控制效果较差。

8.3.1.2 明确组织运转机制

风电场项目成本管理工作机制是对项目前期、基建期、生产期的目标管理责任、实施计划、建设要点、成本核算统筹后的业务分配到成果汇总的过程程序体现。运转机制一般如下：

（1）建设单位管理机构运转一般以投资公司为管理责任机构，项目层级成本管理实际以执行公司方向为主。一般按当期成本类型的归口业务部门确定牵头方，相关专业人员及部门进行配合。满足其内部划定的分界要求后，转由下一阶段成本类型归口部门继续牵头，但成本管理全过程控制于公司层级，常见的是以企业成本管理为模板的低维度管理。

（2）承包单位如施工承包单位、监理单位等一般以项目经理、总监负责人为成本

控制的第一责任人，公司提供后方支援。一般宜保留成本管理机构在投标阶段参与后形成的理解文案，将其调整为实际管理策略，对项目负责人进行交底，实际成本控制以现场为主。

8.3.1.3 制定目标并规范成本核算

需要明确的是，成本核算本身应含在风电场项目成本范围内，是在区分一定的收支类别基础上以项目成本的直接消耗为原则组织成本核算。一般包含以下方面：①按规定开支类别对项目成本费用进行归集，计算各类别实际成本发生额；②以项目本体（或承包标段）为单位作为核算对象，计算整体成本发生金额。

风电场项目合理的阶段性成本核算结果可以有效作为同类项目后续成本测算和计划的依据，是成本控制水平的一种结果表示。具体的核算原则和实施措施如下：

（1）按国家有关成本开支类目、范围和费用标准结合定额、目标计划等有关规定控制支出成本，使用可靠数据合理压缩或节省开支。

（2）及时核算项目各阶段实际发生的各类费用，计算项目阶段性实际成本。

（3）监督并记录风电场项目成本计划的完成程度，及时调整不合理计划方案，在经营决策总方向不变的情况下逐步改善管理手段。

（4）按《企业会计准则——基本准则》要求，绝对落实权责发生制，严格区分当期收入与费用，做到账面信息与实际发生情况一致，确保风电场项目阶段性成本的时效性。

（5）确保成本核算的可靠性是风电场项目成本核算的基本纲要。不论是建设单位还是承包单位，均要以实际发生的支出及证明支出的合法凭证作为依据，对项目经营决策的准确性具有建设意义。

（6）明确成本核算的实质，以交易事项的经济实质进行核算和确认，不能完全以交易的法律形式作为依据。风电场建设过程中，建设单位购置设备到场或承包单位采购材料到场后，设备尚未安装、材料未能消耗，则应视为未形成风电场项目实体，就不能在形成实体前计入项目成本中。另外，如预付款项虽被支出，但未能形成实质工程量，也不能算入实际发生的项目成本中。

8.3.1.4 建立完善的考核体系

根据风电场项目工期短、投资大的项目特点，建设单位或承包单位均应对项目管理人员建立合理的考核奖惩体系，解决短期施工求进度、保安全、重质量而轻成本的普遍情况。发承包双方均应及时对项目成本控制的成效和失误开展总结，结合奖惩措施敦促提高管理人员的履职尽责程度，提升成本控制水平。

1. 风电场项目成本考核层级

统筹考虑建设单位及承包单位的人员构成层级不同，一般可将考核层级设置为三级：①企业对成本发生期实际业务管理责任层级考核，一般适用于建设单位内部牵头部门、设备承包人供应部门等；②企业对现场管理团队负责人考核，适用于风电场项目各参建单位；③项目负责人对现场设置部门、班组和队伍的考核，主要适用于施工承包单位。

2. 风电场项目成本考核原则

风电场项目成本考核不宜将所有成本管理责任全部赋予考核承担，不应将考核手段当做责任下放手段，应考虑项目工期、地区特性、电价压力、风能资源及最高限价等多种个性化因素后量体裁衣地制定考核强度。但风电场项目成本考核有以下方向性原则：

（1）按人员配置方案和业务能力统筹考核原则。依据项目难度，公司可支配人员数量和人员业务水平确认成本管理容错空间。项目难度大、人员配置少、人员身兼数职的情况应适当减小考核力度，反之加大力度。如果未能做到考核责任与实际困难匹配，将考核的激励本质变为处罚，易打击企业从业员工工作动力，不利于企业发展。

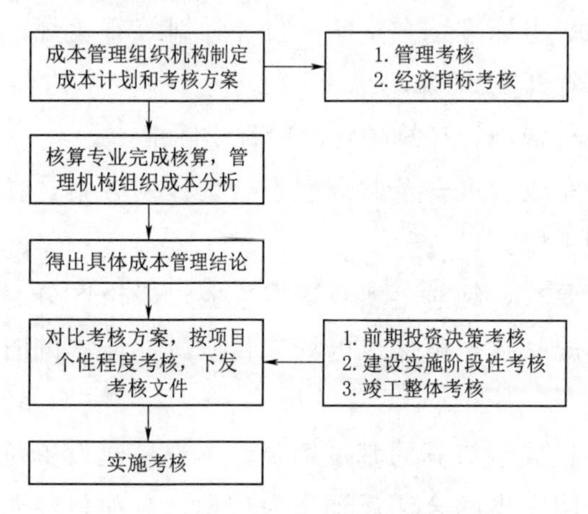

图8-3　风电场项目考核流程建议图

（2）及时考核原则。对被考核层级的考核应随风电场项目各阶段成本核算成果一并处理，便于总结上阶段的工作失误，明确下阶段的工作方向。

（3）简易操作原则。风电场项目从前期开发到项目竣工耗时较短，且含专业种类较多，较复杂的考核方案不利于实际执行，做到人岗相适，考核点与业务对应即可。风电场项目考核流程建议图如图8-3所示。

8.3.2　风电场项目成本计划编制与审核

成本计划是风电场项目成本决策拟定目标的具体化方案，成本控制则是对成本计划的细化实施和监督。优秀的成本计划，是在风电场项目前期阶段已获取的项目信息和成本预测基础上，以货币形式编制的项目全过程费用支出方案，是主要用于降低项目真实成本支出的技术经济文本。

8.3.2.1　一般风电场项目成本计划的编制原则和依据

（1）在成本预测的基础上，经过多专业多环节的分析、论证、研判确定合理的目标成本。

（2）将目标成本细化并分解至成本管理组织机构的相适层级和人员，确保成本管理执行机构对成本计划的可实施程度。

（3）与风电场项目计划的建设方案相匹配，计划编制时应经过有效的市场调查，具备较高的市场接受程度，符合行业实情。

8.3.2.2 风电场项目成本计划的编制步骤

1. 收集有效信息

正视企业自身经验，收集或整理信息资料是编制风电场项目成本计划的必须步骤。充分考虑地方隐性投资和建设单位习惯性需求是信息收集阶段的重点工作，可以直接决定风电场项目成本计划的真实性和实用效力。适当考虑如风电机组市场价格、钢筋及混凝土等主要材料的价格波动趋势，可使成本计划更加可靠且丰富。

2. 制定合理目标成本

一般风电场项目建设单位可以根据已建成相似项目的财务竣工决算数据估算目标成本，对同地区无建成项目的建设单位和承包单位，可以根据常规风电场项目估算整体成本水平区间，根据已收集信息对差异点进行反复平衡计算，有针对性地制定成本管理措施，锁定目标成本数额。

3. 草拟各专业成本计划

成本管理组织机构应在目标成本的基础上整体论证，结合利弊因素对阶段性成本控制计划和总计划的影响，充分理解目标成本的降低率需求，按各自专业知识和细化后的成本控制目标提出合理专业计划，使成本计划切合业务实际且理由充分。

4. 确定正式成本计划

成本管理机构各专业成本计划编制完成后，管理层级组织集体论证，主要检查各专业计划间的衔接和契合程度，以及个别专业计划对目标成本的影响程度。经统一讨论后修订整合，将各专业目标转化为整体目标。

8.3.2.3 风电场项目成本计划的审核

风电场项目成本计划编制完成后，根据建设单位与承包单位所处角度不同，审核思路及具体方式均不相同。

1. 建设单位成本计划审核

建设单位一般编制以风电场项目全过程投资为主的成本计划，主要目的是节约项目整体货币投资。以项目固定资产投资为例，一般设置估算、概算、预算、结算、决算五个计划环节，各环节均设置对应的核定层级和机构。一般审核顺序如下：

（1）在项目初步调研和接洽阶段进行初步估算并报内部备案立项。

（2）立项获批后进行可行性研究报告和概算编制，具备投资潜力的项目获得投资决策批准。

（3）进行设计方案确认和预算编制，并根据企业要求确定招标控制价，启动项目招标、投标工作。

（4）完成项目建设，对完全符合合同约定的标段组织竣工结算并确定合同最终价值。

（5）在结算成果基础上编制决算文件，有资质的审计机构对决算文件进行核查，最终确认项目固定资产投资价值。

个别建设单位成本计划控制较严格，在完成招投标工作后，依据签订合同内容编制并更新建设目标成本，调整成本计划和成本考核基础。充分利用了成本计划的灵活性，对风电场项目自合同签订至建设期的成本支出行为做了有效且合理的框定，大力压缩了成本预测金额，及时利用了市场竞争形成的招标成果，提前了成本分析时点，总结了优秀的成本信息。

2. 承包单位成本计划审核

承包单位一般编制以风电场项目业务承包合同为主的成本计划，主要以合同工程最终盈利水平为计划目的。目标成本的编制依据一般以施工图预算为基准，成本计划以合同价值为主。具体以其公司内部各职能部门按项目经理部面临的实际情况调整和制定，根据合同中标价格制定直接成本计划和间接成本计划。一般较详细的项目成本计划主要包括单位工程计划成本、项目成本计划任务、施工现场管理费计划、项目技术组织措施、项目降低成本计划，其审核一般由企业内部确定的对应层级批准，由项目经理部组织各职能部门逐一落实。

8.3.3　风电场项目成本监测与控制

风电场项目成本监测与控制是指通过科学合理手段，在能达到项目预期并网或其他节点要求的同时优化成本开支，将总成本控制在计划成本之内或在此基础上提高成本降低率，在其过程通过分析、核算等时效性手段，对成本支出情况进行有效监控。

1. 风电场项目成本监测与控制的依据

风电场项目成本监测与控制的依据主要有项目相关合同文件、项目成本计划、实施进度、市场或履约变更情况、成本核算成果、成本分析成果等。

2. 风电场项目成本监测与控制的内容

风电场项目成本监测与控制方向对建设单位及承包单位来讲基本一致，均以前期成本、建设期成本、验收成本三部分组成，具体如下：

（1）前期成本监测与控制。通过获取项目时已形成的成本预测成果，提出合理的前期决策，即是否投资或是否参与投标。此阶段实际并无实质成本支出，无法做出有效核算和分析，一般不对其进行监测。

（2）建设期成本监测与控制。建设期成本监测与控制对建设单位及承包单位存在一定差异。建设单位以项目整体反映的成本数额为总控制目标，重点监测组成项目投资的合同支出成本，对项目成本进行全面核算。承包单位以自身承揽的标段合同为控制方向，以物料消耗、雇佣人员、机械利用效率、分包成本及回款周期等为监测目

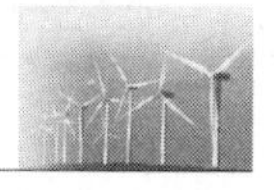

标，对形成工程量的成本支出进行核算。

(3) 验收成本监测与控制。建设单位以风电场项目竣工验收后实际投资成本、电价收益、贷款利息、管理成本、土地成本等做整体核算，以增加发电收益、减少建设成本投资为控制目标并对成本核算成果进行有效分析，作为后续项目的目标成本。承包单位以项目质量保修、主吊移场、结算时点等做合同工程相关核算，以加快回款时间、增加合同结算金额并缩减验收后支出成本为控制目标。

3. 风电场项目常用成本监测分析方法

(1) 表格法。将风电场项目相关合同中的项目编码、项目名称、基本成本参数、成本偏差参数汇总在一张表格中，以表格作为比较分析对象。表格中体现各类偏差数据，成本管理者可综合全面地了解成本管理情况。

(2) 横道图法。用不同的横道对已完成实际成本、计划成本和已完计划成本进行标识并对其开展成本偏差分析。因该方法反映信息较少，表现较直白，一般用于简要成本控制体现。

常见的成本三算对比分析如图 8-4 所示。

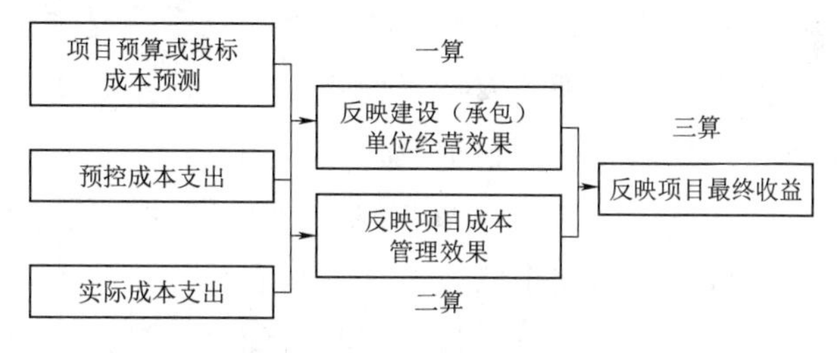

图 8-4 常见的成本三算对比分析

8.3.4 风电场项目成本管理信息化

风电场项目作为新型清洁能源的典型项目，建设条件与传统火电及水电不同。因其永久占地面积小，对地表破坏程度低，建设场址适应性较高，在送出条件和风能资源条件满足收益的情况下，理论上风电场项目可建设地类相对丰富。因此风电场项目一般建设场址较偏僻，且成规模化的陆上风电园区除日常运维外几无人迹。但风电场项目投资数额大，大额成本支出时间短，对项目的物流、现金流、信息流及进度进展信息传递要求较高，需要高效的数据收集、处理和反馈来维持项目的成本预测、核算、分析、监测、控制等全过程成本管理。所以，如何有效地提高风电场项目成本管理的信息化程度，是提升其成本管理效果的重要因素。实现对成本的实时跟踪，对项目相关参建单位提高市场竞争能力有着举足轻重的作用。

1. 风电场项目成本管理信息化的优势及特点

非信息化的成本管理情况下，风电场项目的待分析成本与实际发生成本并不对应，实际发生了成本监测失效的情况。对本阶段成本核算、分析和下阶段成本预测、计划、控制等带来一定影响。受成本数据的精准性和时效性左右，成本核算数据往往不准确。因人工信息收集和反馈的偏差性和主观性，经常导致费用分摊不合理、成本

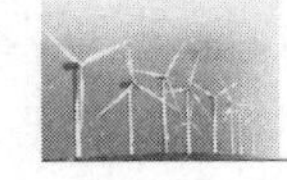

核算不准确、成本分析无效力的情况。信息化管理可以规避此类风险，因数据传递及时，只需要确保成本信息录入信息系统的准确程度，就可以得到正确的成本核算成果。信息化管理有效改变了因实际成本与核算成本传递方式不连贯导致的成本核算周期长，成本核算分析不及时，不能适时为风电场项目建设、运营提供决策信息的被动局面。风电场项目成本管理信息化的实施，提高了信息的准确程度和收集效率，实际减少了为获取项目成本信息的本身成本投入。

2. 风电场项目信息化成本管理的特点

（1）减少人为核算工作量和偏差。采用信息化系统对风电场项目成本信息更新、存储和支出操作，可以直接制作导出会计凭证，相应减少了人为操作造成的成本核算偏差。

（2）细化了成本核算对象。信息化系统提供了多种成本归集对象，不同企业可根据业务流程和管理需要选择使用不同的成本归集对象，按成本中心进行费用归集和成本核算，更趋合理和精细化。

（3）可以确保成本数据的源头可靠性。信息化处理过程因将各业务模块进行集成，可以对最终支出的成本凭证信息做到追本溯源，从而有效保留支出类别、操作人员、操作时间、审批人员、审批时间等信息。自动生成成本报表的功能也杜绝了人为篡改成本信息报表的隐患，确保了成本分析的可靠性和正确性。

（4）切实提高了成本管理的工作效率。对成本信息处理时的算术性、重复性工作，可以依托信息化成本管理方式由信息化系统自动处理完成，可以将核算人员从繁琐、重复的核算基础工作中解放出来，节约人力资源，降低人员成本。

3. 信息化系统基础功能及设置重点

对风电企业来说，要发挥信息化在成本管理中的重要作用，应抓住信息化工作的关键环节，建立长效机制，持续改善系统实用程度和推进信息化工作，具体的信息化系统应具备的基础体系功能如下：

（1）建立和完善标准成本体系。应将项目的建设目标与建设实际支出两项核算依据有机结合，依据行业规范、企业工艺技术规范、系统操作流程、成本计划、实测数据结合企业的经营管理水平等因素，对各成本中心及产品制定合理的数量化标准，再将数量化标准为价值化。

（2）要设定合理成本公共费用分摊比例。在信息化系统中，公共费用通过分摊或分配方式计入相应受益的支出成本中，因此分摊比例的合理性直接影响成本核算的准确性。制定合理的分摊分配比例，月结时系统自动将公共费用按比例分配到各受益成本中心。

（3）建立成本利润分析系统。信息化系统应以多维度的成本利润分析为基础模型，对设备材料采购、建设等大额支出成本的全流程进行分析评价，尽可能实现对预

算成本、目标成本、标准成本等差异进行对比分析，及时体现成本差异，及时调整成本计划，改善经营模式。

（4）要持续对系统进行优化。随着风电机组容量增大、建设区域越发广阔、变电站技术持续进步、国家政策及法规调整，应及时对信息化系统流程进行相应修改或调整，对现存流程与实际成本管理过程不适用的功能也需不断更新和完善。倘若不对系统进行优化升级，风电场项目成本信息核算成果和将落后于行业发展，不利于行业内关联单位的项目总结和后续投资决策，易造成不可估量的经营损失。

规范的成本信息化管理，考验系统操作人员的系统理解深度和参与优化程度。因为成本管理是风电场项目全过程管理甚至全生命周期管理，管理信息化系统的维护、问题处理、更新就需要多层次、多人数、几代岗位员工共同努力建设。树立企业员工成本管理信息化的重视程度和常态化跟踪学习态度，实际上可以有效降低项目建设成本，提高风电场项目各建设角度的盈利水平。

第9章　风电场项目安全标准化管理

9.1　风电场项目安全管理基础

风电场项目涉及投资主体多样，参建单位众多，自然环境复杂，工期短，运输、吊装要求高，设备转运调配难度大，工程建设管理过程中存在较大难度和安全风险。

风电场项目建设安全生产是指在风电场项目建设实施阶段，防止和减少生产安全事故，消除或控制危险和有害因素，保障人身安全与健康、设备设施免受损坏、环境免遭破坏的总称。

风电场项目安全管理的过程实际上就是安全组织机构按照安全策划和安全生产目标合理安排人力、物力、财力的过程。安全组织的建立、运行和调整是风电场项目安全管理的基础。高效的安全组织机构、良好的安全管理运行机制和协调机制是实现风电场项目安全管理目标的保障。

9.1.1　风电场项目安全管理内容

安全生产管理的基本对象是项目的员工，涉及项目各参建方的所有人员、设备设施、物料、环境、账务、信息等方面。风电场项目安全管理的内容包括安全策划、安全生产目标、安全组织机构及职责、危险源、安全管理措施、安全技术措施、职业健康管理、事故及应急管理、安全生产绩效考核等。

9.1.1.1　安全策划

安全策划是有效开展建设项目安全管理的依据与前提。风电场项目安全策划是在项目实施前，根据风电场项目安全生产有关法律法规、标准规范和项目总体安全生产目标的要求，以危险源控制为基础，对建设项目范围中的各项安全工作做出合理的安排，确定安全工作范围及安全控制措施，并对安全管理所需的资源做出规划。所有建设项目的安全管理都要从安全策划开始，从系统、科学、经济的角度出发，做好周密的策划，进而使整个项目的安全管理工作做到最佳安排。

1. 安全策划的目的及作用

风电场项目安全策划的目的是加强施工阶段的安全管理和程序管理，规范员工行为，使其严格遵守工艺操作纪律，最终提高工程施工安全，实现安全生产目标。

风电场项目安全策划的作用是规划、确定安全生产目标、安全组织机构及职责，提出危险源管理、职业健康管理、事故及应急管理等过程控制要求，编制安全管理措施和安全技术措施，配置必要的资源，确保安全生产目标的实现。

2. 安全策划的依据

进行风电场项目安全策划的依据有：①安全生产法律法规、标准规范及其他要求；②上级主管单位有关工程安全生产的规定；③本工程危险源辨识、评价和控制情况；④本工程的特点及资源条件，包括技术水平、管理水平、财力、物力、员工素质等；⑤其他风电场项目安全工作的经验和教训。

3. 安全策划的主要内容

安全策划的主要内容应当包括：①工程项目基本概况；②安全生产目标、指标；③安全管理组织机构及人员配备；④项目适用的法律、法规及标准规范清单；⑤安全管理制度；⑥项目安全管理资源配置；⑦安全管理计划；⑧项目现场安全保障措施；⑨文明施工；⑩施工过程中的 HSE 管理；⑪应急管理；⑫突发事件及事故管理；⑬持续改进。

9.1.1.2 安全生产目标

风电场项目应根据企业安全生产实际，上级机构的整体安全生产方针和目标，危险源辨识、评价和控制的结果，适用的安全生产法律法规、标准规范和其他要求，可选的技术方案以及相关方的意见等制定并有效分解项目的安全生产目标。安全生产目标应包含控制目标和管理目标。

1. 控制目标

安全生产控制目标包括人员、机械、设备、交通、火灾、环境等事故方面的内容。

2. 管理目标

安全生产管理目标包括教育培训、项目安全评估、安全技术管理、安全生产隐患排查治理、人员配备、设备物资、安全设备设施、职业病、工作场所管理等方面的内容。

9.1.1.3 安全组织机构及职责

风电场项目应建立安全生产组织机构，明确安全生产组织机构及参建各方的职责和权限，确保各项安全生产工作有序开展。

安全组织机构一般包括项目安全生产委员会、安全生产委员会办公室、安全生产管理机构、防汛领导小组、应急领导小组等。

1. 安全生产委员会

项目安全生产委员会应主要履行下列职责：

（1）贯彻落实国家有关安全生产的法律、法规、规章、制度和标准，制订项目安全生产总体目标及年度目标、安全生产目标管理计划。

（2）组织制订项目安全生产管理制度并落实。

（3）组织编制保证安全生产措施方案。

（4）协调解决项目安全生产工作中的重大问题等。

2. 安全生产委员会办公室

安全生产委员会办公室主要包括下列职责：

（1）组织制订安全生产管理制度、安全生产目标、保证安全生产的措施方案，建立健全安全生产责任制。

（2）组织审查重大安全技术措施。

（3）审查施工单位安全生产许可证及有关人员的执业资格。

（4）负责监督参建单位对安全生产委员会决议的执行、落实情况。

（5）组织检查施工单位安全生产费用使用情况。

（6）组织开展安全检查，组织召开安全例会，组织安全考核、评比，提出安全奖惩的建议。

（7）负责检查监理单位的安全监理工作。

（8）负责项目安全事故、事件的统计、汇总与上报，协助有关部门开展生产安全事故的调查处理，并组织协调重大、特别重大事故应急救援工作。

（9）负责安全生产委员会的日常工作等。

3. 安全生产管理机构

安全生产管理主要包括安全生产管理机构设置及职能和安全生产管理人员配备及职能两个方面。

（1）安全生产管理职责。

1）宣传和贯彻国家有关安全生产的法律法规和标准。

2）编制并适时更新安全生产管理制度并监督实施。

3）组织或参与企业生产安全事故应急救援预案的编制及演练。

4）组织开展安全教育培训与交流。

5）协调配备项目专职安全生产管理人员。

6）制订企业安全生产检查计划并组织实施。

7）监督在建项目安全生产费用的使用。

8）参与危险性较大工程安全专项施工方案专家论证会。

9）通报在建项目违规违章查处情况。

10）组织开展安全生产评优评先表彰工作。

11）建立企业在建项目安全生产管理档案。

12）考核评价分包企业安全生产业绩及项目安全生产管理情况。

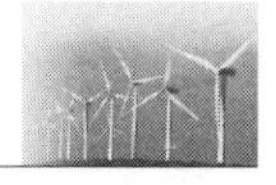

13）参加生产安全事故的调查和处理工作。

14）企业明确的其他安全生产管理职责。

（2）安全生产管理人员职责。

风电场施工企业专职安全生产管理人员具有以下职责：

1）查阅在建项目安全生产有关资料，核实有关情况。

2）检查危险性较大工程安全专项施工方案落实情况。

3）监督项目专职安全生产管理人员履责情况。

4）监督作业人员安全防护用品的配备及使用情况。

5）对发现的安全生产违章违规行为或安全隐患，有权当场予以纠正或做出处理决定。

6）对不符合安全生产条件的设施、设备、器材，有权当场做出查封的处理决定。

7）对施工现场存在的重大安全隐患有权越级报告或直接向建设主管部门报告。

8）企业明确的其他安全生产管理职责。

4. 参建各方安全责任

（1）项目法人的主要职责。项目法人对风电场建设工程施工安全负全面管理责任，具体内容如下：

1）建立健全安全生产组织和管理机制，负责组织、协调、监督职责。

2）在工程招标文件中对投标单位提出有关安全生产的明确要求。

3）与中标单位签订安全生产协议。

4）支付安全生产费用。

5）建立健全安全生产监督检查和隐患排查治理机制。

6）建立健全安全生产应急响应和事故处置机制。

7）建立风电场建设工程项目应急管理体系。

8）及时协调和解决影响安全生产重大问题。

（2）勘察设计单位安全责任。

1）提供满足工程施工安全需要的事务勘察设计文件。

2）制定并落实安全生产技术措施。

3）开展安全风险、地质灾害分析和评估工作。

4）注明涉及施工安全的重点部位和环节，提出防范安全生产事故的指导意见。

（3）施工单位安全责任。

1）应具备相应的资质等级。

2）组织施工设立安全生产管理机构，配备专职人员，制定安全管理制度和操作规程。

3）编制安全生产费用使用计划，专款专用。

4）履行劳务分包安全管理责任。

5）开展现场查勘，编制施工组织设计、施工方案和安全技术措施；进行安全技术交底。定期组织施工现场安全检查和隐患排查治理。

6）对因工程施工可能造成的损害和影响采取专项防护措施。

7）制定消防安全管理制度。

8）建立施工设备安全管理制度、安全操作规程及相应的管理台账和维保记录档案。

9）组织开展安全生产教育培训工作。

10）编制调试大纲、试验方案，对各项试验方案制定安全技术措施并严格实施；制定应急救援预案、现场处置方案。

（4）监理单位安全责任。

1）建立健全安全监理工作制度，编制监理规划和监理实施细则，明确监理人员安全职责以及相关工作安全监理措施和目标。

2）组织或参加各类安全检查活动。

3）及时审查施工组织设计中的安全技术措施和专项施工方案。

4）审查人员资格证明文件和主要施工机具的安全性能证明文件。

5）对重要施工设施投入使用前进行安全检查签证。

6）监督施工单位安全生产费的使用、安全教育培训情况。

9.1.1.4　危险源识别

在风电场工程建设项目开工前，项目法人应组织参建单位全面辨识、评价现场的危险源，制定控制措施，并编制“危险源辨识、评价和控制清单”，给出土石方工程、基础处理工程、混凝土工程、风电机组吊装工程、电气设备安装工程等各阶段危险源及可能导致的事故，确定其风险级别，给出控制措施及责任人，在工程建设过程中，项目法人应根据本工程实际情况，及时更新本项目危险源信息。

9.1.1.5　安全管理措施

安全管理措施应包括安全生产规章制度、安全生产投入、安全教育培训、安全检查等方面。

1. 安全生产规章制度

建立健全安全生产规章制度是实现项目科学管理，保证工程建设安全、有序进行的重要手段。安全管理措施应根据相关法规要求和上级单位安全生产规章制度建立的相关要求，明确参建各方应建立的安全生产规章制度，明确安全生产规章制度修编、更新、贯彻落实的要求。

2. 安全生产投入

风电场项目要具备法定的安全生产条件，必须要有相应的安全生产投入资金保

障。安全管理措施应明确安全生产投入的相关制度要求，明确项目所需费用，提出安全费用提取、使用、管理的相关要求，保证专款专用。

3. 安全教育培训

安全教育培训工作是项目安全管理的重要手段，安全管理措施应明确安全教育培训管理程序，提出参建各方各类人员的安全教育培训要求，明确安全教育培训台账管理要求。

4. 安全检查

安全检查重点是辨识安全工作中存在的不足，检查生产现场人的不安全因素，物的不安全状态和管理中的缺陷。安全管理措施应明确参建各方安全检查的职责、检查方式、检查内容，提出安全检查的频次、检查人员、问题处理以及检查记录资料等要求。

9.1.1.6　安全技术措施

风电场管理措施必须对施工现场所有的危险源和危大工程进行安全控制，包括防火、防洪、防雷击、防坍塌、防物体打击、防高空坠落和防交通事故等。在施行安全管理措施时，必须在识别现场危险源的基础上，编制相应的安全技术措施，包括：对专业性强、危险性较大的项目，必须编制专项施工方案，制定详细的安全技术和安全管理措施；对可能发生的事故应制定应急救援预案，落实相关的应急措施。

9.1.1.7　职业健康管理

应为从业人员提供符合职业健康要求的工作环境和条件，配备必要的职业健康防护设施、器具及劳动保护用品，建立、健全职业卫生档案和健康监护档案。对存在职业危害的作业场所定期进行检测，在检测超标区域设置标识牌予以告知，并将检测结果存入职业健康档案。及时对职业危害现场急救用品、设施和防护用品进行定期校验和维护，确保处于正常状态。保证职业健康防护专项费用，定期对费用落实情况进行检查、考核。

施工现场应根据具体情况编制职业病预防的措施，如电气焊、油漆、混凝土操作工等。严格按照劳动保护用品的发放标准和范围为相关人员配备符合国家或行业标准要求的口罩、防护镜、绝缘手套、绝缘鞋等劳动保护用品，尤其是特殊劳动保护用品。加强施工现场的劳动保护用品的采购、保管、发放和报废管理，严格掌握标准和质量要求。所采购的劳动保护用品必须有相关证件和资料，必要时应对其安全性能进行抽样检测和试验，严禁不合格的劳动保护用品进入施工现场。

9.1.1.8　事故及应急管理

应明确参建各方事故报告及调查处理制度、应急管理制度建立要求，明确事故报告、调查和处理的职责、流程、管理要求，明确应急组织机构和队伍建立、应急物资资金准备、事故发生后的应急响应等要求，并依据《生产经营单位生产安全事故应急预案编制导则》（GB/T 29639），明确参建各方应建立的应急预案，提出应急培训、演练的要求。

9.1.1.9　安全生产绩效考核

安全生产绩效考核是对项目安全生产工作的评价，是实现安全生产工作持续改进的重要依据。风电场项目应依据上级主管单位的相关要求，明确安全生产绩效考核工作中参建各方的职责，明确安全生产奖惩和处罚的依据、项目以及实施程序等。项目应当每半年至少组织一次安全生产绩效考核。

1. 绩效考核应明确的事项

（1）安全生产体系运行效果（含目标、指标执行情况）。

（2）制度、措施的适宜性、有效性分析。

（3）安全生产体系运行中出现的问题以及所采取的改进措施。

（4）安全生产体系中各种资源的使用效果。

（5）参建各方的协同关系。

（6）参建单位及相关岗位考核结果及奖惩。

2. 持续改进

风电场项目应根据绩效考核评定结果制定工作计划和措施，对安全生产目标、指标、规章制度等进行修改完善，持续改进。对责任履行、施工安全、检查监控、隐患整改、考评考核等方面评估和分析出的问题由安全管理机构提出纠正或预防措施，并纳入下一期的安全工作实施计划当中。

9.1.2　风电场项目安全管理基本理论

自20世纪我国引进了安全生产管理理论、方法、模式，在吸收并研究事故致因理论、事故预防理论和现代安全生产管理思想的基础上，经尝试融入安全生产风险管理，逐步形成以危险源辨识、风险评价、危险预警与监测、事故控制管理及应急管理等现代风险管理理论为基础的安全生产管理理论。

9.1.2.1　安全管理的原理与原则

安全生产管理原理是从管理的共性出发，对安全工作的实质内容进行科学分析、综合、抽象与概括所得出的安全管理规律，既服从管理的基本原理与原则，又有其特殊的原理与原则。对于风电场项目安全管理来说，实际运用到的基本理论主要有系统原理、人本原理、预防原理、强制原理以及责任原理五大类，各原理又有其不同的遵循原则。

1. 系统原理

系统原理指人们在从事管理工作时，运用系统的观点、理论和方法，对管理活动进行充分的系统分析，以达到安全管理的优化目标。在风电场项目安全管理活动中运

用系统原理时应遵循以下原则：

（1）动态相关性原则。安全管理系统不仅要受到系统本身条件和因素的限制和制约，还要受到其他有关系统的影响，并随着时间、地点以及人们的不同努力程度而发生变化。因此，要提高风电场项目安全管理的效果，必须掌握各个管理对象要素之间的动态相关特征，充分利用各要素之间的相互作用。

（2）整分合原则。在整体规划下明确分工，在分工基础上进行有效地综合，即整分合原则。对风电场项目安全管理，就要求管理者在制定整体目标和进行宏观决策时，必须将安全纳入其中，且作为一项重要内容加以考虑；在此基础上对安全管理活动进行有效分工，明确每个员工的安全责任和目标；最后加强专职安全部门的职能，保证强有力的协调控制，实现有效地组织综合。

（3）弹性原则。对制定目标、计划、策略等方面相应地留有余地，以增强系统组织的可靠性和管理对未来态势的应变能力，这就是弹性原则。风电场项目安全管理一方面要不断推进安全管理的科学化、现代化，加强系统安全分析和危险性评价，尽可能做到对危险因素的识别、消除和控制；另一方面要采取全方位、多层次的事故预防措施，实现全面、全员、全过程的安全管理。

（4）反馈原则。为实现系统目标，把行为结果传回决策机构，使因果关系相互作用，实行动态控制的行为准则就是反馈原则。在风电场项目安全管理中，应及时准确地捕获、反馈不安全信息，及时采取有效的调整措施，消除或控制不安全因素。

（5）封闭原则。在任何一个管理系统内部，管理手段、管理过程等必须构成一个连续封闭的回路，才能形成有效的管理活动，这就是封闭原则。封闭原则应用到风电场项目安全管理领域中，要求各安全管理机构之间、安全管理制度和方法之间，必须具有紧密的联系，形成封闭的回路。

2. 人本原理

在管理中必须把人的因素放在首位，体现以人为本的指导思想，这就是人本原理。在风电场项目安全管理活动中，人本原理可以具体化、规范化为以下管理原则：

（1）动力原则。推动安全管理活动的基本力量是人，安全管理必须有能够激发人工作能力的动力，才能使安全管理活动持续、有效地进行下去，这就是动力原则。在风电场项目实际工作中指科学地实行按劳分配，根据每个人的贡献大小给予相应的工作收入、奖金、生活待遇，为员工提供良好的物质工作环境和生活条件。

（2）能级原则。在管理系统中，根据单位和个人能量的大小安排其工作，发挥不同能级的能量，保证结构的稳定性和管理的有效性，这就是能级原则。风电场项目的安全管理能级结构一般可分为决策层、管理层、执行层、操作层四个层次。

（3）激励原则。利用某种外部诱因的刺激，调动人的积极性和创造性，以科学的手段激发人的内在潜力，使其充分发挥积极性、主动性和创造性，这就是激励原则。

在风电场项目管理中，同一岗位的不同员工，其激励的方式、方法不尽相同，但通常都是以满足其需求为根本。

（4）行为原则。需要与动机是人的行为基础，人类的行为规律是需要决定动机，动机产生行为，行为指向目标，目标完成需要得到满足，于是又产生新的需要、动机、行为，以实现新的目标，这就是行为原则。风电场项目安全管理重点之一就是防治人的不安全行为。

3. 预防原理

安全管理工作应该做到预防为主，通过有效的管理和技术手段，减少和防止人的不安全行为和物的不安全状态出现，从而使事故发生的概率降到最低，这就是预防原理。在风电场项目安全管理工作中运用预防原理时应遵循以下原则：

（1）偶然损失原则。事故所产生的后果（人员伤亡、健康损害、物质损失等），以及后果的严重程度都是随机的、难以预测的，事故损失有偶然性。在安全管理实践中，一定要重视各类事故，包括险肇事故，只有所有险肇事故都控制住了，才能真正防止事故损失的发生。

（2）因果关系原则。事故的发生是许多因素互为因果连续发生的最终结果，只要诱发事故的因素存在，发生事故是必然的，只是时间或迟或早而已，这就是因果关系原则。在安全管理中要重视事故致因链分析，从切断事故致因链、消除事故隐患入手，力争把事故消灭在萌芽状态。

（3）“3E”原则。造成人的不安全行为和物的不安全状态的主要原因可归结为：技术原因、教育原因、身体和态度原因以及管理原因4个方面。针对这4方面的原因，可采取3种预防事故的对策，即工程技术（Engineering）对策、教育（Education）对策和法制（Enforcement）对策，即“3E”原则。

（4）本质安全化原则。本质安全化是指从一开始和从本质上实现安全化，从根本上消除事故发生的可能性，从而达到预防事故发生的目的。

4. 强制原理

采取强制管理的手段控制人的意愿和行为，使个人的活动、行为等受到安全管理要求的约束，从而有效地实现安全管理目标，就是强制原理。在风电场项目安全管理活动中应用强制原理时应遵循以下原则：

（1）安全第一原则。当生产和其他工作与安全发生矛盾时，要以安全为主，生产和其他工作要服从于安全，这就是安全第一原则。风电场项目各参建单位要建立和健全各级安全生产责任制，从组织上、思想上、制度上切实把安全工作摆在首位。

（2）监督原则。监督原则是指在安全工作中，为了落实安全生产法律法规，必须授权专门的部门和人员行使监督、检查和惩罚的职责，对生产中的守法和执法情况进行监督，追究和惩戒违章失职行为。

5. 责任原理

责任原理是指在管理活动中，管理工作必须在合理分工的基础上，明确规定组织各级部门和个人必须完成的工作任务和必须承担的与此相应的责任。在风电场项目安全管理活动中，大力强化安全管理责任建设，建立健全安全管理责任制，构建落实安全管理责任的保障机制，促使安全管理责任到位，且强制性地安全问责、奖罚分明，才能激发和引导领导干部和员工的责任心。

9.1.2.2 事故致因理论

事故发生有其自身的发展规律和特点，只有掌握事故发生的规律，才能保证安全生产系统处于有效状态，下面简要介绍海因里希事故因果连锁理论和能量意外释放理论。

1. 海因里希事故因果连锁理论

1931 年，美国海因里希在《工业事故预防》(*Industrial Accident Prevention*) 一书中第一次提出了事故因果连锁理论，阐述了导致伤亡事故的各种因素间及与伤害间的关系，认为伤亡事故的发生不是一个孤立的事件，尽管伤害可能在某瞬间突然发生，却是一系列原因事件相继发生的结果。海因里希将事故连锁过程影响因素概括为遗传及社会环境 (M)、人的缺点 (P)、人的不安全行为或物的不安全状态 (H)、事故 (D)、伤害 (A)。

海因里希认为，安全工作的中心就是防止人的不安全行为，消除机械的或物质的不安全状态，中断事故连锁的进程而避免事故的发生。海因里希事故因果连锁理论关系如图 9-1 所示。

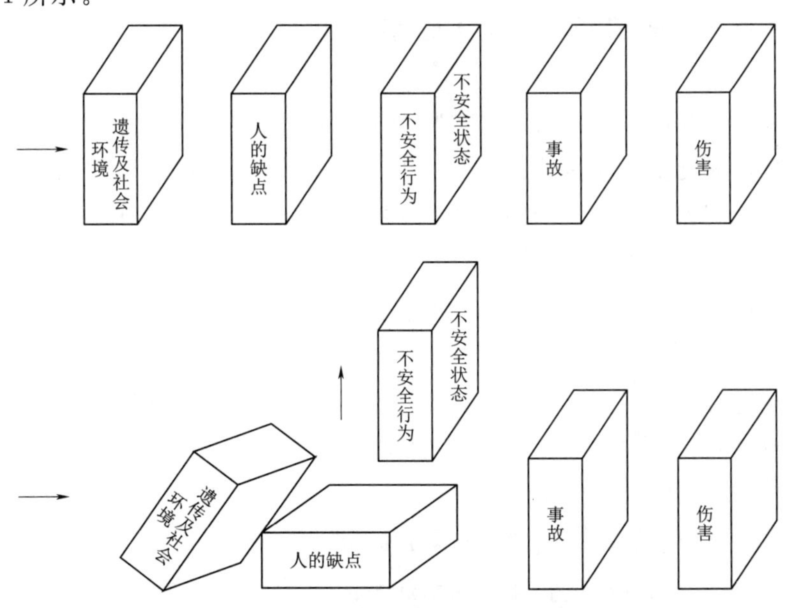

图 9-1 海因里希事故因果连锁理论关系图

2. 能量意外释放理论

由于管理失误引发的人的不安全行为和物的不安全状态及其相互作用，使不正常的或不希望的危险物质和能量释放，并转移于人体、设施，造成人员伤亡和（或）财产损失，称为能量意外释放理论。能量意外释放理论由吉布森（Gibson）、哈登（Haddon）等提出。根据危险源在事故发生、发展中的作用，可以分为两类。第一类危险源是系统中可能发生意外释放的各种能量或危险物质；第二类危险源是导致约束、限制能量措施失效或破坏的各种不安全因素。第一类危险源的存在是事故发生的前提；第二类危险源是第一类危险源导致事故的必要条件。两类危险源共同决定危险源的危险性。第一类危险源释放出的能量，是导致人员伤害或财物损坏的能量主体，决定事故后果的严重程度；第二类危险源出现的难易，决定事故发生的可能性的大小。

从能量意外释放理论出发，预防伤害事故就是防止能量或危险物质的意外释放，防止人体与过量的能量或危险物质接触。在风电场项目中经常采用的防止能量意外释放的屏蔽措施主要如下：

(1) 用安全的能源代替不安全的能源。例如，在容易发生触电的作业场所，用压缩空气动力代替电力，可以防止发生触电事故。

(2) 限制能量。限制能量即限制能量的大小和速度，规定安全极限量，在风电场项目建设中尽量采用低能量的设备。这样即使发生了意外的能量释放，也不致发生严重伤害。例如，利用低电压设备防止电击，限制设备运转速度以防止机械伤害等。

(3) 防止能量蓄积。能量的大量蓄积会导致能量突然释放，因此，要及时泄放多余能量，防止能量蓄积。例如，通过接地消除静电蓄积，利用避雷针放电保护重要设施等。

(4) 控制能量释放。例如，建立水闸墙防止高势能地下水突然涌出。

(5) 延缓释放能量。缓慢地释放能量可以降低单位时间内释放的能量，减轻能量对人体的作用。例如，采用安全阀、逸出阀控制高压气体，用各种减振装置吸收冲击能量，防止人员受到伤害等。

(6) 开辟释放能量的渠道。例如，安全接地可以防止触电等。

(7) 设置屏蔽设施。屏蔽设施是一些防止人员与能量接触的物理实体，即狭义的屏蔽。屏蔽设施可以设置在能源上，如安装在机械转动部分外面的防护罩，也可设置在人员与能源之间，如安全围栏等。人员佩戴的个体防护用品，可看作设置在人员身上的屏蔽设施。

(8) 在人、物与能源之间设置屏障，在时间或空间上把能量与人隔离。在生产过程中有两种或两种以上的能量相互作用引起事故的情况，例如，一台吊车移动的机械能作用于化工装置，使化工装置破裂，有毒物质泄漏，引起人员中毒。针对两种能量

相互作用的情况，应该考虑设置两组屏蔽设施：一组设置于两种能量之间，防止能量间的相互作用；另一组设置于能量与人之间，防止能量达及人体，如设置防火门、防火密闭等。

（9）提高防护标准。例如，采用双重绝缘工具防止高压电能触电事故，用耐高温、耐高寒、高强度材料制作个体防护用具等。

（10）改变工艺流程。如改变不安全流程为安全流程，用无毒少毒物质代替剧毒有害物质等。

（11）修复或急救。治疗、矫正以减轻伤害程度或恢复原有功能；做好紧急救护，进行自救教育；限制灾害范围，防止事态扩大等。

9.1.2.3 事故预防与控制

事故预防与控制包括事故预防和事故控制。事故预防是指通过采用技术和管理手段来避免事故的发生；事故控制是通过采取技术和管理手段，达到减小事故后果的目的。对于事故的预防与控制，应从安全技术、安全教育和安全管理等方面入手，采取相应对策。

1. 控制物的不安全状态

通过安全技术对策，从设计、制造、使用、维修等方面消除不安全因素，控制物的不安全状态，达到本质安全。

2. 控制人的不安全行为

（1）加强岗位适应性准入管理，避免因生理、心理素质的欠缺而发生工作中的不安全行为。

（2）加强教育与培训，提高员工的安全素质，使员工掌握危险辨识与应对的能力。

（3）创造安全的工作环境。

3. 完善安全管理

落实安全生产主体责任，建立安全生产责任制，建立健全安全生产保证体系和监督体系，健全安全管理规章制度，保障安全生产投入，加强安全教育培训，推进安全生产标准化建设，依靠科学管理和技术进步，提高施工安全管理水平。

9.2 风电场项目安全管理依据

9.2.1 相关政策法规

风电场项目安全生产法律、行政法规、部门规章及标准等，是风电场工程建设安全生产与监督管理的重要依据。

9.2.1.1 风电场项目安全生产法律

风电场项目适用的相关法律清单见表9-1。

表9-1 风电场项目适用的相关法律清单

序号	名　称	发 文 号
1	《中华人民共和国安全生产法》	主席令〔2021〕第88号
2	《中华人民共和国建筑法》	主席令〔2019〕第29号
3	《中华人民共和国电力法》	主席令〔2018〕第23号
4	《中华人民共和国职业病防治法》	主席令〔2018〕第24号
5	《中华人民共和国特种设备安全法》	主席令〔2013〕第4号
6	《中华人民共和国消防法》	主席令〔2019〕第29号
7	《中华人民共和国道路交通安全法》	主席令〔2011〕第47号
8	《中华人民共和国突发事件应对法》	主席令〔2007〕第69号
9	《中华人民共和国劳动法》	主席令〔2018〕第24号
10	《中华人民共和国劳动合同法》	主席令〔2012〕第73号
11	《中华人民共和国工会法》	主席令〔2009〕第18号
12	《中华人民共和国环境保护法》	主席令〔2014〕第9号

9.2.1.2 风电场项目安全生产行政法规

风电场项目安全生产相关行政法规清单见表9-2。

表9-2 风电场项目安全生产相关行政法规清单

序号	名　称	发 文 号
1	《建设工程安全生产管理条例》	国务院令〔2003〕第393号
2	《安全生产许可证条例》	国务院令〔2014〕第653号
3	《民用爆炸物品安全管理条例》	国务院令〔2014〕第653号
4	《危险化学品安全管理条例》	国务院令〔2013〕第645号
5	《工伤保险条例》	国务院令〔2010〕第586号
6	《女职工劳动保护特别规定》	国务院令〔2012〕第619号
7	《生产安全事故报告和调查处理条例》	国务院令〔2007〕第493号
8	《突发公共卫生事件应急条例》	国务院令〔2011〕第588号
9	《电力安全事故应急处置和调查处理条例》	国务院令〔2011〕第599号
10	《国务院关于进一步加强企业安全生产工作的通知》	国发〔2010〕23号
11	《国务院关于坚持科学发展安全发展促进安全生产形势持续稳定好转的意见》	国发〔2011〕40号

9.2.1.3 风电场项目安全生产部门规章

风电场项目安全生产相关部门规章包括国家发展和改革委员会、国家安全生产监督管理总局（应急管理部）、住房和城乡建设部、卫生部等部门颁布的安全生产、职

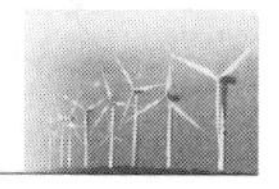

业健康方面的规章。

风电场项目相关部门规章清单见表9-3。

表9-3　风电场项目相关部门规章清单

序号	文 件 名 称	发 文 号
1	《电力建设工程施工安全监督管理办法》	国家发改委令〔2015〕第28号
2	《安全生产事故隐患排查治理暂行规定》	国家安监总局令〔2007〕第16号
3	《生产经营单位安全培训规定》	国家安监总局令〔2015〕第80号
4	《特种作业人员安全技术培训考核管理规定》	国家安监总局令〔2015〕第80号
5	《安全生产违法行为行政处罚办法》	国家安监总局令〔2015〕第77号
6	《生产安全事故信息报告和处置办法》	国家安监总局令〔2009〕第21号
7	《工作场所职业卫生监督管理规定》	国家安监总局令〔2012〕第47号
8	《职业病危害项目申报办法》	国家安监总局令〔2012〕第48号
9	《用人单位职业健康监护监督管理办法》	国家安监总局令〔2012〕第49号
10	《建设项目安全设施"三同时"监督管理办法》	国家安监总局令〔2015〕第77号
11	《建设项目职业病防护设施"三同时"监督管理办法》	国家安监总局令〔2017〕第90号
12	《生产安全事故应急预案管理办法》	应急管理部令〔2019〕第2号
13	《特种设备作业人员监督管理办法》	质检总局令〔2011〕第140号
14	《建筑施工企业安全生产许可证管理规定》	建设部令〔2015〕第23号
15	《危险性较大的分部分项工程安全管理规定》	建设部令〔2018〕第37号
16	《实施工程建设强制性标准监督规定》	建设部令〔2015〕第23号
17	《建筑起重机械安全监督管理规定》	建设部令〔2008〕第166号
18	《电力安全生产监督管理办法》	国家发改委令〔2015〕第21号
19	《风电场安全隐患监督管理暂行规定》	电监安全〔2013〕5号
20	《风电场工程建设用地及环境保护管理暂行办法》	发改能源〔2005〕1511号
21	《建筑施工特种作业人员管理规定》	建质〔2008〕75号
22	《建筑施工企业安全生产管理机构设置及专职安全生产管理人员配备办法》	建质〔2008〕91号
23	《工程质量安全手册(试行)》	建质〔2018〕95号
24	《建筑工程安全防护、文明施工措施费用及使用管理规定》	建办〔2005〕89号
25	企业安全生产费用提取和使用管理办法》	财企〔2012〕16号

9.2.1.4　风电场项目安全生产相关规范性文件

风电场项目安全生产相关规范性文件是风电场项目安全生产的重要依据之一，对风电场项目安全生产工作的开展具有重要的指导意义。规范性文件是由国务院各部委或由各省、自治区、直辖市政府等政府管理部门制定。规范性文件是安全生产法律体系的重要补充。

风电场项目相关规范性文件清单见表9-4。

表 9-4　风电场项目相关规范性文件清单

序号	文　件　名　称	发　文　号
1	《国家发展改革委国家能源局关于推进电力安全生产领域改革发展的实施意见》	发改能源规〔2017〕1986 号
2	《国家能源局综合司关于进一步加强电力安全生产监督管理防范电力安全生产人身伤亡事故的通知》	国能综通安全〔2017〕38 号
3	《国家能源局关于加强电力安全培训工作的通知》	国能安全〔2017〕96 号
4	《关于深入开展企业安全生产标准化建设的指导意见》	安委〔2011〕4 号
5	《关于进一步加强安全培训工作的决定》	安委〔2012〕10 号
6	《国家能源局关于加强风电场安全管理有关要求的通知》	国能新能〔2011〕373 号
7	《关于深入开展电力安全生产标准化工作的指导意见》	电监安全〔2011〕21 号
8	《电力安全生产标准化达标评级管理办法（试行）》	电监安全〔2011〕28 号
9	《关于加强风电安全工作的意见》	电监安全〔2012〕16 号

9.2.1.5　风电场项目安全生产相关标准

风电场项目安全生产标准是风电场项目的重要依据，对风电场工程建设的安全生产具有重大的指导意义，它不仅包括电力行业标准，还包括其他行业安全生产有关标准。

风电场项目适用的相关标准清单见表 9-5。

表 9-5　风电场项目适用的相关标准清单

序号	文　件　名　称	标　准　号
1	《安全帽》	GB 2811
2	《安全带》	GB 6095
3	《安全网》	GB 5725
4	《安全色》	GB 2893
5	《安全标志及其使用导则》	GB 2894
6	《施工企业安全生产管理规范》	GB 50656
7	《建筑施工安全技术统一规范》	GB 50870
8	《建设工程施工现场供用电安全规范》	GB 50194
9	《建设工程施工现场消防安全技术规范》	GB 50720
10	《建筑灭火器配置验收及检查规范》	GB 50444
11	《危险化学品重大危险源辨识》	GB 18218
12	《安全防范工程技术标准》	GB 50348
13	《国家电气设备安全技术规范》	GB 19517
14	《企业职工伤亡事故分类》	GB 6441
15	《电力安全工作规程　电力线路部分》	GB 26859
16	《电力安全工作规程　发电厂和变电站电气部分》	GB 26860

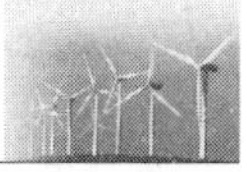

续表

序号	文　件　名　称	标　准　号
17	《生产经营单位安全生产事故应急预案编制导则》	GB/T 29639
18	《企业安全生产标准化基本规范》	GB/T 33000
19	《建设项目工程总承包管理规范》	GB/T 50358
20	《建设工程项目管理规范》	GB/T 50326
21	《生产过程危险和有害因素分类与代码》	GB/T 13861
22	《生产过程安全卫生要求总则》	GB/T 12801
23	《风力发电场安全规程》	DL/T 796
24	《陆上风电场工程安全文明施工规范》	NB/T 31106
25	《陆上风电场工程施工安全技术规范》	NB/T 10208
26	《陆上风电场工程施工安装技术规程》	NB/T 10087
27	《电力建设工程施工安全管理导则》	NB/T 10096
28	《企业安全文化建设导则》	AQ/T 9004
29	《企业安全文化建设评价准则》	AQ/T 9005
30	《建筑机械使用安全技术规程》	JGJ 33
31	《施工现场临时用电安全技术规范》	JGJ 46
32	《建筑施工安全检查标准》	JGJ 59
33	《建筑施工高处作业安全技术规范》	JGJ 80
34	《建筑施工扣件式钢管脚手架安全技术规范》	JGJ 130
35	《建筑拆除工程安全技术规范》	JGJ 147
36	《建筑施工模板安全技术规范》	JGJ 162
37	《建筑施工碗扣式钢管脚手架安全技术规范》	JGJ 166
38	《建筑施工土石方工程安全技术规范》	JGJ 180
39	《建筑施工作业劳动防护用品配备及使用标准》	JGJ 184
40	《建筑施工塔式起重机安装、使用、拆卸安全技术规程》	JGJ 196
41	《建筑施工升降机安装、使用、拆卸安全技术规程》	JGJ 215

注： GB 指国家标准；AQ 指安全生产行业标准；JGJ 指建工行业建设标准；NB 指能源行业标准；DL 指电力行业标准；T 指推荐性标准。

9.2.2　风电场项目安全管理合同分析

风电场项目应在平等、自愿、公平和诚实信用的原则下，由建设单位与各参建单位签订安全生产管理合同（或安全生产管理协议），对有关安全生产管理事项进行约定。

安全管理合同一般主要包括工程概况，必须满足的安全生产条件，安全生产控制目标，甲乙双方的安全责任、权利与义务，合同生效与终止以及其他约定事项等内容，其中安全生产控制目标的规定主要依据《企业安全生产标准化基本规范》（GB/T

33000）中“企业应根据自身安全生产实际，制定文件化的总体和年度安全生产与职业卫生目标，并纳入企业总体生产经营目标。”一般可从事故控制目标和安全管理目标两方面进行规定，具体内容应依据法律法规、上级单位确定的目标指标，结合风电场项目管理实际制定。

9.2.2.1　必须满足的安全生产条件

风电场项目承包单位应具备法定的安全生产条件。按照工程承包模式，风电场项目法人应在招标文件中对必须满足的安全生产条件提出明确要求。

1. 工程总承包单位

风电场项目实行设计、施工一体化总承包管理模式的，工程总承包单位应当满足以下安全生产条件：

（1）应当具备承揽风电场项目的工程设计资质和施工总承包资质。

（2）应取得建设行政主管部门颁发并有效的安全生产许可证。

（3）具有与其企业资质相应的安全生产管理组织机构和项目安全生产管理体系。

（4）近三年安全生产记录。

（5）项目安全生产管理人员（包括项目负责人、技术负责人、安全管理人员等）具有类似建设工程总承包的安全工作经历和管理能力，持有省级以上专业主管部门颁发的安全生产考核合格证书。

2. 施工单位

风电场项目施工单位应当满足下列安全生产条件：

（1）具有法人资格的营业执照和施工资质证书。

（2）法人代表授权委托书。

（3）应取得建设行政主管部门颁发并有效的安全生产许可证。

（4）分包商施工简历，近三年安全施工记录。

（5）确保安全的施工技术素质（包括项目负责人、技术负责人、安全管理人员等）及特种作业人员取证情况。

（6）施工管理机构、安全体系及其人员配备。

（7）保证施工安全的机械、工器具、计量器具、安全防护设施、用具的配备。

（8）安全施工等管理制度（包括各工种、设备的安全操作规程，特种作业人员的审证考核制度，各级人员安全生产岗位责任制，安全检查制度，文明生产制度和安全教育制度等）。

9.2.2.2　安全生产控制目标

双方应在安全管理合同中明确风电场项目的安全生产控制目标，主要包括事故控制目标、安全管理目标。控制目标应依据法律法规、上级单位确定的目标指标，结合建设项目管理实际制定。

9.2.2.3 安全责任、权利与义务

风电场安全生产合同签订时，应按照《中华人民共和国安全生产法》《中华人民共和国建筑法》《建设工程安全生产管理条例》《电力建设工程施工安全监督管理办法》等有关法律法规的规定，对应各方的法定责任，结合项目实际，对具体的安全责任、权利与义务进行约定。

1. 建设单位

（1）依据建设工程合同约定，履行法人对建设工程项目总承包的安全生产责任，对建设工程安全生产全面管理。

（2）依据合同约定对总承包单位的安全生产进行监督管理。

（3）对乙方提交的安全生产管理计划进行确认，检查其实施情况并对检查中发现的问题提出整改建议。

（4）健全安全生产管理组织机构，按规定配备专（兼）职安全生产管理人员，制定安全生产管理制度。

（5）督促总承包单位开展安全生产教育培训。

（6）定期组织开展安全生产检查及隐患排查治理。

（7）组织总承包单位及各分包单位开展安全生产标准化建设和应急管理工作。

（8）按照国家有关安全生产费用投入和使用要求，监督总承包单位保障安全生产费用的有效投入。

（9）建立安全生产分级考核机制，明确考核标准和要求。

（10）应与总承包单位签订安全生产管理协议，或者在合同中约定各自的安全生产管理职责。

（11）及时解决工程建设过程中出现的重大安全生产和环境保护问题。

（12）将职业健康与安全生产工作同时规划、同时部署、同时落实、同时检查、同时考核。

2. 总承包单位

（1）总承包单位依据合同约定，对工程项目总承包安全生产负总责，对建设单位负责，就分包工程的安全生产承担连带责任。

（2）认真贯彻落实国家安全生产、职业健康、环境保护法律法规和风电场项目安全生产规章制度。

（3）建立、健全安全生产责任制，严格落实“党政同责、一岗双责、齐抓共管、失职追责”，加强“四个责任体系”建设。

（4）组织制定工程项目总承包安全生产规章制度和操作规程。

（5）定期组织召开安全生产会议，总结分析施工现场安全生产情况，部署安全生产工作，协调解决安全生产问题，决定安全生产管理的重大措施。

(6) 组织制定并实施工程项目总承包安全生产工作计划、安全生产教育和培训计划。

(7) 组织制定安全生产投入预算、统计并保证有效实施。

(8) 建立安全生产风险管控和隐患排查治理双重机制，定期开展安全生产和隐患排查治理工作，及时消除生产安全事故隐患。

(9) 组织制定生产安全应急救援预案体系，储备应急设备物资，开展应急培训和应急演练工作。

(10) 将分包单位和临时用工的安全管理纳入到本单位的安全生产管理体系中，对分包单位安全生产进行统一管理。

(11) 组织开展安全生产标准化自查评工作，开展安全管理信息化工作；加强应急能力建设，按计划开展应急能力建设评估。

(12) 将职业健康工作与安全生产工作同时规划、同时部署、同时落实、同时检查、同时考核。

(13) 按照要求做好项目事故管理，不得瞒报、谎报、漏报或者迟报生产安全事故。

3. 施工单位

(1) 对其施工范围内的安全负责，服从总承包方对施工现场的安全生产管理。因不服从管理导致生产安全事故的，由自己承担主要责任。

(2) 应成立安全生产委员会，落实安全生产组织领导机构；设置独立的安全生产管理部门，配置满足要求的安全生产管理人员；建立健全安全生产责任体系，明确各级责任人的职责和考核标准，定期开展安全生产责任制考核，兑现奖惩。项目负责人、专职安全生产管理人员应当经建设行政主管部门或者其他有关部门考核合格后方可任职。相关岗位人员有调整的应及时报告总承包单位并经同意。

(3) 应制定安全生产工作计划，确定安全控制目标，通过层层签订目标责任书的形式分解至专业分包单位、劳务分包单位、班组和施工作业人员，定期对工作计划和目标的落实情况进行检查。

(4) 应制定安全会议制度，定期组织召开各类安全生产工作会议，研究、落实安全事项。

(5) 应制定安全费用计划，履行费用审批程序，建立安全费用使用台账，保障施工现场安全生产投入，不得挪作他用，定期对安全生产费用的使用情况进行公示。

(6) 应制定安全生产教育培训计划，开展管理人员年度安全教育培训、入场员工三级安全教育培训、转岗人员培训、特种作业人员培训等，如实记录培训情况，建立教育培训台账，提高各级人员的安全意识和技能。

(7) 在采用新技术、新工艺、新设备、新材料时，应当对作业人员进行相应的安

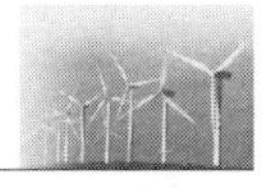

全生产教育培训。

(8) 应当具备国家规定的注册资本、专业技术人员、技术装备和安全生产等条件，依法取得相应等级的资质证书，并在其资质等级许可的范围内承揽工程，且严禁将承揽的工程再次进行转包或分包。应按照要求对工程专业分包单位、劳务分包单位的资质文件进行审查。

(9) 应对其施工现场设备设施严格管理，按照要求做好特种设备的检测、检验、备案、保养、维护等工作，确保特种作业人员持证上岗。应当遵守安全施工的强制性标准、规章制度和操作规程，正确使用安全防护用具、机械设备等。采购、租赁的安全防护用具、机械设备、施工机具及配件，应当具有生产（制造）许可证、产品合格证，并在进入施工现场前进行查验。施工现场的安全防护用具、机械设备、施工机具及配件必须由专人管理，定期进行检查、维修和保养，建立相应的资料档案，并按照国家有关规定及时报废。

(10) 应建立危险源编制评估管理制度，定期对施工现场的安全风险和危险源进行评估分析，确定不可接受风险或重大危险源，负责制定相应的管控措施或专项方案，做好风险管控、告知等相关工作。

(11) 应按照规定编制施工组织设计和专项施工方案，并履行审批程序；负责危险性较大的分部分项工程在施工现场的公示，负责超过一定规模的危险性较大的分部分项工程的专家论证工作；施工作业前，负责专项施工方案的安全技术交底工作；应加强施工方案在现场实施情况的检查，危险性较大的分部分项工程施工完毕后，应组织相关单位和人员进行验收，并对验收情况进行公示。

(12) 应制定安全检查和隐患排查治理制度，定期开展安全生产检查和隐患排查治理，消除现场事故隐患。

(13) 应建立防洪度汛组织机构，按照总承包单位要求落实防洪度汛工作措施。

(14) 按照要求开展应急能力建设工作，建立健全应急管理体系，提高应急响应能力和事故处置能力。

(15) 按照规定开展安全生产标准化达标创建工作，提高安全管理标准化水平。

(16) 按照要求做好项目事故管理，不得瞒报、谎报、漏报或者迟报生产安全事故。

(17) 应制定工程项目绩效考核管理办法，建立绩效评估制度，定期开展绩效考核并兑现奖惩。

(18) 应当在施工现场入口处、施工起重机械、临时用电设施、脚手架、出入通道口、楼梯口、电梯井口、孔洞口、桥梁口、隧道口、基坑边沿、爆破物及有害危险气体和液体存放处等危险部位，设置明显的安全警示标志。安全警示标志必须符合国家标准。

(19) 应当将施工现场的办公区、生活区与作业区分开设置，并保持安全距离；办公区、生活区的选址应当符合安全性要求。职工的膳食、饮水、休息场所等应当符合卫生标准。不得在尚未竣工的建筑物内设置员工集体宿舍。施工现场临时搭建的建筑物应当符合安全使用要求，施工现场使用的装配式活动房屋应当具有产品合格证。

(20) 应当遵守有关环境保护法律、法规的规定，在施工现场采取措施，防止或者减少粉尘、废气、废水、固体废物、噪声、振动和施工照明对人和环境的危害和污染。在城市市区内的建设工程，应当对施工现场实行封闭围挡。

(21) 应当在施工现场建立消防安全责任制度，确定消防安全责任人，制定用火、用电、使用易燃易爆材料等各项消防安全管理制度和操作规程，设置消防通道、消防水源，配备消防设施和灭火器材，并在施工现场入口处设置明显标志。

(22) 应当向作业人员提供安全防护用具和安全防护服装，并书面告知危险岗位的操作规程和违章操作的危害。作业人员有权对施工现场的作业条件、作业程序和作业方式中存在的安全问题提出批评、检举和控告，有权拒绝违章指挥和强令冒险作业。在施工中发生危及人身安全的紧急情况时，作业人员有权立即停止作业或者在采取必要的应急措施后撤离危险区域。

9.2.2.4　考核与奖惩

1. 安全生产考核

风电场安全生产合同中，应对安全生产目标执行情况及合同规定的安全职责履行情况考核进行规定，提出考核与奖罚的要求。

2. 违约管理

安全生产管理合同作为工程承包合同的组成，与工程承包合同具有同等的法律效力。合同工作范围内造成的安全、环境事件，应由违约方承担相应的责任和后果。合同中应对相关违约项目、责任及应承担的后果，在法律法规框架下进行约定。

9.3　风电场项目安全管理计划与控制

9.3.1　风电场项目危险源识别

危险源辨识是发现、识别系统中危险源的工作，也是危险源控制的基础，只有辨识了危险源之后才能有的放矢地考虑如何采取措施控制危险源。在对危险源进行识别前应收集国家、地方、行业关于职业健康安全方面的法律、法规、文件等资料的现行版本，掌握相关规定。识别时应全面、系统、多角度、不漏项，充分考虑正常、异常、紧急三种状态以及过去、现在、将来三种时态。

针对风电场项目来说，可主要从以下方面进行辨识：工地地址（包括工程地质、

地形地貌、水文、气象条件、周围环境、交通运输条件及自然灾害、消防支持等)、平面布局(包括功能分区、防火间距和安全间距、风向、建筑物朝向、危险设施、道路、储运设施等)、施工准备、施工阶段、关键工序、特殊作业(包括动火、动土、临时用电、吊装及高处作业等)、建筑物(包括生产火灾危险性分类、耐火等级、结构、层数、占地面积、安全疏散等)、设备装置(包括触电、断电、火灾、爆炸、误运转和误操作等)、有害作业(包括粉尘、毒物、噪声、振动、辐射、高低温等)、生活卫生和应急抢救设施,以及安全管理措施(包括安全生产管理组织机构、安全生产管理制度、事故应急救援预案、特种作业人员培训、日常安全管理等)。重点放在工程施工的基础、主体、机组设备、吊装作业、线路架设和机组调试阶段,以及危险品的控制和影响因素上,还要考虑:①国家法律法规明确规定的特种作业人员情况;②经常接触有毒、有害物质的作业活动和情况;③具有易燃易爆特性的作业活动和情况;④具有职业性健康伤害的作业活动和情况;⑤曾经发生和行业内经常发生事故的作业活动和情况等。

在风电场项目开工前,应成立危险源辨识评价小组,对施工现场主要和关键工序中的危险因素进行辨识。施工现场内的危险源主要与施工部位、分部分项(工序)工程、施工装置(设施、机械)及物质有关,可分为以下类别:

(1) 脚手架(包括落地架、悬挑架、爬架等)、模板支撑体系、起重吊装、物料提升机安装与运行,基坑(槽)施工,局部结构工程或临时建筑(临建、围墙等)失稳,造成坍塌、倒塌意外。

(2) 高度大于2m的作业面(包括高空、洞口、临边作业等),因安全防护设施不符合或无防护设施,人员未配备劳动保护用品造成人员踏空、滑倒、失稳等意外。

(3) 电气设备安装、焊接、金属切割、冲击钻孔(凿岩)等施工及各种施工电气设备的安全保护(如漏电、绝缘、接地保护等)不符合,造成人员触电、局部火灾等意外。

(4) 工程材料、构件及设备的堆放与搬(吊)运等发生高空坠落、堆放散落、撞击人员等意外。

(5) 人工挖孔桩(井)、室内涂料(油漆)等因通风排气不畅造成人员窒息或气体中毒。

(6) 施工(调试)作业用易燃易爆化学物品临时存放或使用不规范、防护不到位,造成火灾或人员中毒意外。

(7) 工地饮食因卫生不符合,造成集体中毒或疾病。

根据职业健康安全管理体系的要求,除根据风电场项目的特征、规模及自身管理水平等辨识危险源,列明清单外,还应对危险源进行一一评价和分级控制。

风电场项目危险源辨识与控制的基本步骤如图9-2所示。

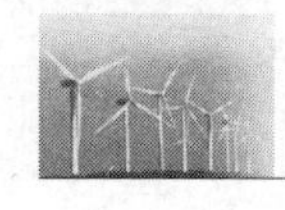

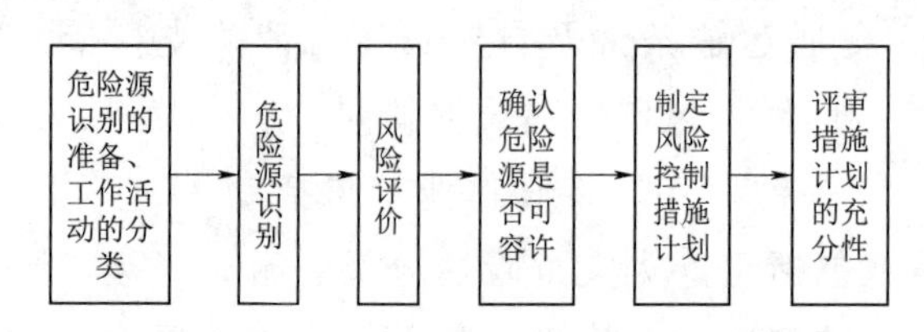

图9-2　危险源辨识与控制的基本步骤

常用的危险源辨识方法有安全检查表法、预先危险性分析法、故障类型和影响分析方法、事件树分析法、故障树分析法等。

1. 安全检查表法

为了查找风电场项目建设过程中各种设备设施、物料、工件、操作、管理和组织措施中的危险、有害因素，事先把检查对象加以分解，将大系统分割成若干小的子系统，以提问或打分的形式，将检查项目列表逐项检查，避免遗漏，检查表中的回答一般都是“是/否”，这种表称为安全检查表，用安全检查表进行安全检查的方法称为安全检查表法。该方法的突出优点是简单明了，现场操作人员和管理人员都易于理解和使用。其编制依据是有关标准规定、规程规范，国内外事故案例，分析确定的危险源部位及防范措施，分析人员的经验和可靠的参考资料。安全检查表法如图9-3所示。

2. 预先危险性分析法（PHA）

预先危险性分析法是一项实现风电场项目安全危害分析的初步或初始工作，在设计、施工和生产前，首先对项目中存在的危险性类别、出现条件、导致发生事故的后果进行分析，目的是识别潜在危险，确定危险等级，防止危险发展成事故。预先危险性分析法如图9-4所示。

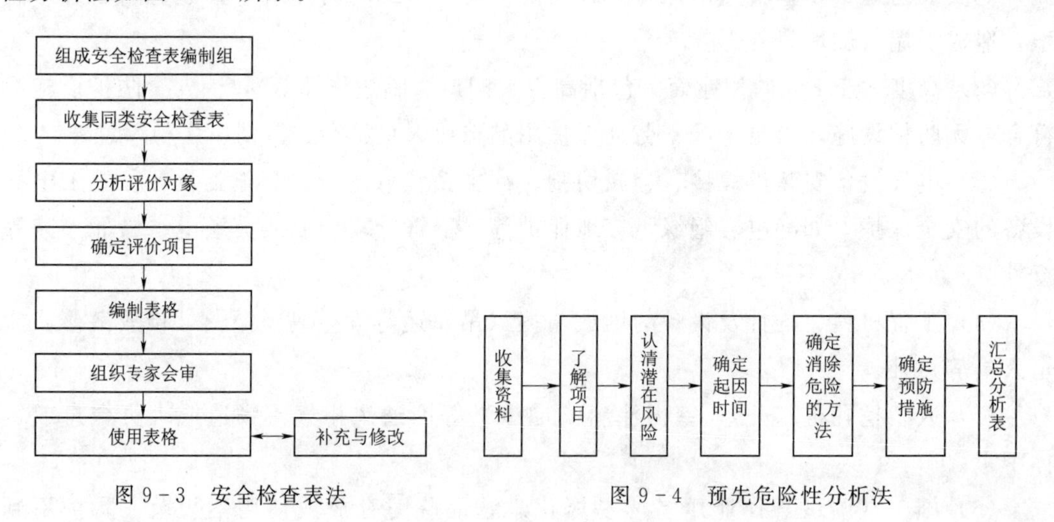

图9-3　安全检查表法

图9-4　预先危险性分析法

3. 故障类型和影响分析法（FMEA）

故障类型和影响分析法是系统安全工程的一种方法。根据设备和元件的特点系统可以划分为若干子系统，按实际需要将系统进行分割，然后分析各自可能发生的故障类型及其产生的影响，以便采取相应的对策，提高系统的安全可靠性。其分析步骤大致为：①确定分析对象系统；②分析元素失效类型和产生原因；③研究失效类型的后

果；④填写失效模式和后果分析表格；⑤风险定性分析。

4. 事件树分析法（ETA）

事件树分析法的理论基础是决策论，它是一种从原因到结果（归纳）的自上而下的分析方法。从一个初始事件开始，交替考虑成功与失败的两种可能性，然后再以这两种可能性作为新的初始事件，如此继续分析下去，直到找到最后的结果。其分析步骤大致为：①确定初始事件；②判断安全功能；③发展事件树和简化事件树；④分析事件树；⑤事件树的定量分析。

5. 故障树分析法（FTA）

故障树分析法是20世纪60年代以来迅速发展的系统可靠性分析方法，它把系统可能发生或已发生的事故（称为顶上事件）作为分析起点，将导致事故原因的事件按因果逻辑关系逐层列出，用树形图表示出来，构成一种逻辑模型，然后定性或定量地分析事件发生的各种可能途径及发生的概率，找出避免事故发生的各种方案并优选出最佳安全对策。其分析的基本步骤为：①确定分析对象系统和拟分析的各对象事件；②确定系统事故发生概率、事故损失的安全目标值；③调查事故原因（设备故障、人员失误和环境不良因素等）；④编制故障树；⑤定性分析；⑥定量分析；⑦结论。

9.3.2 风电场项目安全风险评估

风险评估（Risk Assessment）是指在风险事件发生之前或之后（但还没有结束），对该事件给人们的生活、生命、财产等各个方面造成的影响和损失的可能性进行量化评估的工作。风险评估就是量化测评某一事件或事物带来的影响或损失的可能程度。在风险管理理论体系中将风险分析和风险评价合称为风险评估，它们之间的关系如图9-5所示。

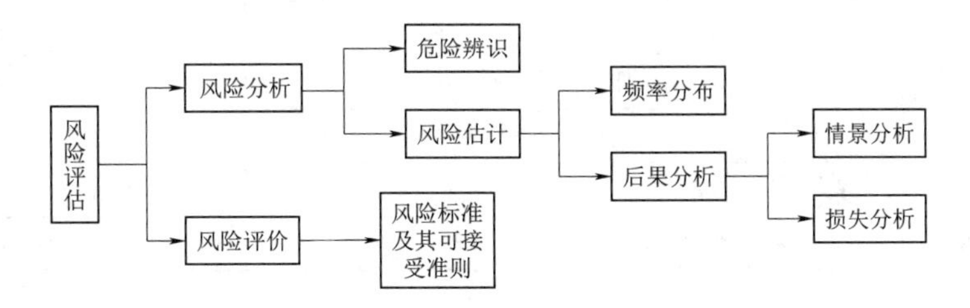

图9-5 风险评估内容及相互关系

在对风电场项目危险源进行识别后，应进一步研究风险发生的可能性及其所产生的后果损失，并对所有风险进行分析。在此基础上，根据相应的风险标准判断所识别的风险是否可以接受，是否需要采取进一步的安全措施，再对所有风险进行评价，即完成了风电场项目风险评估全过程。

9.3.2.1 常用的风险评价方法

风险评价方法是进行定性、定量风险评价的工具。目前，风险评价方法很多，每种风险评价方法都有其适用范围和应用条件。在进行风险评价时，应根据风险评价对象及要实现的安全目标，选用适合的评价方法。

按评价结果的量化程度可将风险评价方法分为三类，分别是定性评价法、半定量评价法和定量评价法。根据风电场项目的工程特点，常采用定性分级方法和作业条件危险性评价法进行评价。

1. 定性分级方法

根据事故发生的可能性和事故后果的严重等级进行风险评价，其结果从高到低分别为1级、2级、3级、4级和5级。风险分级标准见表9-6，事故发生的可能性等级见表9-7，事故后果的严重性等级见表9-8，风险级别见表9-9。

表9-6　风险分级标准

风险级别	风险名称	风险说明
1	不可容许风险	事故潜在危险性很大且难以控制，发生的可能性极大，一旦发生会造成多人伤亡
2	重大风险	事故潜在危险性较大且较难控制，发生的可能性较大，易发生重伤或多人伤害。粉尘、噪声、毒物作业危险程度达到Ⅲ级、Ⅳ级
3	中度风险	导致重大伤害事故的可能性较小，但经常发生，有潜在的伤亡事故危险。粉尘、噪声、毒物作业危险程度达到Ⅰ级、Ⅱ级；高温作业危害程度达到Ⅲ级、Ⅳ级
4	可容许风险	具有一定的危险性，可能发生一般伤亡事故。粉尘、噪声、毒物作业危害程度分级为安全作业，但对人员休息和健康有影响者；高温作业危害程度达到Ⅰ级、Ⅱ级
5	可忽视风险	危险性小，不会伤人

表9-7　事故发生的可能性等级

等级	注明	单个项目具体发生情况	总体发生情况
A	频繁	频繁发生	连续发生
B	很可能	在寿命期内会发生若干次	频繁发生
C	有时	在寿命期内有时可能发生	发生若干次
D	极少	在寿命期内不易发生，但有可能	不易发生，可预期发生
E	不可能	极不易发生，以至于可认为不会发生	不易发生

表9-8　事故后果的严重性等级

等级	注明	事故后果	举例
Ⅰ	灾难	人员死亡或系统报废	死亡，致命伤害，急性不治之症
Ⅱ	严重	人员严重受伤，严重职业病，系统严重损坏	断肢，严重骨折，中毒，复合伤害，严重职业病，其他导致寿命严重缩短的疾病
Ⅲ	轻度	人员轻度受伤，轻度职业病，系统轻度损坏	划伤，烧伤，脑震荡，严重扭伤，轻微骨折，耳聋，皮炎，哮喘，与工作相关的上肢损伤，导致永久性轻微功能丧失的疾病
Ⅳ	轻微	人员轻微伤害，系统损坏轻于Ⅲ级	表面损伤，轻微的割伤和擦伤，粉尘对眼睛的刺激，烦躁，导致暂时不适的疾病

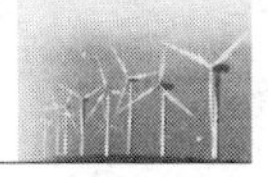

表 9-9 风险级别

可能性等级	严重性			
	Ⅰ	Ⅱ	Ⅲ	Ⅳ
A	1级	1级	2级	3级
B	1级	1级	2级	4级
C	1级	2级	3级	5级
D	2级	3级	3级	5级
E	3级	4级	4级	5级

2. 作业条件危险性评价法（LEC）

作业条件危险性评价法主要是用与系统风险率有关的三种因素指标值的乘积来评价系统人员的伤亡风险大小，其表达式为

$$D = LEC \tag{9-1}$$

式中 L——发生事故或危险事件的可能性值；

E——暴露于潜在危险环境的频率；

C——发生事故可能产生的后果值；

D——作业条件的危险性值。

D 越大，说明发生事故的危险性越大，需要增加安全措施，或改变发生事故的可能性，或减少人体暴露于危险环境中的频繁程度，或减轻事故损失，直至调整到允许范围。确定了 L、E、C 的取值（分别见表 9-10～表 9-12），并按式（9-1）进行计算，即可得危险性 D 的分值，按表 9-13 的分值进行危险等级的划分或评定。

表 9-10 发生事故的可能性

分数值	事故或危险发生的可能性	分数值	事故或危险发生的可能性
10	完全可能预料	0.5	很不可能，可以设想
6	相当可能	0.2	极不可能
3	可能，但不经常	0.1	实际不可能
1	可能性小，完全意外		

表 9-11 暴露于潜在危险环境的频率

分数值	暴露于危险环境的频繁程度	分数值	暴露于危险环境的频繁程度
10	连续暴露	2	每月一次暴露
6	每天工作时间暴露	1	每年几次暴露
3	每周一次暴露	0.5	非常罕见地暴露

表9-12　发生事故可能产生的后果

分数值	发生事故等级	伤亡程度	财产损失/万元
100	大灾难	许多人死亡	＞500
40	灾难	数人死亡	100～500
15	非常严重	1人死亡	30～100
7	严重	重伤	20～30
3	重大	致残	10～20
1	引人注目	需救护	≤10

表9-13　危险等级划分

危险级别	分数值	危险程度	危险级别	分数值	危险程度
1	＞320	极其危险，不能继续作业	4	20～70	一般危险，需要注意
2	160～320	高度危险，需要立即整改	5	＜20	稍有危险，可以接受
3	70～160	显著危险，需要整改			

注：凡是用以上方法确定风险级别不大于2级的风险确定为不可接受风险。

9.3.2.2　制定风险控制措施

1. 风险控制原则

应优先选择消除风险的措施，其次是降低风险（如采用技术和管理措施或增设安全监控、防护或隔离等措施），再次是控制风险（如标准化作业和安全教育，以及应急预案、监测检查等措施）。

2. 重大危险源的确定

当风电场项目发生如下情况时可确定为重大危险源：

(1) 违反法律法规和其他要求。

(2) 风险等级定为1级、2级风险的危险源。

根据风险评估结果制定安全技术措施和管理方案。风险控制措施见表9-14。

表9-14　风险控制措施表

危险级别	风险名称	控制措施
1	不可容许风险	只有当风险已降低时，才能开始或继续工作。若即便经无限的资源投入也不能降低风险，则必须禁止工作
2	重大风险	直至风险降低后才能开始工作。为降低风险有时必须配给大量的资源，当风险涉及正在进行中的工作时，就应采取应急措施，制定目标和管理方案
3	中度风险	应努力采取措施降低风险，但应仔细测定并限定预防成本，应在规定时间内实施风险减少措施，如条件不具备，可考虑长远措施和当前简易控制措施
4	可容许风险	可保持现有控制措施，即不需要另外的控制措施，但应考虑投资效果更佳的解决方案或不增加额外成本的改进措施，需要检测来确保控制措施得以维持
5	可忽视风险	不需要采取措施且不必保留文件资料

9.3.3　风电场项目安全风险预案

制定事故应急预案是贯彻落实“安全第一、预防为主、综合治理”方针，提高应对风险和防范事故能力，保证职工安全健康和公众生命安全，最大限度地减少财产损失、环境损害和社会影响的重要措施。

9.3.3.1　应急预案体系

风电场项目应急预案体系包括综合应急预案、专项应急预案和现场处置方案。项目应根据有关法律、法规和相关标准，结合生产规模和工程特点，科学合理地建立应急预案体系，并注意与上级部门及当地政府相关应急预案相衔接。

1. 综合应急预案

综合应急预案是为应对各种生产安全事故而制定的综合性工作方案，是应对生产安全事故的总体工作程序、措施和应急预案体系的总纲。

2. 专项应急预案

专项应急预案是为应对某一种或者多种类型生产安全事故，或者针对重要生产设施、重大危险源、重大活动防止生产安全事故而制定的专项工作方案。专项应急预案与综合应急预案中的应急组织机构、应急响应程序相近时，可不编写专项应急预案，相应的应急处置措施并入综合应急预案。

3. 现场处置方案

现场处置方案是指根据不同生产安全事故类型，针对具体场所、装置或者设施所制定的应急处置措施。现场处置方案具有重点规范事故风险描述、应急工作职责、应急处置措施和注意事项应体现自救互救、信息报告和先期处置等特点。

事故风险单一、危险性小的风电场项目，可只编制现场处置方案。

9.3.3.2　应急预案编制步骤

应急预案的编制主要包括成立应急预案编制工作组、资料收集、风险评估、应急资源调查、应急预案编制、桌面推演、应急预案评审和批准实施 8 个步骤。

1. 成立应急预案编制工作组

结合项目实际情况，成立以主要负责人为组长，相关部门人员（如生产、技术、设备、安全、行政、人事、财务人员等）参加的应急预案编制工作组，明确工作职责和任务分工，制定工作计划，组织开展应急预案编制工作，应急预案编制工作组中应邀请相关救援队伍以及周边相关企业、单位或社区代表参加。

2. 资料收集

应急预案编制资料收集是一项非常重要的基础工作。掌握相关资料的多少、资料内容的详细程度和资料的可靠性直接关系到应急预案编制工作能否顺利进行，以及能否编制出质量较高的事故应急预案。应急预案编制工作组应收集下列相关资料：

（1）适用的法律法规、部门规章、地方性法规和政府规章、技术标准及规范性文件。

（2）项目周边地质、地形、环境情况及气象、水文、交通资料。

（3）项目现场功能区划分、建（构）筑物平面布置及安全距离资料。

（4）项目施工作业流程、相关参数、作业条件、设备装置及风险评估资料。

（5）项目所在地历史事故与隐患、国内外同行业事故资料。

（6）属地政府及周边企业、单位应急预案。

3. 风险评估

风险评估是编制应急预案的关键，所有应急预案都建立在风险分析的基础之上。开展风险评估应撰写评估报告，评估内容包括但不限于：

（1）辨识项目存在的危险有害因素，确定可能发生的生产安全事故类别。

（2）分析各种事故类别发生的可能性、危害后果和影响范围。

（3）评估确定相应事故类别的风险等级。

4. 应急资源调查

全面调查和客观分析项目以及周边单位和政府部门可请求援助的应急资源状况，撰写应急资源调查报告，其内容包括但不限于：

（1）本项目可调用的应急队伍、装备、物资、场所。

（2）针对生产过程及存在的风险可采取的监测、监控、报警手段。

（3）上级单位、当地政府及周边企业可提供的应急资源。

（4）可协调使用的医疗、消防、专业抢险救援机构及其他社会化应急救援力量。

5. 应急预案编制

在以上工作的基础上，针对本项目可能发生的事故，充分借鉴同类型工程项目事故应急工作经验，组织编制应急预案。应急预案编制应当遵循以人为本、依法依规、符合实际、注重实效的原则，以应急处置为核心，体现自救互救和先期处置的特点，做到职责明确、程序规范、措施科学，尽可能简明化、图表化、流程化。编制工作包括但不限于以下内容：

（1）依据事故风险评估及应急资源调查结果，结合项目组织管理体系、生产规模及处置特点，合理确立应急预案体系。

（2）结合组织管理体系及部门业务职能划分，科学设定项目应急组织机构及职责分工。

（3）依据事故可能的危害程度和区域范围，结合应急处置权限及能力，清晰界定响应分级标准，制定相应层级的应急处置措施。

（4）按照有关规定和要求，确定事故信息报告、响应分级与启动、指挥权移交、警戒疏散等方面的内容，落实与相关部门和单位应急预案的衔接。

6. 桌面推演

按照应急预案明确的职责分工和应急响应程序，结合有关经验教训，相关部门及其人员可采取桌面演练的形式，模拟生产安全事故应对过程，逐步分析讨论并形成记录，检验应急预案的可行性，并进一步完善应急预案。桌面演练的相关要求参见《生产安全事故应急演练基本规范》(AQ/T 9007)。

7. 应急预案评审

应急预案编制完成后应组织评审，内容主要包括风险评估和应急资源调查的全面性、应急预案体系设计的针对性、应急组织体系的合理性、应急响应程序和措施的科学性、应急保障措施的可行性以及应急预案的衔接性。评审程序包括以下步骤：

(1) 评审准备。成立应急预案评审工作组，落实参加评审的专家，将应急预案、编制说明、风险评估、应急资源调查报告及其他有关资料在评审前送达参加评审的单位或人员。

(2) 组织评审。评审采取会议审查形式，项目主要负责人参加会议，会议由参加评审的专家共同推选出的组长主持，按照议程组织评审；表决时，应有不少于出席会议专家人数的2/3同意方为通过；评审会议应形成评审意见（经评审组组长签字），附参加评审会议的专家签字表。表决的投票情况应当以书面材料记录在案，并作为评审意见的附件。

(3) 修改完善。应急预案编制工作组应认真分析研究，按照评审意见对应急预案进行修订和完善。评审表决不通过的，应修改完善后按评审程序重新组织专家评审，并写出根据专家评审意见的修改情况说明，经专家组组长签字确认。

8. 批准实施

通过评审的应急预案，由项目主要负责人签发实施。

9.3.3.3　应急预案主要内容

1. 综合应急预案主要内容

(1) 总则。

1) 适用范围。

2) 响应分级。依据事故危害程度、影响范围和项目部控制事态的能力，对事故应急响应进行分级，明确分级响应的基本原则，响应分级不可照搬事故分级。

(2) 应急组织机构及职责。明确应急组织形式（可用图示）及构成单位（部门）的应急处置职责。应急组织机构可设置相应的工作小组，各小组具体构成、职责分工及行动任务以工作方案的形式作为附件。

(3) 应急响应。

1) 信息报告。

a. 信息接报。明确应急值守电话、事故信息接收、内部通报程序、方式和责任

人，向上级主管部门、上级单位报告事故信息的流程、内容、时限和责任人，以及向本项目以外的有关部门或单位通报事故信息的方法、程序和责任人。

b. 信息处置与研判：①明确响应启动的程序和方式，根据事故性质、严重程度、影响范围和可控性，结合响应分级明确的条件，可由应急领导小组做出响应启动的决策并宣布，或者依据事故信息是否达到响应启动的条件自动启动；②若未达到响应启动条件，应急领导小组可做出预警启动的决策，做好响应准备，实时跟踪事态发展；③响应启动后，应注意跟踪事态发展，科学分析处置需求，及时调整响应级别，避免响应不足或过度响应。

2）预警。

a. 预警启动。明确预警信息发布渠道、方式和内容。

b. 响应准备。明确作出预警启动后应开展的响应准备工作，包括队伍、物资、装备、后勤及通信。

c. 预警解除。明确预警解除的基本条件、要求及责任人。

3）响应启动。确定响应级别，明确响应启动后的程序性工作，包括应急会议召开、信息上报、资源协调、信息公开、后勤及财力保障工作。

4）应急处置。明确事故现场的警戒疏散、人员搜救、医疗救治、现场监测、技术支持、工程抢险及环境保护方面的应急处置措施，并明确人员防护的要求。

5）应急支援。明确当事态无法控制的情况下，向外部（救援）力量请求支援的程序及要求、联动程序及要求，以及外部（救援）力量到达后的指挥关系。

6）响应终止。明确响应终止的基本条件、要求和责任人。

（4）后期处置。明确污染物处理、生产秩序恢复、人员安置方面的内容。

（5）应急保障。

1）通信与信息保障。明确应急保障的相关单位及人员通信联系方式和方法，以及备用方案和保障责任人。

2）应急队伍保障。明确相关的应急人力资源，包括专家、专（兼）职应急救援队伍及协议应急救援队伍。

3）物资装备保障。明确本项目应急物资和装备的类型、数量、性能、存放位置、运输及使用条件、更新及补充时限、管理责任人及其联系方式，并建立台账。

4）其他保障。根据应急工作需求而确定的其他相关保障措施（如能源保障、经费保障、交通运输保障、治安保障、技术保障、医疗保障及后勤保障）。

2. 专项应急预案主要内容

包括但不限于以下：

（1）适用范围。说明专项应急预案适用的范围，以及与综合应急预案的关系。

（2）应急组织机构及职责。明确应急组织形式（可用图示）及构成单位（部门）

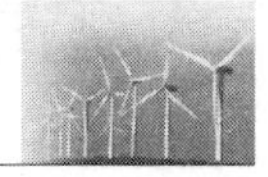

的应急处置职责，应急组织机构以及各成员单位或人员的具体职责。应急组织机构可以设置相应的应急工作小组，各小组具体构成、职责分工及行动任务建议以工作方案的形式作为附件。

（3）响应启动。明确响应启动后的程序性工作，包括应急会议召开、信息上报、资源协调、信息公开、后勤及财力保障工作。

（4）处置措施。针对可能发生的事故风险、危害程度和影响范围，明确应急处置指导原则，制定相应的应急处置措施。

（5）应急保障。根据应急工作需求明确保障的内容。

3. 现场处置方案主要内容

（1）事故风险描述。简述事故风险评估的结果（可用列表的形式附在附件中）。

（2）应急工作职责。明确应急组织分工和职责。

（3）应急处置。主要包括以下内容：

1）应急处置程序。根据可能发生的事故及现场情况，明确事故报警、各项应急措施启动、应急救护人员的引导、事故扩大及同上级单位应急预案的衔接程序。

2）现场应急处置措施。针对可能发生的事故从人员救护、工艺操作、事故控制、消防、现场恢复等方面制定明确的应急处置措施。

3）明确报警负责人、报警电话及上级管理部门、相关应急救援单位联络方式和联系人员，事故报告基本要求和内容。

（4）注意事项。包括人员防护和自救互救、装备使用、现场安全方面的内容。

9.3.3.4　应急预案相关附件

包括但不限于以下：

（1）项目概况。简要描述本项目地址、从业人数、隶属关系、主要原材料、主要产品、产量，以及重点岗位、重点区域、周边重大危险源、重要设施、目标、场所和周边布局情况。

（2）风险评估的结果。简述本项目风险评估的结果。

（3）应急预案体系与衔接。简述本项目应急预案体系构成和分级情况，明确与地方政府及其有关部门、其他相关单位应急预案的衔接关系（可用图示）。

（4）应急物资装备的名录或清单。列出应急预案涉及的主要物资和装备名称、型号、性能、数量、存放地点、运输和使用条件、管理责任人和联系电话等。

（5）有关应急部门、机构或人员的联系方式。列出应急工作中需要联系的部门、机构或人员及其多种联系方式。

（6）格式化文本。列出信息接报、预案启动、信息发布等格式化文本。

（7）关键的路线、标识和图纸。包括但不限于：①警报系统分布及覆盖范围；②重要防护目标、风险清单及分布图；③应急指挥部（现场指挥部）位置及救援队伍

行动路线；④疏散路线、集结点、警戒范围、重要地点的标识；⑤相关平面布置、应急资源分布的图纸；⑥项目地理位置图、周边关系图、附近交通图；⑦事故风险可能导致的影响范围图；⑧附近医院地理位置图及路线图。

（8）有关协议或者备忘录。列出与相关应急救援部门签订的应急救援协议或备忘录。

9.3.4 风电场项目安全管理信息化

随着世界各国对环境问题认识的不断深入、可再生能源综合利用技术的不断提升，以及风力发电规模的不断扩大，跨区管理模式的出现，且各风电场地处偏远、设备多而分散，安全管理工作的重要性日渐突出，迫切需要引入安全管理信息系统。

根据相关规范标准检查评价要素，结合风电场项目特点和安全管理流程，应建立公司级和项目级两级安全信息结构。公司级安全信息管理旨在对现场施工单元进行宏观调控，并对现场安全生产工作进行监督指导和安全信息动态统计分析，为公司快速决策提供相应依据；项目级安全信息管理旨在通过安全管理信息平台，加强项目安全管理，实现项目安全管理信息的共享，促进各项目间的学习交流。两系统模块单元主要包括安全规章制度、组织机构与人员管理、安全目标及责任书管理、安全投入管理、安全会议及教育培训、设备设施管理、危险源管理、安全检查及隐患排查治理、应急管理、三项业务管理、事故处理以及绩效考核与奖惩等，安全管理信息系统结构如图9-6所示。

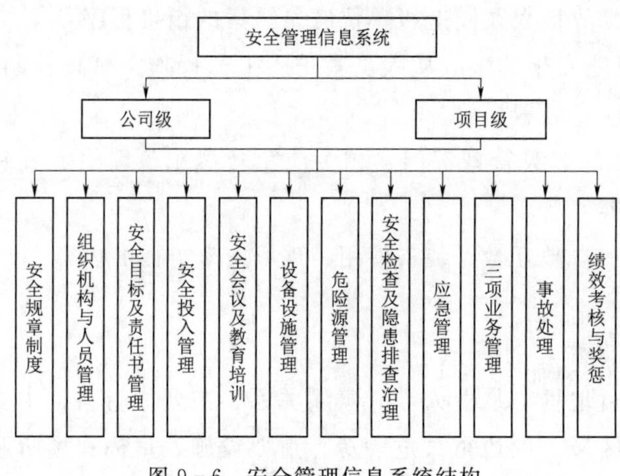

图9-6 安全管理信息系统结构

9.3.4.1 安全规章制度模块

安全规章制度模块主要包括法律法规、标准规范以及企业安全管理制度和各岗位安全操作规程等文件，目的在于为企业开展安全管理工作提供有效的决策依据，使安全生产管理工作更加规范化和标准化。该模块数据库可依据企业需要定制与扩充，由专人负责实施维护管理，并进行定期收集和更新，其内容查阅权限面向全员开启，以便于公司各类人员查阅相关知识。

9.3.4.2 组织机构与人员管理模块

组织机构与人员模块主要包括四个责任体系、各领导小组人员构成与职责，以及

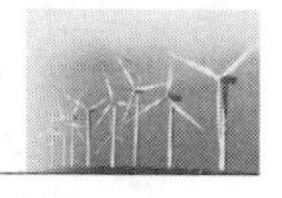

各类人员实名制信息和资料，尤其是对劳务人员、安全管理人员和特种作业人员的管理。该模块由专人或独立部门负责填写人员基本身份信息、技能状况、从业经历、证书持有情况、考勤记录、工资结算与支付等工作，同时需提交个人证件照（近照）、身份证、学历证书、资格证书及注册证书等扫描件，并留存相关纸质资料备案，方便后续核实与审查。

9.3.4.3 安全目标及责任书管理模块

安全目标及责任书管理模块主要包括年度安全管理工作计划、安全生产目标及控制措施、安全生产责任书以及安全生产管理协议等文件，其中安全生产目标包括各部门和下级单位逐级分解成的具体指标及相应的控制措施。

9.3.4.4 安全投入管理模块

安全投入管理模块主要包括安全生产费用使用计划、安全生产费用支出明细、安全生产费用使用台账。安全生产费用主要用于以下方面：

（1）完善、改造和维护安全防护设施设备支出。

（2）配备、维护、保养应急救援器材、设备支出和应急演练支出。

（3）开展重大危险源和事故隐患评估、监控和整改支出。

（4）安全生产检查、评价、咨询和标准化建设支出。

（5）配备和更新现场作业人员安全防护用品与职业健康支出。

（6）勘测设计外业及现场服务、工程建设项目管理及监理应急器械、药品支出。

（7）安全生产宣传、教育、培训支出。

（8）安全生产适用的新技术、新标准、新工艺、新装备的推广应用支出。

（9）安全设施及特种设备检测检验支出。

（10）结算给分包单位的安全生产费用。

（11）其他与安全生产直接相关的支出。

9.3.4.5 安全会议及教育培训模块

安全会议主要包括安全例会、专题会议、学习会议等，具体内容包括会议名称、时间、地点、参会人数、会议内容以及会议照片；安全教育培训主要包括培训计划、培训情况、取证人员信息、各类培训资料和课件（可供下载）、安全考试题库以及在线模拟考试等。

9.3.4.6 设备设施管理模块

设备设施管理模块最大的优点就是将“人管”变成“程序管”，管理人员只需将购买或租用设备的全部信息（包括设备证号、机械编号和型号、购买时间、产地、安装和拆卸时间、定检时间、维修保养记录、报废日期以及人员操作证书等）输入系统，系统就会根据设备相关属性或运行情况提醒管理人员哪些设备需要保养、维护和检测，哪些设备超期使用以及哪些人员证书需复审等信息。设备信息输入完成后系统会自动输出二维码，管理人员只需将二维码粘贴在设备的显要部位即可，维修工可通过扫描二维码在线填写设备运行情况及存在问题并进行电子签名，管理人员可通过查看远程视频实时监控设备的维修保养状况。

9.3.4.7　危险源管理模块

安全信息管理系统的基础是危险源的辨识。该模块录入信息包括危险源种类，导致的风险，发生原因，危及的对象、岗位及作业活动，可采取的控制措施等内容，从而形成符合体系要求的危险源清单。各项目管理人员可根据该清单内容，结合项目施工设计图纸、施工场地周边环境等实际情况进行选用及补充/完善符合本项目要求的危险源及相应控制措施，在施工前期做好危险源特别是重大危险源的辨识与预控工作，以确保工程施工安全。

9.3.4.8　安全检查及隐患排查治理模块

在日常检查、专项检查以及综合检查中，检查人员应及时将检查数据录入该模块中的安全检查表，输入完成后系统会自动生成隐患整改通知单，并能直接发送给受检单位人员。在接到通知单后，该单位人员应尽快安排班组人员按“三定一落实”，即定人、定时间、定措施和落实整改的要求进行整改反馈，同时填写整改回复单。安全管理部门人员在接到回复单后应及时进行核查，形成闭环管理。通过该模块的条件筛选功能还可分别导出安全检查及隐患排查治理台账，进一步直观了解各项目安全检查及隐患统计情况，从而发现项目上管理的不足。

除人工检查外，还可通过摄像头、无人机等数字化工具，利用网络将影像传输到信息化监控室内实现对现场的实时监控，也可通过电子地图实现对施工现场的快速导航，实现网上移动执法，及时发现不安全因素（如工人的违规操作行为、施工现场的治安状况等）并进行迅速处理，大大提高现场安全管理的工作效率。

9.3.4.9　应急管理模块

应急管理模块主要是实现应急预案、应急物资和应急演练的网络化管理。该模块主要包括应急预案（综合应急预案、专项应急预案及现场处置方案）、应急物资、应急演练（演练计划、演练记录及效果评估）、应急队伍及应急响应与救援等内容。当发生事故时，现场管理人员只需输入关键词，系统就会自动筛选出符合要求的应急预案，保障应急救援工作的顺利开展。

9.3.4.10　事故处理模块

事故处理模块包括安全生产事故的基本信息（如发生时间、经过、原因、人员伤亡情况及经济损失）、事故调查处理的进展情况、事故后果的影响与赔偿、事故调查报告以及“四不放过”处理情况等。同时设有典型事故案例库，通过吸取事故教训，提高全员安全意识。

9.3.4.11 绩效考核与奖惩模块

绩效考核与奖惩模块包括管理目标与指标考核、安全管理人员考核、安全生产责任制考核以及考核结果和奖惩等内容。

信息化建设在风电场项目安全管理上的应用已经成为发展的必然趋势，借助信息化手段，可以很好地固化业务流程、制度规范、考核标准，使岗位责任、流程、制度执行到位，实现项目安全管理的标准化、流程化、协同化，杜绝人情干扰，提高工作效率。通过数据分析等技术手段，为流程改进、决策分析提供准确、详实、可追溯的数据支撑，从而很好地将安全生产管理“精、准、细、严”的理念精髓贯彻下去。

第 10 章　风电场项目环境与生态标准化管理

10.1　风电场项目环境与生态管理基础

10.1.1　管理理念

风电场项目建设应以生态文明建设为指导，树立和践行“绿水青山就是金山银山”的理念，贯彻落实“创新、协调、绿色、开放、共享”的发展理念，坚持“节约优先、保护优先、自然恢复”，形成节约资源和保护环境的空间格局、产业结构、生产方式、生活方式。严格落实《中华人民共和国环境影响评价法》，认真贯彻 ISO 14000 环境管理体系标准，在风电场项目建设中坚持“珍爱环境，文明施工，最小破坏，最大恢复，不破坏就是最好的保护”的环境保护理念。

10.1.2　基本原则

为进一步加强工程项目环境保护管理，预防工程项目建设对环境造成不良影响，在风电场项目建设中须坚持以下原则：

1. 预防为主、防治结合、综合治理

有效保护工程项目的生态环境、自然环境、社会环境和人民生活环境，降低环境污染，减少水土流失，依法履行环境保护的企业责任，结合建设项目实际，贯彻环境保护基本国策，采取严格的施工期环保水保管理措施，认真落实各项环保要求。

2. “三同时”原则

“三同时”制度是建设项目环境管理的一项基本制度，是我国以预防为主的环保政策的重要体现，即：建设项目中的环境保护设施必须与主体工程同时设计、同时施工、同时投产使用。防治污染的设施必须经原审批环境影响报告书的环境保护行政主管部门验收合格后，该建设项目方可投入生产或者使用。

3. 法制化管理

所有从事工程项目建设的单位或个人，应当遵守建设项目环境保护法律、法规、规章制度，改善、恢复因建设活动受到损害的环境，最大限度减少对环境造成的不良影响。

4. 标准化管理

工程项目环境保护和生态管理的标准化工作贯穿建设项目工程的全过程，并承诺对工程后期环保验收中提出的问题进行及时处理，全面满足环境管理部门的要求。

10.1.3 管理目标

风电场项目环境的生态管理目标如下：

（1）杜绝环境污染事件。

（2）环保处罚事件为零。

（3）不发生施工周围居民环境投诉事件。

（4）员工普遍树立资源节约意识。

（5）施工砍伐林木量最少。

（6）现场制定并严格执行废水、废气、噪声控制措施。

10.1.4 管理内容

建设项目各阶段的环境与生态标准化管理内容及参建单位职责分工见表 10-1。

表 10-1 建设项目各阶段的环境与生态标准化管理内容及参建单位职责分工

序号	阶段内容	类别	责任单位	注意事项
1	水保环保方案报建审批	报批	建设单位	可行性研究之后，开工建设之前，编制《环境影响评价报告书》《水土保持方案报告书》并报批，不得提前或滞后，避免僭越“生态红线”等
2	水环保监理	采购	监理单位	4 级以上（50 万 m^3）渣场必须有水土保持专项监理，减少扰动占压；监理单位必须满足要求，也可委托工程监理单位，在项目开工前完成采购和合同签订，与施工同时实施
3	水环保监测	采购	监测单位	做水环保监测都必须要遵守规程规范，在项目开工前完成采购和合同签订，与施工同时实施。通过卫星、遥感影像解译、现场调查和人工模拟手段监测各季度的水土流失和水土保持情况，没有完成的必须补报相应监测季报
4	水环保设计	采购	勘察设计单位	根据进度尽快组织开展，提前做好预案，尤其是在施工的同时要做好水土保持，杜绝仅在竣工验收前集中实施的情况，避免影响验收
5	水环保施工	采购	施工单位	
6	水环保验收	自行组织	建设单位及其他参建单位	工程全面投产前完成，自主验收需要公开备案，水利部门跟踪查处，依法查处违规违法行为，实行联合惩戒，对不满足条件而通过验收的，视为不合格

10.2　风电场项目环境与生态管理依据

经过 20 多年的发展，我国的环境保护政策已经形成了一个完整的体系，它具体包括三大政策八项制度，即“预防为主，防治结合”“谁污染，谁治理”“强化环境管理”这三项政策和“环境影响评价”“三同时”“排污收费”“环境保护目标责任”“城市环境综合整治定量考核”“排污申请登记与许可证”“限期治理”“集中控制”等八项制度。风电行业相关的法律法规及技术规范主要如下：

10.2.1　法律法规类

《中华人民共和国环境保护法》
《中华人民共和国水土保持法（修订）》
《开发建设项目水土保持方案编报审批管理规定》
《开发建设项目水土保持方案管理办法》
《中华人民共和国水土保持法实施条例》
《突发环境事件应急预案管理暂行办法》
《突发环境事件信息报告办法》
《中央企业节能减排监督管理暂行办法》
《环境行政处罚办法》
《建设项目“三同时”监督检查和竣工环保验收管理规程（试行）》
《规划环境影响评价条例》
《环境信息公开办法（试行）》
《中华人民共和国节约能源法》
《环境保护违法违纪行为处分暂行规定》
《中华人民共和国固体废物污染环境防治法》
《水土保持重点工程公示制管理暂行规定》
《中华人民共和国水法》
《中华人民共和国水污染防治法》
《中华人民共和国大气污染防治法》
《建设项目竣工环境保护验收管理办法》
《建设项目环境保护管理条例》
《中华人民共和国环境噪声污染防治法》
《中华人民共和国野生植物保护条例》
《中华人民共和国野生动物保护法》

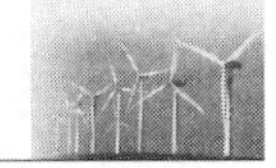

《中华人民共和国文物保护法》
《开发建设项目水土保持设施验收管理办法》
《中华人民共和国陆生野生动物保护实施条例》
《废弃危险化学品污染环境防治办法》
《农业野生植物保护办法》
《中华人民共和国清洁生产促进法》
《中华人民共和国土地管理法》
《关于规范风电场项目建设使用林地的通知》
《关于印发生产建设项目水土保持监督管理办法的通知》
《建设项目竣工环境保护验收暂行办法》

10.2.2　标准规范类

《地表水环境质量标准》(GB 3838)
《污水综合排放标准》(GB 8978)
《地下水质量标准》(GB/T 14848)
《环境空气质量标准》(GB 3095)
《大气污染物综合排放标准》(GB 16297)
《声环境质量标准》(GB 3096)
《建筑施工场界环境噪声排放标准》(GB 12523)
《生活垃圾填埋场污染控制标准》(GB 16889)
《城市生活垃圾卫生填埋技术规范》(CJJ 17)

10.3　风电场项目环境与生态全过程管理

生态文明建设与风电产业有着天然联系，生态文明建设理论的核心命题是如何科学理解和正确处理人与自然的关系。当前，中国正处于转变经济发展方式、以创新促进产业转型升级的关键时期。虽然风电具有低碳、无污染等诸多优势，但由于当前生态文明建设要求越来越严，人们对环境的期待也越来越高，部分新能源电站出现水环保整改、电站搬迁等现象，直接造成资源、人力、物力等损失。风电开发工作已步入“前途光明、挑战严峻”的新阶段（图 10－1），解决清洁能源

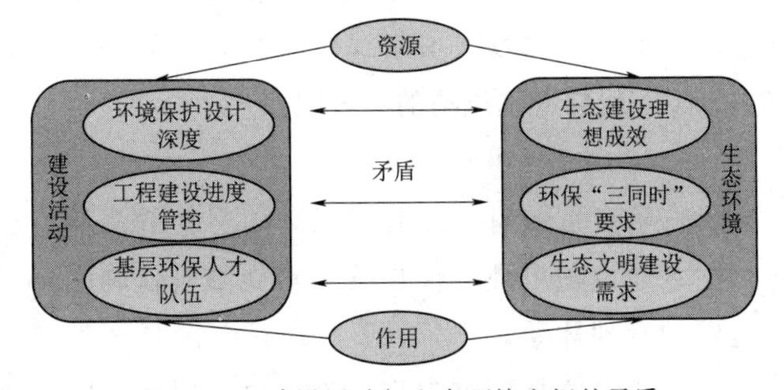

图 10－1　建设活动与生态环境之间的矛盾

项目开发过程中生态文明建设的不充分问题、项目发展的高经济效益与低生态和谐程度之间不平衡的问题，亟待通过强有力的管理措施推进。与生态文明建设和谐共存，建设“美丽场站”是全行业无法回避且亟待付诸实践的现实课题，也逐渐成为资源开发的重中之重。

【案例10-1】 2018年福建省林业厅联合福建省发展改革委、福建省环保厅等6家单位下发《关于开展全省已建陆上风电项目生态修复工作检查的通知》，将进一步加强协同监管，监理生态修复专项检查联动机制，促进生态修复。专项检查重点针对项目道路建设、风电机组周边防护、青山挂白治理、弃土弃渣等临时用地植被恢复情况，并且对生态修复等级评判分为合格、不合格两个等次。针对专项检查结果，对违法违规使用林地的风电企业，林业部门将按有关法律法规查处，发改部门将其列入失信名单。对生态修复工作不达标、效果差的，要求限期整改，对整改仍不到位的，暂停其上网电费结算。

10.3.1　保证体系与职责

10.3.1.1　管理组织

风电场项目环境与生态管理组织包括建设单位、监理单位、施工单位等。

环境与生态标准化管理应实行归口管理、分工负责的管理体制，对业务活动全生命周期各环节环境保护实施监督管理，实现环境保护工作业务全覆盖、全生命周期管理。各参建单位应将生态文明建设摆在首位，同时以“一岗双责”及考核激励政策提高项目负责人的思想意识，促使各参建单位及合作方认真落实“三同时”要求。

【案例10-2】 国内某风电企业成立环境保护管理领导组，全面负责公司工程建设项目环境保护管理工作。领导组组织机构如下：

组　长：公司分管工程建设的副总经理担任。

副组长：项目公司的总经理担任。

成　员：项目公司的工程管理、安全监察、电力运行、综合管理及各参建单位的主要负责人和专业人员。

领导组下设环境保护管理办公室，负责环境保护管理领导组的日常工作。环境保护管理办公室设在项目公司工程管理部，主任由工程管理部经理兼任。

10.3.1.2　组织管理机构的主要职责

1. 领导组管理职责

(1) 负责依照有关工程建设环境保护的法律、法规、技术标准、规范和合同文件等，制定建设项目环境保护管理实施细则，确定环境保护管理目标，明确责任，建立环境保护管理体系。

(2) 负责监督检查工程建设各单位按照合同文件要求及投标文件的承诺建立健全

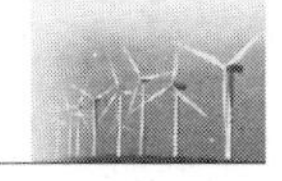

环境保护管理体系工作，考核环境保护工程落实情况，委托有资质的环境监测单位做好施工期环境监测工作。

(3) 负责监督检查工程建设各单位的环境保护工作。

(4) 负责组织工程竣工环境保护验收工作等。

2. 监理单位监理职责

(1) 负责按照监理规范、项目环境管理目标和公司的环境保护管理实施细则等制定环境保护监理细则。

(2) 负责施工单位环境保护管理方案的审核、审批工作。

(3) 负责监理施工单位环境保护管理方案施工现场的落实情况。

(4) 负责及时向公司环境保护领导小组汇报施工环境管理现状，并根据发现的问题提出合理建议。

(5) 负责及时制止违反环境法规等给环境造成污染或后患的一切行为，对对环境影响较大的行为进行处罚等。

3. 施工单位职责

(1) 负责贯彻“预防为主、保护优先、施工和保护并重”的方针，制定所建设工程的环境保护目标、指标及相关制度等。

(2) 负责按照有关工程建设环境保护的法律、法规、技术标准、规范、合同文件及公司环境保护管理实施细则等编制所建设工程的环境保护管理方案，报监理公司审批后实施。

(3) 负责落实环境保护“三同时”制度，接受地方行政机关和环境监察机构的环境监督检查等，各项环境指标应达到规范要求。

(4) 各参建单位应成立环境保护领导组织机构，建立严格的环境保护检查制度和奖惩制度，按照有关法律、法规要求及合同约定承担相应的责任，建立健全环境保护保证体系。

10.3.2 施工准备阶段环境保护工作要求及措施

(1) 应本着节约和集约利用土地的原则尽量合理利用土地，少占或不占耕地、浇灌地、林地、草原，应严格按照工程项目审批面积占用风电场工程建设用地，并尽量避开省级以上政府部门依法批准的需要特殊保护的区域。按实际占用土地面积计算和征地，建设施工期临时用地依法按规定办理。项目经核准后，项目建设单位应依法申请使用土地，涉及农用地和集体土地的应依法办理农用地转用和土地征收手续。

(2) 风电场工程施工前，建设单位应进行下列调查：①施工现场和周边环境条件，应避开生态保护区，特别是减少对候鸟的影响；②施工可能对环境带来的影响，尤其是噪声；③制定环境管理计划的其他条件。

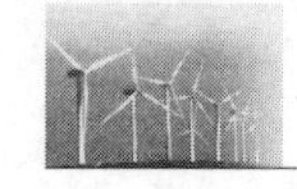

(3) 加强生态环境影响评价工作。风电场项目规划、预可行性研究报告和可行性研究报告均要编制环境影响评价篇章，对风电建设的环境问题、拟采取措施和效果进行分析和评价。组织编制环境影响报告书或环境影响报告表，并按有关规定报生态环境行政主管部门审批；组织编制建设项目水土保持方案报告书或水土保持方案报告表，并按有关规定报水行政主管部门审批。取得环境影响评价、水土保持批复后，建设地点比如风电机组机位等发生调整的，应及时重新办理上述文件。由于风电场项目验收换届的主要依据为水保、环保批复要求，前期阶段的选址和布局必须要对报告内容严格把关，依据项目现场情况制定切实可行的方案，做好报建审批工作。

(4) 建设单位应根据环境管理计划进行环境管理交底，实施环境管理培训，明确水环保要求，结合监理监测技术同时交底，落实环境管理手段、设施和设备；提前制定水环保、恢复方案，边施工，边恢复。

(5) 施工单位环境保护管理方案要纳入总体施工组织设计。其主要内容包括：①施工现场平面布置图；②现场围挡设计；③现场工程标牌的设计；④临时建筑物、构筑物、硬化场地、道路等设计；⑤现场污水处理及排放设计；⑥粉尘控制措施；⑦施工区域内各种设施和周围建筑物的保护；⑧现场卫生及安全保卫措施；⑨现场消防设施；⑩保健急救措施；⑪集体食物中毒、发生传染性疾病事件应急处理预案等。施工临时用地规划、布置应充分考虑环境保护的要求，对规划不合理、设计不达标、标识不明晰的，监理工程师不予批准开工。

(6) 工程施工方案和专项措施应保证施工现场及周边环境安全、文明，减少噪声污染、光污染、水污染及大气污染，杜绝重大污染事件的发生。

(7) 施工单位按照“安全、环保、合理、适用”的原则规划取土场、弃渣场、工区、预制厂等临时建设用地，结合所建设项目工程特点，对所建工程及生活办公区的环境因素进行识别，填写“环境因素调查表”。对环境产生影响的施工机械设备、施工活动、污水、废弃物等，组织相关人员进行分析评价，确定重大环境因素，编制及完善《工程项目环境保护管理方案》，其主要内容包括：①制定目标、指标、管理方案；②制定各项管理措施；③培训与教育；④制定应急预案；⑤加强现场监督检查；⑥制定过程控制措施。

(8) 施工单位料场、弃渣场不宜设在河流、水库等水源地，选址要隐蔽，尽量不占用自然植被、自然环境好的地方，并要易于恢复；远离饮用水源地、水井、河、渠、池塘等地表水体。混凝土拌和场、预制场、机械加工点均宜远离居民集中点。混凝土搅拌站、堆料场、材料加工场应设在居民区的下风向。当无法满足时，应采取适当的防范和隔离措施。

(9) 施工单位加强施工管理，尽最大可能保护“生态红线”外施工沿线的地表植被、土地和沿线生态环境。实行最严格的耕地保护制度，施工场地、弃渣场尽量占用

荒山、荒地，不占、少占良田。必须占用耕地的临时用地应在开工前场地清理时，将表层耕作土（熟土）收集堆放，收集表土厚度参照耕作层厚度，以备施工结束后复耕或恢复植被使用。在施工结束后应清除表面施工残留物和硬化层，松土后覆盖施工前收集的表层种植土，恢复其为耕地。

（10）施工单位严格要求，规范操作。禁止超范围破坏施工界线外的植被，确有必要时应取得所有者和林业主管部门的许可。明确保护目标和保护范围，最大限度地避免对周围植被和土地资源的破坏。

（11）施工单位应避免机械设备碾压农田、破坏林地和地表植被，应对机械、车辆行驶车道及范围做标识和划定，禁止车辆随意在划定范围外、有地上覆盖物的地面穿行。在环境敏感地区，严格控制作业带宽度，以减少管道施工对地表植被和地貌的扰动。

（12）施工单位爆破作业应以浅眼小炮为主，以保持山体、岩体的稳定性，减少土、石、渣对山坡原有植被的破坏。

（13）施工单位必须完成工地排水和废水处理设施的建设，并保证工地排水和各工点、驻地生活废水处理设施在整个工程中有效运行。施工过程中产生的废水和生活污水不得直接排入饮用水源、养殖水体、农田灌溉水体。粪便、污水必须经化粪池收集处理，清液鼓励还田，底泥定期抽运。食堂污水应先经过隔油池隔油除渣，然后排入化粪池处理。清洗器具的含油废水应通过沉淀池回收处理。

（14）按照分区划块原则规范施工污染排放和资源消耗管理，进行定期检查或测量，实施预控和纠偏措施，保持现场良好的作业环境和卫生条件。针对施工污染源或污染因素，进行环境风险分析，制定环境污染应急预案，预防可能出现的非预期损害；在发生环境事故时，进行应急响应以消除或减少污染，隔离污染源并采取相应措施防止二次污染。

（15）在施工过程中应进行垃圾分类，实现固体废弃物的循环利用，设专人按规定处置有毒、有害物质，禁止将有毒、有害废弃物用于现场回填或混入建筑垃圾中外运。

（16）施工单位应加强生态环保宣传和教育工作，使施工人员自觉参与生态环境保护，严肃处罚破坏生态环境的人员或单位。切实做好各个不良地质路段的防治工作，采取措施预防不良地质灾害的发生。制定环境污染事故应急预案和危机处理计划，要求措施得力，具有可操作性。

10.3.3 施工期环境保护工作要求及措施

（1）施工单位应在工程施工区域设临时排水沟、沉淀池等，各种措施相互连接、配套使用，形成完整的排水系统，尽量避免工程排水对周边环境的影响。

(2) 施工单位应注意永久防护措施和临时防护措施相补充，综合防治路基、路面施工阶段的水土流失。

(3) 施工单位雨季施工应做好排水工作。雨季来临前尽早疏通工地附近沟渠，以方便暴雨来临时及时排洪、排涝。不良地质地段路基施工尽量避开雨季。

(4) 施工期应做好工程机械的维修和保养工作，施工机械严格检查，防止油料泄漏污染水体。所有机械设备的各类废油料及润滑油等全部分类回收并存储，揩擦有油污的固体废弃物等不得随地乱扔，应集中填埋。通过购买专业设施、优化治理工艺、委托专业处理单位、签署专项处理协议等形式，对工程试压试验产生的工业废水和钻井泥浆、无损检测洗片废液等进行妥善处理，实现达标排放或回收利用。海上施工船舶应按照有关规定持有防止海洋环境污染的证书与文书，大型施工船舶设相应的防污设备和器材，并备油类记录簿，含油污水如实记录；海上换流站应配置冷却水系统。

(5) 合理选择弃渣场，按照规范弃土、弃渣。

1) 弃渣场的选址需经过严格的规划，并严格控制用地规模，不得超出设计规模增加用地数量。

2) 在选择弃渣场地时，必须考虑地质状况是否可行，是否会因弃渣诱发各种地质灾害。

3) 选定的弃渣场必须做好排水、支挡等防护工程后方可弃渣，以防形成滑坡或泥石流。

4) 在施工场地开挖和弃渣场堆渣以前，先剥离表层覆盖层或耕植土，并选择便于储存、不易流失的储土场堆存，做好必要的防护和保肥。施工结束后将弃渣整理、恢复，表面用耕植土覆盖植草，尽快恢复植被。

5) 优化土、石方调配设计，尽量平衡填挖量。尽可能综合利用弃方，将其运至附近需要土方的基建工地。

(6) 严格把永久和临时占地控制在最合理、最小的面积，坚持最大限度减少新增水土流失。弃渣场应以恢复保护为原则，对原地貌占用荒地、林地的恢复植被，以乔灌草相结合的方式进行。坚持最大限度恢复原地貌，发展本地原有优势植物，逐渐恢复其生态功能，土地使用者须满意，所有地貌恢复要得到地方县级以上土地部门签字认可。

(7) 施工单位应保护土地资源，做好施工便道和施工场地的防护工作，施工便道尽量使用原有道路，新修便道尽量少占耕地、少砍伐树木、少破坏植被，最大限度地减轻对自然景观的破坏，减少水土流失。对于在施工现场周围的林木，设置隔离带（如用彩绳布或围栏将施工现场围起来）以控制或防止因施工过程中的不慎对林木造成不必要的伤害，并在施工结束后采取措施恢复临时用地和施工便道；部分位于山顶或山腰可方便沿线居民出入的新修施工便道，通过整修后可保留。凡需保

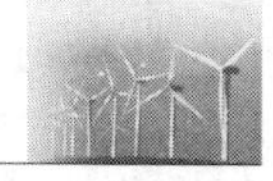

留的便道，施工单位应在退场前对其修整，保持畅通，经监理与指挥部验收后方可退场。

(8) 加强对施工人员的林木保护教育。施工前认真组织施工人员学习有关林木保护法律、法规、条例等，提高对林木的保护意识；教育施工人员遵守林木保护管理制度；制定森林防火制度，并严格执行；有效遏制破坏林木资源的违法犯罪行为。

(9) 保护风电场环境及防止水土流失，是为保护国家资源，尽量减少工程建设对地方经济发展及自然保护区生态环境的影响，满足我国政府对工程环保的要求，同时也是保证工程安全建设运行的重要措施。

1) 在设计核准的用地界和批准的临时用地范围内开展施工作业活动时，绝不随意开挖、碾压界外土地。合理规划施工便道，尽量减少便道数量。

2) 工程挖填施工，采用挖掘机按先内侧后外侧顺序开挖，严禁土块顺坡滚落临近沟谷或河道；高填方段均应砌筑坡脚挡墙；边坡必要时采用喷播植草；生产、生活区的四周设通畅的排水系统，并对空地进行绿化，同时拌和站、料场、料库采用混凝土进行场地硬化，临时工程的清表土应统一规划存放地并设置保护措施，以减少水土流失。

3) 永久用地范围内的裸露地表按设计要求采取工程措施覆盖，防止水土流失。

4) 取土场和临时工程用地尽量选择在植被稀少地段或基岩出露的平缓山坡，临时用地使用完后必须按要求尽快恢复。

5) 根据工程进展，及早安排施工防护工程、排水工程和裸露地表的植被覆盖。

6) 弃渣场使用前必须先按设计要求对坡脚进行防护，并做好排水设施，做到先护后用。不再使用的弃渣场场顶应进行平整，并按设计要求及时恢复。

7) 涵洞工程施工完成后，须及时清理施工现场，保持沟谷自然畅通，防止积淤或冲刷。

(10) 为保护空气环境，减少粉尘、扬尘、工业废气的排放量，确保项目施工过程中各项空气指标达标排放，施工单位应做到以下事项：

1) 各单位须配备一定数量洒水车，对施工现场和未硬化施工便道、拌和站定时洒水。靠近居民集中点的敏感区域，在干旱大风的天气应适当增加洒水量和洒水频率，每隔数小时洒一次，保证路面无扬尘。

2) 渣土、细砂、水泥等易洒落散装物料在装卸、使用、运输、转运和临时存放的全部过程中，应设防风、遮盖措施；运送细碎、微小颗粒，粉状物时必须压实，采用篷布遮盖或加高车厢挡板，避免洒落引起二次扬尘，确保运输过程中不向外飞逸、漏洒。

3) 混凝土搅拌站、堆料场、材料加工场等作业场地应设在居民区的下风向，周围 500m 范围内不得有集中的居民区、学校等敏感点；沥青拌和站与最近的居民区之间应满足“500m 外下风向”的距离要求，沥青混合料运输防止抛洒。

4）沥青路面作业时，应加强操作人员的劳动保护，佩戴防护面具并站在上风口作业。禁止在施工现场焚烧油毡、橡胶、塑料等各种工业垃圾。

5）作业场地、运输车辆应及时清扫、冲洗，保证场地及车辆的清洁。施工现场的各种垃圾、渣土应及时清理，集中堆放并用挡布围蔽，及时清运到指定地点，一般每日清理，每 3 天清运。

（11）为保护风电场公路沿线声环境，减少施工噪声对沿线居民的干扰，确保场界噪声达标排放，需落实以下防治措施：

1）风电场总平面布置应优化隔声、消声、吸声设施等，施工场地靠近市区、学校、医院及居民点的，高噪声设备尽量布设在远离敏感点一端，并尽量利用天然挡蔽物隔声。不具备条件的，建设隔声墙并种植成排防护林隔声。

2）合理安排施工场地。混凝土拌和场、预制场、机械加工点等尽量远离居民集中点，稳态噪声声压级大于 80dB（A）的机械设备须在远离居民点 500m 以上的位置运行。

3）合理规划施工场地内各种机械设备，使高噪声机械、设备尽量保持一定距离，减少噪声累加。在比较固定的机械设备附近，采取减少噪声措施。

4）合理安排物料运输的时间，减少对居民夜间休息和学生上课的影响。在经过村镇、学校、医院时，减速慢行、禁止鸣笛。

5）尽量采用低噪声设备，事先进行测量，禁止超过国家标准的机械进入施工场地。加强对机械设备的日常维修和保养，每日检查，每周保养。确保良好的运行状态，维持最低噪声的运行状态。

6）按劳动卫生标准控制机械操作工人及现场工作人员的工作时间，配发并督促佩戴隔声耳塞、耳罩等防护物品。

7）施工期对水下打桩噪声进行实际现场监测，评估施工海域水下噪声强度及船舶影响距离，调整实施的防护措施。

（12）施工单位应按照“安全、环保、文明、适用”的原则进行施工营地和场地建设，随时保持施工营地和场地整洁、卫生、有序。施工结束后，及时清理场地，做到工完、料尽、场地清。各种废弃物集中收集后，能回收利用的尽量回收，其余固体废物应进行集中处理。妥善处理各种固体废弃物，防止污染。废弃的零碎料件、边角料尽量充分利用，水泥袋、包装箱等纸制品全部回收。

1）各种垃圾分类堆放、处理，对有毒有害的废弃物采取专项措施处理。

2）及时清运、处置施工中产生的各种垃圾，并采取相应的措施，防止污染。

3）现场营地内要设置一定数量的带盖垃圾箱（桶）。每天由工作负责人组织把当天工作点的垃圾清理干净，执行“随做随清”制度，达到“一日一清、一日一净”。

4）在施工作业点每天清除材料包装物和施工垃圾，影响环境的废弃物必须分类处置。

5）废旧物资由作业人员分类堆放到材料站中指定的位置，做好物资类别和状态标识，并定期每月一次清除处理。

（13）工程建设用地范围内全面绿化。全面植树、植草绿化，不留空地。

（14）绿化所用草种、树种应严格选择，尽量选用本地原生物种，防止外来物种入侵。

（15）对施工人员经常进行野生动物保护教育，遵守《中华人民共和国野生动物保护法》，不得追赶或惊吓野生动物；严禁施工人员伤残、猎杀野生动物，违者追究法律责任；禁止污水遍地排放，霉变食物四处抛洒，造成野生动物中毒死亡；如野生动物发生意外时，给予必要的救助并及时通知相关动物保护机构。发现违反野生动物保护法律、制度和规定的按照有关规定严肃处罚。尽量避开海洋鱼类产卵高峰期（4—6月），对附近水域开展生态环境及渔业资源跟踪监测，通过增殖放流进行补偿。

10.3.4　环境保护监理与监测

（1）环境保护监理主要包括环保达标监理和环保工程监理。环保达标监理是使主体工程的施工符合环境保护的要求，如噪声、废气、污水等排放应达到有关的标准等。环保工程监理包括生态环境保护、水土保持、文物古迹等的保护，包括污水处理设施、降噪措施、边坡防护、排水工程、绿化等在内的环保设施建设的监理。

（2）监理单位配备一名工程环境监理的兼职或专职副总监，重点负责工程的环境监理工作；并配备一定数量的工程环境监理工程师（工程监理工程师兼任），具体落实各项工程的环境保护工作。

（3）监理单位应当按照环保法规、批准的环评报告、施工图环境保护要求的内容认真履行监理职责，做好现场环境监理，督促施工单位采取环境保护措施，对异常情况责成施工单位及时予以纠正，且必须在15日内进行复查，并做好有关记录和立卷归档工作。

（4）建设单位应委托当地有资质的环境监测单位执行监测计划，与监测单位签订施工期监测合同，在项目交付使用前与监测单位签订营运期监测合同，监测单位同时承担突发性污染事故对环境影响的及时监测工作。

（5）各参建单位必须做好环境保护水土保持实施记录（包括影像资料）及文档的管理。

10.3.5　工程环境合规性评价

风电场合规性评价是一项动态管理活动，主要是通过定期评价适用法律法规和其他要求的遵循情况，对公司生产经营管理活动中与环境有关的因素进行控制，从而避免或减少环境管理风险。

风电场环境法律法规和其他要求符合性评价见表 10-2，风电场合规性评价识别范围包括：①国家有关环境的法律法规、部门规章、标准规范等；②地方有关环境的法规、标准；③行业有关环境的标准规范；④公司有关环境的企业标准、规定；⑤合同文件规定的其他环境要求。

表 10-2 风电场环境法律法规和其他要求符合性评价表

序号	环境管理工作内容	法律法规和其他要求名称/编号	实施/修订日	适用内容摘要	评价结论	相关证据	整改措施	备注

10.3.6 工程环境事故报告和处理

(1) 风电场工程环境事故报告和处理按上级有关规定进行，对造成重大环境事故的责任者实行经济制裁和行政处分。

(2) 凡因违章指挥、违章操作或不遵守法律法规、不按设计和规范要求施工，使用法律法规明文禁止的对环境有重大影响的材料、机械和设备而造成环境污染、破坏，违反了与环境相关的国家法律法规及地方性行政法规、指导性条文，且破坏程度较大、影响较广的均构成环境事故。

(3) 工程环境事故发生后，应对事故发生地点采取有效措施，阻止污染物的进一步外泄，防止对环境破坏的进一步恶化，及时制定补救措施，防止事态扩大，并保护好事故现场。

(4) 工程环境事故发生后，事故发生单位必须立即用电话或传真报告，并通知建设单位、监理等驻现场有关人员。

(5) 事故发生 3 日内向所属上级机关提出书面报告，并逐级上报，报告内容包括：①发生的时间、地点、工程项目；②发生的简要经过、造成的危害等情况；③发生原因的初步分析；④采取应急措施及事故控制情况；⑤处理方案及工作计划；⑥事故报告单位。

(6) 对工程环境事故的调查处理，必须做到“四不放过”原则。

(7) 重大环境事故的调查处理，必须：①查明事故发生的过程、损失情况和原因；②组织技术鉴定；③查明事故责任单位、主要责任人以及责任性质；④提出处理方案；⑤提出防止类似事故再次发生的措施；⑥对事故责任单位提出处理意见；⑦提出调查报告。

(8) 事故发生单位应如实向调查组提供事故相关情况。任何单位和个人不得以任何形式阻碍、干扰调查的正常工作。

10.3.7 考核与责任追究

建设单位应采取日常巡查和定期检查的形式，对建设工程项目环境保护管理进行检查考核。

风电场工程项目环境保护管理采用百分考核办法，环境保护管理考核初始分值为200分，实行累计扣分制，见表10-3。考核以日常巡查和月检查为基础，进行阶段性检查考核。

表10-3 风电场工程建设环境与生态保护检查考核表

被检查单位：　　　　　　　　　　　　检查单位：

序号	检查内容	检查方法	扣　分　标　准	扣分	扣分原因	备注
1	机构及人员	现场核查	未配备专职或兼职环保管理人员，扣10分			
2	环保管理制度	查验资料	未制定环保管理制度，扣10分			
3	环保宣传、环保教育培训	查验资料	(1) 未开展环保宣传，扣5分			
			(2) 未定期开展环保教育培训，每缺一次扣5分			
4	落实相关文件中的措施	现场核查	现场的环保措施与设计文件不符，每处扣20分			
5	现场质量要求	现场核查	(1) 施工便道、场地等红线外用地严格按范围控制，做到少占土地，少破坏植被。不符每处扣5分			
			(2) 取土场取土前，应将地表30～40cm的耕作层推到一侧临时堆放，完工后覆盖地表以利复耕；耕作层土壤的临时堆放应设置围挡措施。不符视情况每处扣5～20分			
			(3) 弃渣场要做到顶面平整，坡面平、顺、直，并对弃渣场顶面和坡面及时进行土地复耕或植被恢复。不符视情况每处扣5～20分			
			(4) 弃渣作业必须先挡后弃，并避免弃渣外溢，不符每处扣5分；挡墙质量不符合设计要求每处扣10分			
			(5) 施工噪声和粉尘控制在标准范围内，控制措施是否得当。不符每处扣5分			
			(6) 施工或生活污水、废水要设置污水沉淀池，不得随意排放。不符每处扣5分			

续表

序号	检查内容	检查方法	扣　分　标　准	扣分	扣分原因	备注
5	现场质量要求	现场核查	(7) 施工中产生的废弃机具、配件、包装物、各类固态浸油废物及生活垃圾等，应集中收集、封装，运至垃圾场进行处理或回收利用。不符每处扣 5 分			
			(8) 施工结束后，应加强对场地、便道以及线路两侧的绿化恢复措施。不符每处扣 5 分			
			(9) 对环境恢复中的工程措施和植被措施，要严格按照设计要求进行施工，造成水土流失或环境投诉造成负面影响视情况每处（次）扣 30～60 分			
			(10) 整改措施单回复，不回复扣 5 分			
6	环保应急处理措施	查验资料	未制定环保生态应急处理措施，扣 10 分			
合计扣分						
得分						

1. 日常检查和定期检查应对施工单位检查频度、项次基本均衡。本表的评价总分设定为 200 分，打分采用扣分制，不设基础分，扣完为止。得分≥180 分为甲级；得分≥140 分为乙级；得分<140 分为丙级。
2. 本表检查结果必须经施工单位签认（施工单位拒不签认，应经检查组组长签字确认并注明原因）。
3. 同一工点、同一项目的同一问题不得重复扣分。
4. 检查人员在评分表中应注明扣分原因，要收集现场证明资料，一并交工程管理部存档。

检查组组长：　　　　检查组成员：　　　　施工单位签认：

针对环保工作不到位的施工单位、监管不到位的监理单位提出整改要求，并予以相应处罚。工程建设期间由于施工因素造成的环境破坏，责任由施工单位自负，环境监测、土地、林业、防洪等部门的索赔和罚款由施工单位承担。

10.3.8　评价验收与运营

风电场工程建设完毕后、正式投运前，应立即进行整体环境影响和水土流失评价验收，对工程建设中产生新的对环境影响问题、因素和隐患进行全面分析，结合实际情况制定限期整改措施。在整改完成后应进行再次评价，直至彻底整改，不存在再次发生及隐患的情况。

已正式投入运营风电场产生的废污水主要为生活污水和少量设备检修时的含油废水，经处理后清掏处置，不排入河。将水环保设施作为主要生产设施纳入生产检修计

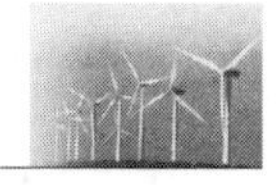

划，定期检修，保证稳定达标运行，污染物排放每年监测不少于1次，不得擅自拆除或者闲置。还应设置危险废物暂存间1个，并进行防渗处理。收集容器和车辆必须采用专门容器，由有资质单位的车辆进行专业化运输，运输车辆应有特殊标志，项目产生的危险废物需由有资质单位进行处置。应针对实际情况对以下内容开展定期检测，以形成风电场环境保护良性机制：①风电机组运行时产生的噪声；②油品；③风电机组检修时产生的废品等；④生产、生活废物；⑤生产、生活废水。

10.3.9 资源、能源节约管理

1. 纸张节约管理

（1）积极推进数字化办公，减少纸张的使用。

（2）根据实际需要严格控制纸质文件印发数量，提高印发文件的有用率。

（3）对于必须用纸的，要认真设计，严谨操作，双面用纸，减少纸张消耗，充分提高纸张的利用率。

2. 电能节约管理

（1）在电灯开关上粘贴标识，以明确开关控制的电灯所在位置。使用时，按照需要开启适当位置的电灯。

（2）选用节能环保型照明设备、延时开关、声控开关等，对公共区域执行分时亮灯，避免长明灯，办公区域实行人走灯灭。及时更换耗电量大、已老化的灯具和开关。

（3）电脑（包括显示器）、空调、饮水机、办公设备等电器，不使用时应及时关闭电源。

（4）对夏冬两季制冷和取暖进行温度控制，夏季室内空调温度设置不得低于26℃，冬季不得高于20℃，并加强空调设备运行管理和维护保养。

（5）在配备夏冬两季制冷和取暖设备时，选用节能环保型设备。

3. 水节约管理

（1）在生产、生活活动中，加强中水回用，减少水资源的消耗。

（2）水龙头应采用节水型感应水龙头，加强用水设备设施维护检查，杜绝跑、冒、滴、漏。

4. 塑料袋节约管理

提倡在办公室区域固定位置统一放置垃圾桶（可回收物、其他垃圾类），使用环保垃圾袋，少用塑料垃圾袋。可回收垃圾桶内不使用垃圾袋，其他垃圾桶内没有垃圾或垃圾较少时，倒垃圾时不必更换垃圾桶内的塑料袋。

5. 车队用油节约管理

严格加强油料管理，采取一车一卡制，合理用车，提倡车辆管理部门根据用车的

“轻、重、缓、急”进行统筹安排，用车人办事的方向、路线、地点比较接近时，尽量采取一车多人办事。

6. 检修用品节约管理

在确保正常使用的前提下，检修用品应重复使用。如：手套不影响再次使用时应再次使用，直至无法使用；检修产生的可回收物品（旧纸板、包装盒、铁丝等）应进行回收利用或处理。

7. 相关方资源、能源节约管理

各部门、各单位需通过签订协议、合同等方式要求承包方在项目实施过程中，按照国家相关法律、法规及公司环境方针等要求加强资源、能源节约管理。

第 11 章　风电场项目档案标准化管理

11.1　风电场项目档案管理基础

11.1.1　风电场项目档案管理的内容

1. 风电场项目档案管理内涵

（1）项目档案。指经过鉴定、整理并归档的项目文件。

（2）案卷。由互有联系的、价值大体相同的若干文件组合成的档案保管单位。

（3）立卷。按照《电力工业企业档案分类规则》的规定，将工程建设形成的文件材料按形成规律和有机联系组成案卷的过程。

（4）归档。建设项目的承包单位在项目完成时向建设单位提交全部文件；建设单位各机构将工程各阶段形成的文件定期移交建设单位的档案管理机构。

（5）档号。档号指以字符形式赋予档案实体的用以固定和反映档案排列顺序的一组代码。工程的档号由项目代号、分类号、案卷号组成。

2. 风电场项目档案文件材料

风电场项目文件材料是指所有新建、扩建、改建的风电场项目在立项、审批、招标采购与投标、勘察、设计、设备材料采购、施工、监理、检测、并网手续办理、试生产及竣工验收等过程中形成的应当归档保存的文字、图表、声像等形式或载体的全部文件材料。

（1）项目前期文件。项目前期文件指工程开工以前在项目立项、审批、招投标、勘测、设计以及工程准备过程中形成的文件。

（2）项目竣工文件。项目竣工文件指项目竣工时形成的反映施工（指建筑、安装）过程和项目真实面貌的文件，主要由项目施工文件、项目竣工图和项目监理文件组成。

1）项目施工文件。项目施工文件指项目施工过程中形成的反映项目建筑、安装情况的文件。

2）项目竣工图。项目竣工图指项目竣工后按照工程实际情况所绘制的图纸。

3）项目监理文件。项目监理文件指监理单位对项目工程质量、工期和建设资金使用等内容进行控制的文件。

4）项目竣工验收文件。项目竣工验收文件指项目竣工后试生产（试运行）期间以及项目竣工验收时形成的文件。

3. 风电场项目档案管理程序

在项目开工前，建设单位应遵循相关要求，按照“以项目为中心”的原则建立项目文件、档案管理的制度体系。建设单位档案管理机构和工程管理部门应对参建单位进行档案技术交底，并规范工程管理与验收评定记录用表。档案管理程序可分为以下五个阶段，如图11-1所示。

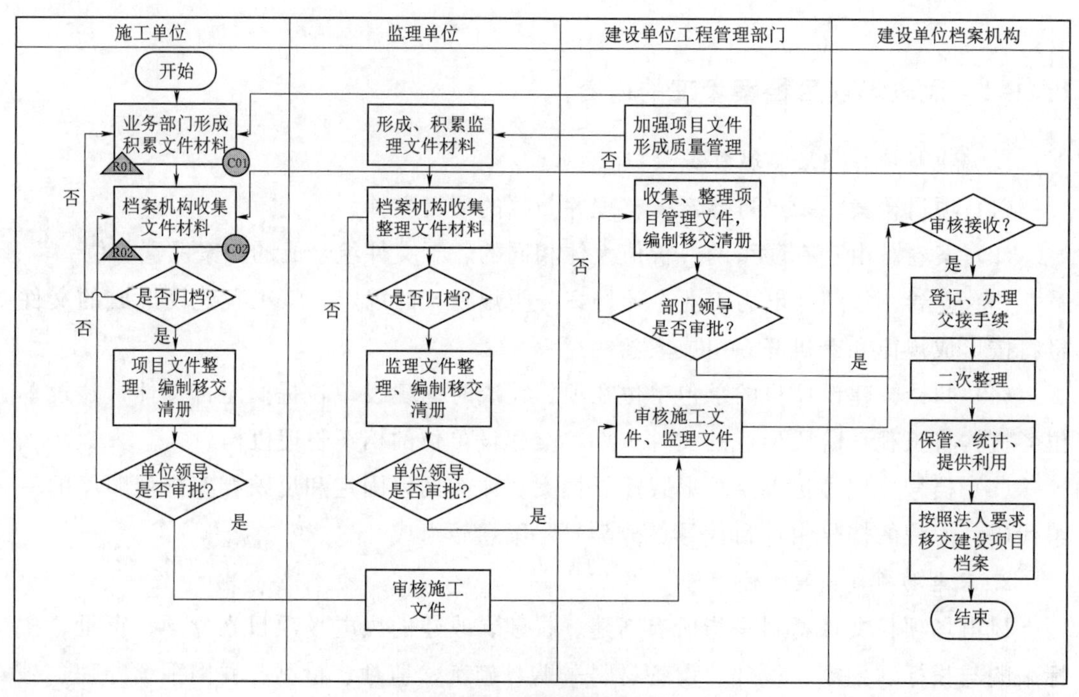

图11-1　档案管理程序

（1）第一阶段：设计、施工、监理、质量监督单位按单位工程划分完成竣工资料的初步整理，装入档案盒，暂不装订。

（2）第二阶段：各单位在所承建工程项目完工后，按照“风电项目建设档案分类、归档范围和保管期限表”的规定，对竣工资料进行系统整理，最终完成工程竣工资料的整理工作。

（3）第三阶段：施工单位档案移交前需经过自查、监理单位审查、建设单位审查，通过节点控制强化项目文件管理，实现从项目文件形成、流转到归档的全过程控制。

（4）第四阶段：建设单位对各参建单位移交的档案汇总整理，具备专项验收条件后，向主管部门或机构提出专项验收申请，报送“建设项目档案专项验收申请表”，

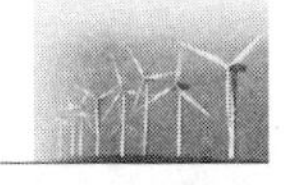

验收组出具“建设项目档案专项验收意见”，建设单位于工程竣工验收前对存在的问题进行整改。

（5）第五阶段：工程竣工验收委员会档案资料组对建设项目档案进行竣工验收检查，责任单位整改合格后，最终完成工程竣工资料装订、移交工作。

4. 风电场项目档案管理要求

工程项目建设阶段是形成工程文件、档案种类最多、数量最大的重要时期，风电场项目各参建单位要增强档案管理意识，档案工作应融入项目建设，纳入项目建设计划、质量保证体系、项目管理程序、合同管理和岗位责任制，实施有效的项目文件管理和归档考核措施。按照建设项目档案分类、归档范围和保管期限表要求，认真做好各自所承建工程项目有关文件材料的收集、整理、归档和竣工图的编制工作。

竣工资料的形成、收集、整理、归档和档案移交工作应与项目的立项准备、建设和竣工验收同步进行，任何单位和个人不得将与工程项目建设有关的文件、材料据为己有。参与工程项目建设的各单位，工程项目总包后实行分包的，总包单位除收集、整理自己的工程竣工资料外，还应负责检查、汇总各分包单位编制的竣工资料。档案管理的要求如下：

（1）档案的完整。档案的完整指按工程项目文件材料归档范围所确定的内容，将项目建设全过程中应该归档的文件材料归档，各种文件原件应齐全。

（2）档案的准确。档案的准确指档案的内容能真实记述和准确反映建设过程及竣工时的实际情况，图物相符，技术数据可靠，签字手续完备，文件符合档案管理要求。

（3）档案的系统。档案的系统指按其形成规律，保持各部分之间的有机联系，分类科学，组卷合理。

11.1.2 风电场项目档案管理的基本原则

风电场档案来源原则的基本内容包括：①尊重来源；②尊重全宗的完整性；③尊重全宗内的原始整理体系。

风电场建设单位对档案工作总体负责，实行统一管理、统一制度、统一标准。业务上接受当地档案行政管理部门和上级主管部门的监督和指导。

建设单位与参建单位应加强档案管理，配备必要的人员、经费、设施设备等各项管理资源。档案库房应满足防火、防盗、防潮、防高温、防紫外线照射、防尘、防有害生物（霉、虫、鼠）的“八防”要求。

项目档案应完整（物质实体、内容保密）、准确、系统、规范和安全（收集数量、整理质量），满足项目建设、管理、监督、运行和维护等活动在证据、责任和信息等方面的需要。

档案应便于社会各方面的利用，这是档案工作的根本目的，体现了档案工作的服务性质，是档案工作各业务环节的出发点和落脚点，是检验档案工作效果的重要标准。

11.2 风电场项目档案管理依据

11.2.1 法律法规类

《中华人民共和国档案法》

《中华人民共和国档案法实施办法》

《中华人民共和国电子签名法》

《中华人民共和国保守国家秘密法》

《科学技术档案工作条例》

《建设工程质量管理条例》

《电力工程达标投产管理办法》

《重大建设项目档案验收办法》(国档发〔2006〕2 号)

《电力工业企业档案分类规则—水电厂企业档案分类表》(能源办〔1991〕231 号)

《国家基本建设委员会关于编制基本建设工程竣工图的几项暂行规定》(〔1982〕建发施字 50 号)

《火电企业档案分类表 6-9 大类》(国家电力公司总文档〔2002〕29 号)

《企业文件材料归档范围和档案保管期限规定》(国家档案局令第 10 号)

《基本建设项目档案资料管理暂行规定》(国档发〔1988〕4 号)

《电子档案移交与接收办法》(档发〔2012〕7 号)

11.2.2 标准规范类

《信息和文档 文件管理 第 1 部分：总则》(ISO 15489-1)

《信息和文献记录管理 第 2 部分：指南》(ISO 15489-2)

《科学技术档案案卷构成的一般要求》(GB/T 11822)

《档案工作基本术语》(DA/T 1)

《水利水电建设工程验收规程》(SL 223)

《电子文件归档与电子档案管理规范》(GB/T 18894)

《照片档案管理规范》(GB/T 11821)

《磁性载体档案管理与保护规范》(DA/T 15)

《归档文件整理规则》(DA/T 22)

《风力发电工程施工与验收规范》(GB/T 51121)

《建设工程文件归档整理规范》(GB/T 50328)

《建设项目档案管理规范》(DA/T 28)

《风力发电企业科技文件归档与整理规范》(NB/T 31021)

11.3 风电场项目档案全面管理

风电场建设项目档案，是指经过鉴定、整理并归档的建设项目文件，是在项目前期研究、立项审批、勘察设计、管理、施工、监理、试生产、竣工验收、后评价等全过程中直接形成的对国家和企业有保存价值的文字、图表、声像、电子、实物等各种形式的文件材料。

11.3.1 保证体系与职责

竣工资料编制与档案整理工作实行“统一领导、分级管理”的原则，归口管理部门对建设项目档案工作进行监督、检查和指导，负责档案的专项验收。建设单位全面负责本项目档案工作，组织各参建单位对所有应归档的文件材料按要求进行整理、组卷、编目。建设单位、监理单位、勘察设计单位、施工单位等应当明确建设档案的分管领导1名，组成竣工资料管理小组，负责建设项目档案的日常检查、指导，业务上接受业主档案行政管理部门和上级主管部门的监督和指导。各参建单位应指定专人（2人以上）负责项目文件的收集、整理和归档工作，并配备满足建设项目档案工作需要的工作条件。档案人员应经过专业培训，保持相对稳定，专业素质和职业操守满足建设项目档案工作的需要。

各参建单位竣工资料分管领导及专职档案管理人员须在建设单位登记。施工过程中人员如有变更，须及时报建设单位批准并备案。

1. 共同职责

（1）贯彻执行国家有关档案工作的法律、法规和方针政策。

（2）建立健全本单位竣工资料收集编制工作的规章制度。

（3）遵循“谁经办谁负责”的原则，统一管理本单位在项目职责范围内的竣工资料编制工作，并维护其完整与安全，开发利用信息资源，为项目建设服务。

（4）各参建单位对各自报送的原始材料的内在质量负责，竣工资料管理小组对编制质量和动态管理负责。编制过程中，各参建单位有责任提供本单位在工程管理中的相关材料。

（5）负责对本单位有关部门和文件材料形成者进行监督、检查和指导。

2. 建设单位的职责

（1）明确竣工资料编制管理的负责人，根据竣工资料管理小组的建议及时发布与竣工资料收集编制管理有关的通知指令。

（2）在招标文件中设立专门条款，明确规定建设项目文件管理责任，包括建设项目文件形成的质量要求、归档范围、整理标准、归档时间、归档套数、介质、格式、合同解除后项目文件的处置及违约责任等内容。监理合同条款还应明确监理单位对施工文件完整性、准确性的审查责任。

（3）建立项目档案管理网络和沟通协调机制，协调设计单位、施工单位、监理单位和竣工资料管理小组之间的关系，并督促各部门及时履行竣工资料编制管理的相应职责。

（4）负责项目建设全过程档案工作的指导、监督、检查、验收和接收工程全部档案，以及对各参建单位移交的竣工资料进行检查、验收、整编、建立数据库，汇总后向生产（使用）单位移交，分公司档案管理机构存档备份，地方档案管理机构根据需要存档备份。

（5）及时、准确、完整地收集从项目的提出、立项、审批、勘察设计、施工到竣工验收的全过程中形成的与建设单位有关的文件材料，完成材料的整理、保护和编制工作。

（6）应贯彻执行国家、行业、上级主管单位有关建设项目档案工作的标准规范。根据建设项目管理实际情况，建立健全建设项目档案管理制度。

（7）应为建设项目档案工作的开展提供满足需要的经费和工作条件。

3. 竣工资料管理小组的职责

（1）在业主的统一部署下，对竣工资料收集编制的各方进行统一管理、培训和指导，解决疑难问题，并逐步完善竣工资料收集编制体系。

（2）认真收集、整理、保护、编制和分析材料，按时完成任务并履行责任。

（3）定期或不定期地组织检查各参建单位竣工资料的收集编制情况，包括材料的时效性、准确性、真实性、完整性、规范性、美观性等。审查施工单位、监理单位上报的材料，及时签认或反馈审查结果。

（4）与监理单位一起指导和检查质检表格的填写和质量评定。

（5）对监理单位、施工单位提供的竣工资料进行验收。建设项目档案工作与项目建设同步管理。建设单位检查工程进度与工程质量时，要同时检查建设项目文件的收集和整理情况，发现问题及时整改。进行工程质量评定和验收时，要同时对应归档文件的完整性、准确性及质量进行验收，并在验收后及时整理归档。对参建单位进行合同履约考核时，应对建设项目文件管理条款的履行情况做出评价。

（6）实施全过程的动态管理，为领导决策提供依据。

4. 设计单位的职责

按时完成与设计工作有关的材料收集、整理、保护和编制工作，提交从项目的提

出、立项、审批、勘察设计、施工到交工竣工验收的全过程中形成的与设计有关的文件材料，包括建设过程中下发及上报的各种文件（含设计修改通知单）、设计总结等。

5. 监理单位的职责

（1）明确竣工资料编制管理的负责人，根据竣工资料管理小组的建议及时发布与竣工资料编制管理有关的通知。

（2）按时完成与监理工作有关的材料的收集、整理、保护和编制工作。

（3）负责监督施工单位在建设过程中文件材料收集、积累的完整、准确情况，及时全面审查施工单位上报的竣工资料。监理必须慎重行使个人签字权，对已签认文件的准确性、真实性和完整性负责，及时闭合和完善监理和施工单位之间的交叉材料。

6. 施工单位的职责

（1）明确竣工资料编制管理的负责人，成立与竣工资料编制管理相适应的管理机构（如竣工办、档案管理部门），确定相关竣工资料收集编制责任人员，且在整个管理过程中保持稳定，不允许私自更换（竣工资料管理小组要求更换的除外）。

（2）按时完成与工程施工有关的材料收集、整理、保护、编制和报送。

（3）对上报的竣工资料的真实性、准确性和完整性负全责，即使得到监理、竣工资料管理小组和业主的签认，施工单位仍不能免除在该方面的责任。

7. 质量监督单位（部门）的职责

负责编制、收集、积累、整理、提交工程质量监督工作中形成的各类质量监督文件。

8. 调试单位（含施工单位承担的调试工作）的职责

负责编制、收集、积累、整理、提交所承担项目全部实施过程的文件材料（包括调试方案、措施、调试报告和调试过程中的设备缺陷处理记录、质量等级评价表、继电保护整定单、设计变更材料、调试工作总结等）。

9. 生产运行（电厂）单位的职责

负责收集、整理生产准备文件、企业技术标准（现场运行规程、操作及事故处理规程、管理制度与措施等）；提供机组整套启动及试生产期间的文件材料（试生产记录，设备缺陷及事故处理记录、分析、结论和试生产工作总结等），提供设备命名、主系统启动倒送厂用电方案等工程材料。

11.3.2　竣工资料收集编制责任人员的要求

（1）竣工资料收集编制专职责任人员应严格履行职责，忠于职守，遵守纪律，具有专业技术技能，并具备对材料进行收集、整理、保护和分析的能力。

（2）各参建单位要对各自在竣工资料的收集、整理、保护和分析等方面成绩显著的部门和个人给予奖励，对失职的部门和人员要依法严肃处理，擅自损毁、丢失有保存价值的竣工资料，要追究有关部门和当事人的责任。

（3）竣工资料管理小组对在竣工资料的收集和整编工作中成绩显著的单位和个人给予奖励，对失职的单位和人员要追究责任、给予处罚。

11.3.3　人员培训

施工单位和监理单位进场到位后，要明确各自竣工资料收集编制负责人和责任人员，将名单报送建设单位，并将本办法和有关材料分发给所有负责人和责任人员，然后委派专职人员对负责人和责任人员进行培训。培训的主要内容如下：

（1）竣工资料收集编制的依据及其部分内容。

（2）竣工资料收集编制的程序、要求和注意事项。

（3）竣工资料收集编制的分工和职责。

11.3.4　竣工资料的归档范围和保管期限

凡在建设项目设计、施工、监理、监造、监测及项目管理各阶段工作过程中形成的，反映与工程有关的重要职能活动、具有查考价值的各种形式和载体的文件材料（图纸、照片、录音、录像、磁盘、光盘等），均属于建设项目竣工资料的归档范围（见风电场项目档案分类、归档范围及保管期限划分表），主要如下：

（1）建设项目前期文件，指建设项目开工以前在立项、审批、勘察、征地拆迁、设计以及工程准备过程中形成的文件，由建设单位负责，其中勘察、设计文件由勘察和设计单位负责。

（2）招标采购与投标及合同文件，指建设项目（设计、监理、施工、安装、调试）、物资采购、设备采购、服务项目（技术咨询）、科研项目等的招标采购与投标文件、评标报告及评标过程文件、中标通知书及合同（合同附件、补充协议、合同谈判纪要、备忘录等），由建设单位负责。

（3）综合性管理文件，指建设单位在项目建设过程中形成的管理文件，主要有各种批文、请示、通知、会议纪要、简报、情况汇报、总结等，由建设单位负责，合作并购项目还包括收购项目合作协议、收购公司股权转让协议。

（4）施工文件，指建设项目施工过程中形成的反映建设项目建筑安装情况的文件，由施工单位负责。

（5）监理文件，指监理单位对建设项目工程质量、进度、投资、安全等进行控制的文件，监理文件由监理单位负责。

（6）设备文件，指设备厂家在设备到货时必须提供的装箱单、产品质量证明书、合格证、说明书、试验报告、检测报告、设备图纸等，由设备厂家负责。

(7) 竣工文件，包括竣工图、工程竣工交接与验收文件、工程总结、竣工决算与审计文件，其中竣工图由施工或设计单位负责，其他文件由建设单位负责。

各类文件材料应按其形成的先后顺序或项目完成情况及时收集，凡是引进技术、设备文件必须先由业主档案管理部门登记、归档，进行译校、复制再分发使用。

项目档案保管期限分为永久和定期两种，定期一般分为30年和10年。

11.3.5 项目竣工资料的编制

11.3.5.1 竣工资料的质量要求

1. 数量要求

所有竣工资料均应提交一式三份。与合同中规定的份数有冲突时，以合同规定的份数为准，但不得少于一式三份。

2. 版本要求

(1) 所有竣工资料必须至少有一份是原件。凡合同、协议、签证、启动验收交接书、竣工图纸（表）等文件均应为原件归档，不得用复印件归档。

(2) 措施、方案、会议记录和报告等均应为油印件或激光打印机打印件，不能用复印件或喷墨等打印件，以保证字迹耐久性。

(3) 如有特殊要求，需保留原件且具备专业档案馆保存条件，可向归档部门报复印件，应归档具有凭证作用的复印件（注明原件保留单位并加盖公章）。

(4) 施工记录表格式应符合有关规定。

(5) 重大质量事故处理、重要设备缺陷处理和重要会议，除文字材料外，要求尽量收集声像材料，永久存放归档。

3. 笔迹要求

(1) 所有的签名都应该是本人签名或授权代签名，但代签名必须是代理人的本人姓名，不允许代替别人签名；必须按要求在表格中签名，不允许出现一人完成所有签字，如计算与复核不能是同一个人签名等，依此类推。

(2) 所有材料中的各方人员必须手签全名，不能以盖章或复印代替手签名。

(3) 原始记录材料不得随意更改，如测量资料、试验资料、检测资料等，如果必须更改的话，须征得监理和建设单位的同意，并在旁边签名。

(4) 各种施工记录表格中的签名栏，必需签署全称，不得以“姓”“字”（如：李工、老王）等简略写法代替。

(5) 各类归档文件必须用纸规范、书写工整、字迹整洁、清楚，图样清晰、线条清楚，图表整洁、整齐，各级签字手续齐全，无漏缺。

(6) 各类归档文件材料必须采用耐久性强的书写材料（如碳素墨水）进行书写、绘制；不得使用易褪色的书写材料（如红色墨水、纯蓝墨水、圆珠笔、复写纸、铅笔等）进行书写、绘制。

（7）对于由易褪色书写材料（如复写纸、热敏纸等）形成的文件材料、字迹不清或破损的文件材料，应制作复制件，并与原件一起归档，复制件在前，原件在后。

（8）复印、打印文件及照片的字迹、线条和影像的清晰及牢固程度应符合耐久性强的要求。

4. 尺寸要求

各种文件材料用纸规格统一为：A3（420mm×297mm）和A4（210mm×297mm）两种规格。若原始记录纸张尺寸小于A4纸的，应按A4纸规格尺寸裱贴补齐作为原件，且不得影响记录内容的查看。竣工图纸允许加长，但不准加宽。

5. 装订预留位置要求

“竖页纸”左方为装订线，“横页纸”上方为装订线；注意不得倒装，装订预留尺寸一般以2.5～2.8cm为宜。

6. 粘贴材料要求

对于卷内文件材料的裱糊和案卷卷脊标签的粘贴，不得采用糨糊、胶水等易老化、虫蛀的材料，必须使用白乳胶。

11.3.5.2　竣工图的编制要求

1. 竣工图的编制

（1）各项新建、扩建、改建、技术改造、技术引进项目，在项目竣工时要编制竣工图。项目竣工图应由施工单位或设计单位编制。若由设计单位编制竣工图的，应明确规定施工单位和监理单位的审核和签认责任。

（2）竣工图的图纸参照原设计，若原设计图为蓝图，则编制竣工图的图纸采用蓝图且必须是新蓝图，若原设计图为成套的A3幅面，则竣工图也为A3幅面。

（3）竣工图应准确、清楚、完整、统一、清晰、规范、修改到位，能全面、准确地反映工程项目的全部施工实际造型和特征，能反映工程结构施工的真实状况，隐蔽工程的真实建筑结构状况、工程特征、设计变更、结构变更、材料变更等基本情况，真实反映工程竣工验收时的实际情况。

（4）凡按原图施工，未做设计修改的图纸，可由竣工图编制单位在原设计图（须是新图）上加盖竣工图章，作为竣工图归档。

（5）用施工图编制竣工图的，应使用新图纸，不得使用复印的白图编制竣工图。

（6）施工图纸有一般性设计变更、材料代用，可在原设计图上用杆改或划改方法，标注修正，并注明修改依据（设计变更通知单、监理通知单、商洽记录、会议纪要等文件的编号），加盖并签署竣工图章。具体要求如下：

1）原施工图有修改的部分，采用“杠（划）改”的方法，同时必须进行标注，注明更改依据（如设计变更通知单、洽商记录等的文件编号）和更改日期。文字、数

字更改一般是杠改，线条更改一般是划改（图 11-2）。

2）局部小范围修改可采用圈改，圈出修改部位，在原图空白处重新绘制。

3）当无法在图纸上表达清楚时，应在图签栏上方或左边用文字说明。

4）图上各种引出说明应与图框平行，所有引出线不得交叉及遮盖其他线条。

5）原施工图中的文字部分（如设计说明、施工技术要求、材料明细表等）在需要修改时，也可采用“杠（划）改”方法，但不允许采用“涂改”方法，当修改内容较多时，可采用注记说明的办法。

6）新增加的文字说明，应在其涉及的竣工图上作相应的添加和变更。

7）更改应符合各专业的要求。

8）更改必须使用黑色墨水或碳素墨水。

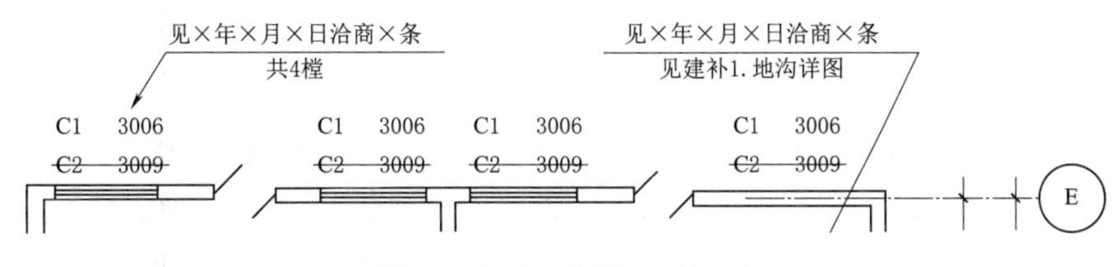

图 11-2 竣工图杠（划）改

（7）凡结构型式改变、工艺改变、平面布置改变、项目改变以及有其他重大改变，图面变更面积超过 20%或不宜在原施工图上修改、补充的或合同约定对所有变更均需重绘或变更面积超过合同约定比例的，应重新绘制竣工图。重绘图按原图编号，末尾加注“竣”字，或在新图图标内注明“竣工阶段”并签署竣工图章。重绘图图面应布局合理、主次与粗细线条匀称，图幅、比例、字号、字体应与原图一致。

（8）施工单位重新绘制竣工图，新图图签应包含以下主要责任项和标识项：施工单位名称、图纸名称、编制人、审核人、原图号＋（竣）、编制日期，并逐张加盖监理单位相关责任人审核签字的竣工图审核章。

（9）同一建筑物、构筑物重复的标准图、通用图可不编入竣工图中，但必须在图纸目录中列出图号，指明该图所在位置并在编制说明中注明，不同建筑物、构筑物应分别编制竣工图。采用同一标准图、通用图进行施工和安装的不同的建（构）筑物、机组等且没有发生变更的，可编制一套通用的竣工图；施工、安装过程中发生变更的，应对变更的部位单独编制竣工图。

（10）建设单位应负责或委托有资质的单位编制项目总平面图和综合管线竣工图。

（11）竣工图纸均按《技术制图　复制图的折叠方法》（GB 10609.3），统一折叠为 210mm×297mm（A4）图幅，手风琴式样，图面向内，外翻图标。

（12）竣工图编制完毕后，各编制单位应编制竣工图总说明及各专业的编制说明，叙述竣工图编制原则及各专业编制情况等。

2. 竣工图章、竣工图审核章的使用

(1) 所有竣工图应由编制单位逐张加盖并签署竣工图章，竣工图章的内容必须填写齐全、清楚，不得由他人代签。签署竣工图章一般应手签，也可加盖执业印章或经过建设单位备案的个人名章。

(2) 行业规定由设计单位编制或建设单位、施工单位委托设计单位编制的竣工图，应在竣工图编制说明、图纸目录和竣工图上逐张加盖并签署竣工图审核章。

(3) 装订成册的系统图、电气图等可只在图册封面和有变更的图纸加盖竣工图签审章。设备监造竣工图应加盖竣工图章。

(4) 竣工图章的尺寸为 80mm×60mm (长×宽)，式样如图 11-3 所示；竣工图审核章尺寸为 80mm×32mm (长×宽)，式样如图 11-4 所示。

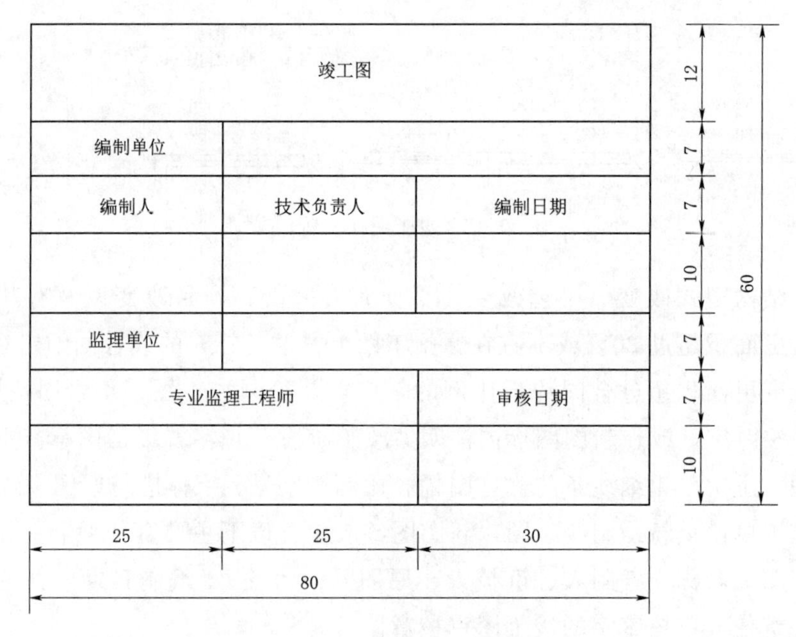

图 11-3　竣工图章式样 (单位：mm)

(5) 竣工图章各栏填写说明。

1) 编制单位名称栏应填写 (盖) 实际编制该竣工图的单位全称，建议刻成 52mm×7mm 长方形无边框图章，字体为仿宋 GB_2312，字号用 12 号或 11 号，字数太多写不下时也可使用 10 号字。

2) 编制日期填写实际编制该竣工图的日期。日期不得简写，应写全称，如 2013 年 01 月 09 日。

3) 监理单位名称栏应填写 (盖) 该项目实际监理单位的全称，建议刻成 52mm×7mm 长方形无边框图章，字体为仿宋 GB_2312，字号用 12 号或 11 号，字数太多写不下时也可使用 10 号字。

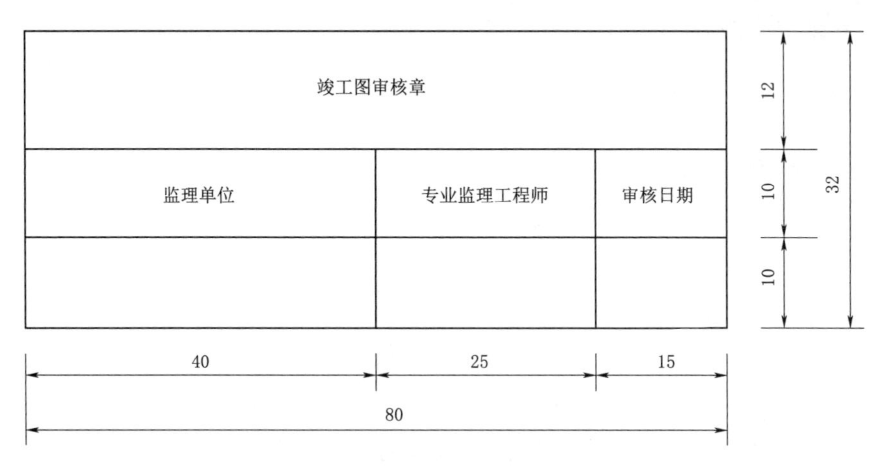

图 11-4 竣工图审核章式样（单位：mm）

4）监理负责人栏由该项目的专业监理工程师签字。

（6）竣工图章、竣工图审核章必须采用不褪色、不浸油的红色印泥，盖在原图图签栏附近空白处，无空白处时盖图签栏背面。

3. 竣工图的审核

（1）竣工图编制完成后，监理单位应督促和协助竣工图编制单位检查其竣工图编制情况，发现不准确或短缺时要及时督促该单位进行修改和补齐。

（2）竣工图内容应如实反映施工图设计、设计变更、现场商洽、材料变更、施工及质检记录等情况。

（3）竣工图按单位工程、装置或专业编制，并配有详细编制说明和目录。编制说明的主要内容包括竣工图涉及的工程概况、编制单位、编制人员、编制时间、编制依据、编制方法、变更情况、竣工图张数和套数等。

（4）竣工图应使用新的或干净的施工图，并按要求加盖并签署竣工图章，不得使用复印的图纸编制竣工图。

（5）国外引进项目、引进技术或由外方承包的建设项目，外方提供的竣工图由外方确认。

4. 竣工图的套数

（1）竣工图为一式三套，均应为原件。与合同中规定的份数不一致时，以合同规定为准，但不得少于一式三套。由建设单位向业主和生产（使用）单位移交。

（2）项目主管单位或上级主管机关需要接收的，按主管机关的相关要求办理。

（3）按照 FIDIC《设计—建造与交钥匙工程合同条件》建设的项目竣工图套数按合同条件的规定提交。

（4）在大中城市规划区范围内的重点建设项目，应根据《城市建设档案归属与流向暂行办法》第五条的规定，另编制一份与城市建设、规划及其管理有关的主要建筑物及综合管线竣工图。

11.3.6　竣工资料的整理

11.3.6.1　分类原则

按照建设项目特点、建设阶段、专业性质及项目文件的来源进行分类。

(1) 电力生产类。按照生产运行、生产技术进行分类，一级类目为 6 大类。

(2) 科研开发类。按照管理、基建、生产等环节进行分类，一级类目为 7 大类。

(3) 项目建设类。按照建设阶段、专业内容等进行分类，一级类目为 8 大类；由设计院提供的涉及系统布置、设备安装的图纸和综合安装调试记录归入 8 大类。

(4) 设备仪器类。按照专业、系统进行分类，一级类目为 9 大类。由设备制造厂家提供的说明书、技术文件、图纸和由厂家负责安装的设备所形成的技术文件、调试记录，设备投入运行后增加、检修、改进工作中形成的档案归入 9 大类。

11.3.6.2　组卷原则和方法

1. 组卷原则

组卷要遵循工程文件的自然形成规律，保持文件的成套性和有机联系，使组成的案卷既能准确、系统地反映工程的全貌，又便于保管和利用，做到分类科学、组卷合理（图 11-5)。

竣工资料原则上按四级类目结合保管期限进行分类、组卷，没有四级类目的类别，按最低级类目组卷。文件材料数量太少、无法组卷的，可归入上一级类目，即按单位工程的分部、单元工程组卷。

在同一类目下，不同保管期限的文件材料应分别组卷，文件材料数量极少时，可合并组卷，并以保管期限最长的文件来确定该案卷的保管期限。

立项审批、勘察、设计及设计基础文件按内容组卷，其中施工图设计按单位工程（专业、装置）组卷；项目管理文件按内容组卷，其中招投标、合同文件按招标项目、标的组卷；施工文件按单位工程、装置、阶段、结构、专业组卷；监理综合性文件按内容、时间组卷，质量、进度、投资、安全等控制文件按单位工程组卷；设备工艺文件按设备台套组卷；科研文件按项目、课题组卷；竣工验收文件按内容组卷；试运行文件按内容结合形成时间组卷。同一问题一卷装不下，可按单位工程、分部组成多卷。

外文材料档案应保持原来的案卷及文件排列顺序、文号及装订形式，外文文件材料有中文译文的，应一并立卷。

一个案卷内不得出现重份、重页文件。

2. 案卷和案卷内文件的排列

(1) 管理性文件按时间、问题或重要程度排列。案卷内同一问题（事件）的请

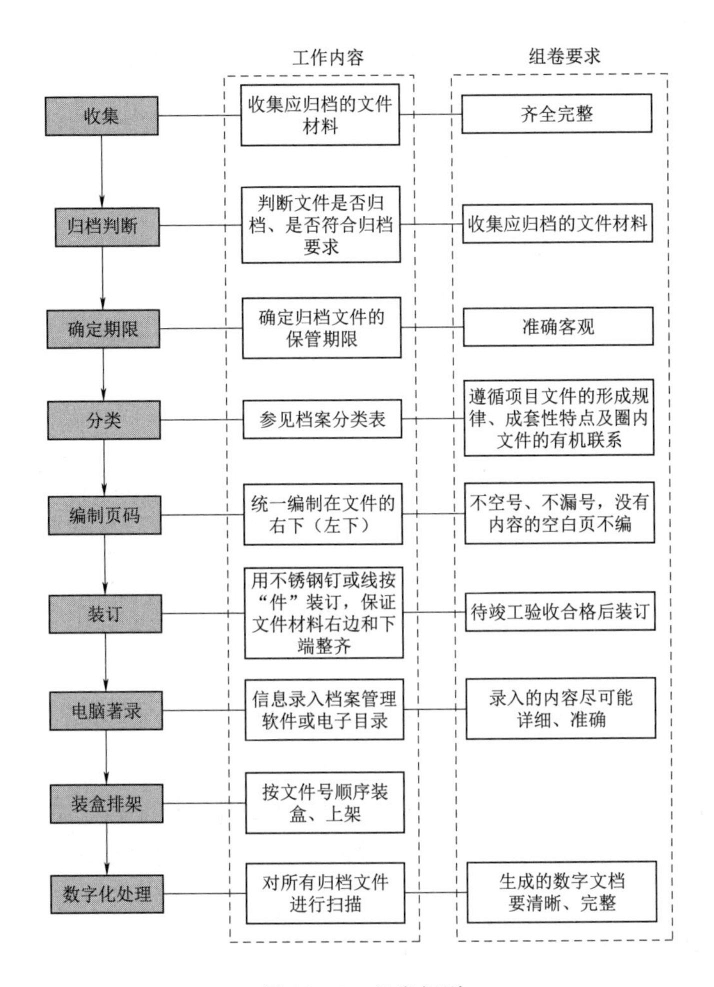

图 11-5　组卷规则

示、批复、合同、协议、来往文电应相对集中在一起；批复、批示在前，请示、报告在后；正件、正本在前，附件、定稿在后；转发件在前，被转发件在后。

（2）设计文件或案卷按凭证性材料、基础性材料、可行性研究、初步设计、施工图设计、设计变更等顺序排列。

（3）工程施工技术文件或案卷按管理、依据、材质与产品检验、施工试验、施工安装记录、工程质量评定、工程检查验收等顺序排列。

（4）设备文件按依据性材料、设备开箱验收、随机图样、设备安装调试和设备运行维修等顺序排列。

（5）竣工图按工程项目的单位工程、专业、图号排列。

（6）设计变更通知单按分部工程、专业、年度排列。

（7）图样材料的排列，按总体性、综合性的图样在前，局部性的图样居中，细的、大样的在后排列。

（8）卷内文件排列方法：案卷内出现图文混排的，则文字排前，图样排后；有译文的外文材料，译文排前，原文排后；同一事项的请示与批复，批复排前，请示报告排后；同一事项的报告材料与批转材料，批转材料排前，报告材料排后；转发与被转发的公文，转发公文排前，被转发公文排后；公文的正文与附件，正文排前，附件排后；结论与依据性的文件材料，结论文件排前，依据性材料排后。

（9）若文件材料形成单位已经按形成规律进行了系统排列，即沿用原来的排列顺序，无须另排。竣工时，若文件材料有增加，则在原来排定的顺序后面顺序排列。

3. 案卷的编目

（1）编写卷内文件材料页号。

1）依据卷内文件排列，顺序编写页号。凡有书写内容的页面（包括原有的封面、目录）均应编写页号，空白页不编页号。同一卷内文件应编写连续页号。

2）页号编写位置：单面书写的文件材料在其右下角编写页号；双面书写的文件材料，正面在其右下角，背面在其左下角编写页号；图纸的页号编写在标题栏外的右下角。

3）案卷之间不连续编页号，同一问题一卷装不下时，可分为两个以上的案卷，每卷均重新编制页号。

4）成套图样或印刷成册的文件材料，自成一卷时，原目录可代替卷内目录，不必重新编写页号；与其他文件材料组成一卷时，应排在卷内文件材料的最后，将其作为一份文件填写卷内目录，不必重新编写页号，但须在备注中注明总页数。

5）页号一般用铅笔编写，也可用打码机编写。

6）卷内目录、卷内备考表不编写页号。

（2）卷内目录的编制。

1）卷内目录是案卷内登记文件及其排列次序的目录。规格为 297mm × 210mm（即 A4 纸），用规格 70 克以上白色书写纸制作，字体使用宋体，字号：表格名称用小三号字加粗，表头用小四号字加粗，档号与表格的正式内容用小四号字。

2）每卷文件材料均应填写卷内目录。没有使用电子档案管理系统的立卷单位，卷内目录要求用 Excel 电子表格制作，激光打印机打印。

3）序号。采用阿拉伯数字从 1 开始依次编号，标注卷内文件材料件数的顺序。一份文件编一个号，文件的附件不编序号。

4）文件编号。填写文件的发文字号、图纸的图号或设备代号等。

5）责任者。填写文件形成单位的全称或通用简称，不得使用“本厂”“本局”“本公司”等名称；合同、协议等文件材料应填写甲乙双方的名称；以个人名义制发的文件材料，填写作者名称。

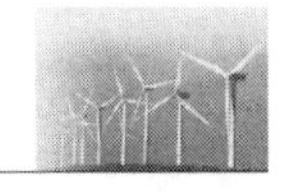

6）文件材料题名。填写文件的标题或图纸图名的全称。题名不能随意更改或简化，没有题名的或原文件题名不能揭示文件内容的，应根据内容拟定题名，重新拟写的题名应加“［ ］”。

7）日期。填写文件材料形成的日期（文件材料落款处的日期），以8位阿拉伯数字表示，“年、月、日”不写，如“2013年12月09日”写成“20131209”。原始记录以每册记录中的最早和最晚时间为该册的编制日期；竣工图以每张竣工图章中的编制单位技术负责人签发日期为该张图纸的编制日期；厂家文件材料、专题报告以每册/份文件的报告/说明封面的原日期为该册/份的编制日期；设计修改通知单以每份通知单上的送出时间为该份通知单的编制日期。

8）页号。应根据装订方式分别填写，装订成卷的，页数应填写每份文件起始页编号，最后一个文件填写文件的起止页编号，中间用“-”连接，如“15－19”；按件装订的，应填写每份文件的页数。

9）备注。文件材料有特殊需要说明时填写。

10）卷内目录排列在卷内文件材料首页之前。

（3）卷内备考表的编制。

1）卷内备考表是说明案卷内全部文件总件数、总页数以及在组卷和案卷提供使用过程中需要说明的问题的表格，排列在卷内文件材料之后，采用70g以上白色书写纸制作。

2）卷内备考表填写说明。填写该案卷在组卷和案卷提供使用过程中需要说明的问题，如不同载体文件的数量、文件缺损、修改、补充、移出、销毁等情况。若没有需要说明的情况，就不必填写。

3）立卷人。由负责整理文件材料者签名。

4）立卷日期。填写完成立卷的日期。

5）检查人。由负责案卷质量审核者签名。

6）检查日期。填写审核的日期。

7）互见号。填写反映同一内容而形式不同且另行保管的档案保管单位的档号。档号后应注明档案载体形式，并用括号括起。

（4）案卷的卷盒和脊背的编制。

1）案卷卷盒封面包括案卷题名、编制单位、起止日期、保管期限、密级、档号等。

2）案卷卷盒外表规格为310mm×220mm，厚度分别为20mm、30mm、40mm、50mm、60mm。

3）案卷题名。由立卷人拟写的能够反映卷内文件主要内容的概括性标题，要求简明、准确揭示卷内文件的内容，其主要内容包括工程项目名称、单位工程、分部工

程、专业、系统、组件、部件、阶段和文件材料名称等；归档的外文材料的题名应译成中文；总结、计划、报表必须写清年代；案卷题名不超过50个字，且不得出现“资料”字样。

4）立卷单位。填写负责文件材料组卷的单位名称。

5）起止日期。填写卷内文件材料形成时间的起止日期（即卷内目录中所反映的最早和最晚的日期）。起止日期不得简写，如“2012 年 8 月 1 日—2013 年 12 月 9 日”，不能写为“2012.8.1—2013.12.9”。

6）保管期限。填写组卷时划定的保管期限。

7）密级。依据保密规定填写卷内文件材料的最高密级，包括公开、内部、秘密、机密、绝密。

8）档号。由项目代号、分类号和案卷顺序号三组代码构成，分别用 0～9 阿拉伯数字标识。三组代码之间用“—”分隔。分类号和案卷顺序号暂用铅笔填写；移交后，建设单位审核后再正式填写。引进设备的档案，原则上不拆卷，可在相应类目中采用参见形式。

a. 项目代号。项目代号一般由 4 位阿拉伯数字组成，分别用 0～9 标识。第一位数由建设项目自定义或为 0；第二、第三位数代表工程项目代号；第四位数代表工程项目期号。第四位数工程项目期号中：1 表示新建工程；2～5 表示不同的扩建工程；6 表示电力生产；7 表示科学技术研究，采用年度标识，跨年度的科研项目，标识该项目完成年度；8 表示基本建设；9 表示设备，共用系统的项目代号。

b. 分类号。分类号由 2～4 位阿拉伯数字组成，构成二～四级类目，分别用 0～9 标识。

c. 案卷顺序号。案卷顺序号是最低一级类目下的案卷排列流水号，由 3 位阿拉伯数字组成，用 001～999 标识。

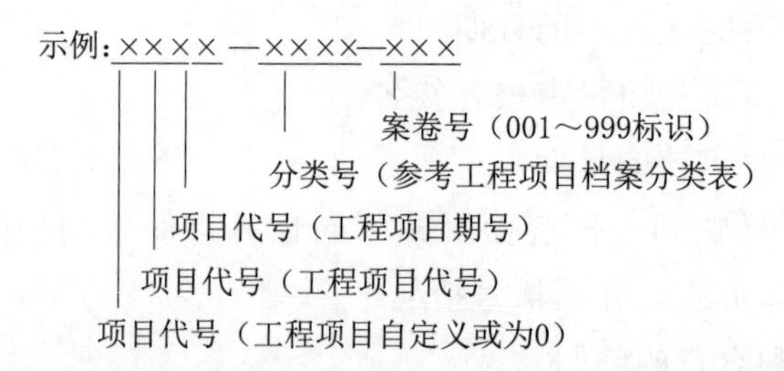

9）案卷卷脊。案卷题名的内容与封面保持一致，从左到右竖排，题名内出现超过 3 位数的数字和符号时，数字和符号要求“字头向右，躺着打”，保管期限横排打印，“正本”“副本”横排打印。

（5）案卷目录的编制。

1）案卷目录是以全宗为单位登录案卷的题名及其他特征并按案卷号次序编排而成的一种档案目录。案卷整编全部完成后，要编制案卷目录。

2）案卷目录一式三份，均交建设单位保存，移交单位需保存的，可根据需要增加份数。案卷目录一律使用 Excel 制作，用计算机打印。

（6）案卷的装订。

1）案卷为文字材料的应装订。装订前必须剔除重份文件，去掉金属物、塑料等，一律用棉线采用三孔一线的方法装订。装订前应逐页检查文件，凡未留装订边的文件材料应加装订边，残破文件必须进行修补，大于 A4 幅面的文件必须折叠为 A4 幅面，小于 A4 幅面的文件必须用 A4 纸粘贴，使卷内文件大小整齐。决不允许为追求表面美观、大小一致而自行放大、缩小复印。

2）案卷为图纸的不装订，按要求折叠。

3）案卷装订次序从前往后依次为案卷封面、卷内目录、文件材料、备考表。

4）案卷装订可装订成卷，或以件为单位装订装盒。按件装订的应在每份文件首页上端空白处加盖档号章，按《科学技术档案案卷构成的一般要求》（GB/T 11822）的规定填写档号章。

5）若归档前已成套的图样或印刷成册的文件材料，组卷时不必重新装订、编写页号，但应在每份文件的右上角加盖档号章。

6）外文材料可保持原来的案卷形式。

7）装订好的案卷不应出现倒页、错页，不应出现漏页或漏订，装订线不得压字影响查阅；案卷装订应保证文件材料右边和下端整齐。

4. 工程声像材料的整理

（1）工程声像材料是指工程建设过程中形成的照片、录音带、录像带，其内容反映工程建设的演变过程，建设单位应定期收集。收集的照片应主题鲜明、影像清晰、画面完整、未加修饰剪裁。经过添加、合成、挖补等修改画面内容处理过的数码照片不能归档。主要包括如下内容：

1）原址、原貌、原重要地物、纪念物的照片、录像。

2）地基及基础录像。建（构）筑物基础类型及施工技术工艺制作的照片、录像；建（构）筑物的位移、沉降、变形及处理的照片、录像。

3）主体工程施工。项目某些工程的设计模型照片；施工现场整体工程施工情况照片、录像；隐蔽工程的工艺制作及处理照片；钢筋制作工程的钢筋布局、型号及节点焊接等照片；反映重点工程的结构布局、混凝土灌注质量等的照片；管道及设备工程、安装工程的管沟类型；设备缺陷。

4）工程施工组织及工程质量。工程开、竣工仪式形成的各种照片、录像；工程施工中主要的质量检查、验收的照片、录像。

5）工程建设过程中有关庆典和重要领导的现场指导照片、录像等。

（2）声像材料的建档应与建设过程同步，由形成单位分别整理、归档，并按照

《照片档案管理规范》(GB/T 11821) 和《磁性载体档案管理与保护规范》(DA/T 15) 要求进行整编，在工程竣工后与纸质档案一起向建设单位移交。

(3) 数码照片的整理应符合《数码照片归档与管理规范》(DA/T 50) 的规定。具有永久保存价值的数码照片，应转换出一套纸质照片同时归档。

(4) 工程声像材料的分类、编号，应视其内容特点与反映同一问题内容的纸质档案统一分类、编号，由项目代号、照片分类号、照片号组成。同时在不同载体形式的档案分类号前加上载体形式代码，以示区别。即：照片-ZP，录音带-LY，录像带-LX。

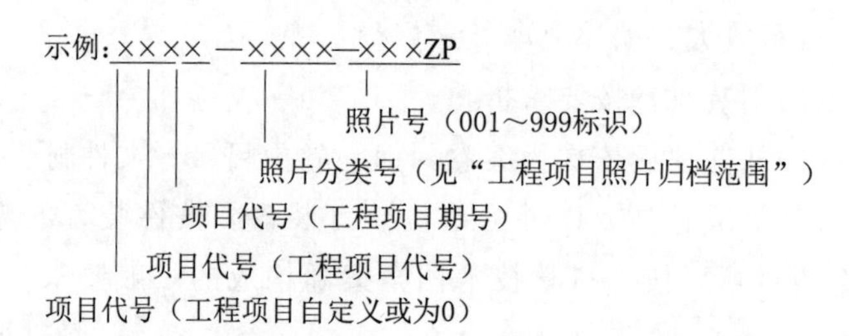

(5) 照片应按张编目，在册内标签中填写题名、照片号、互见号、时间、摄影者、文字说明。其中：①题名应填写本张照片的主题内容，同一组照片的题名，应反映同一事件、活动或工程进度、质量的主题内容；②照片号是固定和反映每张照片的分类与排列顺序的数字代码；③互见号应填写与照片有对应联系的其他载体档案的档号；④时间为拍摄的具体时间，用 8 位阿拉伯数字表示；⑤摄影者应填写拍摄人的姓名；⑥文字说明应准确、简明揭示照片画面的内容，包括人物、时间、地点、事由等要素，纸质照片应逐张编写文字说明。

(6) 每册照片应编制册内目录、照片总说明、备考表等，格式参照 GB/T 11821 规定编制。

(7) 录音、录像文件应保证载体的有效性，必须详细标注记录内容、时间、地点、人物、制作者。

(8) 工程声像档案应与纸质档案分库（柜）保管，并单独编制案卷目录和卷内目录。

5. 工程电子文件的整理

(1) 工程电子文件是指在项目建设全过程中各阶段生成的，以数码形式存储于磁带、磁盘、光盘等载体，依赖计算机等数字设备阅读、处理，并可在通信网络上传送的文件。

(2) 项目参建单位应制定项目电子文件收集的具体实施细则，并收集需归档的电子文件。收集电子文件的同时应收集其形成的技术环境、相关软件、版本、数据类型、格式、被操作数据、检测数据等相关信息。

(3) 电子文件形成单位应指定专门机构和人员，负责电子文件的收集、归档、保管和利用等工作，确保电子文件的真实性、有效性、完整性。

（4）对于各种不同类型的电子文件，文件存储格式均应尽量采用通用格式。通用软件产生的电子文件，应标明其软件型号和相关参数。

（5）其他专用软件产生的电子文件，必须连同专用软件一并收集。

（6）存储要求。归档的电子文件应一式三套，其中一套正本，两套副本；三套中一套封存、一套异地保管、一套供查询。应脱机存储在耐久性好、可长期存储的只读光盘中或一次性写入光盘。

（7）整理要求。电子文件分类应与纸质文件保持一致，按 GB/T 18894 规定进行整理。根据分类，经整理的电子档案在存入光盘时，按文件类目建立层级文件夹。在一个类别（即一个文件夹）下，图形文件应以图号作为文件名，按图号顺序排列，竣工图应在图框中录入各项签名。图像文件、文本文件按文件属类进行整理，同一属类文件按自然形成规律排列。

（8）填写要求。存储归档电子文件的光盘应附有标签，标签内应填写编号、套别、名称、密级、保管期限和软件平台等。

（9）电子文件的登记。电子文件在收集与积累后，应进行电子文件登记，每份电子文件均应在“归档电子文件登记表”中登记。由项目负责人核查签字，对电子文档的完整性、准确性、系统性和载体有无病毒、在指定存在的环境平台上能否准确读出负责。

（10）电子文件的鉴定。移交、接收前应由文件形成单位和接收单位按照规定的项目对电子文件的真实性、完整性和有效性进行检验，并由相关负责人签署审核意见，检验和审核结果填入“归档电子文件登记表”。

（11）电子文档单独归一卷，均为一式三份。排列顺序为：①归档电子文件登记表；②归档电子文件移交、接收检验登记表。

（12）各单位将电子文档按要求整理后，与配套的纸质文件一起作为完整的竣工资料交验。

11.3.7　竣工资料的归档

11.3.7.1　归档时间

根据项目建设程序和项目特点，各参建单位工程档案归档时间为：建设项目前期文件应在工作（活动）结束后及时归档；管理性文件按年度归档；施工文件应在单位工程质量认证后及时归档，建设周期长的项目可分阶段归档；监理文件应在监理范围内的全部工程完工后进行归档；试运行文件应在试运行结束后及时归档；竣工验收文件在专项验收、总体竣工验收通过后及时归档；设备文件应在设备开箱验收后随时归档；科研文件在结题或课题通过鉴定后及时归档。

各参建单位在其承担的项目通过竣工验收后 3 个月内，应将建设项目竣工资料向建设单位移交。

11.3.7.2　归档数量

竣工资料（含竣工图）应归档一式三套，与合同中规定的份数有冲突时，以合同规定的份数为准，但不得少于一式三套。一套由建设单位管理，一套交由区域管理机构管理，一套按实际情况交由地方档案机构管理。文字材料原则上应是原件（即应签署的栏目为亲笔签字，文件签印为红色印章），并附电子文档三套。

11.3.7.3　归档要求

文件制作要求字迹清楚，图面整洁，签字手续完备。档案必须完整、系统、准确、成套，真实记录和反映项目建设的全过程和客观情况，图物相符、技术数据可靠。归档工作在竣工档案经相关审查合格后进行档案实体移交，移交档案时办理相关移交手续。

11.3.7.4　归档审查

1. 施工单位自查

竣工资料收集齐全，按照规定编制、分类、立卷完成，建立案卷目录，逐项进行自检，并编写自检报告。自检报告内容主要包括：①承担项目的概况；②承担项目的档案管理体制；③承担项目文件、材料的形成、积累、整理与归档工作情况；④竣工图编制情况及质量；⑤存在的问题及解决的措施；⑥档案的完整性、准确性、系统性评价及在施工、试生产中的作用；⑦附表（附表中应包括分部单元工程名称、移交单中各类统计数据的总数及目录清单）。

施工单位自检合格后，填写“建设项目竣工资料审定表”，并由项目负责人填写竣工资料自检意见后，交监理单位审查。

2. 监理单位审查

（1）过程控制。在施工单位竣工资料收集整编过程中，监理单位进行全过程督促检查，执行监理定期检查、整改制度。审查过程中须逐项填写“建设项目竣工资料审查整改通知单”（表 11-1）。竣工资料审查情况记录表与所发整改通知单等作为附件资料报送建设单位备案。

表 11-1　建设项目竣工资料审查整改通知单

工程名称			
合同号		立卷数	
档案负责人			
档案整编人员			
存在问题			
整改情况			
完成情况			
监理单位审查人		审查时间	

(2) 监理单位收到施工单位报送的“建设项目竣工资料审定表”(表 11-2)后，应根据归档要求和工程建设实际情况，对竣工资料的完整性、准确性进行认真审核并签署意见。审查合格后，报建设单位审查。

表 11-2 建设项目竣工资料审定表

工程名称	
工程部位及资料名称	
施工单位	
数　量	
施工单位自检意见	文件整编负责人签名：　　　年　月　日
施工单位项目负责人意见	项目负责人签名：　　　年　月　日
监理单位审查意见	监理负责人签名：　　　年　月　日
业主质量负责人	业主质量负责人签名：　　　年　月　日
业主档案负责人	业主档案负责人签名：　　　年　月　日

注：1. 审定内容包括归档材料是否完整、准确，案卷质量是否符合归档要求。
2. 审定归档文件材料是否有遗留问题。
3. 表中“数量”要求填写到共有文件多少册、页；图纸多少张；光盘、照片、录像带多少张、盒。

3. 建设单位审查

建设单位对竣工资料的真实性、完整性、准确性进行审查，审查竣工资料是否齐全，数据是否准确，前后是否矛盾，是否与现场实际相符，单位、分部、单元工程的划分是否按照规定划分等。

11.3.8 竣工档案的验收

(1) 档案验收包括档案专项验收和工程竣工档案验收，建设单位负责竣工档案验收的申请和组织。建设项目档案专项验收申请应具备以下条件：①项目主体工程和辅助设施已按设计建成，能满足生产或使用的需要；②项目试运行各项指标考核合格或达到设计能力；③完成了项目建设全过程文件材料的收集、整理、归档；④基本完成了项目档案的分类、组卷、编目等整理工作。

（2）建设项目档案专项验收的组织：①国家及政府相关部门有规定的服从其规定；②建设项目档案专项验收由上级单位负责。

（3）当建设项目档案具备专项验收条件后，建设单位应向上级单位提出专项验收申请，报送“建设项目档案专项验收申请表”（表11-3），上级单位验收组负责对建设项目档案进行专项验收。

表11-3　建设项目档案专项验收申请表

项目（工程）名称		项目所在地	
建设单位			
核准单位		核准日期	
项目总投资/万元		装机容量/MW	
单台机组容量		安装台数	
开工日期		投产日期	
设计单位		监理单位	
主要施工单位或总承包单位			
主设备制造厂家			
项目档案案卷数量	卷		
联系人		联系电话	
地址/邮编		电子信箱	
申请单位自检情况	（单位盖章） 年　月　日		

（4）建设项目档案专项验收应根据制度要求，对建设项目档案的系统性、规范性进行验收，重点审查档案收集范围是否有漏项，书写、分类、组卷、编目、卷盒等是否符合归档要求，由验收组出具建设项目档案专项验收意见，建设单位及责任单位于工程竣工验收前对存在的问题进行整改。

（5）工程竣工验收时，工程竣工验收委员会下设档案资料组，采用质询、现场查验、抽查案卷的方式对建设项目档案进行检查。抽查重点为建设项目前期管理性文件、隐蔽工程文件、竣工文件、质检文件、重要合同、协议等，“五证一书”必查。档案资料组将档案验收情况向工程竣工验收委员会汇报。

（6）建设单位档案管理人员在档案整编过程中或在今后档案验收中，如发现有不

合格案卷，立卷方须负责整改，其费用自理。

11.3.9 竣工档案的移交

11.3.9.1 各参建单位竣工档案的移交

（1）施工单位在竣工档案交监理单位审核合格后3个月内移交建设单位（与合同规定有冲突时，以合同规定的时限为准）。有尾工的应在尾工完成后及时归档。

（2）设计单位、监理单位形成的竣工档案经审查合格后3个月内移交建设单位。

（3）建设单位在接收竣工档案时，要严格核对档案的数量，做到账物相符，并逐卷检查案卷质量。

（4）建设单位各部门形成的材料由部门兼（专）职档案员进行整理后，按年度或分阶段向档案管理部门移交。

（5）施工、监理、勘测、设计单位在向建设单位移交建设项目档案时，应办理档案移交手续，填写“建设项目档案交接签证表”“归档电子文件登记表”，明确档案移交的内容、案卷数、图纸张数等，并有完备的清册、签字等交接手续。

11.3.9.2 建设单位竣工档案的移交

（1）各单位形成并移交给建设单位的档案，由建设单位档案管理部门按规范要求进行分类、整编、保管和提供利用；档案管理部门对多余的或无保存价值的文件材料按规定进行鉴定、登记、销毁。

（2）在建设项目正式通过竣工验收后3个月内，建设单位向生产（使用）单位办理档案移交，区域管理机构留存备案，地方档案机构根据实际情况留存备案。凡分期或分机组的项目，应在每期或每台机组正式通过竣工验收后办理档案移交。建设单位转为生产单位的，按企业档案管理要求办理。移交时所有对应的电子文档应随相应的档案一起移交。

（3）项目停、缓建的，建设项目档案由建设单位负责保存；建设单位撤销的，建设项目档案应当向区域管理机构或者有关档案机构移交。

（4）竣工资料归档后，应编制出两种以上的手工检索目录体系，以方便查找。竣工档案全引目录，应编制到卷内目录级。实行计算机检索，计算机检索的方式不少于两种。

11.3.10 归档控制

（1）为保证项目文件材料的完整性、准确性、系统性、真实性，在竣工资料未移交并通过验收合格之前，不得退还工程质量保证金。在各阶段的工程结算签证中，档案验收手续不齐全的不予工程支付。

（2）建设单位推行工程档案收集、整理、归档中间目标及通过竣工验收考核奖励制度。

（3）单位工程竣工验收时，参建单位必须提交竣工资料，并经建设单位档案管理人员验收合格并签字（盖章）认可后，方予进行支付。

（4）各参建单位文件材料的形成、积累与整理归档工作必须按照“三纳入”“四参加”的要求进行管理。

1）“三纳入”。竣工资料工作纳入项目管理体制中；竣工资料工作纳入各项工作计划、程序，在各项工作下达计划、任务时要采取有效的控制手段，提出文件材料整理归档要求。检查计划、任务执行情况时检查文件材料的形成、积累情况，按计划完成归档任务；竣工资料工作纳入有关部门和人员的职责范围，明确各自的档案工作职责，发生问题时，根据职责范围承担相应的责任。

2）“四参加”。①竣工资料工作专职人员要参加工程竣工验收，对竣工资料的编制提出意见，供验收负责人对工程项目质量评定时参考，对竣工资料验收不合格的不予进行竣工决算；②竣工资料工作专职人员要参加设备开箱验收，特别是对重要大型、新型、引进设备的材料，要注意收集、归档，不得由工作人员私自保存或带走；③竣工资料工作专职人员要参加科研项目的鉴定会，凡属重点科研项目、报上一级评先的项目，必须有档案人员参加评定会并对科研文件材料的编制情况进行验收，凡科研材料不符合要求的，在上报项目表格中，档案部门不予签字盖章；④竣工资料工作专职人员要参加产品技术定型会，申报科技成果奖、工程技术人员提职时，由档案部门出具专门归档情况说明材料作为依据之一。

11.3.11　档案使用管理标准

11.3.11.1　档案的借阅

（1）本单位人员凭经审批的“档案借阅审批表”外借档案原件资料；借阅档案不得将档案带离办公场所，用毕要及时归还。归还时在“档案借阅申请单”（表 11-4）上签字确认。借阅期限最长为 1 个月，基建工程档案借阅期限为半个月，到期因工作需要延长借期者，应持所借档案到档案业务机构办理续借手续，到期不还又不办理续借手续，停止借阅其他档案。

（2）外单位利用本单位××档案只限于阅览室查阅，一律不外借。外单位查阅本单位××档案，须持单位正式公函或介绍信，查阅秘密及机密档案要在公函或介绍信上注明查阅人及范围，经各单位分管档案的有关领导批准后查阅。

11.3.11.2　档案的鉴定及销毁

（1）档案管理人员要定期鉴别档案价值，识别出失去保存价值及保管期届满的档案，并填写“档案销毁登记表”（表 11-5），交部门负责人审核，经当地档案管理部门及上级主管部门审批同意后予以销毁。

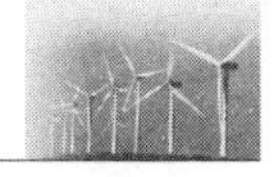

表 11-4 档案借阅申请单

所在部门（单位）			
序号 日期	申请人	部门（单位）负责人签字：	
档案类型 借阅方式	档案基本信息		
利用目的：			
预计归还日期：		归还日期：	
归还人：	年 月 日	接收人：	年 月 日
综合管理部负责人批准：			年 月 日
公司领导批准：			年 月 日
备注：			

表 11-5 档案销毁登记表

序号	档案编号	档案名称	立档单位	份数	期限	销毁理由	销毁人	监销人	销毁时间	备注
立档部门或单位意见：										
行政负责人意见：										

（2）正式销毁前档案管理人员应再次进行核对；销毁时应有档案管理人员和监销人同时在场；销毁后人事行政专员在销毁登记表上签字确认。

11.3.11.3 档案的利用

（1）档案部门应对各类档案资料实施有效的管理。利用计算机应可以清楚得到馆藏各类档案的数字化状况，并能对档案利用情况进行实时统计、分析。

（2）档案应能满足建设项目的提出、调研、可行性研究、评估决策、计划、勘测、设计、施工、调试、竣工等工作的各项需要，使其成为实施质量控制的有效手段，开展事故分析、奖励惩戒的重要凭证和除险加固、续建改建的重要依据。应积极追踪档案利用效果，认真填写“档案利用效果登记表”（表 11-6），形成有价值的档案编研成果。

表 11-6　档案利用效果登记表

利用单位		利用人	
利用目的		利用方式	
利用档案名称			
满足利用程度			
利用效果			
填写时间		填写人	

（3）档案管理部门应配合单位中心工作利用档案材料举办宣传展览、陈列等活动，扩大档案影响。

11.3.11.4　档案保密制度

档案管理部门应依据《科学技术保密规定》（科学技术部、国家保密局令〔2015〕第 16 号）的要求，建立健全保密制度，加强对风电场科技档案的保密管理。

（1）经常开展档案安全保密检查与自查，及时发现、排除隐患，堵塞漏洞。

（2）采取有效措施，保障电子文件、电子档案的安全及长期保存和有效利用；重要档案应实行异地异质备份保管，确保重要风电场工程档案的绝对安全。

（3）严格执行档案安全保密制度，严防把涉密档案文件传输到非涉密网络上，确保档案安全万无一失。

11.3.12　档案管理的信息化

结合先进的网络及信息化技术，实现档案管理的信息化对于高效高质发展具有重要作用，也将有效减轻员工的负担，数字化管理是未来风电场工程档案发展的必然趋势。

为加快档案信息化进程，应在以下方面加强建设：

（1）硬件保障。配备所需的计算机、刻录机、扫描仪、互联网设备等，充分利用先进技术和软件，积极改造升级现有档案管理条件。

（2）制度保障。建立健全档案信息化管理流程，细化电子档案工作环节和步骤。制定统一标准，确保档案信息网络畅通，实现资源有效共享。

（3）人员保障。加强对参建单位档案管理人员的培训和交底，熟悉电子文件全过程管理规范，提高信息化专业技能水平。

第12章 风电场项目建设收尾标准化管理

12.1 风电场项目建设收尾管理内容

风电场项目建设收尾管理是项目建设管理的最后阶段，也是项目进入运行阶段的前提，当项目的阶段目标或最终目标已经实现，或者项目的目标不可能实现时，项目就进入了收尾工作过程。只有通过项目收尾这个工作过程，项目才有可能正式投入使用，才有可能生产出预定的产品或服务，项目利害关系者也才有可能终止他们为完成项目所承担的责任和义务，从项目中获益。

风电场项目建设收尾管理工作主要包括竣工收尾（投产准备与试生产）、结算、决算、验收、回访保修、管理考核评价等方面的管理工作。

12.1.1 竣工收尾（投产准备与试生产）

风电场项目竣工收尾是项目结束阶段管理工作的关键环节，应编制详细的竣工收尾工作计划，采取有效措施逐项落实，以保证按期完成任务。风电场项目竣工计划的内容应包括风电场现场施工收尾计划和资料规整计划两部分，两者缺一不可，都关系到竣工条件的形成，关系到风电场是否可以正常投产运行和试生产。风电场项目竣工计划的检查应依据法律、行政法规和强制性标准的规定严格进行，发现偏差要及时进行调整、纠偏，发现问题要强制执行整理。

风电场现场收尾工作，即是投产准备与试生产工作，包括生产机构的建立、投产前的生产培训、机组启动试运行、倒送电实施方案的报批、安全生产培训、后勤物资的准备等一系列的工作。

风电场项目资料是整个建设周期的详细记录，是项目成果的重要展示形式，既是项目评价和验收的标准，也是项目交接、维护和后评价的重要原始凭证。风电场项目的资料验收是交验方将整理好的、真实的项目资料交给接收方，并进行确认和签收的过程。项目资料验收的范围和内容涉及项目生命周期各阶段的计划、报告、记录、图表等各种资料。项目资料验收完成后，应建立项目资料档案，编制项目资料验收报告。

资料验收的依据有主合同，设备采购合同中关于资料的条款要求，国家关于项目资料档案的法规、政策性规定和要求，国际惯例等。

12.1.2　竣工结算

风电场项目竣工结算是承包人在所承包的工程按照合同规定的内容全部完工，并通过竣工验收之后，与发包人进行的最终工程价款的结算。这是建设工程施工合同双方围绕合同最终总的结算价款的确定所开展的工作。竣工结算工作开展的基础包括：①合同文件；②竣工图纸和工程变更文件；③有关技术核准资料和材料代用核准资料；④工程计价文件、工程量清单、取费标准及有关调价规定；⑤双方确认的有关签证和工程索赔资料。

承包人应按照项目竣工验收程序办理项目竣工结算并在合同约定的期限内进行项目移交。

12.1.3　竣工决算

风电场项目竣工决算是指在工程竣工验收交付使用阶段，由建设单位编制的建设项目从筹建到竣工验收、交付使用全过程中实际支付的全部建设费用。竣工决算是整个建设工程的最终价格，是作为建设单位财务部门汇总固定资产的主要依据。竣工决算是风电场项目工程经济效益的全面反映，是发包人核定各类新增资产价值，办理其交付使用的依据。通过竣工决算，一方面能够正确反映风电场项目的实际造价和投资效益结果；另一方面可以通过竣工决算与概算、预算的对比分析，考核投资控制的工作成效，总结经验教训，积累技术经济方面的基础资料，提高未来建设风电场工程的投资效益。进行项目竣工决算编制的主要依据包括：①项目计划任务书和有关文件；②项目总概算和单项工程综合概算书；③项目设计图纸及说明书；④设计交底、图纸会审资料；⑤合同文件；⑥项目竣工计算书；⑦各种设计变更、经济签证；⑧设备、材料调价文件及记录；⑨竣工档案资料；⑩相关的项目资料、财务决算及批复文件。

12.1.4　竣工验收

风电场项目竣工验收是由投资主管部门会同建设、设计、施工、设备供应单位及工程质量监督等部门，对该风电场项目是否符合规划设计要求以及建筑施工和设备安装质量进行全面检验后，取得竣工合格资料、数据和凭证的过程。项目的交工主体应是合同当事人的承包人。验收主体应是合同当事人的发包人，其他项目参与人则是项目竣工验收的相关组织。

项目竣工验收是国家全面考核项目建设成果，检验项目决策、设计、施工、设备制造、安装等管理水平，总结工程项目建设经验的重要环节。风电场项目建成投产交付使用后能否取得预想的宏观效益，需经过国家权威性的管理部门按照技术规范、技术标准组织验收确认。凡列入固定资产投资计划的新建、扩建、改建、迁建的风电

场项目或单项工程按批准的设计文件规定的内容和施工图纸要求全部建成符合验收标准的，必须及时组织验收，办理固定资产移交手续。

风电场项目完工后，承包人应自行组织有关人员进行质量检查评定，检查合格后向发包人提交工程竣工报告。规模较小且比较简单的风电场项目，可进行一次性项目竣工验收。规模较大且比较复杂的项目，可以分阶段验收。项目竣工验收应依据有关法规，必须符合国家规定的竣工条件和竣工验收要求。文件的归档整理应符合国家有关标准、法规的规定，移交工程档案应符合有关规定。风电场项目竣工验收的主要依据包括以下方面：

（1）上级主管部门对该项目批准的各种文件，包括可行性研究报告、初步设计，以及与项目建设有关的各种文件。

（2）工程设计文件。包括施工图纸及说明、设备技术说明书等。

（3）国家颁布的各种标准和规范。包括现行的工程施工质量验收规范、工程施工技术标准等。

（4）合同文件。包括施工承包的工作内容和应达到的标准，以及施工过程中的设计修改变更通知书等。

12.1.5　回访保修

回访是落实保修制度和保修方责任的重要措施，因此，风电场项目回访应以对风电场项目竣工质量的反馈及特殊工程采用的新技术、新材料、新工艺等应用情况为重点，并根据需要及时采取改进措施。

承包人在风电场项目竣工验收后就使用状况和质量问题向用户访问了解，并按照有关规定及“工程质量保修书”的约定，在保修期内对发生的质量问题进行修理并承担相应经济责任的过程。项目回访保修的责任应由承包人承担，承包人应建立施工项目交工后的回访与保修制度，听取用户意见，提高服务质量，改进服务方式。承包人应建立与发包人及用户的服务联系网络，及时取得信息，并按计划、实施、验证、报告的程序，搞好回访与保修工作。保修工作必须履行施工合同的约定和“工程质量保修书”中的承诺。

依据《建设工程质量管理条例》规定，承包人在向发包人提交工程竣工报告时，应当向发包人出具质量保修书，保修书中应当明确建设工程的保修范围、保修期限和保修责任等。实行工程质量保修是促进承包人加强工程施工质量管理，保护用户及消费者合法权益的必然要求，承包人应在工程竣工验收之前与发包人签订质量保修书，对交付发包人使用的工程在质量保修期内承担质量保修责任。

12.1.6　项目管理考核评价

风电场项目管理考核评价是项目管理活动中很重要的一个环节，它是对项目管理行为、项目管理效果以及项目管理目标实现程度的检验和评定。通过考核评价工作使风电场项目管理人员正确认识自己的工作水平和业绩，并且能够进一步地总结经验，找出差距，吸取教训，从而提高风电企业的项目管理水平和管理人员的素质。通过考核评价，可以使项目团队的经营效果和经营责任制得到公平、公正的评判和总结。

项目考核评价的定性指标可包括经营管理理论，项目管理策划，管理制度及方法，新工艺、新技术推广，社会效益及其社会评价等。

风电场项目建设收尾阶段的竣工收尾（投产准备与试生产）、竣工结算、竣工决算、竣工验收、回访保修、项目管理考核评价等管理工作流程如图 12-1 所示。

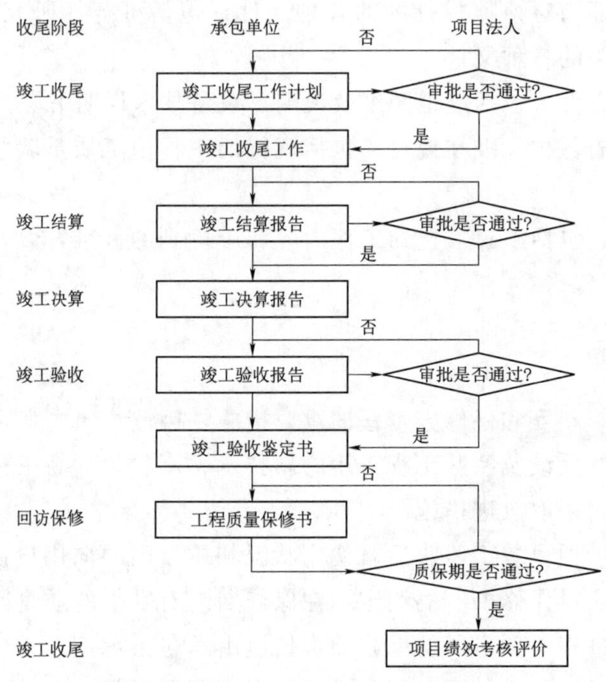

图 12-1　项目建设收尾管理流程图

12.2　风电场项目投产准备与试生产

风电场项目投产准备是指在建设期间为竣工后能及时投产所做的各项准备工作，一般包括生产技术管理人员和工人的招聘、培训，生产单位组织机构的设计和管理制度的制定，生产设备的试运行或试生产等工作。风电场项目试生产是对工程项目建设的质量和运转性能的全面检验，也是正式投产前，由试验性生产向正式投产的过渡过程。

12.2.1　投产准备工作的基本要求

1. 施工阶段的投产准备工作

在施工阶段，应结合建设进度编制生产准备的工作计划，主要工作如下：

(1) 根据生产任务要求确定岗位及其人员编制，然后据此招聘生产技术管理人员和工人，并分批分期对他们进行培训。

(2) 根据设计的产品纲要、生产工艺方法，落实设备、原材料、燃料、动力供应的内外部生产条件。

(3) 做好生产技术准备，如制定产品的技术标准、设备的操作维护规程，组织试运行和试生产。

(4) 施工进入设备安装调试阶段后，要组织生产人员参加设备的安装调试。

2. 工程验收阶段的准备工作

工程项目施工完成后，建筑安装单位和设备供应商要进行设备调试和联动无负荷试车，合格后由经过培训的生产工人进行联动有负荷试运行（对于电厂项目，一般要连续进行 72h），一切正常后交给项目业主方，转入试生产。

12.2.2 投产准备工作的内容

1. 生产组织准备

(1) 投产准备机构的设置。随着工程项目建设的进展，投产准备机构应由小到大，逐步完善，到建设后期大量设备进入全面安装调试阶段，应配备生产管理人员，并参加安装调试，待进入工程项目结束阶段，工程的筹建班子应与投产准备班子合为一体，成立生产管理机构。

(2) 生产管理人员及工人的配备和培训。根据初步设计规定的劳动定员和劳动组织计划来确定各类人员的比例和人数，按照“因事设岗，因事择人”的原则配备人员，并分批分期进行培训。在建设后期，参加设备的安装调试。

(3) 有关规章制度的建立。在试生产前，要建立起符合本企业生产技术特点的生产管理指挥系统，建立一套生产、供应、销售、计划、检查考核制度、统计制度、技术管理制度、劳动人事制度、财务管理制度、各职能科室的责任制度，保证正式投产后各项工作有章可循，促使正式生产在较短的时间内即可进入规范化的生产轨道。

2. 生产技术准备

(1) 参加设计审查，熟悉生产工艺、技术、设备。

(2) 进行生产工艺准备，根据原辅材料、燃料、动力、半成品的技术要求，对配料做多方案试验，得出最佳配料方案。

3. 生产物质准备

对于生产性工程项目而言，其生产投入所需物质的种类、数量和规格是较多的，因此为满足试运行和投产初期的需要，必须要分期分批组织采购投产所需物质。

4. 落实外部协作条件

工程项目的投产运行必然与系统外部产生大量的联系，如水、电、气以及交通、通信等，这些要依靠项目所在地有关部门或兄弟单位协作解决，外部协作条件落实得如何对于项目能否如期顺利投产是至关重要的。

5. 正常的生活福利设施准备

对于地处偏僻的工程项目而言，在投产生产前，一般要将职工正常生产生活所需的设施建设好，如职工宿舍、食堂、浴室、娱乐活动室等。只有将职工的食、住、行等日常生活安排好了，职工才可能安心工作，才可能提高生产效率。

12.2.3　试生产

工程实体的竣工验收意味着固定资产的形成，并具备生产能力，但不等于该工程项目达到了设计规定的生产能力，必须通过试运行或试生产来检验其是否达到了设计生产能力。影响工程项目达到设计生产能力的因素较多且复杂，但试运行和试生产工作是否做到位是不容忽视的关键因素。

风电场所有安装完成的设备均需经过静态调试（试验）、动态调试、联合调试等合格后，才能进入试运行阶段。

陆上风电场项目的调试过程一般为风电机组静态调试（试验）、升压站倒送电（带电）、风电机组动态调试、风电机组并网试运行等阶段。

海上风电场项目的调试过程一般为风电机组静态调试（试验）、陆上集控中心带电、海上高抗站带电、海上升压站带电、风电机组动态调试、风电场联合调试、风电机组并网试运行等阶段。

试生产阶段主要考核的内容如下：

（1）对各种工艺设备、电气、仪表等单体设备的性能、参数进行单体运转考核，对生产装置系统进行联动运行考核。

（2）对设备及工艺指标进行考核。

（3）对生产装置及有直接工艺联系的公用工程进行联动试车考核。

（4）对消耗指标、产品质量进行考核，对设计规定的经济指标进行考核等。

试生产阶段的主要考核完成后先编制竣工资料，然后办理工程项目的正式竣工验收。

12.3　风电场项目竣工决算

12.3.1　竣工决算的概念

竣工决算是指在竣工验收交付使用阶段，由建设单位编制的建设项目从筹建到竣工投产或使用全过程的全部实际支出费用的经济文件，包括建筑工程费用、安装工程费用、设备工器具购置费用和其他费用等。

竣工决算是建设单位反映建设项目实际造价和投资效果的文件，是竣工验收报告的重要组成部分。竣工决算由竣工决算报表、竣工决算报告说明书、竣工工程平面示意图、工程造价比较分析4部分组成。大中型建设项目竣工决算报表一般包括竣工工程概况表、竣工财务决算表、建设项目交付使用财产总表及明细表，以及建设项目建成交付使用后的投资效益和交付使用财产明细表。

所有竣工验收的项目，应在办理手续之前，对所有建设项目的财产和物资进行认真清理，及时、正确地编制竣工决算。这对于总结分析建设过程中的经验教训，提高工程造价管理水平，以及积累技术经济资料等方面，有着重要意义。

12.3.2 竣工决算的编制流程

1. 收集、整理、分析原始资料

从风电场项目建设开始就按照编制依据的要求收集、整理有关资料，主要包括建设项目档案资料，如设计文件、施工记录、上级批文、概预算文件、工程结算的归集整理，财务处理、财产物资的盘点核算及债权债务的清偿，做到账表相符。对各种设备、材料、工具、器具等要逐项盘点核实并填列清单，妥善保管，或按照国家有关规定处理，不准任意侵占和挪用。

2. 对照工程变动情况重新核实各单位工程、单项工程造价

将竣工资料与原始设计图纸进行对比，必要时可实地测量，确认实际变更情况；根据经审定的施工单位竣工结算的原始资料，按照有关规定，对原概预算进行增减调整，重新核定工程造价。

3. 填写基建支出和占用项目

将审定后的待摊投资、设备工器具投资、建筑安装工程投资、工程建设其他投资严格划分和核定后，分别计入相应的建设成本栏目内。

4. 编制竣工决算报告说明书

竣工决算报告说明书包括反映竣工工程建设的成果和经验，是全面考核与分析工程投资与造价的书面总结，是竣工决算报告的重要组成部分，力求内容全面、简明扼要、文字流畅、说明问题，其主要内容包括以下方面：

（1）建设项目概况及评价。

1）进度。主要说明开工和竣工时间，对照合理工期和要求工期，说明工程进度是提前还是延期。

2）质量。要根据竣工验收委员会或质量监督部门的验收评定，对工程质量进行说明。

3）安全。根据劳动工资和施工部门的记录，对有无设备和人身事故进行说明。

4）造价。应对照概算造价，说明节约还是超支，用金额和百分比进行分析说明。

(2) 各项财务和技术经济指标的分析。

1) 资金来源及运用等财务分析。资金节余、基建结余资金等的上交分配情况；主要技术经济指标的分析、计算情况。

2) 概算执行情况分析。根据实际投资完成额与概算进行对比分析。

3) 新增生产能力的效益分析。说明交付使用财产占总投资额的比例、固定资产占交付使用财产的比例、递延资产占总投资额的比例，分析其有机构成和成果。

4) 基本建设投资包干情况的分析。说明投资包干数、实际支用数和节约额、投资包干节余的有机构成和包干节余的分配情况。

5) 财务分析。列出历年的资金来源和资金占用情况。

(3) 建设项目管理及决算中存在的问题及建议。

(4) 需要说明的其他事项。

5. 编制竣工决算报表

竣工决算报表共有 9 个，按大、中、小型建设项目分别制定，包括建设项目竣工工程概况表、建设项目竣工财务决算总表、建设项目竣工财务决算明细表、交付使用固定资产明细表、交付使用流动资产明细表、交付使用无形资产明细表、递延资产明细表、建设项目工程造价执行情况分析表、待摊投资明细表。

6. 做好工程造价比较分析

在竣工决算报告中，必须对控制工程造价所采用的措施、效果及其动态的变化进行认真的比较分析，总结经验教训。

7. 清理、装订好竣工图

清理、装订好竣工图时，必须按国家规定上报、审批、存档。

8. 做好概算、预算指标对比分析

对概算、预算指标进行对比，以考核竣工项目总投资控制的水平，在对比的基础上总结先进经验，找出落后的原因，提出改进措施。

为考核概算执行情况，正确核算建设工程造价，财务部门首先必须积累概算动态变化资料（如材料价差、设备价差、人工价差、费率价差等）和设计方案变化，以及对工程造价有重大影响的设计变更资料；其次，考察竣工形成的实际工程造价节约或超支的数额。

为了便于比较，可先对比整个项目的总概算，然后对比工程项目（或单项工程）的综合概算和其他工程费用概算，最后再对比单位工程概算，并分别将建筑安装工程、设备、工器具购置和其他工程费用逐一与项目竣工决算编制的实际工程造价进行对比，找出节约或超支的具体内容和原因。

根据经审定的竣工结算等原始资料，对原概预算进行调整，重新核定各单项工程和单位工程的造价。属于增加固定资产价值的其他投资，如建设单位管理费、研究试

验费、土地征用及拆迁补偿费等，应分摊于受益工程，共同构成新增固定资产价值。

12.3.3 新增资产价值的确定

工程项目竣工投入运营后，所花费的总投资应按会计制度和有关税法的规定，形成相应的资产。这些新增资产分为固定资产、无形资产、流动资产和其他资产四类。资产的性质不同，其核算的方法也不同。

1. 新增固定资产

固定资产是指使用期限超过一年，单位价值超过一定数额，并且在使用过程中保持原有实物形态的资产，包括房屋、建筑物、机械、运输工具等。不同时具备以上两个条件的资产为低值易耗品，应列入流动资产范围内，如企业自身使用的工具、器具、家具等。

新增固定资产价值的作用为：如实反映企业固定资产价值的增减变化，保证核算的统一性；真实反映企业固定资产的占用额；正确计提企业固定资产折旧；反映一定范围内固定资产再生产的规模与速度；分析国民经济各部门的技术构成变化及相互间适应的情况。

新增固定资产价值的费用构成为：①工程费用，包括设备及工器具费用、建筑工程费、安装工程费；②固定资产其他费用，主要有建设单位管理费、勘察设计费、研究试验费、工程监理费、工程保险费、联合试运转费、办公和生活家具购置费及引进技术和进口设备的其他费用等；③预备费；④融资费用，包括建设期利息及其他融资费用。

新增固定资产价值的计算是以独立发挥生产能力的单项工程为对象的，当单项工程建成经有关部门验收鉴定合格，正式移交生产或使用，即应计算新增固定资产价值。一次交付生产或使用的工程可一次性计算新增固定资产价值，分期分批交付生产或使用的工程，应分期分批计算新增固定资产价值。

2. 新增无形资产

无形资产是指特定主体所控制的，不具有实物形态，对生产经营长期发挥作用且能带来经济利益的资源。主要有专利权、商标权、专有技术、著作权、土地使用权、商誉等。

新增无形资产的计价原则为：投资者将无形资产作为资本金或者合作条件投入的，按照评估确认或合同协议约定的金额计价；购入的无形资产，按照实际支付的价款计价；企业自创并依法确认的无形资产，按开发过程中的实际支出计价；企业接受捐赠的无形资产，按照发票凭证所载金额或者同类无形资产市场价计价。

3. 新增流动资产

流动资产是指可以在一年或者超过一年的营业周期内变现或者耗用的资产，它是企业资产的重要组成部分。流动资产按资产的占用形态可分为现金、存货（指企业的库存材料、在产品、产成品、商品等）、银行存款、短期投资、应收账款及预付账款。

依据投资概算核拨的项目铺底流动资金，由建设单位直接移交使用单位。

4. 新增其他资产

其他资产是指除固定资产、无形资产、流动资产以外的资产。形成其他资产原值的费用主要是生产准备费（含职工提前进厂费和培训费）、样品样机购置费和农业开荒费等。

12.3.4　竣工结算与竣工决算的区别

1. 含义不同

竣工结算是指施工企业按照合同规定的内容全部完成并经验收质量合格、符合合同要求之后，向建设单位进行的最终工程款结算。

竣工决算是指在工程竣工验收交付使用阶段，由建设单位编制的建设项目从筹建到竣工验收、交付使用全过程中实际支付的全部建设费用。竣工决算是整个建设工程的最终价格，是作为建设单位财务部门汇总固定资产的主要依据。

2. 实施对象不同

竣工结算是由施工单位在工程项目建设过程中所消耗资金的统计计算，是施工单位按照合同约定，在工程项目建设完工后向建设单位索取资金的依据。

竣工决算是由建设单位负责，工程决算需要建设单位对整个工程项目从开始筹资到投入生产的这段过程中每一个分部过程有一个详细的了解，包括对每一个相应单项工程产生的费用都要有很好的把握，是对建设单位财务支出的一个具体统计，同样也是国家对该建设单位所承建的固定资产的汇总依据。

3. 范围不同

竣工结算是包括该工程项目从开始建设到最后通过建设单位验收这段时间由施工单位所消耗的资金。主要依据是施工合同，因为在施工合同中规定了施工范围和结算办法，工程结算就是按照施工合同的约定，计算整个施工费用。

竣工决算是在该工程还未开始建设的时候就要做准备工作，工程决算的主要内容包括从该项目立项到该项目正式投入使用中这段时间由建设单位所支出的资金总数。建设单位在做工程决算时，除了工程结算的费用之外，还有征地拆迁费用等前期费用、设计费用、监理费用、建设单位管理费用等。

4. 作用不同

竣工结算仅仅是施工单位对该项目建设的反映，是施工单位向建设单位索取工程款的重要依据。

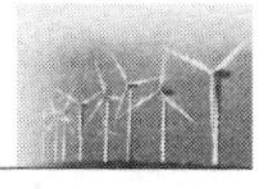

竣工决算是正确核算新增固定资产价值，考核分析投资效果，反映的是综合、全面、完整的项目建设的最终成果。

12.4 风电场项目竣工验收

风电场项目建设工程应通过各单位工程完工验收、工程启动试运、工程移交生产、工程竣工验收四个阶段的全面检查验收。四个阶段的验收必须以批准的文件、设计图纸、设备合同及国家颁发的有关电力建设的现行标准和法规等为依据。

工程竣工验收应在工程整套启动试运验收后6个月内进行。当完成工程决算审查后，建设单位应及时向项目法人单位申请工程竣工验收。项目法人单位应上报工程竣工验收主持单位审批。

12.4.1 竣工验收应具备的条件

(1) 工程已按批准的设计内容全部建成，由于特殊原因致使少量尾工不能完成的除外，但不得影响工程正常安全运行。

(2) 设备运行正常，状态良好，满足设计和相关技术要求，满足电网的技术要求；各单位工程正常运行。

(3) 历次验收所发现的问题已处理并通过复查。

(4) 工程建设征地补偿和征地手续等已基本处理完毕。

(5) 工程投资全部到位，竣工决算已经完成并通过竣工审计。

(6) 水土保持、环境保护、消防、防雷、节能、安全等已通过专项验收或评估。

(7) 项目相关资料已归档，并已通过档案专项验收，该验收应遵照《风力发电企业科技文件归档与整理规范》(NB/T 31021) 要求进行。

(8) 完成其他需要验收的内容。

12.4.2 竣工验收组织机构和职责

12.4.2.1 验收委员会组织机构

(1) 工程竣工验收委员会由项目法人单位负责筹建。

(2) 竣工验收委员会设主任1名，副主任、委员若干名，由政府相关主管部门、电力行业相关主管部门、项目法人单位、生产单位、银行（贷款项目）、审计、环境保护、消防、质量监督等行政主管部门及投资方等单位代表和有关专家组成。

(3) 工程建设、设计、施工、监理单位作为被验收单位不参加验收委员会，但应列席验收委员会会议，负责解答验收委员会的质疑。

12.4.2.2 工程竣工验收委员会职责

(1) 主持工程竣工验收。

(2) 听取并审查竣工验收总结报告，对项目建设各有关单位的工作成果、工程档案及其他资料进行核查。

(3) 现场检查工程建设和运行情况，对项目建设管理、设计质量、施工质量、建设监理、水土保持和环保方案执行情况进行全面检查。

(4) 审查工程投资概预算执行情况；审查工程投资竣工决算。

(5) 研究处理遗留问题，总结建设经验，对项目建设的科学性、合理性、合法性、安全性和经济性做出全面评价，编写工程竣工验收鉴定书。

(6) 对工程做出综合评价，签发工程竣工验收鉴定书。

12.4.3 竣工验收应提供的资料

(1) 备查文件资料（各单位工程施工质检资料；设计图纸、设计更改联系单；风电机组、变电站等设备产品技术说明书和合格证件；历次验收所发现的问题整改消缺记录与报告；生产准备中的有关运行规程、备品备件、专用工器具、人员上岗培训情况；监理、质监检查记录和签证文件；工程建设大事记等资料）。

(2) 工程概预算执行情况报告。

(3) 工程竣工决算报告及其审计报告。

(4) 水土保持、环境保护方案等专项验收报告。

(5) 竣工验收总结报告；竣工验收鉴定书。

12.4.4 验收检查项目

(1) 检查竣工资料是否齐全完整，是否按电力行业档案规定整理归档。

(2) 审查建设单位“工程竣工报告”，检查工程建设情况及设备运行情况。

(3) 检查历次验收结果，必要时进行现场复核。

(4) 检查工程缺陷整改情况，必要时进行现场核对。

(5) 检查水土保持和环境保护方案执行情况。

(6) 审查工程概预算执行情况。

(7) 审查竣工决算报告及其审计报告。

12.4.5 验收工作程序

1. 召开预备会

召开预备会，听取项目建设单位汇报竣工验收会准备情况，确定工程竣工验收委员会成员名单。

2. 召开第一次大会

(1) 宣布验收会议程。

(2) 宣布工程竣工验收委员会委员名单及各专业检查组名单。

(3) 听取建设单位“工程竣工报告”。

(4) 看工程声像资料、文字资料。

3. 分组检查

(1) 各检查组分别听取相关单位的工程竣工汇报。

(2) 检查有关文件、资料。

(3) 现场核查。

4. 召开工程竣工验收委员会会议

(1) 检查组汇报检查结果。

(2) 讨论并通过“工程竣工验收鉴定书”。

(3) 协调处理有关问题。

5. 召开第二次大会

(1) 宣读“工程竣工验收鉴定书”。

(2) 工程竣工验收委员会成员和参建单位代表在“工程竣工验收鉴定书”上签字。

6. 主要验收工作

(1) 按照要求全面检查工程建设质量及工程投资执行情况。

(2) 如果在验收过程中发现重大问题，验收委员会可采取停止验收或部分验收等措施，对工程竣工验收遗留问题提出处理意见，并责成项目建设单位限期处理遗留问题和重大问题，处理结果及时报告区域公司、产业公司。

(3) 对工程做出总体评价。

(4) 签发“工程竣工验收鉴定书”，并自鉴定书签字之日起28天内，由验收主持单位行文发送有关单位。

第13章　风电场项目审计标准化管理

审计是一种因受托经济而产生的特殊的控制管理手段。工程项目审计是一种以工程项目为审查对象的经济控制活动，审计机构以国家法律法规、相关经济政策及企业管理制度等为依据对项目经济活动的真实性、合法性及效益性进行全面审查与监督评价，以促进实现建设项目投资目标。

工程项目审计的对象为建设项目各参建方的所有技术经济活动，根据审计实施主体不同分为政府审计、企业内部审计和社会组织审计。政府审计主要针对国家投资为主的公共设施项目及公益性项目。企业内部审计主要针对企业自主实施或参与建设的项目。社会组织审计主要为审计委托人委托社会组织对项目实施审计。

随着风电市场快速发展及风电场项目规模持续增长，对风电场项目管理提出了更高的要求。项目审计作为一种项目经济控制活动，对于项目管理水平的提高具有积极的意义。实现风电场项目审计标准化管理，对于提高风电场项目建设水平具有积极作用。本章从项目审计管理基础、审计管理依据及组织实施三方面结合风电场项目的特点对风电场项目审计管理进行阐述。

13.1　风电场项目审计管理基础

13.1.1　风电场项目的审计内容

13.1.1.1　项目投资决策审计

项目投资决策是以项目为分析对象，在市场调查与分析论证的基础上，对工程项目进行投资分析，而从项目经济技术可行性、建设规模、建设时间等方面进行决策，是项目投资成败的关键因素。项目的决策立项阶段对项目整体的造价控制影响最大，相反施工阶段占整个工程造价的比重最大，但施工阶段对项目总造价的控制程度却最小，因此从控制项目的总投资的角度，最根本的途径是科学合理的投资决策。对于风电场项目，在国家上网电价政策、现行行业技术水平确定的情况下，结合风电场的风能资源情况及建设条件对项目规模的决策、项目前期成本的预估是决定项目投资收益及成败的关键。

项目投资决策审计是指对项目投资结论的决策过程及执行过程进行监督的行为。一般情况下，项目投资决策审计的基本内容如下：

（1）可行性研究报告审计，即对项目研究报告、研究过程和研究内容的合法合规性进行审计。风电场项目投资大、建设环节多，可行性研究是项目投资决策的关键，也是项目立项的前提。可行性研究报告审计具体包括：可行性研究报告编制单位资质及审核审批流程是否合规；可行性研究报告内容是否合理、完整、全面，报告编制依据是否完备；各项费用是否按规定计算等。

（2）项目建设成本及经济效益预测审计。在对项目建设成本及项目经济效益计算数据进行科学性、合理性核查的基础上，结合市场现状及国家政策预估各类风险因素，开展科学合理的风险分析，鉴定项目经济效益的可实现性。风电场项目通过在一定技术方案下的建设成本测算及发电收入测算等进行投资收益计算，鉴定项目经济上的可行性。

（3）资金筹措方案审计。对建设项目自筹资金来源的合法合规性进行审查，同时对建设单位项目贷款的还款能力进行分析判断。风电场项目投资大，风电机组塔筒等大型设备投资占比大，资金筹措方案需与项目建设资金投入需求相匹配。

（4）项目投资效果结论审计。风电场项目的投资决策受国家政策导向影响较大，通过结合国家政策及市场条件对项目投资效果结论的正确性、科学性和效益性等进行审查，是确定投资必要性的重要关口。

13.1.1.2 招投标管理审计

项目招投标是在市场经济条件下，项目招标人（建设单位）按照规定流程和办法择优选择有意愿参与项目建设或出售设备的投标人（承包商或设备厂商）的过程。招标投标活动的本质是一项优胜劣汰的商品交易活动，它的基本特点是竞争性和公平性，招标活动的目的是保障招标人能在节约资金的基础上寻求更为优质的工程服务或采购服务，从而实现社会资源的优化配置，节约市场交易成本，提高社会经济效率。

招投标审计是指对建设项目的招标流程、招标结果等从合法、合规、合理性等方面进行的审查。招投标审计的主要内容为招投标流程的合法合规性、招投标过程资料的真实可靠性、工程承发包合同签订的合法有效性。

项目的招标可分为全过程招标及阶段性招标。全过程招标是指招标范围包含项目设计、采购、施工及项目运维等全过程内容；阶段性招标的招标范围仅包含项目设计、采购、施工及项目运维中的一项或某一项内容。风电场项目一般规模较大，对专业的集成度要求较高，建设目标工期较短，大多数风电场项目会采用全过程招标，招标流程是否规范、招标结果是否满足项目建设需求对于项目的成败至关重要。一般以招投标流程为切入点，对招标、开标、评标和定标全过程进行审计，同时从风险控制的角度对招标结果进行审计分析，继而对工程承发包合同相关条款是否继承招投标文件实质性条款、是否合理体现项目风险控制要求及合同条款的合法有效等方面进行审计。

13.1.1.3　项目履约管理审计

建设工程合同是工程发承包方实现市场交易的依据，贯穿于工程实施的全过程，是发承包方在项目实施过程中的行为准则。合同中对项目实施内容、质量、费用、进度、承发包双方权责利等均有明确约定，项目发包方通过合同约定对项目实施质量、进度、费用等进行控制，发包承包双方依据合同进行履约，项目合同履约的好坏将直接反映至项目质量、进度、费用目标能否实现。

履约管理审计的依据即为工程承发包合同，审计内容为审查项目实施是否依照合同执行。审计内容具体包括：履约内容是否和合同范围匹配；工程质量是否满足合同要求；费用支付条件是否满足合同约定等。

对于风电场项目履约管理审计，即从项目履约范围、质量、进度、费用等方面进行审计。例如对费用控制方面的审查重点为各项变更、签证的真实合理性、程序的完备性及费用控制的有效性等。

13.1.1.4　项目经济效益审计

项目经济效益是指项目建成后对工程项目投资决策、工程项目施工建设和项目竣工投产过程从经济性、效率性及效果性等方面进行评价。经济性是指在满足项目建设质量与进度的前提下，减少建设成本。效率性是指在保证项目建设目标情况下，减少投入。效果性是指项目建设实际结果与预期目标的吻合性。

风电场项目经济效益审计即风电场建成后从建设成本、运营成本电场及发电收入等方面对风电场项目的经济性及效果性进行审查评价，以风电场经济效益的实现过程及结果为评价内容，分析影响项目经济效益的因素，总结提高项目经济效益管理经验。风电场项目的经济效益从根本上取决于风电场先天条件及技术方案的选取，即取决于项目投资决策。项目施工建设阶段的经济效益与项目建设成本控制相关，项目竣工投产阶段的经济效益又与技术方案的选取及建设成本投入相关。

13.1.2　风电场项目的审计流程

风电场项目的审计流程遵循一般性审计工作程序，分为审计准备、审计实施、审计整改、审计评价及审计建档五个阶段。

13.1.2.1　审计准备

审计准备指审计机构根据审计项目计划确定审计项目，组成审计小组，编制审计方案，向被审计单位下达审计通知书等一系列工作。

1. 确定审计项目

审计机构根据审计职责及审计管辖范围，编制年度审计项目计划，审计人员根据

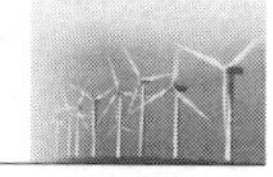

年度审计计划，结合年度工作重心及项目风险程度确定具体审计项目。

2. 组成审计小组

确定审计项目后，需结合风电场项目性质及具体审计内容确定相关技术、经济、财务等相关专业人员及管理人员，组成审计小组，一般管理人员即为审计小组组长，负责审计工作的协调、沟通及统筹。

3. 编制审计方案

因审计项目的性质、特征不同，审计侧重点会存在差异。审计小组成立后，审计人员需初步收集项目相关资料及项目前期审计资料，了解项目实施重点，并据此编制审计实施策划与方案。

4. 送达审计通知书

根据审计工作要求，审计机构应在实施审计前向被审计单位送达审计通知书。

13.1.2.2 审计实施

审计实施是指审计机构进驻审计项目后，对审计项目相关资料进行全面梳理并进行全方位核查，进而取得审计证据，做出审计评价并编制审计报告的过程。

1. 收集资料

审计组织下达审计通知，按照预定的日期进驻被审计项目后，审计人员开始全面收集项目资料作为审计评价依据。主要资料涉及以下方面：

（1）项目基本情况：项目概况、工程进展、工程参建单位基本情况等。

（2）项目可行性研究报告、设计文件、资金筹措资料、开工手续资料、招投标资料、工程发承包合同、工程结算资料、签证变更资料及项目有关管理制度规定等。如为决算审计，还应提供竣工图、决算书等。

2. 核查评价

项目审计资料为审计核查评价的依据，审计人员采用一定的审计方法，对项目有关资料结合工程进度及资金流进行仔细核查，根据国家方针政策及相关技术文件要求对被审计项目的合法性、合规性及有效性进行评价，得出初步审计结论。

3. 编制审计工作底稿

审计人员在审计实施过程中通过反复核查、调取证据，根据审计底稿的格式及要求记录审计过程中梳理的问题，编制审计工作底稿。

4. 编制审计报告

审计小组在审计核查结束后，根据审计工作底稿编制审计报告。审计小组向派出审计组机关提交审计报告前，需征求被审计单位对审计报告的意见，被审计单位对审计报告有意见，审计小组应进一步核实，对审计报告中确有偏颇之处应当修改。

13.1.2.3 审计整改

审计组织对审计项目审计完成后，审计报告中会提出审计过程中发现的问题及相

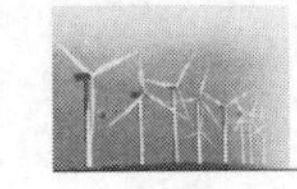

应整改建议，被审计单位则根据审计报告中的相应整改建议，对其自身存在的问题进行纠正和改进。根据审计发现问题的性质，审计整改分为强制性整改和建议性整改，强制性整改为被审计单位必须执行审计机关做出的审计决定；建议性整改为被审计单位根据审计报告中的意见，进行工作改进，提高管理水平。

13.1.2.4　审计评价

审计评价是对被审计项目进行综合性鉴定，从而评价被审计项目决策、实施效益，判断项目履约是否良好、项目实施是否合法合规等的一系列活动。审计机构按照审计依据和审计标准，经过分析取证，提出审计结论和审计意见。审计评价是审计工作的最终目的，审计委托方通过审计评价客观地掌握项目信息及项目实施过程中存在的问题，被审计方通过审计评价对照自身项目实施情况及时发现并纠正问题。

13.1.2.5　审计建档

审计工作完成后，审计人员需整理并归还审计资料，并整理审计档案，进行审计建档。审计归档资料包括审计方案、审计通知书、审计工作底稿、审计报告及审计报告征求意见书、主要审计资料复印件等。

13.2　风电场项目审计管理依据

13.2.1　风电场项目审计管理政策法规

13.2.1.1　法律法规

项目实施和项目审计过程的前提均为遵守国家相关法律法规，因此风电场项目审计管理的根本依据为国家法律法规。

我国现行与工程审计相关的法律法规具体如下：

（1）国家法律，包括《中华人民共和国民法典》《中华人民共和国建筑法》《中华人民共和国招投标法》《中华人民共和国审计法》《中华人民共和国价格法》《中华人民共和国税法》《中华人民共和国土地管理法》等。

（2）行政法规，包括《建设工程质量管理条例》《建设工程勘察设计管理条例》等。

（3）各地区各行业所颁布的规章，如《内部审计实务指南第 1 号——建设项目内部审计》《工程建设项目施工招投标法》（七部委〔2004〕30 号令）、《建设工程价款结算暂行办法》（财建〔2004〕369 号）、《基本建设财务管理规定》（财政部 81 号令）等。

13.2.1.2　国家经济政策

国家、行业和地方现行的与工程建设项目密切相关的方针政策，如与国民经济发

展有关的宏观调控政策、产业政策和发展规划等。这些方针政策直接决定了项目的性质和规模，也决定了工程审计工作的目标和方向。我国风电场项目开发受国家经济政策影响较大，风电场项目的开发权及补贴方式等，均取决于国家不同时期的管理机制，其从根本上决定了项目规模与经济效益，是项目投资决策审计的重要依据。

13.2.2 风电场项目审计管理合同分析

13.2.2.1 项目招投标文件

对于项目建设过程而言，项目招投标阶段是项目启动实质性建设的准备阶段，项目发包人对于项目的实施策划主要体现在项目招标策划中，发包人对于项目实施的具体要求体现在项目招标文件中，招标文件对于项目实施范围、工期、质量要求、费用控制等均具有实质性要求，而承包人的投标文件即为对发包人的招标文件的响应，同时附带更加细化具体的实施方案。招标人择优选择投标人作为中标人，即意味着认可其投标文件对招标文件的响应内容，继而双方达成共识，签订合同。

项目审计实际上是对照一定的项目实施标准审查项目实施过程相对实施标准的符合性。而项目招标文件体现了发包人的项目实施策划，投标文件体现了承包人的项目实施方案，是要约与承诺过程的具体体现，因此招投标文件中的实质性条款即构成合同文件的组成部分，是项目实施过程中的实施准则来源，故而招投标文件是项目实施审计的标准之一。

风电场项目招投标文件中一般对风电场项目的基本建设条件及实施方案、建设成本控制模式、进度质量要求等均已确定，作为项目建设执行前期发承包双方对项目实施整体策划的体现，是项目建设过程执行准则之一，也是确定项目审计目标的依据、执行项目审计的标准。

13.2.2.2 项目合同条款

建设工程合同是工程承包方履行工程建设实施义务，发包人履行支付工程价款义务的合同。建设工程合同是工程项目进行成本、工期、质量和安全文明生产管理控制的依据，对合同工程发承包双方均具有约束的意义，规定双方权责利，是双方实施项目的重要行为准则，因此合同履约是工程项目实施的核心内容。

项目实施阶段实质上就是合同履约阶段，合同履约贯穿于工程实施全过程及多个方面，对项目实施起控制作用。工程项目实施的每一个环节，都面临着复杂的利益关系，而合同在每一个环节都起着至关重要的作用。项目管理为以合同为核心准则进行的系统行为，高效地执行合同方能实现双赢目标，因此合同管理在工程项目管理中具有重要地位，合同是项目审计管理的核心标准。

风电场项目建设过程中合同执行情况是项目审计的重点内容，具体如下：

（1）合同管理体系。审查和评价项目实施过程中合同管理环节的内部控制及风险管理的合法性、合理性和有效性，即项目实施过程中，通过一定的职能设置形成项目管理控制系统，进行合同执行的内部控制，并在各个职能下进行风险管理与风险控制，以实现履约的合法、合理及高效。合同管理体系审查即审查风电场项目在实施过程中是否按照合同约定的质量安全、进度、费用控制目标进行相应的管理部门设置，是否通过科学合理的管理制度与流程执行项目管理。

（2）合同履行。合同履行过程中，往往会因项目特点不同存在各种特殊情况，而问题的处理必须遵循合同约定的原则，满足一定的合同条件，分析问题处理的合法性、真实性、合理性以及效益性，经过适当授权或审批后进行处理。在风电场项目实施建设过程中，往往涉及征地、场外道路、大型设备运输与供货、手续协调等复杂外围条件，均会不同程度影响项目目标，而各类特殊问题的处理均需要在满足合同约定原则的基础上，通过合理合法的审批确认后方可执行。风电场项目履行过程中特殊事项处理亦为项目审计的重点。

（3）合同资料。合同资料的充分性和可靠性，是指合同签订和履行过程中相关资料全面、有效，明确约定合同双方的权利和义务。在风电场项目执行过程中，各类管理资料为项目执行行为的具体体现，资料的合规合理性，某种程度可以印证项目履约的合规性，因此项目管理过程中的相关资料为项目审计的基础。

13.2.2.3　其他书面文件

在项目实施过程中，发承包双方签署、签发、签收的与合同订立或履行有关的协议、信函、纪要、备忘录、工程洽商记录、工程变更文件等书面文件亦构成合同的组成部分。以上书面文件为以合同为依据在满足合同实质性要求的重要原则下所做出的补充、修改。因此，在风电场项目实施阶段，发承包双方签署确认的书面文件作为合同的补充修改文件，为项目实施行为的依据，也是项目实施审计的依据。

13.3　风电场项目审计组织实施

13.3.1　风电场项目审计组织

13.3.1.1　审计体系构建

一项组织行为的实施前提为形成一定的组织体系，组织体系由组织目标、组织机构及管理制度构成。组织目标为组织体系形成的核心，组织机构及管理制度均围绕实现组织目标开展。

项目审计即为一种组织行为，其目标为核查项目实施是否以政策法规及合同依据为准则，评价项目实施的合法性、合理性及效益性，并对项目实施过程中的不合规、不合理行为起到督促整改的作用，以促进项目整体资源配置及履约能力，健全项目内

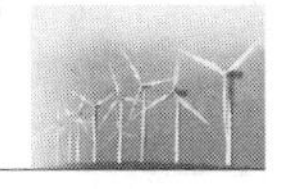

部管理体制，规范生产经营，强化内部管理，提升项目抗风险能力，提高管理水平，实现工程项目效益最大化。工程项目审计的形式主要有工程项目跟踪审计、期中审计、专项管理审计、竣工审计、项目经济责任审计等。

项目审计体系需要围绕审计目标及审计开展形式构建，将审计目标进行分解，结合审计形式进行组织机构设置，并通过建章立制形成组织机构开展工作的行为准则。风电场项目投资决策审计一般采取专项管理审计的形式开展，专项对风电场项目决策阶段的可行性研究、投资效益分析、资金筹措方案等进行审查评价，以审查投资决策的科学性、合理性，并提前预估风险；招投标管理审计、履约管理审计一般采取期中审计形式，即在项目建设阶段对项目招投标、履约执行情况进行审查，及时发现问题，及时纠偏，规避风险；投资效益审计一般通过竣工审计实现，在风电场项目建成后，通过对项目建设成本分析、运营成本预计及风电场发电量预测进行风电场投资效益分析，分析影响风电场项目经济效益的因素，发掘提高经济效益的途径。

13.3.1.2 审计组织机构设置

审计组织机构即审计实施机构，是指从事组织和办理审计业务的专门组织。审计组织机构分为政府审计机构、企业内部审计机构和社会组织审计机构，本节主要从工程项目的内部审计的角度进行阐述。根据《中华人民共和国审计法》和《审计署关于内部审计工作的规定》，国务院各部门和地方人民政府各部门、国有金融机构和企事业组织，以及法律、法规、规章规定的其他单位，依法实行内部审计制度，并需根据规定设置独立的内部审计机构。审计组织机构设置需考虑组织性质、规模、内部管理结构以及相关法令的规定，配置一定的审计职能部门，并配备一定的审计人员。

风电场项目建设主体企业内部审计机构应结合企业实际情况，根据管理需要结合年度工程项目审计计划开展项目审计。风电场项目审计实施前，审计机构根据项目具体特征制定项目审计实施方案，组成审计小组。审计小组主要履行下列职责：

（1）对风电场项目实施过程落实国家重大政策措施的情况进行审计，核实项目是否在遵守国家政策要求的前提下实施。

（2）对风电场项目履约过程合同的执行情况进行审计，核实合同是否真实完整，权责利是否明确，风险是否可控，招标程序是否规范、合同履约是否合规合理，合同资料是否真实合理，重大事项审批确认是否合规有效等。

（3）对风电场项目物资设备采购情况进行审计，核实采购管理制度及机构设置是否健全，采购招标定标程序是否合法合规，采购合同是否正常履约，设备物资到货验收、保管、进出库管理、物资盘点情况是否合规，设备物资成本控制是否有效等。物资设备采购成本占风电场项目投资比重较大，因此风电场项目物资设备采购审计为风电场项目审计实施方案的重点。

(4) 对风电场项目实施情况进行审计，审查组织机构及管理制度是否健全完善，项目是否建立风险控制方案，施工组织设计是否科学合理，工程进度是否可控，质量安全管理体系是否健全，是否编制合理的成本目标，是否建立健全的变更索赔管理机制，档案资料管理是否合规有效等。

(5) 对风电场项目完工情况进行审计，主要审查项目是否实现工期目标并办理竣工结算，项目完工后各项资产及负债是否清查核实，工程结算是否符合规定，工程进度结算是否及时完整，工程调概、变更索赔的费用处理是否及时，手续资料是否完备有效等。

风电场项目审计小组实施项目审计时根据审计流程进行审计准备、审计实施、审计整改、审计评价及审计归档等工作。

13.3.1.3　审计工作信息化

随着社会经济的发展与进步，审计的职能已经涉及对各项工作的经济性、效率性和效果性的全面查核。随着对审计工作的更高要求，审计信息系统随之产生。在审计工作中充分利用信息技术，实现审计工作的高质量与高效率，同时发挥审计对项目的风险识别功能，并及时进行风险处理。

审计作业软件可以完整地记录审计流程，全面地填报审计管理信息，使项目审计信息系统地呈现出来。运用审计管理信息系统能够系统了解审计工作开展情况，针对性加强审计工作管理，更高效地实现审计目标。

目前各个行业均在不同程度地推进审计工作信息化，风电场项目审计信息化管理也在逐步推广，但目前市场上未形成成熟的信息管理系统，因此信息化是项目审计管理工作的发展方向。

13.3.2　风电场建设项目过程审计

项目过程审计是指对项目从立项直至竣工的全过程的工程管理行为审计，属项目管理的事前、事中控制，有利于防范项目建设过程中的各类风险，更好地实现项目预期目标。

13.3.2.1　工程项目合同审计

在工程项目实施过程中，合同管理是项目管理的核心。项目合同审计是审计管理人员运用专业方法，对工程项目合同的签订、执行和变更等内容进行审计。工程项目合同管理审计旨在评价项目合同管理的质量，总结经验。最终审计目标是评价改善项目合同管理内部控制状况，审查和评价工程项目风险管理水平，合同签订和履约情况，以及工程合同资料是否完备、真实可靠。

风电场项目合同审计的主要内容如下：

(1) 对合同主体资格的审核。对合同主体双方进行审核，包括对方审核和己方审

核。对方审核主要是审计投标企业的投标行为是否合法合规；己方审核主要是审计招标企业招标过程是否合规有效，程序是否合法合规。

(2) 对合同签订环节的审计。工程项目合同是依法保护发承包双方权益的书面文件，是发承包双方在工程实施过程中的核心准则。在风电场项目合同签订环节，为降低合同风险，防范纠纷，应该对合同范围、工程质量及工期要求、发承包双方权责利、合同价款及调整、价款支付条款、材料设备供应条款、发承包双方工作界限划分、发包人要求、违约条款、争议条款等进行明确约定。合同签订环节审计即针对以上内容是否明确约定、相关审批流程是否完备、合同生效条件是否具备等进行的审查。

(3) 对合同执行情况的审计。工程项目合同为项目实施各方的行为准则，因此项目建设实施行为是否按照合同约定执行为合同审计重点。项目合同执行过程中合同价款支付、变更索赔、价款调整、违约条款等的执行情况均为合同执行阶段的审计重点。

【案例 13-1】 ××审计工作组对某以EPC总承包方式发包的风电场项目进行审计，在审计过程中对项目建设合同进行审查后发现以下情况：

建设单位通过公开招标方式确定了EPC总承包单位并与之签订了总承包合同。而在项目前期建设单位为保证项目建设进度，在未进行招标的情况下与另外一家施工单位A签订了主体工程施工合同。在总承包合同签订后，建设单位与总承包单位协商，将已签订的主体工程施工合同平移至EPC总承包合同，由施工单位A继续履行原合同。

主体工程施工合同的合同主体与总承包合同主体混淆，承发包关系混乱，导致总承包合同执行困难。造成以上情况的原因为项目总承包招标工作滞后，在为保证项目工期的情况下提前开工。

经审计小组研究，要求建设单位捋顺合同主体关系，与施工单位A及总承包单位签订补充协议，解除施工单位A与建设单位的合同关系，将主体施工合同的发包责任转移至总承包单位，由总承包单位与施工单位A作为主体工程施工的发承包方履行主体工程施工合同，并协调总承包单位与施工单位A对相关合同条款进行进一步协商约定。

13.3.2.2 工程项目造价审计

工程项目造价审计是工程项目审计的重要内容。从投资者角度，工程项目造价是为了完成一项工程建设，计划或实际花费的固定资产投资费用。工程项目造价在工程项目建设过程中分为投资估算、设计概算、施工图预算和竣工决算等阶段，工程造价审计贯穿于工程不同的造价阶段，不同阶段的造价审计具有不同的目标和内容。

1. 风电场项目设计概算审计

风电场项目设计概算为根据可行性研究初步设计方案、技术资料、概算定额及取费标准，按照一定的编制方法计算确定项目投资的设计文件。风电场项目设计概算对项目的筹建、建设及投产运行阶段均具有重要意义，是安排项目投资计划以及控制项目建设投资的依据，是筹措项目建设资金、编制项目资金计划，签订贷款合同或资金划拨等财务管理的依据；风电场项目一般在可行性研究报告批复后即可开展项目招标，设计概算是建设单位控制建设成本的依据，是建设单位分析投资效益的技术经济文件。

风电场项目设计概算审计内容主要如下：

（1）设计概算或调整概算是否按照风电场项目现行的概算编规、定额、取费标准等，由有资质单位编制并经相关机关批准。

（2）如因风电场项目建设规模调整引起项目投资调整，是否按照规定报批，是否存在擅自调整建设规模或提高建设标准的问题。

（3）如项目设计概算调整，需对概算调整原则进行审查，核实调整金额，并审查分析项目超概算情况。

2. 风电场项目结算审计

工程结算是指工程承包方按照承包合同和已完工程量向发包方申请工程价款支付的经济文件。因工程项目具有一定的建设周期，耗用资金数额大，为使承包方在施工中耗用的资金及时得到补偿，需要根据工程进度对工程价款进行结算。风电场项目建设单位通过招投标方式确定中标单位后，中标单位的投标报价清单即为建设单位办理工程进度结算及拨付工程款的依据。

风电场项目结算审计是指在项目实施过程中，对发承包方所办理的工程进度结算开展的审计。其主要内容如下：

（1）工程结算价款支付条件是否满足合同约定要求。

（2）工程进度结算款是否以合同中约定的计量计价原则进行确认，支付金额是否以合同约定支付原则为依据。

（3）工程进度结算是否与工程形象进度相匹配，结算工程量与价款计算是否正确真实。

（4）工程变更处理是否遵循合同约定，变更费用处理是否合理。

【案例13-2】 某风电场项目主体工程施工采用固定总价承包，合同价格不因市场价格波动、工程量改变等因素调整。主体工程施工内容主要包括风电机组基础施工、风电机组塔筒吊装等，在项目实施过程中，风电机组吊装机械租赁价格陡涨，风电机组吊装成本增加，施工单位向建设单位申请费用补偿。为确保工程进度，建设单位以工作联系单的形式要求施工单位尽快协调吊装机械进场并承诺在最终结算时进行

费用补偿，双方进而对施工单位在实际吊装机械租赁价格基础上的风电机组吊装费用进行了共同确认。

在最终结算时，经审计小组分析主体工程施工招投标文件、施工合同及相关签证后，认为风电机组吊装费用补偿无合理依据，因主体施工合同为固定总价合同，市场价格波动的风险已包含在施工单位的投标报价中，建设单位承诺对风电机组吊装费用进行补偿违反合同约定，相关费用不予补偿。

13.3.2.3 工程项目财务审计

工程项目财务收支审计工作贯穿于工程建设全过程。项目资产状况及资金的流动是工程项目财务收支审计的主要对象。工程项目财务审计是规范项目财务管理、控制风险、保障工程资金高效使用及安全的有效方式。风电场项目财务审计的主要内容如下：

1. 风电场项目资金筹措审计

工程项目资金筹措审计主要是审计单位派出人员对工程建设单位的资金来源的合法性和合规性进行审计。工程项目资金的主要来源为基建拨款、基建投资借款、其他借款、企业债券资金、项目资本金。风电场项目资金来源主要为项目资本金或项目贷款、借款等。

2. 风电场项目资金使用情况审计

风电场项目资金使用情况是指施工建设款项由来源形态向占有形态转化，因而工程项目资金使用情况审计主要包括对项目固定资产资金投入及交付使用资产状况等的核算审查。

3. 风电场项目会计报表审计

工程项目会计报表是全面反映建设单位在项目建设阶段工程项目财务收支情况的财务资料。根据目前的规定，工程项目财务报表重点包括资金平衡表、基建投资表、待摊投资表、基建借款情况表及投资包干情况表。风电场项目会计报表审计为风电场项目财务审计的重点内容。

【案例13-3】 某风电场项目在项目建成后，审计小组对项目实施财务审计，审查发现建设单位在项目建设过程中为工程管理方便购置价格30万元越野车供风电场建设管理人员使用，越野车使用寿命周期10年，会计报表中将该项费用一次计入建设单位管理费用中。经审查小组评判，30万元的越野车购置费不应一次性计入工程建设成本，应按照越野车在建设期内的折旧费计入建设单位管理费的摊销投资。

13.3.3 风电场建设项目决算审计

工程竣工决算是指在项目竣工验收阶段，由建设单位所编制的建设项目从筹建到竣工验收全过程的实际支付费用。竣工决算是建设项目的最终造价，是作为建设单位确定项目固定资产的主要依据。风电场项目竣工决算是指风电场项目通过 240h 试运行验收后，在项目交付使用阶段由建设单位依据国家财政部《基本建设项目竣工财务决算管理暂行办法》（财建〔2016〕503 号）、《基本建设财务管理规定》（财政部 81 号令）、《中央基本建设项目竣工财务决算审核批复操作规程》以及电力行业相关制度所编制的项目建设全过程实际支付的全部费用，是风电场项目实际造价和投资效果的直接反映。

项目决算审计是项目审计的重要环节，是对项目投资效果的全方位审计。项目决算审计指审计人员在项目竣工验收阶段对项目建设成果的审计，包括项目竣工验收工作审计、工程建设工期审计、工程建设质量审计、工程资金来源审计、建设投资支出审计及建设结余资金审计。项目决算审计以项目建设成果为审计对象，审查评价项目建设目标的实现程度。通过决算审计可以保障项目建设资金使用合理合规，促进总结项目建设经验，提高项目建设项目管理水平。风电场项目决算审计也是从以上方面开展。

13.3.3.1　项目竣工验收工作审计

在建设项目竣工后，建设单位组织项目设计、施工、设备厂商及相关政府主管部门对项目进行全面检验，全面考查项目建设过程是否合规，检查项目是否符合设计要求及相关技术验收规范，继而取得项目竣工合格资料后，项目开始正式投产运行。风电场项目竣工验收由建设单位组织对风电场项目总体完成情况、项目执行国家风电建设相关管理要求情况、项目变更情况、有关法规执行情况、档案资料情况、投产准备情况、竣工决算情况等内容进行全面核查。

风电场项目竣工验收工作审计主要为审查项目竣工验收条件是否完备、竣工验收前准备资料是否齐全，竣工验收组织程序是否合理、合规等，以保证项目竣工验收工作规范化，促进项目及时全面投产运行，充分发挥投资效益，顺利实现投资目标。

13.3.3.2　工程建设工期审计

工程建设工期目标是项目建设目标之一，工期目标是否能够实现决定了项目能否按期投产、按期发挥效益。工程建设工期审计即为对项目建设实际工期与目标工期进行对照检查，分析工程建设过程中影响工期目标的各项因素，分析影响工期延误或工期提前的关键因素。

风电场项目建设涉及专业多、施工范围广、协调工作量大，且设备种类繁多，故而影响风电场项目进度的因素较多。不同风电场项目具有不同的建设重点和难点，影响项目建设进度的关键因素不同，因此在项目建设过程中，对影响项目进度的各个因素要进行事先分析，重点控制，有利于有效控制工期。风电场项目建设工期审计旨通过对项目实际工期与目标工期的对比分析，总结归纳影响项目工期的主客观因素，并分析其相应控制手段或责任归属，对项目建设过程中的进度管理工作做出客观评价。

13.3.3.3 工程建设质量审计

实现工程建设质量目标是确保项目正常有效发挥功能的根本条件。工程竣工验收阶段通过对工程施工质量检查、试运行等途径检验工程质量能否满足设计要求，确定项目是否达到工程建设质量目标。工程建设质量审计是对竣工验收阶段的质量检验进行审查，审查竣工验收对工程实体质量、档案资料的检查是否系统全面；审查验收认定不符合质量要求的工程是否有明确的返修要求及计划；审查竣工项目各项工程是否完成质量认证。

风电场项目质量控制重点为风电机组、箱式变压器及相关控制设备等质量能否满足设计技术参数要求，同时其配套土建及安装施工质量能否使各项电力设备保持安全稳定运行以发挥其性能。风电场项目建设质量审计即为对以上项目质量控制重点进一步进行质量检查，以保证风电场项目投产后正常稳定运行，保证项目投资收益。

13.3.3.4 工程资金来源审计

风电场项目资金来源主要为项目资本金及债务融资。风电场项目建设投资大，对资金流要求高，项目建设资金一般属于国有企事业单位的自有资金及借贷资金。为保证国有资金管理的规范性及合规性，避免资金管理失控风险，需对项目借贷资金的筹措方案进行审查评价，确保资金来源合规正当。同时，对项目资金的保证程度进行审查，客观评价建设单位的项目资金筹资工作。

13.3.3.5 建设投资支出审计

建设投资支出审计即以已批复设计概算为依据对项目建设过程中的合同、变更文件、结算文件、财务文件进行审查，核实项目实际建设成本，保证项目竣工后所交付资产的真实准确。风电场项目的建设投资支出审计包含建安工程投资和设备投资审计、待摊投资审计、专项资金审计及交付使用资产审计等内容，以确认各项投资在设计概算范围内且投资支出合理、合规。

同时，建设投资支出审计需对项目投资的结余情况进行审查，将建设项目投资总支出与概算进行比较，以考察项目投资结余情况。当投资超支时，需调查研究投资超支的原因，审查是否存在违法违规行为；当投资节余时，分析归纳相关原因，总结项目管理经验。

13.3.3.6 建设结余资金审计

在编制竣工决算之前，建设单位应对剩余设备物资、应收应付账款等进行彻底清理，进行资金清算。一般竣工财务决算表内除银行存款和现金外，应再无其他结余资金项目。为此，建设结余资金审计一般对项目“设备物资结算明细表”“应收应付款明细表”进行分析，审查是否存在积压物资和应收应付账款，并提出相应处理建议。对收回的结余资金，监督建设单位缴清各项应付税款和其他应缴款项，归还相关应付款项。

【案例 13-4】 某风电场项目为降低风电场运营期成本，提高风电场智能化，项目设计方案中配置了繁多的风电场控制设备，项目建成完工后，依法进行决算审计。审计小组现场调查发现，已计入设备投资完成额的设备缺少设备安装设计图纸，该部分设备成本 350 万元。因未满足安装条件，审计小组要求该部分设备不能被计入投资完成额，应办理假退库，调减设备投资 350 万元，调增库存设备 350 万元，对库存设备清算后，纳入项目建设结余资金。

第 14 章　风电场项目后评价标准化管理

14.1　风电场项目后评价管理基础

14.1.1　风电场项目后评价的理论基础

风电场项目后评价是指风电场项目建设结束并运营一段时间后，对风电场项目的目标、过程、效益、影响和可持续能力等方面是否达到预期目标的评价与论证。通过对项目的可行性研究报告、项目核准文件的主要内容以及项目建成后的实际情况进行对比分析，确定风电场设想的目标是否达到，风电场的选址是否存在变化，风电场的收益是否符合预期，总结出项目成功或失败的经验教训。对于成功的经验推广运用至其他项目，对于失败的问题，追根溯源，找到解决问题的方法，从而让其他项目吸取教训，实现投资收益的提高。

1. 项目生命周期理论

项目生命周期理论认为，任何项目都会经历开始、实施以及结束的阶段，多个不同阶段构成一个完整的过程。通常，项目后评价是在项目竣工并投入运行一段时间后开展的评估工作，是项目的终点和结束阶段，其完成了整个项目的收尾工作。项目后评价作为一个独立的工作，是整个项目生命周期的最后一个阶段，体现了项目周期的基本特征。

2. 现代系统与控制理论

现代系统与控制理论认为，一个开放性的系统是相互联系、相互作用和相互制约的系统，是有组织、有秩序、有目的，按照一定秩序和因果关系建立起来的系统。一个开放的动态系统，会与外部环境进行信息交换及输入资源和技术，最后又会向外界输出其产品；同时，项目系统的各项状态参数随时间的变化而产生动态变化。项目后评价作为一个系统，通过人力、物力等资源的投入，经过一系列处理，发现项目运行中的问题并及时反馈，控制和改善项目建设或运行过程，有利于保证项目顺利开展与科学化管理。项目后评价工作包含了现代系统与控制理论的输入、处理、输出、反馈与控制五个要素。

3. 委托代理理论

委托代理理论认为，由于存在不一致的目标，代理人为了达到自身利益最大化而不惜偏离委托人目标，损害委托人的利益，从而产生了逆向选择和道德风险的委托代理问题。项目后评价中主要存在投资主管部门、项目建设的承担/运行单位、后评价机构三方主体。当投资主管部门不能亲自管理监督投资项目的建设运行时，就需要一个专门、独立、客观的机构或组织对项目实施过程与结果进行监督、评价和论证，从而提高受托人即项目建设的承担/运行单位的责任感，进而缓解委托代理问题。

4. 成本效益理论

成本效益理论认为，任何经营项目在限定的条件下都会追求相对经济效益较大的方案，即收益相同选低成本、成本相同选高收益，从而达到经营项目整体性合理评估和经济效益的最大化。项目成本包括流动资产与非流动资产的投入，项目支出包括直接费用、间接费用以及期间费用等支出，项目收益包括项目实施之后的销售收入、成本回收以及补贴等。项目后评价工作则会衡量项目是否遵循成本效益原则从而达到了经济效益最大化的目标，或项目实施后是否比实施之前给企业、社会带来更大的收益。

5. 博弈论

博弈论主要研究理性决策者之间发生相互制约的冲突或合作时所选择的最佳策略及该策略如何达到均衡的问题。投资主管部门委托后评价机构对项目的完成及指标达标情况进行评价和论证；项目建设的承担/运行单位对整个项目设计、建设、实施以及完成之后的运行承担完全责任，也要辅助项目后评价机构的工作、提供资料，促进后评价的顺利进展；后评价机构则需要公正客观地评价项目的运行情况。因此，投资主管部门、项目建设的承担/运行单位和后评价机构三者的利益是相互的，任何一方做出的决策都会考虑到其他两方有可能做出的决策，在给定的条件下，必然会达到均衡状态。

6. 可持续发展理论

可持续发展理论包含了社会可持续发展、经济可持续发展和生态可持续发展。可持续发展理论为后评价项目的持续性评价提供了理论指导，当前后评价工作的持续性主要包含项目的经济效益、项目社会影响和环保节能，与可持续发展理论内容基本一致。一是要做好项目与社会环境的协调，分析研究项目的社会效益，以提高项目对社会的正向影响；二是需要考核项目的经济效益，实现项目经济可持续，避免造成投资失误；三是生态可持续的评价，对项目破坏生态环境的风险进行识别，并及时改进，避免造成生态环境的破坏。

7. 项目现代管理理论

项目现代管理理论的基础是传统项目管理理论，但是随着发展融入了新的内

容，更加侧重于目标管理、科学化决策、信息技术使用和定量分析。项目现代管理理论主要是基于目标开展管理，其核心是寻求决策的科学化，注重项目的量化分析，广泛使用信息技术，把“效率”和“效果”结合起来，强调适应客观环境不断变化的预见能力和进行前馈控制，不断创新管理实践。项目后评价就是对项目建设运营的目标、过程、效益、影响和可持续能力等方面是否达到预期目标进行评价与论证，并将评价结果与结论进行反馈，以对项目建设运营过程中存在的问题进行改善，提高决策的科学性，以达到最大效益。项目现代管理理论为后评价工作提供了新的思路和工作手段，建立后评价信息管理系统，对项目后评价数据信息进行定量化处理，可以提高项目后评价的效率和准确性，为科学化决策提供支撑。

14.1.2 风电场项目后评价的内容

1. 项目目标评价

项目目标评价是指对项目原设计要求是否达到的评价，验证项目是否按照原计划执行并达到预期效果。若与原计划相比存在偏差，要对产生的偏差进行对比与分析，从而确定项目的计划完成度。

2. 项目实施过程评价

项目实施过程评价是指项目在实施过程是否规范、是否符合项目法律法规要求，在项目的开展过程中会不会与设计时有区别，分析产生区别的原因。项目实施过程评价主要包括决策依据评价、建设实施评价和生产运营评价。

(1) 决策依据评价。决策依据评价主要是评价项目建设是否考虑了对长期规划的适应程度和对短期规划的适应程度；项目决策程序是否具备流程上的合规性，相关文件是否齐备。

(2) 建设实施评价。建设实施评价主要通过工程造价控制评价考核工程造价是否严格控制在工程预算范围内；通过工程质量控制评价考核工程建设质量是否有问题，是否会影响项目的功能，是否容易修复；通过项目建设完成度评价考核项目是否仍存在未完成或需要改进的地方，是否会影响项目整体运营；通过项目竣工决算与资产交付评价考核项目建设完成后，办理项目的竣工决算和资产交付的时间是否存在滞后，竣工决算是否基本符合国家和公司财务会计制度的要求，资产交付手续是否齐全。

(3) 生产运营评价。生产运营评价主要包括生产运营准备工作评价、项目功能使用、运行状况评价。通过“生产运作成功度”考核项目生产运作是否娴熟，运营准备是否充分；通过“管理工作成功度”考核是否具有一定生产运营管理经验。

3. 项目效益评价

项目效益评价是对该项目所产生的经济效益情况进行评价，通常使用的方法是分析项目的财务各项经济指标。常用指标包括项目动态投资回收期、内部收益率以及净现值等。

4. 项目影响评价

项目影响评价是指项目的开发所产生的各种影响，分析其对组织、系统产生的有利影响，以此确定项目的间接效益或非经济效益；分析其社会效益评价，项目建成投产后，对当时的社会、经济、政治、技术、环境等各方面产生的影响。

5. 项目持续性评价

项目持续性评价是指所开发的项目在完成投资后，在开发前所计划的期望是否能够在今后的运行中予以实现，项目的继续开发是否有必要或者有价值，今后类似项目的开发是否值得开展与进行。持续性评价主要分析项目持续发展给企业带来效益的可能性。根据项目现状，对项目的可持续性进行分析，提示其所面临的技术风险、财务风险、市场风险和政策风险，从项目内部因素和外部条件等方面评价整个项目的持续发展能力。项目持续性评价主要包括技术可持续发展分析、收入贡献及发展趋势的财务指标、市场可持续发展分析、政策发展分析。

项目后评价单位应收集以下基础资料：

(1) 项目所在地国家或省级风电场工程规划报告。

(2) 能源主管部门同意项目开展前期工作或项目列入核准计划的批复文件。

(3) 项目核准阶段的支持性文件包括项目申请报告、可行性研究报告及其审查意见、有关专题设计文件及其批复意见、相关职能主管部门出具的支持性文件、金融机构出具的融资承诺文件、项目核准文件等。

(4) 项目竣工报告、竣工验收报告、验收鉴定书及相关材料。

(5) 项目运行管理资料包括运行期测风资料、风电机组设备运行和维护资料、风电场上网电量资料、项目经营管理资料等。

(6) 与项目有关的审计报告和统计资料。

(7) 其他必要的资料。

14.1.3　风电场项目后评价的原则及特点

14.1.3.1　原则

在对项目进行后评价的过程中，应遵循独立性、客观性、科学性、公正性的基本原则。

1. 独立性

项目后评价一般由拥有充分相关信息的理性第三方独立完成，这样能最大限度地避免评价过程中其他主观因素的干扰，充分保障后评价的公正客观。

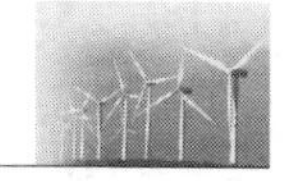

2. 客观性

项目后评价应该最大限度地保持其客观性，即以实际性的数据资料为依据进行收集、整理和总结，如实地制作成符合项目现场事实的评价报告，保证评价报告真实可靠、内容完整。这就要求评价人员在调研时要保持客观公正、集思广益，收集资料时采用科学严谨的方法，最终才能做出令人信服的报告。

3. 科学性

项目后评价的科学性是使项目后评价的结果具有真正实用价值的重要前提和基础，一般来说，其科学性主要体现在评价方法的严谨性、前后对比的一致性、数据的可比性以及评价指标体系的合理性四个方面。

4. 公正性

项目后评价的公正性通常指其结论的公正性，既要指明现实存在的问题，也要客观分析问题产生的历史原因和时代局限性；既要实事求是地总结成功的经验，也要认真负责地总结失败的原因。

14.1.3.2 特点

项目后评价的时间节点应是在该项目已投产经营一段时间并具备直接经济效益的时期，是对一个项目能否达到项目前期设计能力的综合性评价。所以，开展项目后评价工作，有助于全面且系统地总结项目的整个实施过程，以实际信息和数据为支持，从而为项目的投资准确性及可持续性提供有效证明及建议，为企业的经营发展提供宝贵的经验。项目后评价具有以下特点：

(1) 项目后评价的内容具有综合性、广泛性特点。和其他单一问题的评价方式不同，项目后评价工作更为系统，具体。在后评价过程中，会涉及项目前期开发、项目施工建设、项目生产经营等方面。因此，在开展项目后评价的工作过程中，需要项目公司各归口部门通力配合，收集并分析大量数据，为项目后评价工作提供支持。

(2) 项目后评价有客观性、真实性特点。项目后评价工作以项目开展过程中真实发生数据为支撑，这与项目初期开发设计阶段的数据不同，真实的数据能够更加客观、有效地论证项目开发情况，因此得出的结论会更加具有说服力与参考价值。

(3) 项目后评价有动态性特点。其评价环境是动态的，企业之所以开展项目后评价工作，是为了今后能够更好预见未来，为企业后续项目的经营开发提供参考。但是一个项目开发的影响因素是复杂且多方面的，因此，项目的后评价工作不会是一项一次性工作，而是应该随着时间的推进，不断去充实和完善的动态过程。

(4) 项目后评价工作的评价结果具有多样性特点。一方面，虽然项目后评价的数据是真实的，但项目后评价的方法却会受开展项目后评价单位的主观影响；另一方面，随着企业的经营理念、社会责任等各有不同，项目后评价的侧重点会各有不同，这就会使不同的企业在开展类似项目后评价工作的结论方面会各有不同。

(5) 项目后评价工作的结论具有地域性特点。因为我国的地理面积大，各地区的项目开发条件差异非常大，相同的项目在不同的地域进行开发，其效果会各有不同，因此项目后评价的结论会受到地域性的影响。

14.1.4　风电场项目后评价的意义

1. 项目后评价有助于强化投资决策能力

国有企业是我国的重要经济组成部分，从多年来国有企业的固有资产统计情况分析来看，虽然多数项目的投资决策与开发是成功的，但是部分项目的投资实际收益往往没有达到预期的效果，项目在立项与设计阶段计划与期望情况不相符。所以，国有企业的项目后评价工作在项目完成投资并运行一段时间后开展就显得尤为重要。利用项目后评价可以分析项目投资不成功的原因，帮助项目开发企业寻找解决办法，同时，将后评价结果及时回复给有关投资管理单位，以到达到强化项目决策能力的目的。

2. 项目后评价有助于提高企业的融资能力

随着我国国有经济的快速大步发展，相应的各类改革制度纷纷出台，但是有关投资者的责任约束机制还尚不健全，为达到项目开发融资的目的，在实际项目开发过程中，像类似编制虚假可行性研究报告的现象还会存在。因此，通过健全的项目后评价制度与方式，对项目设计阶段进行公正、系统、客观的分析就显得十分必要。通过项目后评价机制的监督来约束、规范项目前期设计的科学性以及真实性的方法，既有效降低了银行的放贷风险，也提高了企业的银行资质信誉程度。以项目后评价为桥梁，可以更好地促进项目投资企业与银行的和谐共同发展，从而有益于企业后续类似项目融资。

3. 项目后评价有助于提高企业的项目管理水平

利用项目后评价工作可以有效提高企业的项目管理水平，通过项目实际发生数据来验证项目在设计初期、工程建设以及投产等各个阶段环节是否正确，哪里可能会出现问题等，从而得出客观、科学的评价，使项目投资企业的项目管理水平得到进一步提高。

4. 项目后评价符合当今社会发展的客观需要

近年来，我国社会主义市场经济体制改革不断深化，作为项目投资主体的单位越发关注项目投资收益。作为改善投资效益，提高管理水平的“工具”项目后评价越来越多受到重视。对风电场项目进行后评价研究，将会对项目开发阶段的可行性分析进行相关论证，从而带动风电产业的科学发展，以促进社会经济，改善生态环境，为我国节能减排工作贡献一份力量。因此，项目后评价工作的开展十分符合当今社会发展的客观需要。

14.1.5 风电场项目后评价的监管

1.《中央政府投资项目后评价管理办法》中的要求

为健全政府投资项目后评价制度，规范项目后评价工作，提高政府投资决策水平和投资效益，加强中央政府投资项目全过程管理，国家发展和改革委制定了《中央政府投资项目后评价管理办法》，于2014年9月21日颁布。该办法要求如下：

(1) 列入后评价年度计划的项目，项目单位应当根据后评价工作需要，积极配合承担项目后评价任务的过程咨询机构开展相关工作，及时、准确、完整地提供开展后评价工作所需要的相关文件和资料。

(2) 工程咨询机构应对项目后评价报告质量及相关结论负责，并承担对国家秘密、商业秘密等的保密责任。

(3) 国家发展和改革委委托中国工程咨询协会，定期对有关工程咨询机构和人员承担项目后评价任务的情况进行执业检查，并将检查结果作为工程咨询资质管理及工程咨询成果质量评定的重要依据。

(4) 国家发展和改革委委托的项目后评价所需经费由国家发展改革委支付，取费标准按照《建设项目前期工作咨询收费暂行规定》(计价格〔1999〕1283号) 关于编制可行性研究报告的有关规定执行。承担项目后评价任务的工程咨询机构及其人员，不得收取项目单位的任何费用。项目单位编制自我总结评价报告的费用列支在投资项目的不可预见费用中。

(5) 项目单位存在不按时限提交自我总评价报告，隐匿、虚报、瞒报有关情况和数据资料，或者拒不提交资料、阻挠后评价等行为的，根据情节轻重给予通报批评，在一定期限内暂停安排该单位其他项目的中央投资。

2.《风电场项目后评价管理暂行办法》中的要求

为加强和改进风电场项目开发建设管理，提高项目建设的工程质量和投资效益，根据《中央政府投资项目后评价管理办法(试行)》《中央企业固定资产投资项目后评价工作指南》《风电开发建设管理暂行办法》和《海上风电开发建设管理暂行办法》等有关规定和要求，国家能源局制定了《风电场项目后评价管理暂行办法》，于2013年1月17日颁布。该办法要求如下：

(1) 项目后评价单位应对项目后评价报告质量及相关结论负责，并承担对国家秘密、商业秘密等的保密责任。项目后评价单位在开展项目后评价工作中，如有弄虚作假行为或评价结论严重失实等情形的，根据情节和后果，依法追究相关单位和人员的行政和法律责任。

(2) 项目业主单位应根据后评价工作的需要，积极配合项目后评价单位开展调查和文件资料收集工作，准确完整地提供项目建设期及实施阶段的各种文件、技术经济资料和数据。如发现弄虚作假，将依法追究相关人员的法律责任。

（3）项目后评价单位及其人员应接受行业主管部门的监督检查，检查结果作为其单位资质和个人资质管理及工程咨询成果质量评定的重要依据。

（4）项目后评价工作所需费用由项目开发建设单位支付。

14.2　风电场项目后评价管理依据

14.2.1　政策法规

为规范风电场项目建设、保证风电场工程质量和安全运行，国家为风电场项目后评价提供了相关政策支持，如《风电场项目后评价管理暂行办法》《中央企业固定资产投资项目后评价工作指南》（国资发规划〔2005〕92 号）、《中央政府投资项目后评价管理办法（试行）》等。

2005 年 5 月国务院国有资产监督管理委员会发布了《中央企业固定资产投资项目后评价工作指南》（国资发规划〔2005〕92 号），是为了贯彻落实《国务院关于投资体制改革的决定》（国发〔2004〕20 号）精神，更好地履行出资人职责，指导中央企业提高投资决策水平、管理水平和投资效益，规范投资项目后评价工作，推动投资项目后评价制度和责任追究制度的建立而制定的。企业是投资主体，也是后评价工作的主体。各中央企业要制定本企业的投资项目后评价年度工作计划，有目的地选取一定数量的投资项目开展后评价工作。要加强投资项目后评价信息和成果的反馈，及时总结经验教训，以实现后评价工作的目的。中央企业的后评价工作由国资委规划发展局具体负责指导、管理。国务院国有资产监督管理委员会每年将选择少数具有典型意义的项目组织实施后评价，督促检查中央企业后评价制度的建立和后评价工作的开展，及时反馈后评价工作信息和成果，组织开展后评价工作的培训和交流活动。

2008 年 11 月国家发展和改革委发布了《中央政府投资项目后评价管理办法（试行）》，是为了加强和改进中央政府投资项目的管理，建立和完善政府投资项目后评价制度，规范项目后评价工作，提高政府投资决策水平和投资效益，根据《国务院关于投资体制改革的决定》要求而制定的。该办法首次提供了后评价工作的基本制度和方法，完成了政府投资项目全过程管理基本框架的建设。此办法中规定，中央政府投资项目后评价应当在项目建设完成并投入使用或运营一定时间后，对照项目可行性研究报告及审批文件的主要内容，与项目建成后所达到的实际效果进行对比分析，找出差距及原因，总结经验教训，提出相应对策建议，以不断提高投资决策水平和投资效益。根据需要，也可以针对项目建设的某一问题进行专题评价。项目后评价应当遵循独立、公正、客观、科学的原则，建立畅通快捷的信息反馈机制，为建立和完善政府

投资监管体系和责任追究制度服务。

2010年1月国家能源局发布了《海上风电开发建设管理暂行办法》（国能新能〔2010〕29号），是为规范海上风电场项目开发建设管理，促进海上风电有序开发、规范建设和持续发展，根据《中华人民共和国行政许可法》《中华人民共和国海域使用管理法》和《企业投资项目核准暂行办法》制定的此办法。海上风电场项目开发建设管理包括海上风电发展规划、项目授予、项目核准、海域使用和海洋环境保护、施工竣工验收、运行信息管理等环节的行政组织管理和技术质量管理。其中关于项目后评价，规定新建项目投产一年后，由国家能源主管部门组织有资质的咨询机构，对项目建设和运行情况进行后评估，3个月内完成后评估报告。评估结果作为项目单位参与后续海上风电场项目开发的依据。

2011年8月国家能源局发布了《风电开发建设管理暂行办法》(国能新能〔2011〕285号)，是为加强风能资源开发管理，规范风电场项目建设，促进风电有序健康发展，根据《中华人民共和国行政许可法》《中华人民共和国可再生能源法》和《企业投资项目核准暂行办法》制定的此办法。风电开发建设管理包括风电场工程的建设规划、项目前期工作、项目核准、竣工验收、运行监督等环节的行政组织管理和技术质量管理。该办法规定项目投产1年后，国务院能源主管部门可组织有规定资质的单位，根据相关技术规定对项目建设和运行情况进行后评估，3个月内完成评估报告，评估结果作为项目单位参与后续风电场项目开发的依据。项目单位应按照评估报告对项目设施和运行管理进行必要的改进。

2012年国家能源局发布的《风电场项目后评价管理暂行办法》中规定了后评价工作流程、后评价报告主要内容、后评价管理和监督以及后评价成果应用。该方法是为加强和改进风电场项目开发建设管理，提高项目建设的工程质量和投资效益，根据《中央政府投资项目后评价管理办法（试行）》《中央企业固定资产投资项目后评价工作指南》《风电开发建设管理暂行办法》和《海上风电开发建设管理暂行办法》等有关规定和要求而制定的。风电场项目后评价主要通过对项目可行性研究报告及项目核准文件的主要内容与项目建成后的实际情况进行对比分析，对项目建设的效果和经验教训及时进行总结分析，以督促项目业主单位不断提高建设管理水平和投资决策水平，并为政府决策部门制定和完善相关的政策措施提供依据。

2014年9月国家发展和改革委颁布了《中央政府投资项目后评价管理办法》。是为健全政府投资项目后评价制度，规范项目后评价工作，提高政府投资决策水平和投资效益，加强中央政府投资项目全过程管理，根据《国务院关于投资体制改革的决定》要求制定的。本方法自发布之日起施行，《中央政府投资项目后评价管理办法（试行）》同时废止。办法中要求项目行业主管部门负责加强对项目单位的指导、协调、监督，支持承担项目后评价任务的工程咨询机构做好相关工作。项目所在地的省级发展改革部门负责组织协调本地区有关单位配合承担项目后评价任务的工程咨询机构做好相关工作。项目单位负责做好自我总结评价并配合承担项目后评价任务的工程咨询机构开展相关工作。承担项目后评价任务的工程咨询机构负责按照要求开展项目后评价并提交后评价报告。

2018 年 12 月国家能源局颁布的《风电场工程后评价规程》（NB/T 10109），是根据《国家能源局关于下达 2015 年能源领域行业标准制（修）订计划的通知》（国能科技〔2015〕283 号）的要求，编制组经广泛调查研究，认真总结实践经验，并在广泛征求意见的基础上制定的，适用于新建、改建和扩建的风电场项目。此规程的主要技术内容包括基本规定、项目实施与运行管理评级、项目效果和效益评价、项目目标和可持续性评价、后评价报告编制要求。本规程由国家能源局负责管理，由水电水利规划设计总院提出并负责日常管理，由能源行业风电标准化技术委员会风电场施工安装分技术委员会负责具体技术内容的解释。

14.2.2　评价材料

1. 项目业主应提供的后评价资料

（1）项目所在地风电场工程规划报告及项目批复文件。

（2）可行性研究报告及评审意见。

（3）支持性文件。

（4）重要的专项评估报告。

（5）投资主体投资决策文件。

（6）风电机组招标文件。

（7）贷款合同。

（8）建筑施工许可证书。

（9）建设期质量、安全管理文件。

（10）监理总结报告。

（11）试运行报告。

（12）项目结算报告和竣工财务决算报告及相关资料。

（13）竣工报告、竣工验收报告、验收鉴定书及相关材料。

（14）投运以来各年度的运行分析报告。

（15）风电机组的数据采集与监视控制系统（SCADA）数据、风电场测风塔数据。

（16）历年审计报告、年度总结，若分期建设，需提供分期的资产负债表、利润表。

（17）项目公司所遵循的主要制度清单。

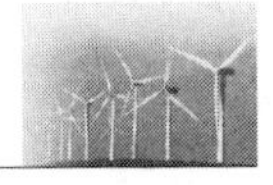

(18) 职业健康、安全及环境事件处置（处理）报告。

2. 项目应备查的资料

(1) 各类专题及评审意见。

(2) 电气设备、设计、施工、监理等招标文件。

(3) 与设备厂商、设计单位、施工单位、监理单位等工程参建方签订的合同。

(4) 设计修改通知。

(5) 监理规划报告及实施细则。

(6) 施工组织设计报告。

(7) 工程质量月报。

(8) 监测月报。

(9) 历次会议纪要。

(10) 施工原始记录。

(11) 各类试验报告。

(12) 验收签证。

(13) 竣工图。

(14) 设备维护记录。

(15) 值班日志。

14.3 风电场项目后评价组织实施

14.3.1 风电场项目后评价主体

风电场项目后评价主要涉及项目业主单位的自我评价和后评价机构的第三方评价。

14.3.1.1 项目业主单位

公司专门的机构负责项目后评价工作的总体实施，其他专业部门主要负责参与制订和完善后评价指标体系，参与后评价工作，负责整理、提供相关评价资料，分析差异存在的原因，并提出专业评价意见。

1. 市场部门

市场部门负责提供相关业务数据并完成业务目标评估和业务影响评估，包括业务目标差异评估、收入目标评估、业务替代性影响评估及市场竞争影响评估等内容。市场部门具体分析业务发展目标完成情况是否达到预计，如市场占有率、收益目标等完成情况；根据所提出的详细准确的项目需求，评价工程是否达到预期目标；分析项目投产后的技术先进性和市场风险；分析项目实施后对公司其他业务种类或专业管理工

作的影响。

2. 工程建设部门

工程建设部门负责提供相关建设资料和投资数据，负责评价项目建设目标是否实现，投资完成与项目预期是否一致，建设进度是否达到项目预期；分析项目的建设流程和规范是否符合相关建设管理办法和标准。

3. 财务部门

财务部门负责提供相关项目成本费用及关键参数，负责项目财务风险分析评估。

4. 后台维护部门

后台维护部门负责提供相关系统运行数据和功能、性能情况，负责分析网络通信质量改善程度、网络建设的合理性，分析项目设计功能实现情况、功能使用情况及设备运转状况。

14.3.1.2　后评价机构

项目业主单位应按照《风电场项目后评价管理暂行办法》的要求，选择本项目投资运行管理和参建单位（含勘察设计单位）以外的第三方机构开展项目后评价工作。承担项目后评价的第三方机构通常通过招标方式选定。后评价机构应该具备以下条件：

（1）承接主体应为在民政部门登记注册的，能独立承担民事责任能力，具有相应的甲级资质的社会组织（承接主体不局限于本省本市的社会组织）。

（2）未参加过该项目前期工作和建设实施工作。

（3）具有完善的与项目相符合的评价实施方案，且有独立的财务管理、财务核算制度。

（4）具有稳定的专业评价队伍，评价团队中须配备评价经验丰富、有影响力的专家。

（5）符合上述全部条件的项目申报单位具有优先被选择权。

14.3.2　风电场项目后评价程序

14.3.2.1　项目业主单位的自我评价

项目后评价工作在风电场项目通过竣工验收后满 1 年内进行。项目单位按照后评价工作大纲和实施方案的要求，可成立由项目单位和勘察、设计、施工、监理、物资供应单位共同参与评价工作的组织机构，参加评价工作的经济、技术人员应熟悉业务、富于实干，分析问题客观公正。项目业主单位应提供本项目的设计、施工、设备制造、监理、审计等各阶段的相关资料，编制一年的运营维护总结报告。

该层次的步骤为：①提出问题，明确后评价的任务；②建立后评价小组、筹划准备；③深入调查、收集资料；④计算项目后评价结果；⑤编制项目后评价报告。

14.3.2.2 第三方机构的后评价

承担项目后评价工作的第三方机构，应根据相关技术标准与编制办法、评价方法、工作流程、质量保证要求和执业行为规范，组建满足专业评价要求的工作组，独立开展项目后评价工作，按时、保质地完成项目后评价任务，提出合格的项目后评价报告，具体工作流程如下：

（1）项目后评价单位按照工作大纲和实施方案要求开展设计、施工、设备制造、监理、审计等各个方面的单项评价工作，3个月内完成单项评价工作。

（2）项目后评价单位应在现场调查和资料收集的基础上，结合项目单项评价报告和自我总结评价报告，对照审定的项目可行性研究报告及核准（审批）文件相关内容，对项目进行全面系统的分析评价，并于项目自我总结评价报告提交后2个月内提出风电场项目后评价报告初稿。

（3）项目后评价单位在开展后评价的过程中，应重视公众参与，广泛听取各方意见，并在后评价报告中予以客观反映。风电场项目后评价报告初稿提出后，应征求省级能源主管部门、项目参建各方意见，并在修改、完善的基础上提出最终的风电场项目后评价报告。

14.3.3 风电场项目后评价方法

项目后评价方法应根据项目特点和后评价的要求确定，后评价方法应将宏观分析和微观分析相结合、定量分析和定性分析相结合，选择一种或多种方法对项目进行综合评价，通过综合分析，总结经验和教训，提出问题和建议。目前，项目后评价通常采用的方法主要有调查法、分析评价法和综合评价法。

14.3.3.1 调查法

调查法是通过各种途径，间接了解被试心理活动的一种研究方法。调查法总体上易于进行，但在调查的过程中往往会因为被调查者记忆不够准确等原因使调查结果的可靠性受到影响。调查法是科学探究常用的方法之一，调查时要明确调查目的和调查对象，制定合理的调查方案，如实记录，对结果进行整理和分析，有时还要用数学方法进行统计。调查法具有以下特点：

（1）调查法能收集到难以从直接观察中获得的资料。通过调查，研究者可以收集到人们对某些现象的评价、社会舆论等精神领域的材料。

（2）调查法应用不受时间、空间的限制。在时间上，观察法只能获得正在发生着的事情的资料，而调查法可以在事后从当事人或其他人那里获得已经过去的有关事情的资料。在空间上，只要研究课题需要，调查法甚至可以跨越国界，研究数目相当大的总体以及一些宏观性的教育问题。

（3）调查法还具有效率较高的特点，它能在较短的时间里获得大量资料。

(4) 调查过程本身能起到推动有关单位工作的作用。

由于调查法不局限于对研究对象的直接观察，它能通过间接的方式获取材料，故调查法也称为间接观察法。在项目后评价中调查法主要包括实地调查法和问卷调查法。

1. 实地调查法

实地调查是以客观的态度和科学的方法，对某种社会现象在确定的范围内进行实地考察，并收集大量资料进行统计分析，从而探讨社会现象。实地调查的目的不仅在于发现事实，还在于经过系统设计和理论探讨，并形成假设，再利用科学方法到实地验证，形成新的推论或假说。实地调查法有现场观察法和询问法两种。

(1) 现场观察法。调查人员凭借自己的眼睛或借助摄像器材，在调查现场直接记录正在发生的市场行为或状况以有效地收集资料。其特点是被调查者是在不知晓的情况下接受调查的。

(2) 询问法。将所调查的事项，以当面、电话或书面的形式向被调查者提出询问，以获得所需的调查资料。询问法包括直接询问法、堵截询问法、电话询问法、CATI 法（计算机辅助电话调查）、邮寄调查法、固定样本调查法。

实地调查法的步骤如下：

1) 要先明确调查的对象和目的。调查什么，为什么要做这次调查，是调查之前必须弄清楚的问题，否则就要陷入盲目性，难以收到预期效果。

2) 要注意了解事物的总体与局部。在一般调查总体的基础上，重点调查有代表性的局部。没有重点调查，总体调查就会显得浮泛；而光有个别的重点调查没有总体调查，印象便又会变得支离破碎。

3) 要注意边调查，边分析，边记录。在调查过程中，要随时对自己观察到的现象进行分析，努力把握住调查对象的特点。调查报告是种说明性的文章，它要求对事物的说明具有准确性，因此在调查过程中，对一些能够具体说明事物的材料要做必要的记录。

4) 要注意使用多种方法来调查。

2. 问卷调查法

问卷调查法是国内外社会调查中较为广泛使用的一种方法。问卷是指为统计和调查所用的、以设问的方式表述问题的表格。问卷法就是研究者用这种控制式的测量对所研究的问题进行度量，从而收集到可靠的资料的一种方法。问卷调查法大多用邮寄、个别分送或集体分发等方式发送问卷。由调查者按照表格所问来填写答案。一般来讲，问卷较之访谈表要更详细、完整和易于控制。问卷调查法的主要优点在于标准化和成本低。因为问卷调查法是以设计好的问卷工具进行调查，问卷的设计要求规范化并可计量。

范围大一些的调查，常采用问卷的方式进行。问卷即是书面提问的方式。问卷调查通过收集资料，然后作定量和定性的研究分析，归纳出调查结论。采用问卷调查法时，最主要的是根据需要确定调查的主题，然后围绕它，设立各种明确的问题，作全面摸底了解。常用的问卷调查法有选择法、是否法、计分法、等级排列法四种形式。

设计问题的原则如下：

（1）客观性原则，即设计的问题必须符合客观实际情况。

（2）必要性原则，即必须围绕调查课题和研究假设设计最必要的问题。

（3）可能性原则，即必须符合被调查者回答问题的能力。凡是超越被调查者理解能力、记忆能力、计算能力、回答能力的问题，都不应该提出。

（4）自愿性原则，即必须考虑被调查者是否自愿真实回答问题。凡被调查者不可能自愿真实回答的问题，都不应正面提出。

表述问题的原则如下：

（1）具体性原则，即问题的内容要具体，不要提抽象、笼统的问题。

（2）单一性原则，即问题的内容要单一，不要把两个或两个以上的问题合在一起提。

（3）通俗性原则，即表述的语言要通俗，不要使用使被调查者感到陌生的语言，特别避免过于专业的术语。

（4）准确性原则，即表述问题的语言要准确，不要使用模棱两可、含混不清或容易产生歧义的语言或概念。

（5）简明性原则，即表述问题的语言应该尽可能简单明确，不要冗长和啰唆。

（6）客观性原则，即表述问题的态度要客观，不要有诱导性或倾向性语言。

（7）非否定性原则，即要避免使用否定句形式表述问题。

14.3.3.2　分析评价法

1. 对比分析法

对比分析法是指按照特定的指标对客观事物进行比较，阐明每一项指标的效益和影响程度，着重分析影响较大的风险指标，找出关键因素，从而认识到事物的本质规律，得出项目评估的结论。对比分析法主要分为前后对比分析法和有无对比分析法。前后对比分析是在工程运营1年后，把项目实施前的预设效果和建成后的实际效果进行比对，找到差异，总结经验，并以此为依据确定项目的运行效果。有无对比分析是指将项目完工后的情况与没有这个项目时的实际情况进行比对，通过这种手段来分析项目建设的意义和效果，判断项目实施成功度。一般风电工程均采用前后对比分析法对项目进行后评价，其主要内容如下：

（1）项目实际实施过程与可行性研究设计存在的差异，包括项目前期决策、项目施工组织、项目招标与合同、项目建设进度、项目建设质量、项目建设安全、项目造价和项目运营。

（2）项目效果和效益与可研设计存在的差异。

（3）项目环境和社会效益与可研设计存在的差异。

（4）项目实际目标和可持续性与可研设计存在的差异。

（5）项目实施后的结论和取得的主要经验。

2. 因果分析法

因果分析法是通过因果图表现出来的。因果图又称特性要因图、鱼刺图或石川图，它是1953年在日本川琦制铁公司，由质量管理专家石川馨最早使用的，是为了寻找产生某种质量问题的原因，发动大家谈看法，做分析，将群众的意见反映在一张图上，即因果图。用此图分析产生问题的原因，便于集思广益。因为这种图反映的因果关系直观、醒目、条例分明，用起来比较方便，效果好，所以得到了许多企业的重视。

使用该法首先要分清因果地位；其次要注意因果对应，任何结果由一定的原因引起，一定的原因产生一定的结果。因果常是一一对应的，不能混淆；最后，要循因导果，执果索因，从不同的方向用不同的思维方式去进行因果分析，这也有利于发展多向性思维。

因果分析法（技术）运用于项目管理中，就是以结果作为特性，以原因作为因素，逐步深入研究和讨论项目目前存在问题的方法。因果分析法的可交付成果就是因果分析图。一旦确定了因果分析图，项目团队就应该对之进行解释说明，通过统计分析、测试、收集有关问题的更多数据或与客户沟通来确认最基本的原因。确认了基本原因之后，项目团队就可以开始制定解决方案并进行改进了。

问题的特性总是受到一些因素的影响，可以通过头脑风暴找出这些因素，并将它们与特性值一起，按相互关联性整理，并标出重要因素，这样就形成特性要因图。因其形状如鱼骨，所以又叫鱼骨图，它是一种透过现象看本质的分析方法。鱼骨图的三种类型如下：

（1）整理问题型鱼骨图（各要素与特性值间不存在原因关系，而是结构构成关系，对问题进行结构化整理）。

（2）原因型鱼骨图（鱼头在右，特性值通常以“为什么……”来写）。

（3）对策型鱼骨图（鱼头在左，特性值通常以“如何提高/改善……”来写）。

14.3.3.3　综合评价法

在现实社会生活中，只考虑单个因素无法全面认识和评价一个事物，因此需要从多个角度进行评价工作。因此，构建多个评价指标对于事物的全面评价至关重要。综合评价法是一种考虑多种因素，并从多个角度对事物进行综合判断的常用方法。综合

评价法通过将考虑多种因素的事物评价指标进行汇总，可以避免单一指标评价事物的局限性。一般来说，综合评价的有效开展需要明确以下方面：

（1）评价目的。开展综合评价工作，需要明确的最基本问题是评价的初衷，这是工作开展的动机和指导。

（2）被评价对象。明确评价对象是限定综合评价范围的重要依据，通常情况下，综合评价的评价对象可以是事物、人或者是他们之间的组合。

（3）评价者。根据特定的评价初衷，评价者一般由具有某种专业技能和知识的个人或团体。

（4）评价指标。以一定的初衷为基础，从某个方面对事物进行判断是评价指标的主要功能。为保证评价指标建立的合理性，需要遵从一定的指标构建原则，具体来说，指标建立需要遵循以下原则：

1）指标不宜过于烦琐。评价指标的数量不需要过多，需要保证指标的独立不关联性，指标需要全而精，这样既能全面评价事物，又减少了不必要的工作量。

2）指标应该相互独立。评价指标需要从不同的角度对事物进行反映和评价，因此指标应具有代表性和差异性。

3）指标可行。为了能够全面评价事物，评价指标还需要实际可行，也就是说评价指标评价的基础数据需要是可获得并且准确的。

（5）权重系数。指标的权重是以评价工作的具体目的为转移的，根据不同的评价目的，评价指标的相对重要性也会有所不同，而指标之间重要程度的表达就需要用数字进行量化。专家咨询判断法是国内外最常用的量化指标重要程度，即确定指标权重的有效方法，这种方法在数据处理时，一般用算数平均值代表评委们的集中意见。

（6）综合评价模型。综合评价就是将各个层面的指标进行综合分析，并最终得到整体结果的过程，综合评价模型就是得到这种结果的方法。

（7）评价结果。通过综合评价得到综合评价结果，信息使用者就可以通过这个结果进行决策参考。

1. 逻辑框架法

逻辑框架法（logical framework approach，LFA）是一种用于项目规划、监督及设计，基于事物内在因果关系来进行项目后评价的主要方法。利用逻辑框架法进行项目后评价的内容主要包括项目的投入、产出分析以及直接目的和宏观目标的实现程度，并且通过计划与实际情况的对比，找出差距并提出相应的改进措施。

逻辑框架法通常使用4×4的表格框架来表示。在垂直方向上可将项目的目标层次划分为宏观目标、直接目的、产出/建设内容、投入/活动四个层次。宏观目标是指项目在部门、地区甚至国家范畴内能够实现的整体目标，直接目的是指项目预期能够实现的作用与成果，产出是指项目可计量的建设内容或产出物，投入是指为了确保产出而投入的一定资源或进行的活动。在水平方向上，各层次都有相应的验证指标、验证方法和重要的假设条件，用来衡量本层次的要求是否得以实现。具体内容见表14－1。

表 14－1　项目后评价逻辑框架表

项目描述	可客观验证的指标			原因分析		项目可持续能力
	原定指标	实现指标	差别或变化	内部原因	外部条件	
宏观目标						
直接目的						
产出/建设内容						
投入/活动						

2. *成功度评价法*

成功度评价法是通过评价专家或者小组利用相关的经验，结合被评价项目各项指标的评价结果，对项目进行打分确定项目成功或失败情况的方法。合理设置项目成功度评价表是项目成功度评价成功与否的关键，项目成功度评价表一般由评定指标、指标相对重要性以及评定等级三部分组成。评定指标需要根据具体评价项目和评价目的进行制定，一般应该包括但不限于项目目标和产业政策、决策及其程序、项目进展及控制等；指标相对重要性是以项目评价目的为指导，反映各指标相对重要程度的，一般可以设置为“重要”“次重要”“不重要”三类；项目评定等级是专家组成员评价指标成功度的度量，一般可分为“非常成功”“成功”“部分成功”“不成功”“失败”五类。

成功度评价的实施是保证成功度评价成败与否的关键，因此必须严格按照一定的程序实施开展，成功度评价法的实施步骤如下：

（1）确定项目成功度的标准。这是进行成功度评价最重要的一步，需要明确根据哪些指标来判断项目的成功度，需要明确项目完成程度的成功度尺度。

（2）制定成功度评价表。这是开展成功度评价的主要工作材料。

（3）评价指标的成功度。专家组成员需要根据具体项目的类型和特点，对项目成功度评价表中评价指标的成功程度和指标与项目的相关性等进行合理确定。

3. *层次分析法*

层次分析法的基本思路是将研究对象分解为不同的组成因素，将要研究的目标设定为最高层级，然后按照一定标准将总目标分解为多个处于同一层级的多个元素，利用各个元素之间的关系将所有元素按照从上到下，从总到分的原理排成相应的层次结构。建立层级结构之后，对同层的各因素进行两两比较，确定出其中的关键程度，然后利用一定的方法将这种关键程度进行量化，从而实现定性元素、定量元素的统一化处理，从而使复杂的问题简单化，实现对高级层级的分析。具体步骤如下：

(1) 构造判断矩阵，进行指标间的两两比较，得出单个指标因素的相对重要性。将元素重要性按照 1～9 进行标度取值，见表 14-2。

(2) 计算上述矩阵的特征根和特征向量。

(3) 进行一致性校验。为了保证判断矩阵得到结论的合理性，必须把判断矩阵的误差限定在一定范围内，进行一致性检验，一般通过矩阵的 *CI* 和 *CR* 两个指标进行控制，要求 *CI* 应小于某一个值。

(4) 将下一层各个元素的权重值乘以上层元素的权重值，得出各个底层元素相对于最上层目标的总占比权重值，根据排序选出对总目标最重要的影响因素，选取这些因素的指标评价作为总目标的关键评价指标。

表 14-2 标度值取值比较

标度值	含　义
1	表示两个因素相比较，具有同等重要性
3	表示两个因素相比较，一个因素比另一个因素略微重要
5	表示两个因素相比较，一个因素比另一个因素明显重要
7	表示两个因素相比较，一个因素比另一个因素强烈重要
9	表示两个因素相比较，一个因素比另一个因素极端重要
2，4，6，8	表示两个因素相比较，上述取值的中间值

4. 模糊综合评价法

模糊综合评价法以模糊数学为基础，将定性评价转化为定量评价，对受到多种因素制约的实物或对象做出总体评价。该方法有效解决了后评价中兼有精确指标与模糊信息的复杂问题，考虑多种因素的影响，对多属性、多指标进行综合梳理与归类，对项目的社会、经济、环境等各方面进行科学评价。其评价的基本思路是：首先辨识项目在建设实施过程中的所有风险，根据风险因素构建综合评价指标体系；其次通过两两比较的方法构建判断矩阵；最后确定指标权重，建立模糊关系矩阵及容错性计算。

14.3.4 风电场项目后评价成果

14.3.4.1 风电场项目后评价成果内容

风电场项目后评价会由项目业主单位和第三方后评价机构分别生成项目后评价报告及其相关附表。

1. 项目概况

(1) 项目情况简述。概述项目建设地点、项目业主、项目性质、特点以及项目开工和竣工时间。

（2）项目决策要点。项目建设的理由、决策目标和目的。

（3）项目主要建设内容。决策批准生产能力、实际建成生产能力。

（4）项目实施进度。项目周期各个阶段的起止时间、时间进度表、建设工期。

（5）项目总投资。项目立项决策批复投资、初步设计批复概算及调整概算、竣工决算投资和实际完成投资情况。

（6）项目资金来源及到位情况。资金来源计划和实际情况。

（7）项目运行及效益现状。项目运行现状、生产能力实现状况、项目财务经济效益情况等。

2. 项目实施过程的总结与评价

（1）项目前期决策总结与评价。风电场项目立项的依据、项目决策过程和程序、项目评估和可研报告批复的主要意见。

（2）项目实施准备工作与评价。项目勘察、设计、开工准备、采购招标、征地拆迁和资金筹措等的情况和程序。

（3）项目建设实施总结与评价。项目合同执行与管理情况、工程建设与进度情况、项目设计变更情况、项目投资控制情况、工程质量控制情况、工程监理和竣工验收情况。

（4）项目运营情况与评价。项目运营情况、项目设计能力实现情况、项目运营成本和财务状况，以及产品结构与市场情况。

3. 项目效果和效益评价

（1）项目技术水平评价。项目技术水平（设备、工艺及辅助配套水平，国产化水平，技术经济性）。

（2）项目财务经济效益评价。项目资产及债务状况、项目财务效益情况、项目财务效益指标分析和项目经济效益变化的主要原因。

（3）项目经营管理评价。项目业主单位管理机构的设置，项目领导班子情况，采用的管理办法、遵循的规章制度，项目技术人员培训情况并核实其操作规程是否规范，并提出相应的评价意见。

4. 项目环境和社会效益评价

（1）项目环境效益评价。项目环保达标情况、项目环保设施及制度的建设和执行情况、环境影响和生态保护。

（2）项目的社会效益评价。项目主要利益群体，项目的建设实施对当地（宏观经济、区域经济、行业经济）发展的影响，对当地就业和人民生活水平提高的影响，对当地政府的财政收入和税收的影响。

5. 项目目标和可持续性评价

（1）项目目标评价。项目的工程目标、技术目标、效益目标（财务经济）、影响

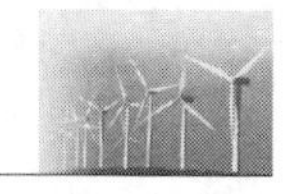

目标（社会环境和宏观目标）。

（2）项目持续性评价。根据项目现状，结合国家的政策、资源条件和市场环境对项目的可持续性进行分析，预测产品的市场竞争力，从项目内部因素和外部条件等方面评价整个项目的持续发展能力。

6. 项目后评价结论和主要经验教训

（1）项目成功度评价。

（2）评价结论和存在的问题。

（3）主要经验教训。

7. 对策建议

（1）对项目和项目执行机构的建议。

（2）对中央企业的对策建议。

（3）宏观对策建议。

8. 项目后评价的报告附件

（1）后评价过程中生成的相关图表，如历年生产成本及财务费用表、项目总投资对比表、经济指标对比表、生产技术指标完成情况表。

（2）定性、定量分析的具体过程及相关图表。

（3）评价所依据的国家现行有关法律、法规和部门规章，如《工程建设标准强制性条文》。

（4）收集的文件、资料目录。

14.3.4.2 后评价成果要求及应用

（1）项目后评价单位完成项目后评价工作后，应及时将后评价报告提交项目法人单位审查，项目法人单位应在2个月内完成审查，并在审查结束后立即上报国务院能源主管部门或省级能源主管部门，同时抄送国家风电信息管理中心，作为规划制定、项目安排、项目核准、投资决策的重要参考依据，企业自行组织的项目后评价工作，应及时将后评价报告提交上级管理机构。

（2）项目后评价成果经过审核后，对于通过项目后评价发现的问题，项目业主单位应认真分析原因，有关的经验、教训和相关措施应该作为企业修订规划和投资决策的参考依据。

（3）经过审核的项目后评价报告可以作为考核单位负责人经营业绩的考核依据和重大决策失误责任的追究依据。

（4）国务院主管部门会同有关部门，认真总结同类项目的经验教训，推广项目后评价总结的成功经验和方法，并根据后评价反映的资源评估、风电机组制造技术、工程造价、并网消纳等问题，进一步优化各级风电发展规划、开发计划，完善行业管理和资源配置，提高投资决策水平和投资效益，促进风电场项目健康有序发展。

附　　录

附录1　风电场项目相关法律法规及标准规范

附录1.1　风电场项目相关法律法规

附表1-1　风电场项目相关法律法规

序号	法律法规名称	文件号
1	《中华人民共和国建筑法》	主席令第46号
2	《中华人民共和国安全生产法》	主席令第70号
3	《建设工程质量管理条例》	国务院令第279号
4	《中华人民共和国环境保护法》	主席令第22号
5	《中华人民共和国环境影响评价法》	主席令第77号
6	《中华人民共和国水土保持法》	主席令第39号
7	《中华人民共和国水土保持法实施条例》	国务院令第120号
8	《中华人民共和国森林法》	国务院令第278号
9	《中华人民共和国野生动物保护法》	主席令第16号
10	《中华人民共和国水污染防治法》	主席令第87号
11	《中华人民共和国大气污染防治法》	主席令第31号
12	《中华人民共和国固体废物污染环境防治法》	主席令第31号
13	《中华人民共和国环境噪声污染防治法》	主席令第77号
14	《建设项目环境保护管理条例》	国务院令第253号
15	《中华人民共和国陆生野生动物保护实施条例》	林业部令第29号
16	《中华人民共和国野生植物保护条例》	国务院令第204号
17	《土地复垦条例》	国务院令第592号
18	《国务院关于落实科学发展观加强环境保护的决定》	国务院令第39号
19	《国务院关于修改〈建设项目环境保护管理条例〉的决定》	国务院令第682号
20	《全国生态环境保护纲要》	国务院令第38号

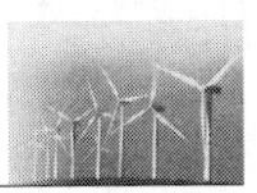

续表

序号	法律法规名称	文件号
21	《关于加强水电建设环境保护工作的通知》	环办〔2012〕4号
22	《关于西部大开发中加强建设项目环境保护管理的若干意见》	环发〔2001〕4号
23	《中华人民共和国水法》	主席令第74号
24	《关于公布我国第一批〈珍惜保护植物名录〉的通知》	国环字第002号
25	《国家重点保护野生植物名录（第一批）》	国家农业部令第4号

附录1.2　风电场项目技术标准规范

1. 勘察设计标准规范

投标人应遵照但不限于附表1-2所列标准规范（如有更新，将以最新版为准）。

附表1-2　勘察设计标准规范

序号	标准号	标准名
1	GB/T 50001	《房屋建筑制图统一标准条文说明》
2	GB/T 50105	《建筑结构制图标准》
3	GB 50003	《砌体结构设计规范》
4	GB 50007	《建筑地基基础设计规范》
5	GB 50009	《建筑结构荷载规范》
6	GB 50010	《混凝土结构设计规范》
7	GB 50011	《建筑抗震设计规范》
8	GB 50015	《建筑给水排水设计规范》
9	GB 50016	《建筑设计防火规范》
10	GB 50017	《钢结构设计规范》
11	GB 50021	《岩土工程勘察规范》
12	GB/T 50033	《建筑采光设计标准》
13	GB 50034	《建筑照明设计标准》
14	GB 50046	《工业建筑防腐蚀设计规范》
15	GB 50116	《火灾自动报警系统设计规范》
16	GB 50189	《公共建筑节能设计标准》
17	GB 14907	《钢结构防火涂料》
18	GB 50191	《构筑物抗震设计规范》
19	GB 50223	《建筑工程抗震设防分类标准》
20	GB 50352	《民用建筑设计通则》
21	GBZ 1	《工业企业设计卫生标准》
22	JGJ 67	《办公建筑设计规范》

续表

序号	标准号	标准名
23	JGJ 94	《建筑桩基技术规范》
24	JGJ 79	《建筑地基处理技术规范》
25	JGJ 82	《钢结构高强度螺栓连接技术规程》
26	GB 50057	《建筑物防雷设计规范》
27	GB 14050	《系统接地的型式及安全技术要求》
28	GB 50052	《供配电系统设计规范》
29	GB 50054	《低压配电设计规范》
30	GB 50055	《通用用电设备配电设计规范》
31	GB 50059	《35～110kV 变电所设计规范》
32	GB 50065	《交流电气装置的接地设计规范》
33	GB 50217	《电力工程电缆设计规范》
34	GB 12706	《额定电压 35kV 及以下铜芯、铝芯塑料绝缘电力电缆》
35	GB 50227	《并联电容器装置设计规范》
36	GB 50229	《火力发电厂与变电所设计防火规范》
37	GB 4943	《信息技术设备的安全》
38	GB 14285	《继电保护和安全自动装置技术规程》
39	GB/T 6451	《油浸式电力变压器技术参数和要求》
40	GB/T 10228	《干式电力变压器技术参数和要求》
41	GB/T 50060	《35～110kV 高压配电装置设计规程》
42	GB/T 50062	《电力装置的继电保护和自动装置设计规范》
43	GB/T 50063	《电力装置的电测量仪表装置设计规范》
44	GB/T 14549	《电能质量公用电网谐波》
45	GB/T 12325	《电能质量供电电压偏差》
46	GB/T 12326	《电能质量电压波动和闪变》
47	GB/T 15543	《电能质量三相电压不平衡》
48	DL 5027	《电力设备典型消防规程》
49	DL/T 5002	《地区电网调度自动化设计技术规程》
50	DL/T 5003	《电力系统调度自动化设计技术规程》
51	DL/T 5044	《电力工程直流系统设计技术规程》
52	DL/T 5103	《35kV～110kV 无人值班变电站设计规程》
53	DL/T 5137	《电测量及电能计量装置设计技术规程》
54	DL/T 5222	《导体和电器选择设计技术规定》
55	DL/T 5352	《高压配电装置设计技术规程》
56	DL/T 448	《电能计量装置技术管理规程》
57	DL/T 476	《电力系统实时数据通信应用层协议》

续表

序号	标准号	标准名
58	DL/T 516	《电网调度自动化系统运行管理规程》
59	DL/T 634	《远动设备及系统》
60	DL/T 645	《多功能电能表通信协议》
61	DL/T 719	《远动设备及系统》
62	DL/T 720	《电力系统继电保护柜、屏通用技术条件》
63	DL/T 769	《电力系统微机继电保护技术导则》
64	Q/GDW 161	《线路保护及辅助装置标准化设计规范》
65	Q/GDW 175	《变压器、高压并联电抗器和母线保护及辅助装置标准化设计规范》
66	Q/GDW 212	《电力系统无功补偿配置技术原则》
67	Q/GDW/Z 461	《地区智能电网调度技术支持系统应用功能规范》
68	Q/GDW 619	《地区电网自动电压控制（AVC）技术规范》
69		《国家电网公司输变电工程典型设计》
70		《国家电网公司输变电工程通用设备》
71		《国家电网公司继电保护专业重点实施要求》
72		《国家电网公司电力系统电压质量和无功电力管理规定》
73		《国家电网公司能量管理系统（EMS）实用化标准（试行）》
74		《国家电网公司能量管理系统（EMS）实用化验收办法（试行）》
75		《国家电网公司十八项电网重大反事故措施》
76		《国家电网公司并网运行反事故措施》
77		《电监会电力二次系统安全防护总体方案》
78	GB/T 18709	《风电场风能资源测量方法》
79	GB/T 18710	《风电场风能资源评估方法》
80	GB/T 20320	《风力发电机组电能质量测量和评估方法》
81	DL/T 5383	《风力发电场设计技术规范》
82	NB/T 31030	《陆地和海上风电场工程地质勘察规范》
83	NB/T 31026	《风电场工程电气设计规范》
84	JB/T 10300	《风力发电机组设计要求》
85	Q/GDW 392	《风电场接入电网技术规定》
86	Q/GDW 432	《风电调度运行管理规范》
87	Q/GDW 588	《风电功率预测系统功能规范》
88	QX/T 55	《地面气象观测规范》
89		《国家发展和改革委员会风能资源评价技术规定》
90		《国家电网公司风电场电气系统典型设计》

续表

序号	标 准 号	标 准 名
91		《中国气象局地面气象观测规范》
92		《国家能源局关于印发风电场功率预测预报管理暂行办法的通知》
93	QJ/SXXNY 01.01	《风电场工程设计导则》

2. 建筑工程施工标准规范

附表 1-3 建筑工程施工标准规范

序号	标 准 名	标 准 号
1	《建筑工程施工质量验收统一标准》	GB 50300
2	《屋面工程质量验收规范》	GB 50207
3	《低热微膨胀水泥》	GB 2938
4	《通用硅酸盐水泥》	GB 175
5	《建筑地面工程施工质量验收规范》	GB 50209
6	《建筑设计防火规范》	GBJ 16
7	《建筑装饰装修工程质量验收规范》	GB 50210
8	《普通混凝土用砂质量标准及检验方法》	JGJ 52
9	《普通混凝土用碎石或卵石质量标准及检验方法》	JGJ 53
10	《混凝土用水标准》	JGJ 63
11	《特细砂混凝土配制及应用规程》	BJG 19
12	《普通平板玻璃》	GB 4871
13	《建筑用轻钢龙骨》	GB 11981
14	《砖石工程施工及验收规范》	GBJ 203
15	《砌体工程施工质量验收规范》	GB 50203
16	《混凝土结构工程施工质量验收规范》	GB 50204
17	《钢结构工程施工质量验收规范》	GB 50205
18	《木结构工程施工质量验收规范》	GBJ 206
19	《地下防水工程质量验收规范》	GB 50208
20	《建筑防腐蚀工程施工及验收规范》	GB 50212
21	《天然花岗石建筑板材》	GB/T 18601
22	《铝及铝合金阳极氧化阳极氧化膜总规范》	GB 8013
23	《建筑室内用腻子》	JG/T 3049
24	《玻璃幕墙工程技术规范》	JGJ 102
25	《建筑玻璃应用技术规程》	JGJ 113
26	《金属石材幕墙工程技术规程》	JGJ 133

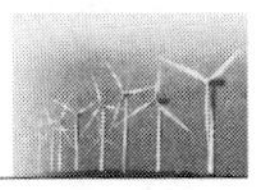

续表

序号	标　准　名	标　准　号
27	《建筑幕墙》	JG 3035
28	《外墙外保温工程技术规程》	JGJ 144
29	《膨胀聚苯板薄抹灰外墙外保温系统》	JG 149
30	《金属镀覆和化学处理表示方法》	GB/T 13911
31	《金属覆盖层钢铁制品热镀锌层技术要求》	GB/T 13912
32	《聚氯乙烯卷材地板　第1部分：带基材的聚氯乙烯卷材地板》	GB/T 11982.1
33	《聚氯乙烯卷材地板　第2部分：同质聚氯乙烯卷材地板》	GB/T 11982.2
34	《地面辐射供暖技术规程》	JGJ 142
35	《碳素结构和低合金结构钢热轧薄钢板及钢条》	GB/T 912
36	《不锈钢棒》	GB/T 1220
37	《紧固件机械性能　不锈钢螺栓、螺钉和螺柱》	GB/T 3098.6
38	《紧固件机械性能　不锈钢螺母》	GB/T 3098.15
39	《陶瓷砖试验方法　第1部分：抽样和接收条件》	GB/T 3810.1
40	《干压陶瓷砖　第1部分：瓷质砖（吸水率 $E\leqslant 0.5\%$）》	GB/T 4100.1
41	《天然饰面石材试验方法　第7部分：检测板材挂件组合单元挂装强度试验方法》	GB/T 9966.7
42	《建筑胶粘剂通用试验方法》	GB/T 12954
43	《硅酮建筑密封胶》	GB/T 14683
44	《砌体工程施工质量验收规范》	GB 50203
45	《建筑装饰装修工程质量验收要求》	GB 50210
46	《建筑背栓抗拉拔、抗剪性能试验方法》	DJ/TJ 08-003
47	《建筑施工高处作业安全技术规范》	JGJ 80
48	《陶瓷墙地砖胶粘剂》	JC/T 547
49	《背栓式单元挂贴外墙饰面瓷板产品标准》	Q/ICIM02.1
50	《采暖通风与空气调节规范》	GB 50019
51	《火力发电厂与变电站设计防火规范》	GB 50229
52	《火力发电厂采暖通风与空气调节设计技术规程》	DL/T 5035
53	《民用建筑供暖通风与空气调节设计规范》	GB 50736
54	《火力发电厂与变电站设计防火规范》	GB 50229
55	《建筑设计防火规范》	GB 50016
56	《建筑灭火器配置设计规范》	GB 50140
57	《电力设备典型消防规程》	DL 5027
58	《风力发电场安全风险管理规程　第1部分：工程建设》	Q/CTG 114

3. 安装验收工程标准规范

附表1-4　安装验收工程标准规范

序号	标　准　名	标　准　号
1	《电力变压器》	GB 1094
2	《高压交流隔离开关和接地开关》	GB 1985
3	《绝缘配合　第1部分：定义、原则和规则》	GB 311.1
4	《电工术语名词》	GB 2900
5	《电线电缆电性能试验方法》	GB/T 3048
6	《局部放电测量》	GB 7354
7	《高压开关设备和控制设备标准的共用技术要求》	GB/T 11022
8	《交流无间隙金属氧化物避雷器》	GB 11032
9	《高压电器设备无线电干扰测试方法》	GB 11604
10	《额定电压1kV（U_m＝1.2kV）到35kV（U_m＝40.5kV）挤包绝缘电力电缆及附件》	GB/T 12706
11	《电力电缆导体用压接型铜、铝接线端子和连接管》	GB/T 14315
12	《污秽条件下使用的高压绝缘子的选择和尺寸确定》	GB/T 26218
13	《交流电气装置的接地设计规范》	GB 50065
14	《电气装置安装工程　高压电器施工及验收规范》	GB 50147
15	《电气装置安装工程　电力变压器、油浸电抗器、互感器施工及验收规范》	GB 50148
16	《电气装置安装工程　母线装置施工及验收规范》	GB 50149
17	《电气装置安装工程　电气设备交接试验标准》	GB 50150
18	《电气装置安装工程　电缆线路施工及验收规范》	GB 50168
19	《电气装置安装工程　接地装置施工及验收规范》	GB 50169
20	《电气装置安装工程　低压电器施工及验收规范》	GB 50254
21	《电气装置安装工程　爆炸和火灾危险环境电气装置施工及验收规范》	GB 50257
22	《钢结构工程施工质量验收规范》	GB 50205
23	《电力工程电缆设计规范》	GB 50217
24	《火力发电厂与变电站设计防火规范》	GB 50229
25	《交流电气装置的过电压保护和绝缘配合》	DL/T 620
26	《交流电气装置的接地》	DL/T 621
27	《电气装置安装工程质量检验及评定规程》	DL/T 5161
28	《国家电网公司输变电工程施工工艺示范手册　变电工程分册电气部分》	

续表

序号	标　准　名	标　准　号
29	《电气装置安装工程　高压电器施工及验收规范》	GBJ 147
30	《电气装置安装工程　电力变压器、油浸电抗器、互感器施工及验收规范》	GBJ 148
31	《电气装置安装工程　母线装置施工及验收规范》	GBJ 149
32	《高压输电设备的绝缘配合和高电压试验技术》	GB 311
33	《低压电器基本标准》	GB 1497
34	《电气装置安装工程　电气设备交接试验标准》	GB 50150
35	《电气装置安装工程　电气照明装置施工及验收规范》	GB 50159
36	《电气装置安装工程　电缆线路施工及验收规范》	GB 50168
37	《电气装置安装工程　接地装置施工及验收规范》	GB 50169
38	《电气装置安装工程　旋转电机施工及验收规范》	GB 50170
39	《电气装置安装工程　盘、柜及二次回路结线施工及验收规范》	GB 50171
40	《电气装置安装工程　蓄电池施工及验收规范》	GB 50172
41	《电气装置安装工程　低压电器施工及验收规范》	GB 50254
42	《电气装置安装工程　电力变流设备施工及验收规范》	GB 50255
43	《电气装置安装工程　1kV及以下配线工程施工及验收规范》	GB 50258
44	《电气装置安装工程　电气照明装置施工及验收规范》	GB 50259
45	《火力发电厂金属技术监督规程》	DL 438
46	《电力建设施工及验收技术规范（管道篇）》	DL 5031
47	《交流电气装置的接地技术条件》	DL/T 621
48	《风力发电场运行规程》	DL/T 666
49	《风力发电场安全规程》	DL 796
50	《风力发电场检修规程》	DL/T 797
51	《管道焊接接头超声波检验技术规程》	DL/T 820
52	《火力发电厂焊技术规程》	DL/T 869
53	《电力建设施工及验收规范（管道焊接接头超声波检验篇）》	DL/T 5048
54	《风力发电场项目建设工程验收规程》	DL/T 5191
55	《电力工业技术管理法规》	
56	《火电工程启动调试工作规定》	
57	《国电公司火电工程调整试运质量检验及评定标准（2006）》	
58	《火电施工质量检验及评定标准（共11篇）》	
59	《风力发电机组安装手册、安全手册、调试手册、操作手册等资料》	

附录 2　风电场项目管理常用表格

附表 2-1　风电场工程特性表

名　称				单位（或型号）	数量	备注
风电场场址	海拔			m		
	经度（东经）					
	纬度（北纬）					
	年平均风速（轮毂高度）			m/s		
	风功率密度（轮毂高度）			W/m²		
	盛行风向					
主要设备	风电场主要机电设备	风电机组	台数	台		
			额定功率	kW		
			叶片数			
			风轮直径	m		
			风轮扫掠面积	m²		
			切入风速	m/s		
			额定风速	m/s		
			切出风速	m/s		
			安全风速	m/s		
			轮毂高度	m		
			风轮转速	r/min		
			发电机额定功率	kW		
			发电机功率因数			
			额定电压	kV		
		主要机电设备	箱式变电站			
	升压变电站	主变压器	型号			
			台数	台		
			容量	kV·A		
			额定电压	kV		
		出线回路及电压等级	出线回路数	回		
			电压等级	kV		
土建	风电机组基础		个数	个		
			型式			
			地基特性			
	箱式变电站基础		个数	个		
			型式			

续表

<table>
<tr><th colspan="3">名　　称</th><th>单位（或型号）</th><th>数量</th><th>备注</th></tr>
<tr><td rowspan="8">施工</td><td rowspan="8">工程数量</td><td>塔筒（架）</td><td>t</td><td></td><td></td></tr>
<tr><td>土石方开挖</td><td>m^3</td><td></td><td></td></tr>
<tr><td>土石方回填</td><td>m^3</td><td></td><td></td></tr>
<tr><td>混凝土</td><td>万 m^3</td><td></td><td></td></tr>
<tr><td>钢筋</td><td>t</td><td></td><td></td></tr>
<tr><td>场内道路</td><td>km</td><td></td><td></td></tr>
<tr><td>道路路面宽度</td><td>m</td><td></td><td></td></tr>
<tr><td>施工总工期</td><td>月</td><td></td><td></td></tr>
<tr><td rowspan="10">概算指标</td><td colspan="2">静态投资</td><td>万元</td><td></td><td></td></tr>
<tr><td colspan="2">工程总投资</td><td>万元</td><td></td><td></td></tr>
<tr><td colspan="2">静态投资</td><td>元/kW</td><td></td><td></td></tr>
<tr><td colspan="2">动态投资</td><td>元/kW</td><td></td><td></td></tr>
<tr><td colspan="2">施工辅助工程</td><td>万元</td><td></td><td></td></tr>
<tr><td colspan="2">机电设备及安装工程</td><td>万元</td><td></td><td></td></tr>
<tr><td colspan="2">建筑工程</td><td>万元</td><td></td><td></td></tr>
<tr><td colspan="2">其他费用</td><td>万元</td><td></td><td></td></tr>
<tr><td colspan="2">基本预备费</td><td>万元</td><td></td><td></td></tr>
<tr><td colspan="2">建设期利息</td><td>万元</td><td></td><td></td></tr>
<tr><td rowspan="14">经济指标</td><td colspan="2">装机容量</td><td>万 kW</td><td></td><td></td></tr>
<tr><td colspan="2">年上网电量</td><td>万 kW·h</td><td></td><td></td></tr>
<tr><td colspan="2">年等效满负荷小时数</td><td>h</td><td></td><td></td></tr>
<tr><td colspan="2">平均上网电价（未含增值税）</td><td>元/(kW·h)</td><td></td><td></td></tr>
<tr><td colspan="2">平均上网电价（含增值税）</td><td>元/(kW·h)</td><td></td><td></td></tr>
<tr><td rowspan="8">盈利能力指标</td><td>总投资收益率</td><td>%</td><td></td><td></td></tr>
<tr><td>投资利税率</td><td>%</td><td></td><td></td></tr>
<tr><td>项目资本金净利润率</td><td>%</td><td></td><td></td></tr>
<tr><td>全部投资财务内部收益率</td><td>%</td><td></td><td></td></tr>
<tr><td>全部投资财务净现值</td><td>万元</td><td></td><td></td></tr>
<tr><td>资本金财务内部收益率</td><td>%</td><td></td><td></td></tr>
<tr><td>资本金财务净现值</td><td>万元</td><td></td><td></td></tr>
<tr><td>投资回收期</td><td>年</td><td></td><td></td></tr>
<tr><td>清偿能力</td><td>资产负债率</td><td>%</td><td></td><td></td></tr>
</table>

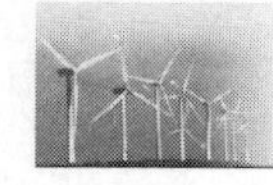

附表 2-2　地基岩土体主要物理力学参数建议值表

岩土层名称	天然密度	比重	抗剪强度		变形模量	承载力特征值	基坑开挖边坡
	g/cm³		摩擦角/(°)	黏聚力/kPa	MPa (GPa)	kPa	
岩土层 1							
岩土层 2							
…							

附表 2-3　备选机型设备特性

项　目	单位	机型 1	机型 2
额定容量	kW		
功率调节			
叶片数			
叶片：长度	m		
风轮直径	m		
扫风面积	m^2		
风轮转速	r/min		
切入风速	m/s		

附表 2-4　风电场各单机容量方案综合比较表

项　目	单位	机型 1	机型 2
单机容量	kW		
轮毂高度	m		
台总容量数	台		
叶片直径	m		
风电机组综合报价	万元		
单位千瓦价格	元		
塔架价格	万元		
基础费用	万元		
道路及平台费用	万元		
箱变及电缆费用	万元		
吊装费用	万元		
工程占地费用	万元		
配套费用合计	万元		
总评价费用	万元		
理论发电量	万 kW·h		
尾流损失	%		
上网电量	万 kW·h		

续表

项　　目	单位	机型1	机型2
等效满负荷利用小时数	h		
容量系数			
度电费用	元/(kW·h)		
排序			

附表2-5　推荐机型技术特性表

项　目	单　位	指　　标
额定容量	kW	
功率调节		
叶片数	个	
叶片长度	m	
风轮直径	m	
扫风面积	m^2	
极限等级		
疲劳等级		
切入风速	m/s	
额定风速	m/s	
切出风速	m/s	
发电机额定电压	V	
频率	Hz	
机舱重量	t	

附表2-6　风电场风电机组轮毂高度方案比较表

风电机组ID	X坐标	Y坐标	机型	海拔/m	轮毂高度/m	平均风速/(m/s)	空气密度/(kg/m^3)	发电量/(万kW·h)	等效满负荷小时数/h	尾流/%	15m/s的代表性湍流强度	包含尾流效应的发电量/(万kW·h)
风电机组1												
风电机组2												
…												
综合			最大值									
			最小值									
			年发电量									
			平均值									

附表 2-7　风电场上网电量不确定因素影响分析表

不确定因素	平均损失		最大损失		最小损失	
	损失值	能量累计	损失值	能量累计	损失值	能量累计
风电机组利用率						
气候因素						
功率曲线						
软件误差						
尾流						
控制和湍流						
叶片污染						
场内能量损耗						
综合						
上网电量占理论电量比例						
不确定因素占能量损失的范围						

附表 2-8　电气一次设备材料表（样表）

序号	名　称	规　格	单位	数量	备注
一、风电场部分					
1	风电机组	2000kW，0.69kW	组	24	
2	箱式变电站	35/0.69kV，2200kV·A	组	1	
…					
二、主变压器系统					
1	主变压器	SZ10-100000kV·A/110kV 115±8×1.25%/35/10kV YN，yn0+d11 U_k%=10.5%±5% 油浸自冷，三相有载调压双绕组变压器，带平衡绕组	台	1	附套管电流互感器
2	主变低压侧中性点成套设备	35kV，600A，10s，33.7（1±5%）Ω，不锈钢成套电阻柜（户外型）	台	1	
…					

附表 2-9　电气二次设备材料表（样表）

序号	名　称	单位	数量	备　注
一、监控系统				
1	升压站综合自动化系统			
1.1	主机兼操作员工作站	台	2	安装于集控台
1.2	全站微机五防软件、锁具（电编码锁、机械编码锁）、电脑钥匙及所有微机五防所需附件	套	1	增加部分锁具，并升级软件
…				

续表

序号	名　　称	单位	数量	备　注
二、交直流电源				
1	直流电源设备	套	1	
1.1	直流充电及馈线屏	面	4	
1.2	DC220V、300A·h 阀控式铅酸蓄电池	组	2	每组 104 只
…				
三、通信系统				
1	站内通信设备			
1.1	数字程控调度交换机（48 用户 8 中继）	套	1	
1.2	DC48V、300A·h 阀控式铅酸蓄电池	组	2	每组 24 只
…				

附表 2-10　工程环境保护投资概算表

序号	项　目	费用/万元	备　注
一	环境监测措施		
1	水环境监测费		
2	噪声监测费		
3	卫生防疫监测		
二	环境保护临时措施		
1	污废水处理		
	生产废水		
	生活污水		
2	环境空气质量控制		
3	噪声防治		
4	固体废弃物处置费		
5	人群健康保护		
6	其他临时工程		按环境保护措施费和监测费 2%计
三	独立费用		
1	环境保护建设管理费		
	管理人员经常费		
	环境保护竣工验收费		
	宣教及技术培训费		按一至二项的 2%计
2	工程环境监理费		
3	科研勘察设计咨询费		
	环境评价费		
	环境保护勘测设计		按一至二项的 6%计
四	基本预备费		按一至三项的 8%计
合计			

附表 2-11　各防治分区及汇总面积统计表　　单位：hm^2

防治分区		项目建设区	直接影响区	防治责任范围
风电机组及箱变防治区（Ⅰ）				
变电站防治区（Ⅱ）				
集电线路及检修道路防治区（Ⅲ）				
施工临建设施防治区（Ⅳ）	风电机组安装及堆放二级防治区			
	施工生产生活二级防治区			
	小计			
弃渣场防治区（Ⅴ）				
合计				

附表 2-12　水土流失防治标准

防治指标	标准值			按降水量修正	按土壤侵蚀强度修正	土地利用情况修正	采用目标	
	等级	设计水平年	施工期				设计水平年	施工期
扰动土地整治率/%								
水土流失总治理度/%								
土壤流失控制比								
拦渣率/%								
林草植被恢复率/%								
林草覆盖率/%								

附表 2-13　新增水土保持工程投资估算表

编号	工程或费用名称	单位	数量	单价	投资
	第一部分　工程措施				
一	风电机组及箱变防治区（Ⅰ）				
1	场地平整	hm^2			
二	变电站防治区（Ⅱ）				
1	表土回覆	m^3			
三	施工临建设施防治区（Ⅳ）				
①	风电机组安装及堆放二级防治区				
1	表土回覆				
2	场地平整				
②	施工生产生活二级防治区				
1	表土回覆				
2	场地平整	hm^2			
四	弃渣场防治区（Ⅴ）				

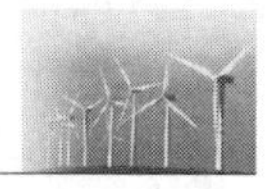

续表

编号	工程或费用名称	单位	数量	单价	投资
1	表土回覆	m^3			
2	场地平整	hm^2			
3	平台沟				
	土方开挖	m^3			
	浆砌块石	m^3			
	砂浆抹面	m^3			
4	急流槽				
	土方开挖	m^3			
	浆砌块石	m^3			
	砂浆抹面	m^3			
5	截水沟				
	土方开挖	m^3			
	浆砌块石	m^3			
	砂浆抹面	m^3			
6	排水沟				
	土方开挖	m^3			
	浆砌块石	m^3			
	砂浆抹面	m^3			
	第二部分　植物措施				
一	风电机组及箱变防治区（Ⅰ）				
(一)	栽（种）植工程				
1	撒播混合草籽	hm^2			
(二)	草籽、苗木				
1	混合草籽	kg			
二	变电站防治区（Ⅱ）				
(一)	栽（种）植工程				
1	撒播混合草籽	hm^2			
(二)	草籽、苗木				
1	混合草籽	kg			
三	集电线路及检修道路防治区（Ⅲ）				
(一)	栽（种）植工程				
1	撒播混合草籽	hm^2			
2	栽植紫穗槐	株			

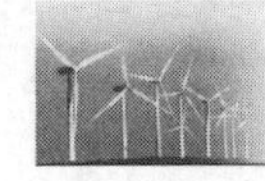

续表

编号	工程或费用名称	单位	数量	单价	投资
3	栽植杉木	株			
（二）	草籽、苗木				
1	混合草籽	kg			
2	紫穗槐	株			
3	杉木	株			
四	施工临建设施防治区（Ⅳ）				
（一）	栽（种）植工程				
①	风电机组安装及堆放二级防治区				
1	撒播混合灌草籽	hm^2			
②	施工生产生活二级防治区				
1	撒播混合灌草籽	hm^2			
（二）	草籽、苗木				
①	风电机组安装及堆放二级防治区				
1	混合灌草籽	kg			
②	施工生产生活二级防治区				
1	混合灌草籽	kg			
五	弃渣场防治区（Ⅴ）				
（一）	栽（种）植工程				
1	灌木移栽	株			
2	撒播混合灌草籽	hm^2			
3	撒播混合草籽	hm^2			
（二）	草籽、苗木				
1	混合灌草籽	kg			
2	混合草籽	kg			
	第三部分　临时措施				
一	风电机组及箱变防治区（Ⅰ）				
1	排水土沟开挖	m^3			
2	沉砂池开挖	m^3			
3	土工布	m^3			
二	变电站防治区（Ⅱ）				
1	表土剥离	m^3			
2	排水土沟开挖	m^3			
3	沉砂池开挖	m^3			

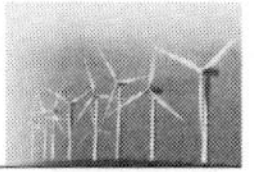

续表

编号	工程或费用名称	单位	数量	单价	投资
三	集电线路及检修道路防治区（Ⅲ）				
1	表土剥离	m^3			
2	排水土沟开挖	m^3			
3	沉砂池开挖	m^3			
4	土工布	m^3			
四	施工临建设施防治区（Ⅳ）				
①	风电机组安装及堆放二级防治区				
1	表土剥离	m^3			
2	排水土沟开挖	m^3			
3	土工布	m^3			
②	施工生产生活二级防治区				
1	表土剥离	m^3			
2	排水土沟开挖	m^3			
3	沉砂池开挖	m^3			
4	土工布	m^3			
5	砖砌挡墙	m^3			
6	彩钢板	m^3			
五	弃渣场防治区（Ⅴ）				
1	表土剥离	m^3			
2	排水土沟开挖	m^3			
3	沉砂池开挖	m^3			
4	土工布	m^3			
六	其他临时工程				
	第四部分　独立费用				
一	建设管理费				
二	水土保持监理费				
三	勘测设计费				
四	水土保持监测费				
五	水土保持设施验收费				
	一至四部分合计				
	基本预备费				
	静态总投资				
	水土保持补偿费				
	总投资				

附表 2－14　某风电场项目设备、材料、构配件申报表

工程名称：××××风电场 50MW 风电项目　　　　编号：

致：____________________项目监理机构

我方于_____年___月___日进场的工程材料/构配件/设备数量如下（见附件）。现将质量证明文件及自检结果报上，拟用于下述部位：

____

____

请审核。

附件：1. 数量清单。

2. 质量证明文件。

3. 自检结果。

4. 复试报告。

总承包单位（章）：

项　目　经　理：__________

日　　　　　期：__________

专业监理工程师审核意见：

专业监理工程师：__________

日　　　　　期：__________

总监理工程师审核意见：

监理单位（章）：

总监理工程师：__________

日　　　　　期：__________

注：本表一式四份，总承包单位填报，建设单位、监理单位各一份，总承包单位两份。

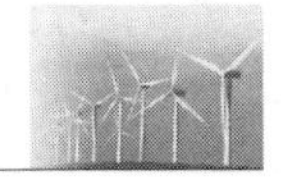

附表 2-15　某风电场项目计划/调整计划报审表

工程名称：××××风电场 50MW 风电项目　　　　编号：

致：____________________项目监理机构

现报上____________________工程_______________计划/调整计划，请审查。

附件：________________计划/调整计划。

总承包单位（章）：
项　目　经　理：____________
日　　　　　期：____________

专业监理工程师审核意见：

专业监理工程师：____________
日　　　　　期：____________

总监理工程师审核意见：

监理单位（章）：
总监理工程师：____________
日　　　　　期：____________

建设单位审批意见：

建设单位（章）：
项目负责人：____________
日　　　　　期：____________

注：1. 本表适用于施工进度计划、设备采购计划、设备制造计划、施工图交付计划、设备材料供应计划、施工进度计划和调试进度计划及相应的调整计划。
2. 本表一式四份，总承包单位填报，建设单位、监理单位各一份，总承包单位两份。

附表 2-16　某风电场项目验收申请表

工程名称：××××风电场 50MW 风电项目　　　　编号：

致：________________项目监理机构

我方已完成____________________工程（检验批/分项工程/分部工程/单位工程），经三级自检合格，具备________验收条件，现报上该工程验收申请表，请予以审查验收。

附件：自检报告。

总承包单位（章）：
项 目 经 理：__________
日　　　期：__________

专业监理工程师审核意见：

专业监理工程师：__________
日　　　期：__________

总监理工程师审核意见：

监理单位（章）：
总监理工程师：__________
日　　　期：__________

注：本表一式四份，总承包单位填报，建设、监理单位各一份，总承包单位两份。

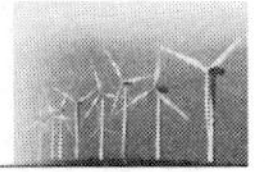

附表2-17　某风电场项目工程竣工报验单

工程名称：××××风电场50MW风电项目　　　　编号：

致：______________项目监理机构

我方已按承包合同要求完成了__________________工程，经三级自检合格，请予以检查和验收。

附件：证明材料。

总承包单位（章）：

项　目　经　理：__________

日　　　　　期：__________

专业监理工程师审核意见：

专业监理工程师：__________

日　　　　　期：__________

监理单位审核意见：

经初步验收，该工程：

1. 符合/不符合我国现行法律、法规要求。
2. 符合/不符合我国现行工程建设标准。
3. 符合/不符合设计文件要求。
4. 符合/不符合承包合同要求。
5. 符合/不符合档案归档要求。

综上所述，该工程初步验收合格/不合格，可以/不可以组织正式验收。

监理单位（章）：

总监理工程师：__________

日　　　　期：__________

注：本表一式四份，总承包单位填报，建设单位、监理单位各一份，总承包单位两份。

附表2-18　某风电场项目工期变更申请表

工程名称：××××风电场50MW风电项目　　　　编号：

致：____________项目监理机构

我方承担____________工程施工任务，根据合同规定应于____年__月__日竣工，由于____________原因，现申请工期变更至____年__月__日竣工，请审批。

附件：说明材料。

总承包单位（章）：
项　目　经　理：________
日　　　　　期：________

专业监理工程师审核意见：

专业监理工程师：________
日　　　　　期：________

总监理工程师审核意见：

监理单位（章）：
总监理工程师：________
日　　　　　期：________

建设单位审批意见：

建设单位（章）：
项目负责人：________
日　　　　期：________

注：本表一式四份，总承包单位填报，建设单位、监理单位各一份，总承包单位两份。

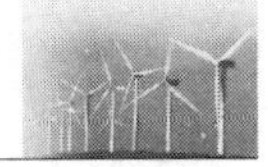

附表 2－19　某风电场项目费用索赔申请表

工程名称：××××风电场 50MW 风电项目　　　　　　　　　　　　　编号：

致：____________________项目监理机构

根据承包合同条款____条的规定，由于____________________________________的原因，我方要求索赔金额（大写）____________________，请审批。

附件：1. 索赔的详细理由及经过说明。
2. 索赔金额计算书。
3. 证明材料。

总承包单位（章）：
项　目　经　理：____________
日　　　　　期：____________

专业监理工程师审核意见：

专业监理工程师：____________
日　　　　　期：____________

总监理工程师审核意见：

监理单位（章）：
总监理工程师：____________
日　　　　期：____________

建设单位审批意见：

建设单位（章）：
项目负责人：____________
日　　　期：____________

注：本表一式四份，总承包单位填报，建设单位、监理单位各一份，总承包单位两份。

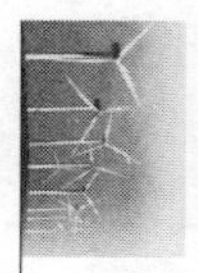

附录3　风力发电项目档案分类、归档范围及保管期限划分表

风力发电项目档案分类、归档范围及保管期限划分表

分类号	类目名称	归档范围（主要归档文件）	保管期限	文件来源/归档单位	备　注
6	电力生产				
60	综合			生产部门	
600	总的部分	电力业务许可证（电力生产）	永久	电监会、生产部门	电监会令（第9号）
601	生产准备	生产准备机构成立文件	10年	生产准备部门	
		生产准备大纲、计划及报批文件	30年		
		生产人员培训计划、教材	10年		
602	观测与监测	全厂沉降、水文、气象、环保观测（监测）记录与报告等	30年	相关单位、生产部门	
61	生产运行			具有发电管理职能的部门	
610	综合				
611	运行记录	运行日志、交接班记录、工作票、操作票等	10年		含试运行和生产考核期
612	发电记录	发电记录			
613	调度日志				
614	运行技术文件	方案、措施、专题总结	30年		
62	生产技术			具有生产技术管理职能的部门	
620	综合				
621	指标分析	月度运行技术经济指标统计与分析报告	10年		
		年度运行指标统计与分析报告、专题总结	30年		
622	运行系统图	风电机组布置图	30年		
		风电机组编码明细	10年		含试运行和生产考核期
		系统图			

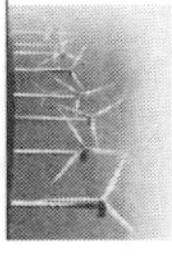

续表

分类号	类目名称	归档范围（主要归档文件）	保管期限	文件来源/归档单位	备　　注
623	技术措施	技术监督文件	10年		含全厂性试验、油品、绝缘材料等试验
624	可靠性管理		10年		
625	并网安全评价	机组并网运行安全性评价文件	10年	有资质单位	
626	技术规程	运行、检修规程、技术标准、规则、导则、条例等	30年	规程制定部门	
63	物资管理			具有物资管理职能的部门	
630	综合				
631	设备及备品、备件采购	设备与备品、备件采购招投标、询价文件、合同文件	30年		
632	物资管理台账	物资进入库清单、库房管理台账等	10年		
64	技改与检修				
640	综合				
641	检修与维护	设备定期维护检修记录，设备更换零部件记录，设备异常、缺陷处理记录等	30年	具有设备检修维护职能的部门	缺陷处理记录指全年检、半年检、特检
642	技改项目	重大、小型技改文件、设备变更文件等	30年	具有生产技术、质量监督管理职能的部门	
69	其他				
7	科学研究				
70	科技创新及技术进步			科技主管部门	
700	综合				
701	成果申报材料	专利申报及证书	永久	专利局	
		工法、QC、科技成果奖项申报及获奖文件	30年	评审单位	
		“四新”应用查新报告及鉴定文件（新设备、新材料、新技术、新工艺）	10年		

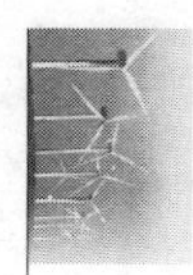

续表

分类号	类目名称	归档范围（主要归档文件）	保管期限	文件来源/归档单位	备注
702	一般科技成果	非立项科技成果报告、鉴定等文件	30年	科技主管部门、鉴定单位	
71	科研课题			科技主管部门	
710	风电科研项目				按科研项目管理程序
	研究准备阶段	课题调研、可研报告、方案论证及立项审批文件	永久	立项（合作）单位鉴定、评奖单位	
		课题任务书、与合作方往来文件及会议纪要、合同、协议等	永久		
		重要试验分析报告、工艺文件、技术说明等文件	永久		
	总结鉴定	科研成果申报及审批文件、获奖证书	永久		
		科研鉴定报告、鉴定会纪要（鉴定人员名单及签字）、鉴定意见、技术鉴定文件（证书）等	永久		
		项目总结、论文、专著等	永久		
	应用与推广	推广应用方案、经济与社会效益证明、转让合同等	永久		
		生产定型鉴定材料、专题报告及交流材料、用户反馈意见等	永久		
8	项目建设				
80	项目立项文件				
800	项目核准	项目立项请示（项目申请报告）、核准批复文件、融资、上网电价等文件	永久	发改委、立项单位	
		特许权项目招投标及相关文件	永久	地方政府	
		建设项目选址意见书及与选址有关单位的审批文件（文物、矿产等）	永久	地方规划部门、行政主管单位	
		开展项目前期工作的文件	永久	立项单位、各级政府部门	
801	可行性研究	风电预可行性研究、可行性研究报告及审查会议技经、审查意见	永久	审查单位	
		接入系统可行性研究报告及审查会会议纪要、审查意见	永久	设计单位、电网公司	

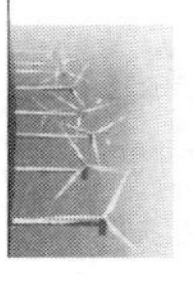

续表

分类号	类目名称	归档范围（主要归档文件）	保管期限	文件来源/归档单位	备　注
802	项目评估	风电项目评估及风能资源评估论证文件	永久	评估单位	光伏资源评估
		环境影响报告书及审批文件	永久	环保部门	
		水土保持方案及审批文件	永久	水利部门	
		地震安全性评价、地质灾害评价及评审意见	永久	地质、地震及评估咨询单位	
		安全预评价及评审、备案文件	永久	安监部门、评估咨询单位	
		职业病危害评价及评审文件	永久	卫生部门、评估咨询单位	
809	其他				
81	设计文件				
810	综合				
811	基础设计	建设用地勘察报告及图纸，岩土工程勘察报告	永久	勘察设计单位	
		水文地质勘测报告	永久	勘察设计单位	
		地形、地貌图，项目用地测量报告及图纸	永久	勘察设计单位	
		水文、气象、地震文件材料	永久	勘察设计单位	
812	初步设计	初步设计（收口）及审查文件	永久	设计单位	
		设计方案、设计审定文件（初设最终版）等	永久	设计单位	
		设计优化的提出、策划（论证）、方案及审批、设计图纸等	永久	建设、设计单位	
813	施工图	施工图总目录及说明、施工图、预算书、微观选址报告	30年	设计单位	
		设计交底及施工图会审纪要	30年	建设、监理单位	
819	其他				
82	项目准备文件				
820	综合				

续表

分类号	类目名称	归档范围（主要归档文件）	保管期限	文件来源/归档单位	备注
821	建设用地	建设用地申请及各级政府土地主管部门审批文件、建设用地预审批复文件	永久	地方及国土资源部	
		建设用地规划许可证（乡村建设规划许可证）、建设工程规划许可证、国有土地使用证、房屋所有权证	永久	地方规划部门、国土资源管理部	房屋所有权证是在项目竣工验收完成后办理
		建设用地片地、拆迁、安置及补偿、赔偿合同、协议	永久	建设单位、地方政府	
		施工临时用地租赁合同、协议及补偿、赔偿协议	10年	建设单位、地方政府	
822	招投标文件	设备招投标文件（资格审查文件）、投标文件（技术、商务）、评标过程文件、评标报告、中标通知书	30年	招投标单位	含议标文件，投标文件为永久保存
		工程（施工、调试、监理、设计）招标文件（资格审查文件）、投标文件（技术、商务）、评标过程文件、评标报告、中标通知书		招投标单位	
		物资（材料）招标文件（资格审查文件）、投标文件（技术、商务）、评标过程文件及评标报告、中标通知书	10年	招投标单位	
		未中标参建单位（主要）标书及主机设备未中标单位标书	10年	招投标单位	DA/T42 表 A7
823	合同文件	设备购买合同（合同附件、补充协议、合同谈判纪要、备忘录及合同变更文件）	永久	建设单位、设备厂商	
		工程建设（设计、施工、监理、调试等单位）合同（合同附件、补充协议、合同谈判纪要、备忘录及合同变更文件）		建设单位、各参建单位	
		项目技术咨询、服务合同（合同附件、补充协议、合同谈判纪要、备忘录及合同变更文件）	10年	建设单位、相关单位	
		物资及其他与项目建设有关的合同（合同附件、补充协议、合同谈判纪要、备忘录及合同变更文件）	10年	建设单位、物资供应商	
824	开工准备文件	通路、通信、通水、通电等配套审批文件	10年	建设单位、行政管理部门	
		项目开工申报文件及审批文件	30年	建设单位、上级主管单位	
		施工组织总设计	30年	建设单位、总承包单位、工程管理单位等	
		建筑工程施工许可证	30年		

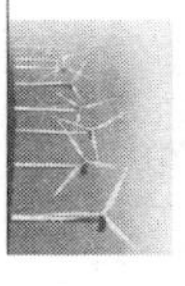

续表

分类号	类目名称	归档范围（主要归档文件）	保管期限	文件来源/归档单位	备　注
83	项目管理文件				
830	综合	工程参建单位往来文件	10年	各参建单位	
831	资金管理	银行贷款合同、协议	永久	各大银行	
		基建资金（投资）计划、资金调拨计划文件	永久	上级主管单位	
		执行概算及审批文件	永久	上级主管单位	
		工程量结算单及支付报审文件	30年	建设、施工、监理单位	
832	施工管理	安全（职业健康）预案、管理制度、措施、方案、安全检查与整改记录	30年	各参建单位	
		质量管理制度、质量检查及整改文件、单位工程质量验收划分汇总表	30年	各参建单位	
		强制性条文技术规范清单（动态）、参建单位强制性条文执行计划汇总	30年	各参建单位	
		工程进度网络计划、工程节点（里程碑）、进度计划调整文件	30年	各参建单位	
		绿色施工、水土保持实施措施等	30年	施工单位	
833	质量监督	工程质量监督站成立文件、项目质量监督中控表及项目质量监督注册证书	永久	质量监督中心站	
		质量监督大纲及审批文件，规定阶段质量监督检查报告及闭环文件	永久	质量监督中心站	
		现场质量监督站检查记录及闭环文件	30年	现场质量监督站	
834	物资管理	物资出入库管理台账、专用工器具交接单、开箱验收单	10年	建设单位	
		设备开箱检验记录	30年	建设单位或物资委托管理单位	按批次开箱的归入此类
		进口设备免税申请及海关批复、报关及质检验收文件	永久	海关	
		设备移交及与厂家往来文件	10年	建设单位及厂家	
		设备缺陷等质量问题索赔及谈判	永久	建设单位及厂家	

续表

分类号	类目名称	归档范围（主要归档文件）	保管期限	文件来源/归档单位	备　注
835	工程会议纪要、简报、报表	工程协调会议纪要、项目管理及专业会议纪要	10年	建设单位	
		工程简报、工程统计报表等	30年	建设单位	
839	其他				
84	风电施工文件				本表所列仅为主要施工文件，实际归档文件不限于此
840	施工综合文件				
	施工技术文件	专业施工组织设计	30年	施工单位	
		确定重要梁板结构部位的技术文件（结构实体检测计划）	30年	施工单位	土建工程
	设计更改文件	设计更改登记表及设计更改通知单、变更设计洽商单、材料代用通知单、涉及设计变更的工程联系单等	永久	施工单位	
	原材料质量证明文件	原材料质量跟踪管理记录，原材料、构件及半成品进场报审单，出厂和质量证明文件，委托单及复试报告等	30年	施工单位、监理单位、检测单位	
		未使用国家技术公告禁止和限制使用的技术（材料、成品）检查报告			
	施工测量及沉降观测文件	施工方格网测量、厂区平面控制网、高程控制网、全厂沉降观测记录与报告	永久	测量单位	
	工程联系单	工程联系单	10年	施工单位	
	其他管理文件	进场设备仪器年检及报验文件			
		工程所用计量器具登记表	30年	施工单位	
		现场搅拌站资质证明及报审	10年	施工单位	
		绿色施工策划与措施	10年	施工单位	
		强制性条文执行实施计划		施工单位	
	单位工程综合性文件	工程开工/复工报审表	30年	施工单位	
		施工图会检记录	30年	施工单位	
		施工方案、措施（作业指导书）及技术、安全交底记录	30年	施工单位	
		中间交付验收交接表	30年	施工单位	
		单位工程竣工验收文件	30年	施工单位	

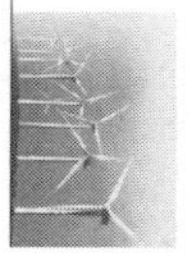

续表

分类号	类目名称	归档范围（主要归档文件）	保管期限	文件来源/归档单位	备　注
841	风电机组安装工程	包含风电机组基础，风电机组安装、风电机组监控系统、塔架、电缆、箱式变压器、防雷接地网等分部工程			本表所列仅为主要文件，实际归档文件不限于此
	1. 风电机组基础	测量放线记录	30年	施工单位	
		工程施工测量记录	30年	施工单位	
		土方回填的试验报告、回填土检测报告	30年	施工单位	
		地基处理试验报告	30年	施工单位	
		桩基试验报告	30年	施工单位	
		地基处理及桩基施工记录	30年	施工单位	
		地基强度、压实系数、注浆体强度检查记录	30年	施工单位	
		地基承载力试验记录	30年	施工单位	
		复合地基桩体强度、地基承载力检查记录	30年	施工单位	
		单桩竖向抗压承载力及桩身完整性检查记录	30年	施工单位	
		多节柱定位实测记录	30年	施工单位	
		沉降观测记录、沉降观测示意图	30年	施工单位	
		重锤夯实试夯记录、重锤夯实施工记录	30年	施工单位	
		强夯施工记录、强夯汇总记录	30年	施工单位	
		土和灰土挤密桩桩孔施工记录	30年	施工单位	
		土和灰土挤桩桩孔分填施工记录	30年	施工单位	
		振冲地基施工记录	30年	施工单位	
		单管旋喷施工记录	30年	施工单位	
		二重管旋喷施工记录	30年	施工单位	
		三生管旋喷施工记录	30年	施工单位	
		灌注桩成孔记录	30年	施工单位	
		灌注桩混凝土浇筑记录	30年	施工单位	

续表

分类号	类目名称	归档范围（主要归档文件）	保管期限	文件来源/归档单位	备　注
841	1. 风电机组基础	灌注桩施工记录汇总表	30 年	施工单位	
		混凝土（钢）桩打桩施工记录汇总表	30 年	施工单位	
		混凝土（钢）桩接头施工记录	30 年	施工单位	
		混凝土（钢）桩打桩施工记录	30 年	施工单位	
		地基处理施工记录	30 年	施工单位	
		用千斤顶加预应力记录	30 年	施工单位	
		钢筋冷拉记录	30 年	施工单位	
		柱、梁接头钢筋焊接记录	30 年	施工单位	
		钢筋材质及焊接接头的试验报告	30 年	施工单位	
		混凝土开盘鉴定记录	30 年	施工单位	
		混凝土搅拌记录	30 年	施工单位	
		混凝土搅拌机计量器校验记录	30 年	施工单位	
		混凝土浇筑通知单	30 年	施工单位	
		同条件试块留置测温记录	30 年	施工单位	
		混凝土生产质量控制记录	30 年	施工单位	
		混凝土生产强度统计评定记录	30 年	施工单位	
		混凝土原材料及混凝土试件的试验报告	30 年	施工单位	
		混凝土强度、抗渗、抗冻等试验报告			
		混凝土结构实体强度检测报告			
		地基验槽、钢筋、基础环、地下混凝土、接地等隐蔽工程验收记录	30 年	施工单位	
		强制性条文执行检查记录	30 年	施工单位	
		单位工程施工质量评定汇总表	30 年	施工单位	
		检验批、分项、分部（子分部）工程质量验收记录	30 年	施工单位	

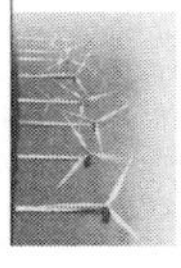

续表

分类号	类目名称	归档范围（主要归档文件）	保管期限	文件来源/归档单位	备　　注
841	2. 风电机组安装（含塔架）	风电机组基础环境测评记录及复检记录	30 年	施工单位	
		隐蔽工程验收记录	30 年	施工单位	
		风电机组的安装及调试技术资料	30 年	施工单位	
		建设单位与风电机组供货商签署的调试、试运验收意见	30 年	施工单位	
		力矩紧固记录	30 年	施工单位	
		风电机组塔架、叶片、发电机、电缆安装记录	30 年	施工单位	
		高强螺栓连接副复检报告、高强螺栓连接副扭矩复检报告	30 年	施工单位	
		润滑油复检记录			
		轴系同轴度现场复检记录			
		制动系统检查记录			
		冷却系统检查记录			
		变桨系统检查记录			
		偏航系统检查报告			
		每台风电机组调试试运质量检验评定统计表	30 年	施工单位	
		主要缺陷和处理情况一览表，重大问题的原因分析处理结果报告及会议记录或纪要等文件	30 年	施工单位	
		施工和高度未完项目清单	30 年	施工单位	
		强制性条文执行检查记录	30 年	施工单位	
		单位工程施工质量评定汇总表	30 年	施工单位	
		检验批、分项、分部（子分部）工程质量验收记录	30 年	施工单位	
		分部工程质量验收签证	30 年	施工单位	

续表

分类号	类目名称	归档范围（主要归档文件）	保管期限	文件来源/归档单位	备　注
841	3. 风电机组监控系统	各台风电机组 240h 连续并网运行记录	30 年	施工单位	
		实际负荷曲线	30 年	施工单位	
		经统计的风速-功率曲线	30 年	施工单位	
		安全保护试验记录	30 年	施工单位	
		每台风电机组启动调试试运阶段参数统计一览表	30 年	施工单位	
		保护、自动、程控、监测仪表投运情况一览表	30 年	施工单位	
		每台风电机组调试试运阶段保护运作，拒动、误动的统计和原因分析结果一览表	30 年	施工单位	
		强制性条文执行检查记录	30 年	施工单位	
		单位工程施工质量评定汇总表	30 年	施工单位	
		分部工程质量验收签证	30 年	施工单位	
	4. 电缆敷设	电缆检验报告	30 年	施工单位	
		电缆隐蔽工程签证			
		单位工程施工质量评定汇总表	30 年	施工单位	
		检验批、分项、分部（子分部）、工程质量验收记录	30 年	施工单位	
		分部工程质量验收签证	30 年	施工单位	
	5. 箱式变电站	箱式变电站安装记录	30 年	施工单位	
		箱式变电站调试大纲	30 年	施工单位	
		负荷开关试验记录	30 年	施工单位	
		变压器试验记录	30 年	施工单位	
		熔断器试验记录	30 年	施工单位	
		断路器试验记录	30 年	施工单位	
		避雷器试验记录	30 年	施工单位	
		绝缘油试验记录	30 年	施工单位	

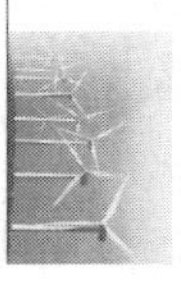

续表

分类号	类目名称	归档范围（主要归档文件）	保管期限	文件来源/归档单位	备　注
841	5. 箱式变电站	气体继电器检验记录	30 年	施工单位	
		绕组温度计检验报告	30 年	施工单位	
		安装单位工程评定汇总表	30 年	施工单位	
		检验批、分项、分部工程质量验收记录	30 年	施工单位	
		分部工程质量验收签证	30 年	施工单位	
	6. 防雷接地	参见本表“842”中“2. 防雷接地装置”	30 年	施工单位	
842	升压站设备安装调试工程	包含主变压器，高、低压电器，盘、柜及二次回路接线，母线装置，电缆，低压配电设备，防雷接地装置等分部工程			本表所列仅为主要文件，实际归档文件不限于此
	1. 变电站电气设备安装及调试	变压器系统安装记录	30 年	施工单位	
		气体继电器检验报告	30 年	施工单位	
		绕组温度计检验报告	30 年	施工单位	
		绝缘油检验报告	30 年	施工单位	
		主变压器真空注油及密封试验签证记录	30 年	施工单位	
		封闭式组合电器安装记录	30 年	施工单位	
		封闭式组合电器密封试验记录	30 年	施工单位	
		SF_6 气体检验报告	30 年	施工单位	
		室外配电装置安装记录	30 年	施工单位	
		无功补偿系统安装记录	30 年	施工单位	
		高压成套柜安装记录	30 年	施工单位	
		低压配电盘安装记录	30 年	施工单位	
		站用变压器安装记录	30 年	施工单位	
		母线装置安装记录	30 年	施工单位	

续表

分类号	类目名称	归档范围（主要归档文件）	保管期限	文件来源/归档单位	备　注
842	1. 变电站电气设备安装及调试	就地动力、控制设备安装记录	30 年	施工单位	
		控制及直流系统安装记录	30 年	施工单位	
		蓄电池充放电记录	30 年	施工单位	
		通信系统安装记录	30 年	施工单位	
		控制及保护屏安装记录	30 年	施工单位	
		电气设备调试大纲	30 年	施工单位	
		电气设备交接试验报告	30 年	施工单位	
		系统调试试验报告	30 年	施工单位	
		关口计量检验报告	30 年	施工单位	
		升压站整套启动方案	30 年	施工单位	
		全站接地装置安装记录	30 年	施工单位	
		强制性条文执行检查记录	30 年	施工单位	
		隐蔽工程验收记录	30 年	施工单位	
		安装单位工程评定汇总表	30 年	施工单位	
		检验批、分项、分部工程质量验收记录	30 年	施工单位	
842	2. 防雷接地装置	避雷针接地装置安装记录	30 年	施工单位	
		屋外接地装置隐蔽前检查记录、签证	30 年	施工单位	
		接地网电气完整性测试报告	30 年	施工单位	
		升压站主接地网试验报告、独立避雷针测度报告	30 年	施工单位	
		防雷接地检测报告	30 年	施工单位	
		接地电阻验收签证记录			
		强制性条文执行检查记录	30 年	施工单位	
		接地隐蔽工程验收、签证记录	30 年	施工单位	
		单位工程评定汇总表	30 年	施工单位	
		分部工程质量验收签证	30 年	施工单位	

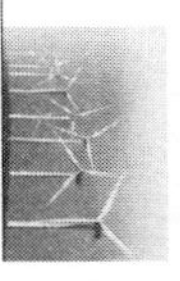

续表

分类号	类目名称	归档范围（主要归档文件）	保管期限	文件来源/归档单位	备　　注
843	场内电力线路工程	包含电杆基坑及基础埋设、电杆组立与绝缘子安装、拉线安装、导线架设等分部工程			本表所列仅为主要部件，实际归档文件不限于此
	1. 电杆基坑及基础埋设	归档文件参见本表841中“1. 风电机组基础”	30年	施工单位	
	2. 集电线路安装及调试工程	电缆试验报告	30年	施工单位	
		线路参数试验	30年	施工单位	
		电缆线路安装记录	30年	施工单位	
		电缆防火阻燃记录	30年	施工单位	
		直埋电缆（隐蔽前）检查签证	30年	施工单位	
		35kV及以上电力电缆终端安装记录	30年	施工单位	
		电缆中间接头位置记录及布置图	30年	施工单位	
		电杆组立及拉线安装记录	30年	施工单位	
		导线架设记录	30年	施工单位	
		杆上电气设备安装记录	30年	施工单位	
		导线压接试验记录	30年	施工单位	
		光缆衰减试验记录	30年	施工单位	
		光缆接续施工检查记录	30年	施工单位	
		强制性条文执行检查记录	30年	施工单位	
		隐蔽工程验收记录	30年	施工单位	
		单位工程评定汇总表	30年	施工单位	
		检验批、分项、分部（子分部）工程质量验收记录	30年	施工单位	
		分部工程质量验收签证	30年	施工单位	
	3. 选出线路安装及调试工程	归档文件同“2. 集电线路安装及调试工程”	30年	施工单位	

续表

分类号	类目名称	归档范围（主要归档文件）	保管期限	文件来源/归档单位	备　　注
844	中控楼和升压站建筑工程	包含主变压器基础、框架、砌体、层面、楼地面、门窗、装饰、室内外给排水、照明、附属设施（电缆沟、接地、场地、围墙、消防通道）等分部工程			本表所列仅为主要归档文件，实际归档文件不限于此
	1. 主变压器基础	归档文件见本表“841”中“1. 风电机组基础”	30 年	施工单位	
	2. 结构工程	钢筋材质及焊机（机械连接）接头的试验报告	30 年	施工单位	
		混凝土原材料及混凝土试件的试验报告	30 年	施工单位	
		钢结构摩擦面的抗滑移系数、高强度螺栓连接副的试验报告、砌筑砂浆试件的试验报告	30 年	施工单位	
		防水与防腐砂浆、胶泥、涂料的试验报告	30 年	施工单位	
		沉降观测记录、沉降观测示意图	30 年	施工单位	
		预应力钢筋的冷拉及张拉记录	30 年	施工单位	
		混凝土工程施工记录	30 年	施工单位	
		结构吊装记录	30 年	施工单位	
		混凝土实体强度、结构实体钢筋保护层厚度检验记录	30 年	施工单位	
		同条件试块留置测温记录	30 年	施工单位	
		焊接内部质量检测记录	30 年	施工单位	
		高强度螺栓连接副紧固质量检验记录	30 年	施工单位	
		防腐、防火涂装检测记录	30 年	施工单位	
		地下室防水效果检查记录	30 年	施工单位	
		有防水要求的地面蓄水试验记录	30 年	施工单位	
		建（构）筑物垂直度、标高、全高观测记录	30 年	施工单位	
		钢筋冷拉记录	30 年	施工单位	
		用千斤顶加预应力记录	30 年	施工单位	
		柱、梁接头钢筋焊接记录	30 年	施工单位	

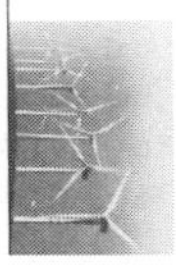

续表

分类号	类目名称	归档范围（主要归档文件）	保管期限	文件来源/归档单位	备　　注
844	2. 结构工程	混凝土搅拌记录	30年	施工单位	
		混凝土搅拌机计量器校验记录	30年	施工单位	
		混凝土生产质量控制记录	30年	施工单位	
		混凝土生产强度统计评定记录	30年	施工单位	
		设备基础构建接头灌浆施工记录	30年	施工单位	
		混凝土工程浇筑施工记录	30年	施工单位	
		冬期施工混凝土搅拌测温记录	30年	施工单位	
		混凝土工程养护记录	30年	施工单位	
		大体积混凝土结构测温记录	30年	施工单位	
		冬期施工混凝土工程养护测温记录	30年	施工单位	
		钢结构焊接施工记录	30年	施工单位	
		钢结构高强度螺栓连接施工记录	30年	施工单位	
		构件吊装记录	30年	施工单位	
		同条件试块留置测温记录	30年	施工单位	
		砌体工程施工记录	30年	施工单位	
		钢筋（材）跟踪管理记录	30年	施工单位	
		混凝土跟踪管理记录	30年	施工单位	
		混凝土开盘鉴定记录	30年	施工单位	
		混凝土浇筑通知单	30年	施工单位	
		主体结构分部工程质量验收表	30年	施工单位	
		各层楼板结构分部工程质量验收表	30年	施工单位	
		地下防水验收记录	30年	施工单位	
		建筑物沉降观测记录	30年	施工单位	
		强制性条文执行检查记录	30年	施工单位	

续表

分类号	类目名称	归档范围（主要归档文件）	保管期限	文件来源/归档单位	备　注
844	2. 结构工程	隐蔽工程验收记录	30年	施工单位	
		单位工程质量评定汇总表	30年	施工单位	
		分部工程质量验收签证	30年	施工单位	
	3. 层面工程	防水卷材、涂膜防水材料、密封材料合格证（出厂试验报告）、进场验收记录及复试报告	30年	施工单位	
		保温材料合格证（出厂试验报告）、进场验收记录及复试报告	30年	施工单位	
		层面淋水试验记录	30年	施工单位	
		保温层厚度测试	30年	施工单位	
		卷材、涂膜防水层的基层施工记录	30年	施工单位	
		天沟、檐沟、泛水和变形缝等细部做法施工记录	30年	施工单位	
		卷材、涂膜防水层和附加层施工记录	30年	施工单位	
		刚性保护层与防水层之间隔离层施工记录	30年	施工单位	
		屋面淋水、蓄水试验记录	30年	施工单位	
		找平层及排水沟排水坡度测量记录	30年	施工单位	
		防水卷材搭接宽度记录	30年	施工单位	
		涂料防水层厚度记录	30年	施工单位	
		压型板纵向搭接及泛水搭接长度、挑出墙面长度	30年	施工单位	
		脊瓦搭盖坡瓦宽度	30年	施工单位	
		瓦伸入天沟、檐沟、檐口的长度	30年	施工单位	
		防水层伸入水落口杯长度	30年	施工单位	
		变形缝、女儿墙防水层立面泛水高度	30年	施工单位	
		强制性条文执行检查记录	30年	施工单位	
		隐蔽工程验收记录	30年	施工单位	
		单位工程质量评定汇总表	30年	施工单位	

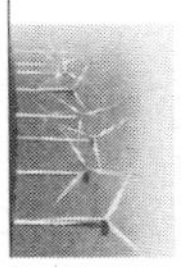

续表

分类号	类目名称	归档范围（主要归档文件）	保管期限	文件来源/归档单位	备　　注
844	4. 装饰装修工程	单位工程质量评定汇总表	30年	施工单位	
		检验批、分项、分部（子分部）工程质量验收记录	30年	施工单位	
		分部工程质量验收签证	30年	施工单位	
		装饰装修、节能保温材料合格证、进场验收记录	30年	施工单位	
		幕墙的玻璃、石材、板材、结构材料合格证及进场验收记录	30年	施工单位	
		有环境质量要求的材料合格证、进场验收记录及复试报告	30年	施工单位	
		新材料、新工艺施工记录	30年	施工单位	
		外窗传热性能及建筑节能、保温检测记录	30年	施工单位	
		幕墙工程与主体结构连接的预埋件及金属框架的连接检测记录	30年	施工单位	
		幕墙及外窗气密性、水密性、耐风压检测报告	30年	施工单位	
		吊顶、幕墙、外墙饰面砖（板）各种预埋件及粘贴记录	30年	施工单位	
		防水与防腐砂浆、胶泥、涂料的试验报告	30年	施工单位	
	5. 建筑安装	防腐、防火涂装检测记录	30年	施工单位	
		有防水要求的地面蓄水试验记录	30年	施工单位	
		节能、保温测试记录	30年	施工单位	
		室内环境检测记录（空气、人造材料防辐射）	30年	施工单位	
		吊杆拉拔强度检测报告	30年	施工单位	
		节能工程施工记录	30年	施工单位	
		烟道、通风道通风试验记录	30年	施工单位	
		抽气（风）道检查记录	30年	施工单位	
		有关胶料配合比试验单	30年	施工单位	
		外墙块材镶贴的黏结强度检测报告	30年	施工单位	
		立面垂直度、表面平整度检测记录	30年	施工单位	
		门窗框正、侧面垂直度检测记录	30年	施工单位	

续表

分类号	类目名称	归档范围（主要归档文件）	保管期限	文件来源/归档单位	备　注
844	5. 建筑安装	幕墙垂直度检测记录	30 年	施工单位	
		地面平整度检测记录	30 年	施工单位	
		强制性条文执行检查记录	30 年	施工单位	
		隐蔽工程验收记录	30 年	施工单位	
		单位工程质量评定汇总表	30 年	施工单位	
		检验批、分项、分部（子分部）工程质量验收记录	30 年	施工单位	
		分部工程质量验收记录	30 年	施工单位	
		材料及配件、元件、部件出厂合格证及进场验收记录	30 年	施工单位	
		器具及设备出厂合格证及进场验收记录	30 年	施工单位	
		仪表、设备出厂合格证及进场验收记录随机文件	30 年	施工单位	
		1）给排水与采暖工程			
		主要管道施工及管道穿墙、穿楼板套管安装施工记录	30 年	施工单位	
		给水管道冲洗、消毒记录	30 年	施工单位	
		给水管道水压及通水试验记录	30 年	施工单位	
		阀门安装前强度和严密性试验记录	30 年	施工单位	
		给水、排水、采暖管道坡度检测记录	30 年	施工单位	
		箱式消防栓安装位置检测记录	30 年	施工单位	
		卫生器具安装高度检测记录	30 年	施工单位	
		水泵安装运转记录	30 年	施工单位	
		暖气管道、散热器压力试验记录	30 年	施工单位	
		卫生器具满水试验记录	30 年	施工单位	
		消防管道、燃气管道压力试验记录	30 年	施工单位	
		排水干管道球试验记录	30 年	施工单位	
		检验批、分项、分部（子分部）工程质量验收满水试验记录	30 年	施工单位	

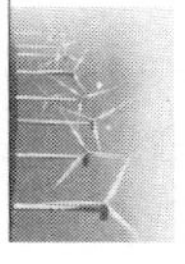

续表

分类号	类目名称	归档范围（主要归档文件）	保管期限	文件来源/归档单位	备　注
844	5. 建筑安装	水池满水试验记录	30年	施工单位	
		系统清洗、灌水、通水、通球试验记录	30年	施工单位	
		生活给水系统管道交用前水质检测	30年	施工单位	
		生活饮用水水质检测报告	30年	施工单位	
		承压管道、设备系统水压试验	30年	施工单位	
		非承压管道和设备灌水试验，排水干管管道通球、通水试验	30年	施工单位	
		给水系统及卫生器具交付使用前通水、灌水试验记录	30年	施工单位	
		消防栓系统试射试验	30年	施工单位	
		低、中倍数泡沫灭火系统喷泡沫试验	30年	施工单位	
		高倍数泡沫灭火系统喷泡沫试验	30年	施工单位	
		采暖系统调试、试运行、安全阀、报警装置联动系统测试	30年	施工单位	
		强制性条文执行检查记录	30年	施工单位	
		隐蔽工程验收记录	30年	施工单位	
		单位工程质量评定汇总表	30年	施工单位	
		检验批、分项、分部（子分部）工程质量验收记录	30年	施工单位	
		分部工程质量验收签证	30年	施工单位	
		2）建筑电气			
		照明全负荷试验记录	30年	施工单位	
		接地装置、防雷装置的接地电阻测试记录	30年	施工单位	
		柜、屏、台、箱、盘安装垂直度检测记录	30年	施工单位	
		同一场所成排灯具中心线偏差检测记录	30年	施工单位	
		同一场所的同一断面，开关、插座面板的高度差检测记录	30年	施工单位	
		电气装置空载负荷运行试验记录	30年	施工单位	
		大型灯具牢固性及悬吊装置过载试验记录	30年	施工单位	

续表

分类号	类目名称	归档范围（主要归档文件）	保管期限	文件来源/归档单位	备　注
844	5. 建筑安装	漏电保护模拟动作电流、时间测试记录	30 年	施工单位	
		接地装置、避雷装置接地电阻测试记录	30 年	施工单位	
		线路、插座、开关接地检验记录	30 年	施工单位	
		照明、照度测试记录	30 年	施工单位	
		室内外低于 2.4m 灯具绝缘性能检测	30 年	施工单位	
		配电箱、插座、开关接线（接地）通电检查记录	30 年	施工单位	
		导线、设备、元件、器具绝缘电阻测试记录	30 年	施工单位	
		强制性条文执行检查记录	30 年	施工单位	
		隐蔽工程验收记录	30 年	施工单位	
		单位工程质量评定汇总表	30 年	施工单位	
		检验批、分项、分部（子分部）工程质量验收记录	30 年	施工单位	
		分部工程质量验收签证	30 年	施工单位	
		3）通风与空调			
		通风、空调系统试运行记录	30 年	施工单位	
		风量、温度测试记录	30 年	施工单位	
		风管机部件加工制作记录	30 年	施工单位	
		风管系统、管道系统安装记录	30 年	施工单位	
		防火阀、排烟阀、防爆阀等安装记录	30 年	施工单位	
		防火阀、排烟阀（口）启闭联动试验记录	30 年	施工单位	
		设备（含水泵、风机、空气处理设备、空调机组和制冷设备等）安装记录	30 年	施工单位	
		设备单机试运转及调试记录	30 年	施工单位	
		风口尺寸检测记录	30 年	施工单位	
		风口水平安装的水平度、风口垂直安装的垂直度检测记录	30 年	施工单位	

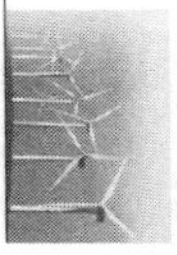

续表

分类号	类目名称	归档范围（主要归档文件）	保管期限	文件来源/归档单位	备　注
844	5. 建筑安装	防火阀距墙表面的距离检测记录	30年	施工单位	
		4）智能建筑			
		系统运行记录	30年	施工单位	
		应用软件系统测试记录	30年	施工单位	
		系统电源及接地电阻检测报告	30年	施工单位	
		系统检测	30年	施工单位	
		系统集成检测记录	30年	施工单位	
		图像视频监控系统验收文件	30年	施工单位	
		安防系统验收资料	30年	施工单位	
		硬件、软件产品设备测试记录	30年	施工单位	
		机柜、机架安装垂直度偏差检测记录	30年	施工单位	
		桥架及线槽水平度、垂直度检测记录	30年	施工单位	
		强制性条文执行检查记录	30年	施工单位	
		隐蔽工程验收记录	30年	施工单位	
		单位工程质量评定汇总表	30年	施工单位	
		检验批、分项、分部（子分部）工程质量验收记录	30年	施工单位	
		分部工程质量验收签证	30年	施工单位	
845	交通工程	包含路基、路面、排水沟、涵洞、桥梁等分部工程	30年	施工单位	本表所列仅为主要文件，实际归档文件不限于此
		归档文件参见本表分类号“844”的内容			
849	其他工程	综合利用工程	30年	施工单位	如光伏工程等
86	监理文件				
	综合			监理单位	

续表

分类号	类目名称	归档范围（主要归档文件）	保管期限	文件来源/归档单位	备　注
861	施工监理文件	监理规划、监理实施细则	30 年	监理单位	
		工程承包商、设备器材供应商、试验室资质审查文件	30 年	监理单位	
		特殊工种人员资质、进场施工机具审查文件	30 年	监理单位	
		监理旁站记录（见证记录）	30 年	监理单位	
		监理日志	30 年	监理单位	
		监理工程师通知单、监理工作联系单	30 年	监理单位	
		监理月报、简报	30 年	监理单位	
		监理会议纪要	30 年	监理单位	
		施工阶段质量评估报告及专题报告	30 年	监理单位	
862	设计监理文件	监理规划、监理实施细则	30 年	监理单位	
		设计交底及施工图会审纪要	30 年	监理单位	
		施工图设计成品确认单	30 年	监理单位	
		竣工图的审核报告	30 年	监理单位	
863	设备监造文件	设备监造规划（大纲）、设备制造检验计划和检验要求	30 年	监造单位	
		设备建造总结报告（含监造方案、措施、月报或简报等）	30 年	监造单位	
87	试运调试				
870	综合	调试大纲及审批意见、调试计划及审批意见	30 年	调试单位	
		工程（调试）联系单	30 年	调试单位	
		调试与试验强制性条文执行检查记录	30 年	调试单位	
871	调试文件	单机试运	30 年	调试单位	
		单机试运方案和措施及交底记录	30 年	调试单位	
		单机试运条件检查确认表及验收签证	30 年	调试单位	
		单体调试报告和单机试运记录	30 年	调试单位	

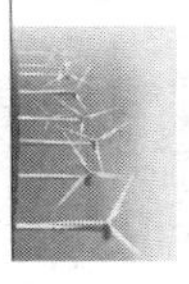

续表

分类号	类目名称	归档范围（主要归档文件）	保管期限	文件来源/归档单位	备　注
871	调试文件	机组240h整套试运验评签证	30年	调试单位	
		整套启动试运			
		调试方案、措施及交底记录	30年	调试单位	
		电气保护定值表	30年	调试单位	
872	试验文件	涉网及特殊试验措施、报告	30年	试验单位	
		性能试验措施、报告	30年	试验单位	
88	竣工文件				
880	综合	启委会成立及批复、启委会会议纪要等文件	永久	启动委员会	
881	竣工交接与验收文件	机组移交生产签证书	永久	启动委员会	
		竣工档案（竣工图）移交签证及移交目录	永久	建设与各参建单位	
		工程遗留问题清单及尾工清单	10年	施工单位	
		机组240h考核报告	永久	生产单位	
		环保专项验收文件	永久	国家环保部	
		消防专项验收文件	永久	地方消防部门	
		安全设施竣工验收文件	永久	地方安全生产监察部门	
		职业卫生专项验收文件	永久	地方卫生部门	
		劳动保障专项验收文件	永久	地方劳动保障部门	
		水土保持专项验收文件	永久	地方水利部门	
		项目档案专项验收文件	永久	上级主管单位	
		建设项目整体竣工验收文件	永久	发改委与上级主管单位	

续表

分类号	类目名称	归档范围（主要归档文件）	保管期限	文件来源/归档单位	备　注
882	工程总结	建设、设计、监理、施工、调试、生产等单位工程总结	30 年	各参建单位	
		工程质量评估报告	30 年	监理单位	
		工程质量检查报告	30 年	设计单位	
		工程质量保证（保修）书	10 年	施工单位	
883	竣工决算与审计文件				
	工程结算	工程款支付、结算单及竣工结算审核意见书	30 年	施工单位、计划部门、监理单位	
	工程决算	工程决算书及报批文件	永久	建设单位、上级主管单位	
	决算审计	工程决算审计报告	永久	会计事务所	
884	达标考核与工程创优文件				
	达标考核文件	达标机构成立、达标策划及规划文件，过程检查、预检及复检记录	30 年	达标办公室、上级主管单位	
		达标申报、批准文件及证书	永久	上级主管单位	
	创优文件	创优机构成立、创优策划及规划文件	30 年	创优办公室	
		创优咨询检查及点评意见、整改计划及验收记录	30 年	建设、施工、咨询单位	
		工程质量评价（单项、单台机组质量评价和整体工程质量评价）	30 年	监理、评价单位	报优项目
		优质工程申报、批准及证书	永久	评奖单位	
885	竣工图	竣工图编制总说明、总目录、汇总表等	永久	设计、施工单位	根据合同约定
		各专业竣工图	永久		
9	设备仪器				
90	综合				

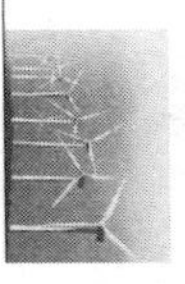

续表

分类号	类目名称	归档范围（主要归档文件）	保管期限	文件来源/归档单位	备　注
900	总的部分	设备总台账等	30年	生产管理部门	
909	其他		30年		
91	风电机组				
910	总的部分		30年	设备厂家	
911	塔筒	塔筒本体、法兰、基础环等设备出厂质量证明文件、装箱单、零部件清单、使用说明书、试验报告、图纸等技术文件	30年	设备厂家	
912	机舱	风电机组机舱，包括主轴、齿轮箱、发电机、电控柜、冷却系统、偏航系统、液压系统等的技术文件、装箱单、零部件清单、图纸、试验报告、调试报告、质量证明、安装说明书、使用说明书等出厂证明文件	30年	设备厂家	
913	风轮	包括轮毂、叶片和变桨系统等的技术文件、装箱单、零部件清单、图纸、试验报告、调试报告、质量证明、计算书、安装说明书、使用说明书等出厂证明文件			
914	箱式变压器	箱式变压器设备的出厂质量证明、使用说明书、试验报告、图纸等技术文件			
915	风电机组集中监控系统	服务器、通信柜等设备的出厂质量证明、使用说明书、试验报告、图纸等技术文件	30年	设备厂家	
92	变电站设备				
920	总的部分				
921	变电站一次设备	主变压器、厂用变压器、高低压断路器、高低压隔离开关、高低压互感器、组合电器、无功补偿、集电线路一次部分、送出线路一次部分设备（含接入系统）等设备的文件，包括出厂证明、使用说明书、试验报告、图纸等技术文件	30年	设备厂家	

续表

分类号	类目名称	归档范围（主要归档文件）	保管期限	文件来源/归档单位	备　注
922	变电站二次设备	综合自动化、二次系统、集电线路二次部分、送出线路二次部分（含接入系统）等设备的文件，包括出厂证明、使用说明书、试验报告、图纸、技术文件、质量保证书及试验报告和线材检验报告等技术文件	30年	设备厂家	
923	通信机远动设备	程控交换机、调度交换机、通信电源等设备的出厂质量证明、使用说明书、试验报告、图纸等技术文件	30年	设备厂家	
		网络计算机监控系统、电量计费系统、功角测量系统等的出厂质量证明、使用说明书、试验报告、图纸等技术文件			
924	直流系统及继电保护	直流充电柜、直流蓄电池、保护柜等设备的出厂质量证明、使用说明书、试验报告、图纸等技术文件	30年	设备厂家	
929	其他		30年	设备厂家	
93	其他系统设备				
931	水工设备	给水、排水设备，消防水、污水设备，污水处理装置的出厂质量证明、使用说明书、试验报告、图纸等技术文件	30年	设备厂家	
932	采暖、通风	采暖、通风设备的出厂质量证明、使用说明书、试验报告、图纸等技术文件	30年	设备厂家	
933	消防、安防设备	报警装置、安防设备等的出厂质量证明、使用说明书、试验报告、图纸等技术文件	30年	设备厂家	
934	特种设备	电梯、起重、吊装等设备的出厂质量证明、使用说明书、试验报告、图纸、年检证书及检测报告等技术文件	30年	设备厂家	
936	试验用仪器仪表及专用工具	测试仪器仪表、高低压电器设备专用工具等的出厂质量证明、使用说明书、试验报告、图纸等技术文件	30年	设备厂家	
939	其他	办公设备设施、交通工具等的出厂质量证明、使用说明书、试验报告、图纸等技术文件	10年	设备厂家	

附录4　风电场项目质量目标分解表

附表4-1　风电场项目质量目标分解表

单项工程	单位工程	质量目标	序号	分部工程
风电机组	各风电机组	合格及以上	1	风电机组基础
			2	塔架安装
			3	风电机组安装
			4	风电机组监控系统
			5	电缆
			6	风力发电机出口箱式变压器安装
			7	防雷接地网
			8	集电线路
集电线路	35kV架空集电线路	合格及以上	1	土石方工程
			2	基础工程
			3	铁塔基础
			4	杆塔工程
			5	架线工程
			6	接地工程
			7	线路防护设施
			8	直埋电缆土石方工程
			9	电缆管配置与敷设
			10	35kV直埋电缆敷设
			11	电力电缆终端制作及安装
			12	电缆防火与阻燃
			13	电缆井工程
升压站建筑	升压站综合楼工程	合格	1	地基与基础工程
			2	主体结构工程
			3	建筑装饰装修
			4	建筑屋面
			5	建筑给水及排水
			6	建筑电气安装
			7	通风与空调
	升压站主控楼工程	合格	8	地基与基础工程
			9	主体结构工程
			10	建筑装饰装修
			11	建筑屋面
			12	建筑给水及排水
			13	建筑电气
			14	通风与空调

续表

单项工程	单位工程	质量目标	序号	分　部　工　程
升压站建筑	35kV屋内配电装置系统	合格	15	35kV屋内配电装置室
			16	屋外出线构支架
	建、构筑物		17	地基与基础
	主变压器基础及构支架	合格	18	地基与基础
			19	主体结构
	220kV屋外配电装置构筑物	合格	20	地基与基础
			21	主体结构
	屋外电缆沟	合格	22	地基工程
			23	电缆沟结构
			24	沟道装饰装修
			25	盖板制作、安装
			26	地基与基础工程
			27	主体工程
			28	建筑装饰装修
			29	建筑屋面
			30	建筑给水、排水
			31	建筑电气
	围墙及大门	合格	32	围墙基础及排水沟
			33	围墙结构
			34	围墙装饰及大门
	站外护坡及排水沟	合格	35	护坡地基
			36	护坡结构
			37	排洪沟（排水沟）
			38	排洪沟地基
			39	排洪沟结构
	站内外道路	合格	40	站内道路基础
			41	站内道路结构
			42	站外道路基础
			43	站外道路结构
	屋外场地工程	合格	44	场地平整及地面
			45	地基与基础工程
			46	场地地面
			47	屋外场地照明
			48	照明设施基础
			49	电气照明

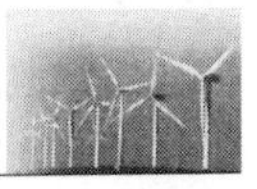

续表

单项工程	单位工程	质量目标	序号	分部工程
升压站建筑	室外给排水及雨污水系统建、构筑物	合格	50	室外给水、排水管道
			51	地基与基础
			52	室外给水管网
			53	室外排水管网
	深井泵房	合格	54	地基与基础工程
			55	主体工程
			56	填充墙砌体
			57	建筑装饰装修
			58	建筑屋面
			59	建筑电气安装工程
			60	电气安装工程
	生产、生活辅助建筑	合格	61	辅助用房
			62	地基与基础
			63	主体结构
			64	建筑装饰装修
			65	建筑屋面
			66	建筑给水、排水
			67	建筑电气安装工程
升压站设备安装调试	主变压器系统设备安装	合格及以上	1	主变压器安装
			2	主变压器系统附属设备安装
			3	主变压器带电试运行
	主控及直流设备安装	合格及以上	4	主控室设备安装
			5	蓄电池组安装
	升压站220kV配电装置安装	合格及以上	6	主母线安装
			7	电压互感器及避雷器安装
			8	220kV进出线、主变进线间隔安装
			9	铁构架及网门安装
			10	220kV配电装置带电试运行
	升压站35kV、10kV及站用配电装置安装	合格及以上	11	35kV配电柜安装
			12	站用低压配电装置安装
			13	35kV系统设备带电试运
			14	380V系统设备带电试运行
	升压站无功补偿装置安装	合格及以上	15	电抗器安装
			16	SVG设备安装

续表

单项工程	单位工程	质量目标	序号	分　部　工　程
升压站设备安装调试	全站电缆施工	合格及以上	17	电缆管配置及敷设
			18	电缆架制作及安装
			19	电缆敷设
			20	电力电缆终端制作
			21	控制电缆终端制作及安装
			22	35kV及以上电缆线路施工
			23	电缆防火与阻燃
	全站防雷及接地装置安装	合格及以上	24	避雷针及引下线安装
			25	接地装置安装
	通信系统设备安装	合格及以上	26	微波通信设备安装
			27	通信蓄电池安装
			28	通信系统接地
220kV架空送出线路	220kV架空送出线路工程	合格	1	土石方工程
			2	基础工程
			3	杆塔工程
			4	架线工程
			5	接地工程
			6	线路防护设施

附录5　风电场项目施工主要质量控制要点分析表

附表5-1　风电场项目施工主要质量控制要点分析表

序号	分项工程/原材料及中间产品	控　制　要　点
1	原材料	水泥、钢材、外加剂、拌制、养护、掺合料、细骨料、粗骨料、防水材料
2	混凝土拌和物	混凝土拌和物、砂浆拌和物、商品混凝土、混凝土预制件
3	应归档的工程技术资料内容	设计图纸和施工方案，监理工程师签发的材料和验收记录，生产厂家出具的合格证、质保书、出厂证明、质检报告等质量证明材料，生产厂家的产品生产许可证和厂家须具备的相应的资质等级证明材料，具备相应资质的检测单位出具的试验及检测资料和检测单位的资质等级证明材料，中间产品施工记录，质量事故处理记录
4	测风塔	原材料，测风塔基础，测风塔塔架，测风仪器设备，资料归档测风塔完工后有关设计、材料、施工方案（报告）、质量会议纪要、验收等竣工签字资料
5	风电机组基础	基础施工、基础环的安装、防雷接地网施工、混凝土浇筑及养护、岩石锚杆的质量控制、风电机组基础归档资料
6	风电机组	塔筒的监造、吊装及安装，机舱的监造及吊装，轮毂和叶片的监造和吊拼装，机组电气总装
7	电力箱式变压器	箱式变压器就位前要对基础进行验收，箱式变压器开箱检查，变压器本体及附件安装，变压器与线路连接，变压器试验与调整、现场交接试验
8	防雷接地	接地装置的功能设计，接地装置用材料、尺寸、热稳定和耐腐蚀要求，接地装置的施工，风电机组接地装置验收，接地电阻测量，风电机组接地装置维护
9	升压变电站建筑工程	施工测量，基础工程，结构工程，屋面防水，外立面墙体防渗，厕浴间、厨房等防水地面，照明，暖通空调，综合布线，附属工程
10	升压变电站设备安装	高压配电设备安装及试验，电力变压器安装及试验，直流、UPS设备安装及调试，电缆设备及试验，监控系统安装及调试，主变压器、开关站及线路保护安装及调试，故障录波安装及调试，电能计费系统安装及调试，安全稳定装置安装及调试，行波测量装置安装及调试，功角测量装置安装及调试，10kV（35kV）系统安装、试验及调试，0.4kV系统安装、试验及调试，无功补偿装置安装及调试，火灾报警和消防联动系统安装及试验，视频监控系统安装，通信设备安装及调试，主变压器冲击试验
11	集电和送出线路	直埋电力电缆敷设安装和电缆试验、架空电力线路敷设安装和试验
12	风电场系统联调	升压站监控系统调试、升压站保护调试、电力系统倒送试验、启动试运行

参 考 文 献

[1] 谢保卫，朱振军. 风电工程项目管理的难点及对策 [J]. 水利水电技术，2014，45 (12)：22-24.

[2] 黄必清，易晓春. 风电场工程建设管理信息系统 [J]. 清华大学学报（自然科学版），2014，54 (12)：1580-1587.

[3] 邢涛. 盘点：权力下放后各省风电项目核准权限一览表 [EB/OL]. http：//news.bjx.com.cn/html/20160126/704579.shtml，2016-1-26.

[4] 欧阳力，严尔梅. 风电场建设过程中的水土保持监测方法 [J]. 水土保持应用技术，2010 (5)：37-39.

[5] 孔祥周. 观音岩水电站“三通一平”工程水土流失防治效果评价 [J]. 中国水能及电气化，2014 (3)：46-49.

[6] 陈天骄. 业主方建设工程项目管理组织模式 [J]. 建设监理，2016 (1)：18-21，24.

[7] 付彦海. 风电工程业主方的项目管理 [J]. 风能，2014 (12)：56-60.

[8] 洪伟民，王卓甫. 工程项目交易模式研究综述 [J]. 科技管理研究，2008 (8)：188-190.

[9] 张凯，张易炜. 风电工程建设中的管理模式及风险因素研究 [J]. 科技创新导报，2019，16 (17)：31-32.

[10] 贾佳. 工程项目交易模式影响因素及决策研究 [D]. 重庆：重庆大学，2013.

[11] 张瑞，王卓甫，丁继勇. 增值视角下工程交易模式创新设计的影响因素研究——基于扎根理论的半结构访谈 [J]. 科技管理研究，2018，38 (10)：196-203.

[12] 杨纶标. 模糊数学原理及应用 [M]. 4版. 广州：华南理工大学出版社，2004.

[13] 狄小格，桂虎. 湖北能源集团荆门象河风电场工程 EPC 建设管理模式的思考 [J]. 水电与新能源，2017 (1)：69-71，75.

[14] 王茂欣. 工程项目交易模式选择与创新研究 [D]. 重庆：重庆大学，2014.

[15] 刘海桑. 政府采购、工程招标、投标与评标 1200 问 [M]. 北京：机械工业出版社，2012.

[16] 郭生根. 赣江新干航电枢纽工程招标实践及思考 [J]. 广西水利水电，2018 (6)：101-103，106.

[17] 张鹏. 海上风电场工程招标研究 [J]. 工程经济，2016，26 (7)：31-34.

[18] 杨高升. 工程项目管理：合同策划与履行 [M]. 北京：中国水利水电出版社，2011.

[19] 何伯森，张水波，查京民. 工程建设安全管理中施工合同有关各方的职责 [J]. 土木工程学报，2004，37 (5)：101-105.

[20] 李国庆，李晓兵. 风电场对环境的影响研究进展 [J]. 地理科学进展，2016，35 (8)：1017-1026.

[21] 翟建军，李筱萌. 风电项目建设工程变更分类与管理 [J]. 风能，2015 (12)：62-65.

[22] 宋百钢. 大唐海派东岗风电场 49.5MW 工程项目进度管理 [D]. 长春：吉林大学，2013.

[23] 张淑东. 大唐风力发电建设项目进度管理研究 [D]. 长春：吉林大学，2015.

[24] 张海军，施颖，李睿. 项目后评价理论及方法探讨 [J]. 商业时代，2012 (28)：105-106.

[25] 赵瑞英. 项目后评价研究及应用 [J]. 山西财经大学学报，2010，32 (S1)：135.

[26] 武栋. 济南泉水取水点调研之实地勘察法 [J]. 工程建设与设计，2017 (1)：86-88.

[27] 王晟. 对比分析法在风电工程项目后评价中的应用［J］. 水电与新能源，2019，4（33）：71-73.
[28] 张盼. 基于逻辑框架法的水利水电工程监理项目后评估［J］. 地下水，2019，41（4）：209-210.
[29] 张磊. 浅谈风电项目后评价理论与方法［J］. 管理观察，2017（35）：16-17.
[30] 南智斐. 风电工程项目后评价理论与应用研究［D］. 北京：华北电力大学，2016.
[31] 王玉国. 风电场建设与管理［M］. 北京：中国水利水电出版社，2017.

《风电场建设与管理创新研究》丛书
编辑人员名单

总 责 任 编 辑　营幼峰　王　丽

副总责任编辑　王春学　殷海军　李　莉

项 目 执 行 人　汤何美子

项 目 组 成 员　丁　琪　王　梅　邹　昱　高丽霄　王　惠

《风电场建设与管理创新研究》丛书
出版人员名单

封面设计　李　菲

版式设计　吴建军　郭会东　孙　静

责任校对　梁晓静　黄　梅　张伟娜　王凡娥

责任印制　黄勇忠　崔志强　焦　岩　冯　强

责任排版　吴建军　郭会东　孙　静　丁英玲　聂彦环